高等职业教育“十四五”规划教材

牛羊病防治

李宗财　主编

中国农业大学出版社
·北京·

内 容 简 介

本教材根据现代职业教育“工学结合、理实一体、学做合一”的教学理念进行编排设计，教学内容设计以“必需、够用”为度，按照“项目导向、任务驱动”的模式，设计了牛羊传染病、消化系统疾病、呼吸系统疾病、心血管系统疾病、泌尿系统疾病、神经系统疾病、营养代谢性疾病、中毒性疾病、外科疾病、产科疾病、寄生虫病等11个教学项目，同时配套大量操作性图片和视频，突出实践性教学和职业教育特色。

本教材内容引入了规模化、现代化牛场奶牛保健技术标准化操作规程，有机融入执业兽医资格考试相关高频知识点，内容丰富，文字精练，图文并茂，实用性强，既可作为高等职业院校动物医学、畜牧兽医、动物防疫与检疫等专业的教材，又可供规模化养牛场、养羊场的畜牧兽医工作者和各级兽医临床诊疗人员学习使用。

图书在版编目(CIP)数据

牛羊病防治／李宗财主编. --北京：中国农业大学出版社，2024.12.
ISBN 978-7-5655-3365-5

Ⅰ.S858.2

中国国家版本馆 CIP 数据核字第 2024SU1734 号

书　　名　牛羊病防治
作　　者　李宗财　主编

策划编辑　康昊婷　　**责任编辑**　康昊婷
封面设计　郑　川　李尘工作室
出版发行　中国农业大学出版社
社　　址　北京市海淀区圆明园西路2号　　**邮政编码**　100193
电　　话　发行部 010-62733489，1190　　读者服务部 010-62732336
　　　　　编辑部 010-62732617，2618　　出　版　部 010-62733440
网　　址　http://www.caupress.cn　　**E-mail**　cbsszs@cau.edu.cn
经　　销　新华书店
印　　刷　河北朗祥印刷有限公司
版　　次　2025年2月第1版　　2025年2月第1次印刷
规　　格　185 mm×260 mm　　16开本　　18印张　　449千字
定　　价　56.00元

编审人员

主　编　李宗财（甘肃畜牧工程职业技术学院）

副主编　杨玉能（遵义职业技术学院）

　　　　　邬立刚（黑龙江农业职业技术学院）

参　编　杨红梅（甘肃畜牧工程职业技术学院）

　　　　　茶金龙（云南农业职业技术学院）

　　　　　薛森武（贵州农业职业学院）

　　　　　刘海霞（甘肃畜牧工程职业技术学院）

　　　　　张潇文（甘肃畜牧工程职业技术学院）

　　　　　邱　阳（福建农业职业技术学院）

　　　　　黄福标（广西农业工程职业技术学院）

　　　　　孙建栋（甘肃农垦天牧乳业有限公司）

主　审　张进隆（甘肃畜牧工程职业技术学院）

前言

按照党的二十大“实施科教兴国战略，强化现代化建设人才支撑”精神，根据《国家职业教育改革实施方案》《关于推动现代职业教育高质量发展的意见》《“十四五”职业教育规划教材建设实施方案》等文件精神，落实立德树人根本任务，适应牛羊养殖业疾病发展的需求，从生产实际和兽医临床诊治的需要出发，由校企编者共同编写了《牛羊病防治》教材。

编者对国内多个大型牛场、羊场、动物医院等进行广泛调研，以生产过程和岗位任务为主线，设计了11个教学项目，78个教学任务，理论和实践相统一，突出实践性教学和职业教育特色，将新技术、新标准化操作规程纳入教材，同时配套大量兽医临床病例图片和视频，使学生了解课程、技术、专业发展前沿，达到课程内容与职业标准对接、教学过程与生产过程对接。

教材内容体现育人理念，贯彻辩证唯物主义和素质教育内涵，符合学科特征和教学规律，将“关爱生命、遵守规范、爱岗敬业、工匠精神、乐业奉献”的课程思政理念融入教学内容，引导学生坚定道路自信、理论自信、制度自信、文化自信，成为担当民族复兴大任的时代新人。

本书项目一由刘海霞、薛森武编写，项目二、项目三、项目七、项目八、项目十由李宗财编写，项目四由邱阳、孙建栋编写，项目五由杨玉能、邬立刚、黄福标编写，项目六由茶金龙编写，项目九由张潇文编写，项目十一由杨红梅编写，全书由李宗财统稿。

承蒙甘肃畜牧工程职业技术学院张进隆教授对本教材进行了认真审定，并提出了宝贵的意见。编写过程中得到了甘肃三元黑河农牧科技有限责任公司、甘肃农垦大牧乳业有限公司的大力支持,在此一并表示诚挚的谢意。

由于编者的经验和水平有限,本教材难免会有纰漏和不足之处,敬请广大师生和读者批评指正。

编　者

2024年11月

目 录

项目一 传染病 …… 1

任务一 口蹄疫 …… 1

任务二 结核病 …… 4

任务三 布鲁氏菌病 …… 7

任务四 巴氏杆菌病 …… 9

任务五 大肠杆菌病 …… 11

任务六 沙门菌病 …… 13

任务七 牛病毒性腹泻-黏膜病(牛病毒性腹泻) …… 16

任务八 牛恶性卡他热 …… 17

任务九 牛流行热 …… 19

任务十 牛传染性鼻气管炎 …… 20

任务十一 水疱性口炎 …… 22

任务十二 嗜血支原体病 …… 23

任务十三 放线菌病 …… 25

任务十四 痘病 …… 26

任务十五 小反刍兽疫 …… 28

任务十六 羊梭菌性疾病 …… 29

项目二 消化系统疾病 …… 41

任务十七 口炎 …… 41

任务十八 食道阻塞 …… 43

任务十九 前胃弛缓 …… 45

任务二十 瘤胃积食 …… 48
任务二十一 瘤胃臌气 …… 52
任务二十二 瘤胃酸中毒 …… 55
任务二十三 创伤性网胃-心包炎 …… 58
任务二十四 瓣胃阻塞 …… 61
任务二十五 真胃炎 …… 63
任务二十六 真胃阻塞 …… 64
任务二十七 真胃变位 …… 66
任务二十八 胃肠炎 …… 71
任务二十九 犊牛消化不良 …… 74
项目三 呼吸系统疾病 …… 87
任务三十 感冒 …… 87
任务三十一 支气管炎 …… 88
任务三十二 支气管肺炎 …… 90
任务三十三 异物性肺炎 …… 92
项目四 心血管系统疾病 …… 99
任务三十四 心力衰竭 …… 99
任务三十五 贫血 …… 101
项目五 泌尿系统疾病 …… 110
任务三十六 肾炎 …… 110
任务三十七 膀胱炎 …… 112
任务三十八 尿石症 …… 114
项目六 神经系统疾病 …… 121
任务三十九 脑膜脑炎 …… 121
任务四十 日射病和热射病 …… 124
项目七 营养代谢性疾病 …… 129
任务四十一 奶牛酮病 …… 129
任务四十二 维生素 A 缺乏症 …… 133
任务四十三 骨软化症 …… 134
任务四十四 佝偻病 …… 136
任务四十五 母牛产后血红蛋白尿病 …… 137
任务四十六 硒-维生素 E 缺乏症 …… 139

项目八　中毒性疾病 …… 147
任务四十七　中毒病的救治 …… 147
任务四十八　酒糟中毒 …… 151
任务四十九　马铃薯中毒 …… 152
任务五十　棉籽饼粕中毒 …… 153
任务五十一　菜籽饼粕中毒 …… 155
任务五十二　黄曲霉毒素中毒 …… 157
任务五十三　尿素中毒 …… 159
任务五十四　有机磷中毒 …… 161
任务五十五　犊牛水中毒 …… 164
项目九　外科疾病 …… 171
任务五十六　脓肿 …… 171
任务五十七　疝 …… 173
任务五十八　蹄叶炎 …… 178
任务五十九　腐蹄病 …… 179
项目十　产科疾病 …… 185
任务六十　流产 …… 185
任务六十一　阴道脱 …… 189
任务六十二　助产与难产处理技术 …… 190
任务六十三　生产瘫痪 …… 211
任务六十四　子宫内翻及脱出 …… 214
任务六十五　胎衣不下 …… 216
任务六十六　子宫内膜炎 …… 219
任务六十七　卵巢囊肿 …… 221
任务六十八　乳房炎 …… 223
任务六十九　新生犊牛窒息 …… 228
任务七十　胎粪停滞 …… 229
任务七十一　脐炎 …… 230
项目十一　寄生虫病 …… 236
任务七十二　片形吸虫病 …… 236
任务七十三　棘球蚴病 …… 245
任务七十四　脑多头蚴病 …… 247

任务七十五　消化道线虫病…… 251
任务七十六　螨病…… 256
任务七十七　牛皮蝇蛆病…… 259
任务七十八　血液原虫病…… 265
参考文献 …… 278

项目一
传染病

学习目标

◆了解口蹄疫、结核病、布鲁氏菌病、巴氏杆菌病、大肠杆菌病、沙门菌病、牛病毒性腹泻-黏膜病、牛恶性卡他热、牛流行热、牛传染性鼻气管炎、水疱性口炎、嗜血支原体病、放线菌病、痘病、小反刍兽疫、羊梭菌性疾病的病原。

◆掌握口蹄疫、结核病、布鲁氏菌病、巴氏杆菌病、大肠杆菌病、沙门菌病、牛病毒性腹泻-黏膜病、牛恶性卡他热、牛流行热、牛传染性鼻气管炎、水疱性口炎、嗜血支原体病、放线菌病、痘病、小反刍兽疫、羊梭菌性疾病的流行特点、临床症状、诊断及其防控。

思政目标

◆培育和践行社会主义核心价值观，培养“大国三农”情怀，增强服务现代畜牧兽医行业、推动乡村全面振兴的责任感和使命感。

◆培养具有生物安全意识、公共卫生意识和环境保护意识，牢固树立和践行“绿水青山就是金山银山”的发展理念。

◆培养科学精神和科学思维，树立良好的职业道德。

任务一 口蹄疫

口蹄疫(FMD)，俗称“口疮”“蹄癀”，是由口蹄疫病毒引起的一种急性、热性、高度接触性传染病。主要侵害牛、羊、猪等偶蹄类动物，偶见于人和其他动物。其临床特征是在口腔黏膜、蹄部和乳房皮肤发生水疱和烂斑。

[病原]

口蹄疫病毒(FMDV)属于微 RNA 病毒科、口蹄疫病毒属。病毒粒子呈球形，直径为 20～25 nm，无囊膜。已知的病毒有 7 个血清型，即 A、O、C、SATⅠ、SATⅡ、SATⅢ和 AsiaⅠ型，共有 65 个亚型。各血清型之间无交叉免疫性，同型的各亚型之间有一定的交叉免疫性。目前，我国流行的血清型为 A 型、O 型和 AsiaⅠ型，人类感染以 O 型为主。口蹄疫病毒易发生变异，故常有新的亚型出现，该病毒的这种特性给口蹄疫的防控带来了一定困难。

本病毒对外界环境的抵抗力很强，耐寒冷和干燥。在自然条件下，被病毒污染的饲料、饮水、土壤和毛皮的传染性可保持数周至数月。水疱液中的病毒 60 ℃经 5～15 min 可灭活，80～100 ℃很快死亡。鲜奶中的病毒在 37 ℃可生存 12 h，高温和紫外线对病毒具有很好的杀灭作用。对酸和碱敏感，1%～2%氢氧化钠、5%氨水、3%～5%福尔马林、0.2%～0.5%过氧乙酸、0.1%灭菌净、1%强力消毒灵(主要成分为二氯异氰脲酸钠)等都是很好的消毒剂。食盐对病毒作用不大。肉品在 10～12 ℃经 12～24 h 或 4～6 ℃经 24～48 h，肌肉中产生的乳酸可使病毒灭活，但骨髓、淋巴结中的病毒可存活多年。

[流行特点]

本病传播迅速、流行猛烈、发病率高、死亡率低。一年四季均可发生，但在牧区一般从秋末开始，冬季加剧，春季减少，夏季平息，在农区这种季节性则不明显。该病常呈流行性或大流行性，并有一定的周期性。自然条件下每隔 1～2 年或 3～5 年流行 1 次，往往沿交通线蔓延扩散或传播，也可跳跃式地远距离传播。易感动物主要是偶蹄动物，其中奶牛、黄牛最易感，牦牛、水牛和猪次之，绵羊、山羊、骆驼再次之，野生动物(如黄羊、野牛、野猪、鹿等)也有发病的报道。一般幼龄动物较成年动物易感，病死率较高。人也可感染。实验动物中豚鼠、10 日龄以内的小鼠易感。

患病和带毒动物是本病的主要传染源。患病动物的水疱皮、水疱液以及发热期的乳汁、唾液、眼泪、粪尿、呼出的气溶胶等都含有大量的病毒。潜伏期和康复动物带毒排毒，牛带毒可达 24～27 个月，绵羊和山羊 6～7 个月，猪在发病期和病后 1 个月之内带毒。动物感染后，症状最明显的是牛，最不明显的是羊，排毒最强的是猪，病猪的排毒量远远超过牛和羊，因此认为绵羊是本病的“贮存器”，猪是“扩大器”，牛是“指示器”。

口蹄疫通过直接接触和间接接触传播，以间接接触传播为主。经呼吸道、消化道、损伤的皮肤黏膜而感染。近年来，研究表明通过污染的空气经呼吸道传染更为重要。动物产品、饲料、垫草、用具、饲养管理人员、犬、猫、鼠类、家禽等都可成为本病的传播媒介。人主要是通过直接接触病畜而感染。动物产品(如肉、血、骨、皮、蹄、乳等)可能长期带有病毒，如处理不当，可将疫病传入另一地区或国家。

[临床症状]

1. 牛口蹄疫

潜伏期一般 2～7 d，最长可达 14 d。病牛体温升高，达 40～41 ℃，精神沉郁，食欲不振，闭口，流涎，开口时有吸吮声。经 1～2 d，在唇内面、齿龈、舌面和颊部黏膜发生蚕豆至核桃大的水疱(图 1-1)。口温高，大量流涎，呈白色泡沫状，常挂满嘴边。采食、反刍完全停止。水疱经 1～3 d 破裂形成红色的糜烂，随后体温降至正常，糜烂逐渐愈合，全身状况好转。如继发细菌感染，则糜烂加深，愈合后形成瘢痕。有时继发纤维素性坏死性口膜炎、咽炎和胃肠炎，引起呼吸困难、咳嗽、腹泻。在口腔发生水疱的同时或稍后，趾间、蹄冠的柔软皮肤表现红肿、疼痛，迅速发生水疱，并很快破溃，形成糜烂，以后干燥结痂而愈合。如继发感染则发生化脓、坏死，病畜跛行，重者蹄匣脱落。有时乳房皮肤也出现水疱和烂斑，如波及乳腺可引起乳房炎，泌乳量显著减少，甚至泌乳停止。

2. 羊口蹄疫

潜伏期通常为 1 周左右，症状与牛大致相同，患羊通常会出现体温升高，精神沉郁，食欲不振等症状。多于口腔黏膜、蹄部皮肤形成水疱、溃疡和糜烂，有时病害也见于乳房部位。单纯

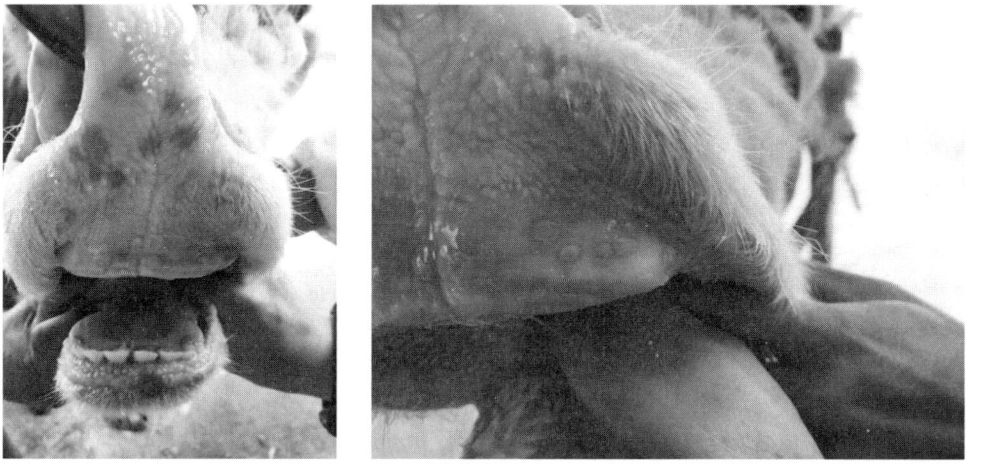

图 1-1　病牛舌面和颊部黏膜发生蚕豆至核桃大的水疱

口腔发病，1～2 周可望痊愈。累及蹄部、乳房部位时，2～3 周方能痊愈。一般呈良性经过，病死率不超过 2%。羔羊发病可表现为恶性口蹄疫，发生心肌炎、出血性胃肠炎而死亡，病死率高达 50%。

［病理变化］

除口腔和蹄部的水疱和烂斑外，在咽喉、气管、支气管和反刍动物前胃黏膜可见圆形烂斑和溃疡，真胃和肠黏膜有出血性炎症。心包膜有弥散性或点状出血，心肌松软似煮肉样，心脏表面有灰白色或淡黄色斑点或条纹，好像老虎身上的斑纹，俗称“虎斑心”。

［诊断］

口蹄疫多侵害偶蹄动物，传播迅速，呈流行性或大流行性发生，多为良性经过。患病动物的口腔和蹄部有水疱和烂斑，死后剖检可见“虎斑心”病变，根据以上特点，一般可做出初步诊断。确诊需要进行实验室诊断。

病毒分离鉴定：采取患病动物的水疱皮或水疱液，用 PBS 缓冲液浸泡，或取恢复期血液，分离血清。以补体结合试验进行毒株型鉴定，也可用反向间接血凝试验、琼脂扩散试验。ELISA 试验可代替补体结合试验，其反应灵敏，特异性强，操作快捷，目前已广泛用于动物口蹄疫的监测。核酸探针技术用于 FMDV 的试验研究，单克隆抗体技术可用于实验室抗原分析。

［防控］

平时加强检疫，禁止从疫区购入动物、动物产品、饲料、生物制品等；购入动物必须隔离观察，确认健康后方可混群；常发地区定期应用相应毒型的口蹄疫疫苗对易感动物进行预防性免疫接种。目前用于预防口蹄疫的疫苗有弱毒苗和灭活苗。弱毒苗有 A 型弱毒苗、O 型弱毒苗和 A 型 O 型二价弱毒苗。

发生口蹄疫时，应立即上报疫情，及时采取病料，迅速送检确诊定型，划定并封锁疫点、疫区，捕杀患病动物及同群动物，尸体焚烧或化制。对污染的环境和用具进行彻底消毒。疫区内的假定健康动物及受威胁区的易感动物应进行紧急免疫接种。待最后 1 头（只）动物被扑杀，14 d 后不再出现新的病例，经过终末消毒后解除封锁。

［公共卫生］

人对口蹄疫病毒有轻度的易感性。人可因食入病牛乳或通过挤奶、处理患病动物接触感染或通过外伤而感染。病人表现发热、头晕、头痛、恶心呕吐。经 2～3 d,唇、齿龈、颊部皮肤、指尖、指甲基部等处发生水疱,水疱破裂后形成薄痂或糜烂,很快愈合。

一般病程 1 周左右,预后良好。幼童病情严重,可并发胃肠炎、神经炎、心肌炎等。

预防人的口蹄疫,要注意个人卫生和自身防护,保证饮食来源安全卫生,不喝生奶。接触患病动物后立即洗手消毒,防止患病动物的分泌物和排泄物落入口鼻和眼结膜,污染的衣物及时做卫生处理等。

任务二 结核病

结核病是由结核分枝杆菌引起的人兽共患慢性传染病。其特征是渐进性消瘦和在多种受害组织器官形成结节性肉芽肿(结核结节)、干酪样坏死灶或钙化病变。

该病曾广泛流行于世界各地,以奶牛养殖业发达国家最为严重。由于各国政府都十分重视结核病的防制,目前已有不少国家控制住了结核病,人和动物的发病率和病死率逐年减少,但在防控措施不健全的国家或地区仍呈散发和地方流行性。

[病原]

结核分枝杆菌,是一种纤细、平直或稍弯曲的杆菌,无荚膜,无芽孢,无鞭毛,革兰染色阳性。一般染色法较难着色,常用萋-尼二氏抗酸染色法。在病料中常成对、成堆排列。常见的分型有牛型、人型和禽型结核分枝杆菌。人型结核分枝杆菌是直的或微弯的细长杆菌,多为棍棒状,间有分枝状;牛型结核分枝杆菌短粗,且着色不均;禽型结核分枝杆菌短小,为多形性。牛型结核分枝杆菌主要侵害牛,其次是猪、鹿和人,再次是马、犬、猫;人型结核分枝杆菌主要侵害人,其次是猴、犬、牛和猪。禽型结核分枝杆菌主要侵害家禽和鸟类,其次是猪,人和牛极少见。

本菌为专性需氧菌,对营养要求严格,在培养基上生长缓慢。

结核分枝杆菌含有丰富的脂类,对外界环境抵抗力很强,尤其对干燥、湿冷的抵抗力很强,在干燥痰液中能存活 10 个月,病变组织和尘埃中能存活 2～7 个月,在土壤和粪便中可存活 6 个月。但对温度特别敏感,直射阳光下,几分钟至几小时可使之死亡。对湿热抵抗力弱,60 ℃ 湿热经 30 min 即可将其杀死。常用消毒剂,如 5%来苏儿经 48 h,5%甲醛溶液经 12 h 才能将其杀死,而在 70%酒精、10%漂白粉中很快死亡。对链霉素、卡那霉素、利福平、异烟肼、对氨基水杨酸钠和环丝氨酸等敏感。

[流行特点]

结核病是一种慢性传染病,呈散发或地方流行性。约有 50 种哺乳动物、25 种禽类可感染本病。家畜中牛最易感,特别是乳牛,其次是黄牛、牦牛和水牛。猪和家禽易感性也较强。野生动物中猴、鹿发病也较多见。

传染源主要是患病动物和人,尤其是开放性患病动物和患者,其痰液、粪、尿、乳汁和生殖道分泌物中都可带菌。病原菌通过咳嗽、喷嚏排出体外,污染空气,健康动物通过吸入污染的空气经呼吸道感染。另外也可经污染的饲料、饮水和食物经消化道感染。动物饲养管理不良、饲养密度过大、通风不足等因素都易诱发本病。

[临床症状]

潜伏期长短不一,一般为 10～45 d,长的达数月至一年以上。通常呈慢性经过,初期症状不明显，日渐消瘦。

牛最常见的是肺结核，病初食欲、反刍无明显变化，但易疲劳，常发生短而干的咳嗽，尤其当起立、运动和吸入冷空气或尘埃时，易发生咳嗽。随病情进展，转为痛性湿咳，咳嗽频繁，病情加重。病牛呼吸加快或气喘，肺部听诊有干性或湿性啰音，严重的可听到胸膜摩擦音，叩诊有浊音区。有的病牛体表淋巴结肿大，常见肩前、股前、腹股沟、下颌、咽及颈淋巴结。病势恶化可发生全身性结核，即粟粒性结核。

乳牛常发乳房结核，病初腹股沟浅淋巴结肿大，继而后方乳腺区发生局限性或弥漫性硬结，无热无痛，泌乳量减少，严重时乳汁稀薄水样。犊牛多发肠道结核，主要表现为顽固性下痢和迅速消瘦。生殖器官结核较少见，表现为性功能紊乱，如发情频繁，性欲亢进，慕雄狂，不孕或孕畜流产。公畜睾丸、附睾肿大，阴茎前部可发生结节或糜烂等。神经结核主要危害中枢神经系统，脑和脑膜发生结核病变，常引起运动障碍、癫痫等神经症状。

［病理变化］

肉眼可见的牛结核病病变，最常见于肺、肺门淋巴结、纵隔淋巴结，其次为肠系膜淋巴结，病变器官有隆起的多发性白色结节，切面有干酪样坏死，有的已钙化，切开时有沙砾感。有的坏死组织溶解，排出后形成空洞。发生全身性结核时，在胸腔或腹腔浆膜上密集着粟粒至豌豆大的半透明或不透明的灰白色硬实的结节，形似珍珠，即所谓的“珍珠病”。胃肠道黏膜也可能有大小不等的结核结节或溃疡。乳房结核时，切开乳房可见大小不等的结核病灶，内有干酪样物质。

［诊断］

根据动物发生渐进性消瘦、咳嗽、气喘，肺部听诊异常，顽固性下痢，体表淋巴结肿胀等，可怀疑为本病，剖检有特异性结核结节病变，可以确诊。对于开放性结核患畜可进行细菌学诊断；对无明显临诊症状的动物、怀疑为本病的动物以及常规检疫时，用变态反应诊断。

细菌学诊断：生前采取痰液、乳汁、粪便或其他分泌物（最好采取集菌处理），死后采取病变组织涂片，经抗酸染色后镜检。另外还可采用荧光抗体技术和酶联免疫吸附试验检查病料，诊断快速、准确，检出率高。

变态反应诊断：是利用结核菌素对动物结核病检疫的主要方法，操作方法及判定标准详见牛结核病的检疫。

［防控］

主要采取综合性防疫措施，防止疫病传入，净化污染群，培育健康群。家畜的结核病一般不予治疗，而是采取加强检疫、隔离、淘汰，防止结核病传入，净化污染群等综合性防疫措施。

引入牛时需严格进行产地检疫，检疫阴性方可引进，运回后隔离观察 1 个月以上，再进行 1 次检疫，确认健康方可混群。

健康牛群，每年春秋各进行 1 次检疫。检出阳性牛，立即隔离、淘汰。牛群则按假定污染牛群处理。

污染牛群，应反复多次检疫，阳性反应牛应隔离、淘汰。疑似反应牛应隔离观察，复检，如仍为可疑，按阳性反应牛处理，其余牛按假定健康牛群处理。

病牛分娩前，对后躯和乳房进行消毒，犊牛出生后立即送往预防室隔离饲养。病牛所产犊牛，出生后只吃 3～5 d 初乳，以后喂消毒乳或健康牛乳。犊牛出生后 1 月龄、3～4 月龄、6 月龄进行 3 次检疫，阳性反应牛立即淘汰。阴性反应牛放入假定健康牛群中饲养。

加强消毒工作。每年定期进行 2～4 次环境彻底消毒，饲养用具每月定期消毒 1 次。检出病牛后进行临时的彻底大消毒，常用消毒药有10%漂白粉、20%石灰乳、5%来苏儿等。粪便喷洒消毒剂后堆积发酵，尸体深埋或化制。

[公共卫生]

人结核病主要由结核分枝杆菌引起，牛分枝杆菌和禽分枝杆菌也可以引起感染发病。主要临床表现为全身不适，倦怠乏力，食欲下降，体重减轻，长期低热，心悸和盗汗等症状，其他症状随结核菌侵害器官不同而异。各器官的结核有肺结核、颈淋巴结结核、肠结核、结核性腹膜炎、结核性脑膜炎、肾结核、骨关节结核、结核性胸膜炎等。

防制人结核病的主要措施是早发现，严格隔离，彻底治疗。牛奶应煮沸后饮用；婴儿普遍注射卡介苗；与病人、病牛接触时应注意个人防护。治疗人结核病药物可用异烟肼、链霉素、利福平和对氨基水杨酸钠等。

知识拓展

牛结核病的检疫

[设备材料]

(1)诊断液：提纯结核菌素(PPD)。

(2)用具：1～2.5 mL金属皮内注射器、皮内注射针头，如果是冻干菌素，还需准备稀释用注射用水或灭菌生理盐水，带胶塞的灭菌小瓶。镊子、剪毛剪、牛鼻钳、点眼管、卡尺、记录表、酒精棉球、碘酊棉球、消毒盘、纱布、工作服、口罩、一次性手套等。

[内容及方法]

提纯结核菌素(PPD)变态反应的具体方法如下。

(1)注射部位及术前处理：将牛只编号后在颈侧中部上1/3处剪毛，3月龄以内的犊牛，也可在肩胛部进行，直径约10 cm，用卡尺测量术部中央皮皱厚度，做好记录。如术部有变化时，应另选部位或在对侧进行。

(2)注射剂量：不分牛只大小，一律皮内注射1万IU。即将牛型提纯结核菌素稀释成每毫升含10万IU后，皮内注射0.1 mL。如用2.5 mL注射器，应再加等量注射用水皮内注射0.2 mL。冻干提纯结核菌素稀释后应当天用完。

(3)注射方法：先以75%酒精消毒术部，然后皮内注入定量的牛型提纯结核菌素，注射后局部应出现小泡。如注射有疑问时，应另选15 cm以外的部位或对侧重做。

(4)观察反应：皮内注射后经72 h判定，仔细观察局部有无热痛、肿胀等炎性反应，并用卡尺测量皮皱厚度，做好详细记录。对疑似反应牛应即在另一侧以同一批菌素同一剂量进行第二次皮内注射，再经72 h后观察反应。

如有可能，对阴性反应牛和疑似反应牛，于注射后96 h、120 h再分别观察一次，以防个别牛出现较迟的迟发型变态反应。

[结果判定]

(1)阳性反应：局部有明显的炎性反应。皮厚差等于或大于4 mm以上者，其记录符号为(+)。对进出口牛的检疫，凡是皮厚差大于2 mm者，均判为阳性。

(2)疑似反应：局部炎性反应不明显，皮厚差在2.1～3.9 mm，其记录符号为(±)。

(3)阴性反应:无炎性反应,皮厚差在 2 mm 以下,其记录符号为(—)。凡判定为疑似反应的牛只,于第一次检疫 30 d 后进行复检,其结果仍为可疑反应时,经 30～45 d 再复检,如仍为疑似反应,应判为阳性。

任务三 布鲁氏菌病

布鲁氏菌病简称布病,是由布鲁氏菌引起的一种人兽共患传染病。在家畜中,牛、羊、猪最常发生。其特征是生殖器官和胎膜发炎,引起流产,不育及各种组织的局部病灶。1887 年,英国 Bruce 医生首次在地中海马耳他岛分离到布鲁氏菌,因此而得名。本病广泛分布于世界各地,目前,在我国人兽共患病中仍然存在,给畜牧业生产和人类健康带来严重危害。

[病原]

布鲁氏菌,为细小的球杆菌,无芽孢,无鞭毛,散在。一般不形成荚膜,革兰染色阴性。

布鲁氏菌属有 7 个种 21 个型。常见的有羊布鲁氏菌、牛布鲁氏菌和猪布鲁氏菌,但以羊布鲁氏菌感染后发病最重,猪布鲁氏菌次之,牛布鲁氏菌最轻。

本菌对自然环境的抵抗力较强,在土壤中能存活 72～120 d,在粪尿中可存活 45 d,在水中可存活 75～150 d,在冷暗处的胎儿体内能存活 6 个月左右。对热较敏感,巴氏灭菌法 10～15 min 杀死,煮沸立即死亡。布鲁氏菌对消毒剂抵抗力不强,常用的消毒剂如 3%来苏儿、2%氢氧化钠可在 1 h 内将其杀死;5%石灰乳需 2 h、2%福尔马林需 3 h 将其灭活。对盐酸四环素、利福平、卡那霉素、硫酸链霉素、复方新诺明等敏感。

[流行特点]

本病多发于牧区和农牧区,以产仔季节多发。母畜感染后一般第一胎流产的多,以后多不再流产(带菌免疫)。新疫区流产率高。

本病的易感动物范围很广,羊、牛、猪最易感,其次是水牛、牦牛、羚羊、鹿、骆驼、野猪、犬、猫、狐、狼、野兔、猴等,一些啮齿类动物也有感染的报道。

各种布鲁氏菌主要引起该种动物的布鲁氏菌病,但也可发生交叉感染。羊布鲁氏菌主要感染绵羊、山羊,也可感染牛、猪、鹿、骆驼和人;猪布鲁氏菌主要感染猪,也可感染鹿、牛、羊和人;牛布鲁氏菌主要感染牛,也可感染羊、猪、马、犬、骆驼、鹿和人。这 3 种布鲁氏菌对人均能引起感染。

其他种布鲁氏菌除感染本属动物外,对其他动物致病力很弱或基本无致病力。

传染源主要是患病动物和带菌动物。最危险的感染源是受感染的妊娠动物,其流产的胎儿、胎衣、羊水和阴道分泌物中含有大量的布鲁氏菌,也可随粪便排菌,乳汁、感染公畜的精液中也含有病原菌。易感动物主要通过摄食被污染的饲料和饮水经消化道感染,其次是通过皮肤、黏膜而感染,也可通过交配或人工授精经生殖道感染。人布鲁氏菌病主要是由于接触带有病原菌的各种污染物及食品,如患病动物的流产物、乳、肉和毛皮等,通过损伤的皮肤、黏膜、眼结膜引起感染,也可经消化道、呼吸道感染。

[临床症状]

1. 牛布鲁氏菌病

潜伏期 2 周至 6 个月。母牛最明显的症状是流产,流产可发生于妊娠后的任何时期,通常于妊娠后的第6～8个月。流产前体温一般不升高，表现阴道黏膜潮红肿胀，有粟粒大结节，阴道流出灰白色或灰色黏性分泌物。阴唇及乳房肿胀，不久即发生流产。有时无任何先兆而突然流产，流产胎儿多为死胎、弱胎，弱胎于生后不久死亡。

多数母牛流产后发生胎衣不下(尤其是在妊娠后期流产的母牛)和子宫炎。从阴道流出污秽不洁的红褐色恶臭分泌物，分泌物延至1～2周消失。有的病例长期不愈，导致不孕。未发生胎衣不下者，病牛可很快康复，并能正常发情，再次受孕，也可能再次流产，但再次发生流产的少见。

公牛感染后主要发生睾丸炎和附睾炎，表现睾丸肿大，有热痛反应，以后逐渐减轻，无热、痛，触之僵硬。

此外，病牛还可表现关节炎，关节肿大、疼痛、喜卧，通常为膝关节和腕关节发病，偶见腱鞘炎和乳房炎。

2. 羊布鲁氏菌病

主要症状也是流产，多发生在妊娠后的第3～4个月。流产前症状一般不明显。有的病羊在流产前表现精神沉郁，食欲减退，阴道流出黄色黏液或带血样分泌物等。其他症状还可能有乳房炎、支气管炎、关节炎及滑液囊炎。公羊可表现睾丸炎和附睾炎。

[病理变化]

牛、羊的病变大致相同。胎衣水肿增厚，并有出血点，呈黄色胶冻样浸润，表面覆以纤维蛋白絮片和脓液。绒毛叶贫血呈苍黄色，覆有纤维素性、脓性渗出物或黄色脂肪状渗出物。胎儿皮下及肌间结缔组织出血性浆液性浸润，胸腹腔有淡红色液体。真胃内有淡黄色或白色黏液絮状物，胃肠黏膜出血。淋巴结、肝和脾有不同程度的肿大，有散在坏死灶。脐带呈浆液性浸润，肥厚。公畜的睾丸和附睾有炎性坏死灶和化脓灶。

[诊断]

根据流行病学调查，妊娠动物发生流产，流产后常伴发胎衣不下，子宫炎，不孕；公畜发生睾丸炎、附睾炎，不育。同群中有发生关节炎、腱鞘炎，结合胎儿、胎衣的病理变化，可怀疑为本病，确诊需进行实验室诊断。

细菌学试验：取胎儿、胎衣、阴道分泌物、乳汁及肿胀部的渗出液等涂片，经柯氏染色，如反应为红色，可以确诊。

血清学试验：试管凝集试验、平板凝集试验是牛、羊、猪检疫的常用方法；全乳环状试验常用于无污染牛群布鲁氏菌病的监测；补体结合试验适用于低凝集反应者及非特异反应动物。此外还可用酶联免疫吸附试验、DNA探针及PCR诊断技术等。

[防控]

防制本病应坚持以预防为主的方针，坚持自繁自养，定期检疫、淘汰病畜，培养健康畜群，定期免疫接种，加强消毒为主导环节的综合性措施，最终达到控制和消灭布鲁氏菌病的目的。

在无本病流行的地区，每年至少进行一次检疫，引进动物时需进行隔离观察2个月，在此期间进行2次血清学检查，均为阴性者方可混群。阳性者立即淘汰。

疫区每年春秋季节对易感动物各进行1次检疫。羊在5月龄以上、牛在8月龄以上为宜。检出的阳性动物，应及早淘汰或做无害化处理。培育健康幼龄家畜，阴性者判为假定健康畜群，1年进行4次以上检疫，无阳性者，即可认为是健康畜群。

我国普遍使用牛流产布鲁氏菌19号苗(S19)、猪布鲁氏菌2号菌苗(S2菌苗)、羊布鲁氏菌 5 号弱毒菌苗(M5)。弱毒苗具有一定的残余毒力,防疫人员应做好自身防护。

在疫区,应做好消毒工作。流产胎儿、胎衣应深埋或烧毁;被污染的圈舍、牧场、运动场、用具等以 2%氢氧化钠、2%福尔马林或 10%石灰乳进行彻底消毒;粪便喷洒消毒剂后堆积发酵;大力推广人工授精,避免病畜、健畜经交配感染;皮张可用环氧乙烷熏蒸消毒,包装后方可外运;不要到污染的牧场放牧,牧区最好实行轮牧。

布鲁氏菌是兼性细胞内寄生菌,化学药物疗效甚微,一般采用淘汰病畜来防止本病的流行和散播。

[公共卫生]

人可感染布鲁氏菌病,感染者主要是畜牧兽医工作人员、饲养管理人员、屠宰场工作人员和动物产品加工厂工作人员,患病的牛、羊、猪等是人感染布鲁氏菌病的主要传染源,消化道、皮肤和黏膜伤口是感染的主要途径。人感染主要是由于接触患病动物及其产品,特别是在助产时接触患病动物的胎儿、胎衣、羊水、阴道分泌物等引起感染,也可通过食入被污染的食物(乳、肉)或吸入带菌的物质而引起感染。

人感染后主要表现体温升高,波浪热或长期低热,全身不适、乏力,多(盗)汗,关节和肌肉疼痛,神经痛,肝脾肿大,睾丸炎及附睾炎,孕妇可能流产。有些病例经短期急性发作后可恢复健康,有的则在反复发作后转为慢性。

人布鲁氏菌病的预防,要注意职业性感染,在动物养殖场、屠宰场、动物产品加工厂的工作者以及兽医、实验室工作人员,应接种 M104 冻干活菌苗,免疫期 1 年,第 2 年复种 1 次,以后不必再接种。在与患病动物或阳性反应动物接触时,应做好自身的防护。在接产时,应穿工作服和胶靴、戴口罩和乳胶长臂手套等,避免直接接触流产动物的胎儿、羊水、胎衣、阴道分泌物等,接产后做好消毒工作。相关人员应定期体检,疑似发生布鲁氏菌病时,要及时诊断、治疗,避免转为慢性。

任务四 巴氏杆菌病

巴氏杆菌病是由多杀性巴氏杆菌引起的畜、禽、野生动物和人共患的一种传染病。特征是急性呈败血症变化,慢性表现为皮下组织、关节和各器官的局灶性坏死性炎症,多与其他传染病混合感染或继发感染。

[病原]

多杀性巴氏杆菌是一种两端钝圆的短杆菌或球杆菌,不形成芽孢,无鞭毛,革兰染色阴性。病料组织涂片瑞氏染色、吉姆萨染色或亚甲蓝染色,镜检菌体可见典型的两极着色。在血琼脂平板上培养 24 h,形成灰白色半透明露滴样小菌落,不溶血。

本菌的血清型,根据菌落的荧光可分为 3 种。蓝绿色荧光型(Fg):菌落小,呈蓝绿色带金光,边缘有狭窄的红黄光带,对猪、牛和羊等毒力强;橘红色荧光型(Fo):菌落大,呈橘红色带金光,边缘有乳白光带,对鸡和兔毒力强;无荧光型(Nf):对小鼠有毒力,但差异很大。

根据荚膜抗原(K)结构的不同,将本菌分为 A、B、D、E 和 F 共 5 个血清群;根据菌体抗原(O)的不同,分为 1~12 个血清型;K 抗原与 O 抗原结合可构成 15 个血清型,如 5:A、6:B、2:D 等。各型之间多无交叉保护性或保护力不强,但在一定条件下,各种动物之间可发生交叉感染，如猪肺疫传染给水牛；猪吞食患禽霍乱的病死鸡，可以发生感染。

巴氏杆菌抵抗力较弱，在日光直射下和干燥条件下可很快死亡。常用的消毒剂数分钟内可将其杀死，如3%苯酚经1 min、0.5%～1%氢氧化钠经2～3 min均可将其杀死。55 ℃经15 min、60 ℃经10 min也可使其失去活力。

[流行特点]

本病的发生一般无明显的季节性，但以冷热交替、气候骤变、闷热、潮湿、多雨的时期易发生。多杀性巴氏杆菌对各种畜禽和野生动物都有致病性，其中猪、家禽和家兔最易感；其次是黄牛、牦牛、水牛和绵羊；鹿、骆驼和马也可发病，但较少见。

健康动物的上呼吸道内常有巴氏杆菌存在，疾病的发生与动物抵抗力及环境条件密切相关，当饲养管理不良、气候不适、圈舍潮湿、拥挤、营养缺乏、饲料突变、长途运输、寄生虫侵袭等使动物机体抵抗力降低时，病原菌可经淋巴循环进入血液，发生内源性传染。

患病动物通过排泄物、分泌物向体外排出大量病原菌，污染圈舍、用具、饲料和饮水，健康动物经消化道感染；或患病动物由咳嗽、打喷嚏排出病原，健康动物通过呼吸道感染。也可经损伤的皮肤、黏膜及吸血昆虫的传播发生传染。本病一般散发，水牛、牦牛、猪有时呈地方流行性。家禽可呈流行性，特别是鸭群发病时。

[临床症状]

1.牛巴氏杆菌病

牛巴氏杆菌病又称牛出血性败血症，简称“牛出败”。各种年龄的牛均易感，潜伏期2～5 d。根据临床表现可分为败血型、浮肿型和肺炎型。

(1)败血型：最急性病例无任何症状突然倒地死亡。急性病例病初高热，体温可达41～42 ℃，精神沉郁，食欲废绝，鼻镜干燥，结膜潮红，脉搏加快，泌乳、反刍停止。继而腹痛、腹泻，粪便中含有黏液及血液，恶臭。濒死期体温下降。病程12～24 h。

(2)浮肿型：多见于牦牛。除上述症状外，头、颈、咽喉部以及胸前皮下组织都出现炎性水肿。初有热痛，后逐渐变凉，疼痛减轻。舌及周围组织肿胀，时而可见舌伸出口外，流涎。急性结膜炎，流泪。病牛呼吸高度困难，可视黏膜发绀。最后窒息死亡。病程12～36 h。

(3)肺炎型：为急性病例的典型症状，主要呈纤维素性胸膜肺炎症状。病牛咳嗽，流泡沫样或脓性鼻液。呼吸困难，头颈伸直，口流白沫(图1-2)。胸部听诊有支气管呼吸音和水泡音，严重时有胸膜摩擦音。病牛初便秘，后期有的发生腹泻，粪便恶臭，混有血液，有的尿血。病程3～7 d。

图1-2 病牛呼吸困难，头颈伸直，口流白沫

2.羊巴氏杆菌病

绵羊比山羊更易感，羔羊、幼龄羊比成年羊易感。

(1)最急性型：见于流行初期，突然发病，发热、寒战，虚弱、呼吸困难，常在数小时内死亡。

(2)急性型：最多见。病羊精神沉郁，体温升高到41～42 ℃，食欲废绝，反刍停止。可视黏膜发绀，呼吸困难，咳嗽，打喷嚏，鼻孔流出混有血液样的黏液。病初便秘，后腹泻，有的粪便呈血水样，最后因脱水而死亡。病程 2～5 d。

(3)慢性型：病羊消瘦，食欲减退，呼吸困难，干咳，叫声嘶哑。有时颈部和胸下部发生水肿。眼结膜潮红，眼分泌物增多。消化不良，腹泻。后期体温下降。濒死前极度消瘦。病程3周左右。

[病理变化]

败血型巴氏杆菌病可见内脏器官出血，黏膜、浆膜、舌、皮下组织和肌肉有出血点。脾脏无变化或仅有小出血点。肝和肾实质变性。淋巴结显著水肿。胸腹腔有大量渗出液。

浮肿型巴氏杆菌病可见咽喉部及其周围组织和颈部皮下组织有浆液浸润，切开后有大量黄色透明液体流出，咽后淋巴结和颈前淋巴结高度肿胀，上呼吸道黏膜有卡他性炎症。

肺炎型巴氏杆菌病有纤维素性肺炎和胸膜炎变化，胸腔中有大量浆液性纤维素性渗出物，有时可见纤维素性心包炎和腹膜炎病变。支气管淋巴结和纵隔淋巴结显著肿大、出血。

[诊断]

根据流行病学、临床症状和剖检变化，可做出初步诊断，确诊需进行实验室诊断，可取病畜的肝、脾、淋巴结、体液、分泌物及局部病灶组织等，做染色镜检，再做细菌分类与鉴定。

[防制措施]

平时加强饲养管理，长途运输时避免过度拥挤和劳累，必要时可注射免疫血清进行预防。发生本病时，应立即隔离患病动物和可疑患病动物，并及时进行治疗。对假定健康动物可先用高免血清紧急接种，隔离观察 1 周后再注射疫苗；也可用疫苗进行紧急免疫接种。对患病动物污染的圈舍、用具、场地进行彻底消毒。

治疗可用磺胺嘧啶钠、环丙沙星、恩诺沙星、替米考星、头孢噻呋钠、青霉素、链霉素、氨苄西林钠、四环素等。

任务五　大肠杆菌病

大肠杆菌病是由致病性大肠杆菌引起的主要侵害幼龄畜禽及人的一种传染病。本病广泛发生于世界各地，给畜牧业带来巨大的经济损失，而且严重危害人类健康。

大肠杆菌是 Escherich 在 1885 年发现的，当时被认为是肠道的一种正常菌群。直到 20 世纪中叶，才发现有一些血清型的大肠杆菌对人和动物具有致病性，通常将此类大肠杆菌称为致病性大肠杆菌。某些致病性大肠杆菌或溶血性大肠杆菌可以通过多种渠道进入机体，当动物体抵抗能力相对较强时，通常不会表现出明显的致病性；当受到应激因素刺激，机体抵抗力下降之后，就会给大肠杆菌繁殖产生毒素提供条件，从而危及动物的健康生长。

[病原]

大肠杆菌是中等大小的杆菌，有鞭毛，有荚膜或微荚膜，无芽孢，革兰染色阴性。一些菌株的菌体表面有一层具有黏附性的纤毛，黏附性的纤毛是一种毒力因子。多数菌株在普通培养基上，形成光滑、湿润、凸起的乳白色菌落；在血琼脂培养基上，某些致病性菌株形成 β 溶血；在麦康凯琼脂培养基或远藤氏琼脂培养基上，形成红色菌落。对碳水化合物发酵能力强。常用的化学消毒剂都可将其杀死。

二维码 1-1 普通琼脂培养基上形成的菌落

二维码 1-2 麦康凯培养基上形成的菌落

致病性和非致病性大肠杆菌在形态、染色、培养特性和生化反应方面没有区别，但其抗原构造不同。大肠杆菌的抗原构造由已知菌体抗原(O)约有 171 种、荚膜抗原(K)103 种和鞭毛抗原(H)64 种构成，它们之间可组合成几千个血清型。按其对人和动物的致病性分为肠毒素性大肠杆菌(ETEC)、肠致病性大肠杆菌(EPEC)、肠侵袭性大肠杆菌(EIEC)、肠出血性大肠杆菌(EHEC)。EHEC 主要株型为 O157:H7，如 1996 年在日本暴发流行的大肠杆菌病，主要是由 O157:H7 引起的，造成上万人发病，死亡 20 余人。

大肠杆菌对外界环境因素的抵抗力不强。其培养物在室温下可生存数周，在土壤和水中可达数月。对高温抵抗力较弱，加热到 60 ℃经 15 min 即可被杀死。在干燥环境下也容易死亡，但对低温有一定的耐受力。对一般的化学消毒剂都比较敏感，如 3%来苏儿、5%～10%漂白粉、5%石炭酸等均能迅速杀死大肠杆菌。对氯很敏感，对强酸、强碱较敏感，其耐受 pH 范围一般在 4.3～9.5。

大肠杆菌一般对常见广谱抗生素敏感，但是不同地区或动物来源的菌株可能会有所差异。由于长期滥用某些抗生素，目前已出现大量的耐药菌株。

[流行特点]

本病多发于冬春季节舍饲期间，呈地方流行性或散发。幼龄动物对本病敏感，犊牛 10 日龄以内多发，羔羊 6 周龄以内多发，年龄较大者少见。

患病动物和带菌者是本病的主要传染源，通过粪便排出病菌，散布于外界，污染饲料、水源、空气以及母畜的乳头和皮肤。当幼龄动物吮乳、舔舐或饮食时，经消化道而感染，牛也可通过子宫内感染或脐带感染发病。凡能降低幼龄动物机体抵抗力的因素都可以促进本病的发生，如母畜体质瘦弱、饲料中蛋白质供应不足或维生素缺乏、厩舍阴冷潮湿、犊牛或羔羊未吮食初乳或哺乳不及时，饥饿或过饱等。

[临床症状]

1. 犊牛

潜伏期很短，仅数小时。在临床上常见有 3 种类型。

(1)败血型：呈急性败血症经过。患犊发热，精神沉郁，间或腹泻，常于出现症状后数小时至 1 d 内死亡，有的未出现明显症状即死亡。可在血液和脏器分离到致病性大肠杆菌。

(2)肠毒血型：较少见，常突然死亡。病程稍长的病例，可见到神经症状，先兴奋不安，后沉郁、昏迷而死亡，死前多发生腹泻。

(3)肠型：病初体温升高达 40 ℃，食欲减退，腹泻。发病初期排出黄色粥样粪便，后期排灰白色水样粪便，混有未消化的凝乳块、血块和泡沫，气味酸臭。患犊腹痛，肛门失禁。病程长的还有肺炎和关节炎症状。如及时治疗，一般可治愈，但发育缓慢，常并发脐炎、关节炎或肺炎。

2. 羔羊

潜伏期数小时至 2 d。分为败血型和肠型两种。

(1)败血型：主要发生于2～6周龄羔羊。病初体温升高达41.5～42 ℃，患病羔羊精神委顿，呼吸浅表，脉搏微弱。眼结膜潮红、充血，视力减弱。四肢僵硬，运动失调，头向后仰或弯向一侧，磨牙，一肢或数肢做游泳样运动。多于发病后4～12 h死亡。

(2)肠型：主要发生于1周龄以内的羔羊。病初体温升高，精神委顿，腹痛，不久即腹泻，排出黄色、灰色混有血液或带有泡沫的液状粪便。病羔体质十分虚弱，如不及时治疗，可经24～36 h死亡，病死率15%～75%。

[病理变化]

1.犊牛

急性败血型、肠毒血型死亡的犊牛，病变不明显。有腹泻症状的患犊真胃内有大量乳凝块，黏膜水肿、充血，出血。肠内容物混有血液和泡沫，小肠黏膜充血、出血，上皮组织脱落，肠系膜淋巴结肿大。病程长的有肺炎和关节炎病变。

2.羔羊

(1)败血型：胸、腹腔和心包内有大量积液，内有纤维蛋白。某些关节肿大，尤其是肘关节和腕关节，关节腔内液体浑浊，内含纤维素性絮片或脓样渗出物。脑膜显著充血，有弥漫性小出血点，大脑沟回常见多量脓性渗出物。

(2)肠型：尸体严重脱水，真胃、小肠和大肠内容物呈黄灰色半液状，黏膜充血，肠系膜淋巴结肿胀发红。

[诊断]

根据本病流行特点、临床症状和病理变化可做出初步诊断。确诊需进行细菌学检查，一般采取血液、内脏组织(如肝、脾和肠管)等病料进行细菌学检查。

[防控]

加强饲养管理，注意圈舍的清洁卫生。羔羊、犊牛出生后要尽早哺乳，勿使其饥饿或过饱。断奶期间饲料不要突然改变，防止各种应激因素的影响，注意保温。

发病后要及时治疗，可用土霉素、庆大霉素、氨苄西林钠、恩诺沙星、磺胺嘧啶钠等。另外要注意及时补液，调整胃肠功能，纠正代谢性酸中毒。

[公共卫生]

人的普通大肠杆菌病发病大多急骤，主要临床症状是腹泻，常为水样稀便，每天数次至10多次，伴有恶心、呕吐、腹痛、里急后重、畏寒发热和全身乏力等表现。成年人临床症状一般较轻，多数仅有腹泻，数日可愈。少数病情严重者，可致虚脱或表现为肠炎。

预防大肠杆菌病最有效的措施是搞好饮食卫生。

发病早期控制饮食，减轻肠道负荷，一般可迅速痊愈。婴幼儿多因腹泻而脱水严重，应予以水、电解质的补充和调节，一般不用抗生素治疗，但对肠侵袭性大肠杆菌所致急性肠炎，可选用敏感的抗生素和磺胺类药物等进行治疗。

任务六　沙门菌病

沙门菌病是由沙门菌属细菌引起的一种疾病的总称。临床上多表现败血症和肠炎，也可使孕畜发生流产。

[病原]

沙门菌为两端钝圆的中等大肠埃希菌，无荚膜，无芽孢，除鸡白痢和鸡伤寒沙门菌外，都有周身鞭毛，革兰阴性。在普通培养基上，生长形成半透明、表面光滑、圆形、中等大小的菌落。

沙门菌根据其菌体抗原(O)、鞭毛抗原(H)和表面抗原(K)分成许多群和血清型，如沙门菌共有51个O群。沙门菌属血清型众多，目前已有2 610种血清型，多数都为肠炎沙门菌。沙门菌能够产生毒力很强的内毒素，引起动物发热、黏膜下出血、白细胞增多和中毒性休克等。其中肠炎沙门菌、鼠伤寒沙门菌和猪霍乱沙门菌，可使人发生食物中毒。

本菌对干燥、腐败和日光具有一定的抵抗力，在外界环境中可存活数周或数月。对化学消毒剂敏感，常用的化学消毒剂都可以达到消毒的目的。通常情况下，对多种抗菌药物敏感。但由于长期滥用抗生素，对常用抗生素耐药现象普遍。

[流行特点]

本病在畜禽中散发或呈地方流行性。各种年龄畜禽均可感染，但以幼龄畜禽易感性高。1月龄以后的犊牛、断乳羔羊最易感。

患病动物和带菌动物是主要的传染源，病菌通过其粪、尿、乳、流产胎儿、胎衣和羊水等排出，污染饲料和饮水，经消化道感染健康动物，也可经交配或人工授精感染。此外，子宫内感染也有可能。鼠类也可传播本病。

健康畜禽带菌现象很多，特别是鼠伤寒沙门菌，可潜伏于畜禽的消化道、淋巴组织和胆囊内。当外界不良因素使动物机体抵抗力降低时，病菌大量繁殖引起内源性感染，如圈舍潮湿、拥挤、粪便堆积、长途运输、饥饿、疲劳、气候骤变、寄生虫病、病毒感染、分娩、断奶过早等。

[临床症状]

1.牛沙门菌病

主要由鼠伤寒沙门菌和都柏林沙门菌引起。若牛群中存在带菌母牛，犊牛出生后48 h即可发病，拒食，卧地不起，迅速衰竭，常于3～5 d内死亡。多数犊牛于出生后10～14 d发病，体温升高达40～41 ℃，24 h后排灰黄色液状粪便，混有黏液和血液，恶臭。病程5～7 d，病死率可达50%。有时多数病犊可以康复。病程长者，腕关节和跗关节肿大，或有支气管炎和肺炎症状。

成年牛体温升高，精神沉郁，食欲废绝，呼吸困难。腹泻，粪便恶臭，混有血液和纤维素絮片及坏死组织。病牛迅速脱水、消瘦，多于1～5 d内死亡。症状轻者可自行康复。怀孕母牛多发生流产。

2.羊沙门菌病

根据临诊表现分为腹泻型和流产型。

(1)腹泻型：病羊体温升高达40～41 ℃，精神沉郁，食欲减退。腹泻，排出黏液性带血的恶臭稀粪。病羊虚弱，卧地不起，经1～5 d死亡。病死率达25%。

(2)流产型：妊娠绵羊在妊娠后期发生流产或死产。流产前病羊体温升高，精神沉郁，厌食，有的腹痛，阴道分泌物增多。产下活羔表现衰弱，不能站立，腹泻，常于生后1～7 d内死亡。母羊可在流产后死亡。本病在羊群中暴发1次，一般要持续10～15 d，流产率和病死率可达60%。

[病理变化]

1. 牛沙门菌病

犊牛在腹膜、小肠后段及结肠黏膜有出血斑点，肠系膜淋巴结水肿，有时出血。脾充血、肿胀，肝、脾、肾有坏死灶。肝脏色泽变淡，胆汁稠厚而浑浊。常有肺炎病变。关节损害时，腱鞘和关节腔内有胶样液体。

成年牛有急性出血性肠炎病变。肠黏膜潮红出血，大肠黏膜脱落，有局限性坏死区。肠系膜淋巴结水肿、出血。肝发生脂肪变性和小坏死灶，胆囊壁增厚，胆汁浑浊呈黄褐色。脾充血肿大。病程长的可见肺炎病变。

2. 羊沙门菌病

腹泻型可见卡他性出血性胃肠炎病变，真胃和肠道空虚，黏膜充血、水肿，附有多量黏液。肠内容物呈半液状，混有小血块。肠系膜淋巴结充血肿大。胆囊黏膜水肿，心内外膜有小出血点。

流产型可见流产或死产胎儿呈败血症变化，胎儿组织充血、水肿，肝、脾肿大，胎盘水肿、出血。病死母羊有急性子宫内膜炎，子宫内有坏死组织、浆液性渗出物和滞留的胎盘。

[诊断]

根据流行特点、临床症状、病理变化，以及妊娠动物发生流产可做出初步诊断，确诊需进行细菌学检查。发热期采取血液或乳汁，下痢病例采取粪便，急性病例采取脾或淋巴结等进行沙门菌的分离培养和鉴定。诊断时应注意与大肠杆菌病的区别。

[防控]

预防本病应加强饲养管理，消除发病诱因，保持饲料和饮水的清洁、卫生。搞好圈舍的卫生，适时更换褥草，对污染的圈舍和用具要进行彻底消毒。

动物发病后，对患病动物要及时隔离治疗，治疗措施主要包括补液和抗生素治疗。严重腹泻的要补糖补液，纠正脱水。纠正代谢性酸中毒，可静脉注射5%碳酸氢钠。

对本病有治疗作用的抗菌药物有很多，如恩诺沙星、氨苄西林钠、链霉素、庆大霉素、土霉素等，但由于沙门菌常出现耐药性菌株，应注意轮换使用抗菌药物。

[公共卫生]

沙门菌病不但危害畜禽，而且可通过畜禽传染给人，可以说是典型的“病从口入”，主要的传染途径有两种：食物传染（如食用带菌的乳、肉、蛋）和水源传染。人类发病往往是因为吃了病牛和带菌动物的未经充分加热消毒的乳、肉产品等。临床症状可分为三种类型：胃肠炎型、败血症型、局部感染化脓型，以胃肠炎型（即食物中毒）最为常见。

胃肠炎型沙门菌病：潜伏期7～24 h，间或可延长至数日。菌数越多、毒力越强，则症状出现越早。突然发病，体温升高，伴有头痛、寒战、恶心、呕吐、腹痛、腹泻，每天排便自3～4次至数十次不等，呈黄色水样粪便，带有少量黏液，有恶臭，个别病例可混有脓血。病程一般为2～4 d。

人类食物中毒的治疗一般选用氟喹诺酮类、氨苄西林、复方新诺明等药物进行治疗，注意休息和加强护理，同时注意对症治疗。大多数患者可于数天内恢复健康。

任务七 牛病毒性腹泻-黏膜病(牛病毒性腹泻)

牛病毒性腹泻-黏膜病简称牛病毒性腹泻或牛黏膜病，是由牛病毒性腹泻病毒引起的一种急性、热性传染病。其特征为黏膜发炎、糜烂、坏死和腹泻。

[病原]

牛病毒性腹泻病毒(BVDV)，又称为黏膜病病毒，主要分布于血液、精液、脾、骨髓、肠淋巴结、妊娠动物的胎盘等组织以及呼吸道、眼、鼻的分泌物中。本病毒对乙醚、氯仿、胰酶等敏感，pH 3 以下易被破坏，50 ℃氯化镁中不稳定，很快被灭活；血液和组织中的病毒在－70 ℃可存活多年；在低温下稳定，冻干状态下可存活多年。

[流行特点]

不同品种、年龄、性别的牛均易感，幼龄牛易感性较强，患病牛和带毒牛是本病的主要传染源。牛病毒性腹泻病毒可以通过宿主的唾液、鼻液、粪便、尿、乳汁和精液等分泌物排出体外，主要经消化道和呼吸道而感染，也可通过胎盘感染。本病常年均可发生，通常多发于冬季和春季。流行特点是新疫区急性病例多，不论放牧牛或舍饲牛、成年牛或幼龄牛均可感染发病，发病率通常不高，约为 5%，其病死率可达 90%～100%，发病牛以 6～18 月龄者居多；老疫区则急性病例很少，发病率和病死率很低，而隐性感染率在 50%以上。

[临床症状]

本病潜伏期 7～14 d，人工感染 2～3 d。临床症状可分为急性型和慢性型两种。

1. 急性型

病牛突然发病，体温升高至 40～42 ℃，通常持续 4～7 d，有的呈双相热。同时伴发白细胞数减少，持续 1～6 d，随后白细胞数恢复或微量增多，有的可发生第二次白细胞数减少。病牛精神沉郁，食欲减退或废绝，反刍停止，心率加快，呼吸急促，鼻、眼有浆液性分泌物，口腔黏膜潮红，2～3 d 内鼻镜及口腔黏膜表面糜烂，舌面上皮坏死，流涎增多，呼出的气体恶臭。通常在口受损害之后发生严重腹泻，开始水泻，以后带有黏液和血液。急性病例常在 5～7 d 内死亡。

2. 慢性型

病牛很少有明显的发热症状，特征性的症状是鼻镜上的糜烂，此种糜烂可在全鼻镜上连成一片。眼内常有浆液性分泌物。由于蹄叶炎及趾间皮肤糜烂坏死，可出现跛行。大多数患牛在 2～6 个月内死亡或被淘汰。母牛在妊娠期感染本病时常发生流产，或产下有先天性缺陷的犊牛。

[病理变化]

主要病变在消化道和淋巴组织。鼻镜、鼻腔黏膜、齿龈、上腭、舌面两侧及颊部黏膜有糜烂及浅溃疡，特征性损害是食道黏膜糜烂，其形状大小不等，呈线状排列。真胃炎性水肿和糜烂。肠壁因水肿增厚，肠淋巴结肿大，小肠急性卡他性炎症，盲肠、结肠、直肠有卡他性、出血性、溃疡性以及坏死性等不同程度的炎症。蹄部的损害是在趾间皮肤及蹄冠有急性糜烂性炎症，以致发展为溃疡及坏死。

[诊断]

根据临床症状和病理变化，结合流行情况可做出初步诊断。确诊需通过病毒的分离鉴定及血清学检查。

本病应注意与口蹄疫、牛传染性鼻气管炎、恶性卡他热、水疱性口炎和牛蓝舌病等相鉴别。

［防控］

本病在目前尚无有效疗法。

本病主要导致腹泻、消化道黏膜坏死和糜烂，因此治疗时应采取补液解毒、止泻、强心和防止细菌继发感染等措施。防止细菌继发感染可用抗生素，如喹诺酮类、头孢类和磺胺类药物。

平时预防要加强口岸检疫，从国外引进种牛、种羊时，必须严格进行血清学检查，防止引入带毒牛羊。国内在进行牛羊调拨或交易时，要加强检疫，防止本病的扩散或蔓延。一旦发生本病，对患病牛羊要隔离治疗或淘汰。目前，可用弱毒疫苗或灭活疫苗来预防和控制本病。

任务八　牛恶性卡他热

牛恶性卡他热又名恶性头卡他，是牛的一种致死性淋巴增生性病毒性传染病，以高热、呼吸道和消化道黏膜的化脓性坏死性炎症及高死亡率为特性。

［病原］

本病病原为狷羚疱疹病毒Ⅰ型。病毒存在于病牛的血液、脑、脾等组织中，在血液中病毒紧紧附着于白细胞上，不易脱离，也不易通过细菌滤器。病毒对外界环境的抵抗力不强，不能抵抗冷冻、干燥及紫外线。含病毒的血液在室温中可存活 24 h，冰点以下温度可使病毒失去传染性，因而病毒较难保存。

［流行特点］

本病在自然情况下主要发生于黄牛和水牛，其中 1～4 岁的牛较易感，1 岁以下的牛或老年牛很少发病。

本病在流行病学上的一个明显特点是不能由病牛直接传染给健康牛。一般认为绵羊无症状带毒是牛群暴发本病的来源。发病牛都有与绵羊接触史，特别是绵羊产羔期最易传播本病。绵羊感染后无症状，通过分泌物和排泄物排毒，还可通过胎盘使羔羊带毒。病牛的分泌物、排泄物也带毒，但病牛与健康牛接触并不发生传染。

本病一年四季均可发生，更多见于冬季和早春，多呈散发，有时呈地方流行性。多数地区发病率较低，而病死率可高达 95%以上。

自然感染的潜伏期，长短变动很大，一般 4～20 周或更长，最多见的是 28～60 d。

［临床症状］

牛恶性卡他热可分为多种病型，一般为最急性型、头眼型、肠型和皮肤型等，各型可能互相混合。

1. 最急性型

病牛突然发病，高热稽留，可达 41～42 ℃，眼结膜潮红。精神沉郁，食欲锐减，反刍减少，饮欲增加，前胃弛缓；肌肉震颤，呼吸困难。鼻镜干燥，常于发病后 1～2 d 死亡。

二维码 1-3　恶性卡他热患牛，眼睑肿胀，眼结膜高度充血，角膜浑浊，蓝眼

2. 头眼型

该型病例最为常见，体温升高，可达 40～41 ℃，发病后的第

2天，眼、鼻、口黏膜发炎。双眼畏光、流泪，眼睑肿胀，眼结膜高度充血，常有脓性和纤维素性分泌物，角膜浑浊，蓝眼，严重者形成溃疡，多数失明。炎症蔓延到额窦，会使头颅上部隆起。

鼻腔黏膜充血、坏死及糜烂，鼻腔有脓性黏性分泌物，气味恶臭。分泌物聚集在鼻腔，妨碍气体通过，引起呼吸困难。鼻镜皮肤先充血，后干裂、坏死，糜烂、结痂。

口腔黏膜充血潮红，排出泡沫样的唾液，唇角、齿龈、颊部、舌根和硬腭等处形成灰白色小丘疹，之后糜烂和溃疡。

大部分病例随着病情的发展会出现脑膜炎症状，表现为精神沉郁乃至昏迷，或兴奋不安，哞叫、磨牙，到处冲撞。也可能呈现痉挛性发作，头颈伸直，全身麻痹等。

病程一般为5～14 d，有时可长达1～4周或数月，预后多不良，极少数牛可恢复健康。

3.肠型

该病型很少见。患牛呈高热稽留，严重腹泻，排出恶臭粪便，且粪便中混有血液和坏死组织。口腔、眼及其他处黏膜可见糜烂或溃疡。排尿频繁，尿中带血或蛋白尿，体表淋巴结肿大。母畜阴唇水肿，阴道黏膜潮红、肿胀。妊娠牛可能发生流产。

病程一般为4～9 d，死亡率极高。

4.皮肤型

在颈、背、乳房等部位发生丘疹、水疱或龟裂等变化，并形成褐色痂皮，有时转为脓肿。趾间糜烂、溃疡，由于疼痛而出现跛行。头部及其他部位淋巴结肿大。

[病理变化]

病理解剖变化依临床症状而定。

(1)最急性型病例没有或只有轻微变化。可见到心肌变性，脾脏和淋巴结肿大，消化道黏膜有不同程度的出血性炎症。

(2)头眼型以类白喉性坏死性变化为主。喉头、气管和支气管黏膜充血，有小点出血，也常覆有伪膜。肺充血及水肿，也见有支气管肺炎。

(3)消化道型以消化道黏膜变化为主，口腔黏膜糜烂、溃疡，真胃黏膜和肠黏膜出血性炎症，有部分形成溃疡。在较长的病程中，泌尿生殖器官黏膜也呈炎症变化。

(4)皮肤型病牛在颈、背、腹下、乳房等处皮肤上发生丘疹或水疱样疹块，疹块常在形成褐色痂皮后消散，有时转为脓肿。

[诊断]

根据流行特点、临床症状及病理变化可做出初步诊断，确诊需进行实验室检查，包括病毒分离培养鉴定、动物实验和血清学诊断等。

[防控]

预防本病最有效的措施是牛只尽量和羊分开饲养，尤其是绵羊，应将绵羊等反刍动物置于远离牛群的圈舍饲养，不让牛群与之接触。同时注意牛舍和用具的消毒，保持牛舍清洁干燥和通风良好，加强饲养管理，增强牛只的抵抗力。

目前本病尚无特效治疗方法。采用清热解毒，控制继发感染，强心补液，防止脱水与自体中毒等措施有一定疗效，可选用磺胺嘧啶钠、头孢噻呋钠、恩诺沙星、双黄连、黄芪多糖等静脉注射。有人用“龙胆泻肝汤”灌服，3～5 d可见到明显疗效。

任务九　牛流行热

牛流行热(BEF)又称三日热或暂时热，是由牛流行热病毒引起的牛的一种急性热性传染病。其特点是呈良性经过，发病率高，死亡率低，大部分病牛经过 2～3 d 发热停止，逐渐恢复。但大群发病时，对奶牛的产奶量有相当大的影响，而且病牛中有一部分常因瘫痪而被淘汰。

[病原]

牛流行热病毒学名为牛暂时热病毒，属弹状病毒科的暂时热病毒属，成熟的病毒粒子呈子弹形或圆锥形，大小(130～220) nm×(60～70) nm。病牛高热期的血液、肺和呼吸道的分泌物中存在有病毒，牛流行热病毒有 4 个血清型。病毒耐寒不耐热，能抵抗反复冻融。

[流行特点]

本病主要侵害奶牛和黄牛，以 3～5 岁的青壮年牛多发，犊牛及 9 岁以上牛少发。6 月龄以下的犊牛不显现临床症状，肥胖牛和高产奶牛发病率高，病情重。

病牛是本病的主要传染源。吸血昆虫(蚊子等)叮咬病牛后再叮咬易感健康牛而传播，疫情的发生与吸血昆虫的出没相一致，因此，本病主要发生于高温、多雨、潮湿、蚊蝇滋生的 6—9 月份，其他季节少见。本病传染力强，传播迅速，短期内可使很多牛发病，呈流行性或大流行。发病率高，但病死率低(一般不高于 1%)。

[临床症状]

潜伏期 3～7 d，根据临床表现可分为三型。

1. 呼吸型

病牛精神沉郁，食欲、泌乳突然锐减或停止，体温升高，达 40 ℃以上，皮温不整，心动过速。流泪、畏光，结膜充血、潮红，眼睑水肿，呼吸急促，张口呼吸，腹式呼吸明显，发出“吭吭”呻吟声，流鼻液。口腔发炎，流涎。四肢关节肿胀，不愿负重。妊娠 7～8 个月的牛可出现流产。若及时治疗可以治愈。

2. 胃肠型

患牛精神沉郁，食欲废绝，体温升高至 40 ℃左右，眼结膜潮红，流泪，流涎，有浆液性鼻液，腹式呼吸。肌肉颤抖，粪便干硬，呈黄褐色，有时混有黏液。胃肠蠕动减弱，瘤胃蠕动停止，反刍停止。还有少数病牛表现腹泻、腹痛等症状。病程 3～4 d，如及时治疗则预后良好。

3. 瘫痪型

多数病牛出现体温不高，精神萎靡，食欲减退，肌肉颤抖，四肢关节肿胀，疼痛，卧地不起。站立时，四肢特别是后躯表现僵硬，不愿移动，运动障碍，强行牵拉或转向则易摔倒。

本病病死率一般不超过 1%，但有些牛因跛行、瘫痪而被淘汰。

[病理变化]

主要病变在呼吸道，上呼吸道黏膜充血、出血、肿胀，肺显著肿大，有不同程度的水肿和间质性气肿，压迫肺有捻发音，切面流出大量暗紫红色泡沫状液体，气管内充满多量泡沫状的黏液。胸腔积液，呈暗紫红色。淋巴结肿大、充血、出血。实质脏器浑浊、肿胀或有出血点。真胃及肠黏膜为卡他性炎症或渗出性出血。肩关节、跗关节肿大，关节液增多，呈浆液性，混有淡黄色纤维素性渗出物。

[诊断]

根据流行特点，大群发生，传播迅速，有明显的季节性，发病率高，但病死率低，结合病牛临床症状，可做出初步诊断。确诊需做实验室检查。

须注意与牛传染性鼻气管炎、病毒性腹泻-黏膜病、牛副流感、茨城病、牛恶性卡他热等相鉴别。

[防控]

加强饲养管理，提高抗病能力与对环境的适应能力，改善环境条件与卫生状况，注意牛舍的通风换气。夏天注意防暑降温，大力消灭蚊、蝇等吸血昆虫。发病时，及时消毒，隔离病牛，加强对病牛的护理。

本病治疗尚无特效药物。主要采取对症治疗，减轻病情，提高机体抗病力。

以呼吸型症状为主的病例，可用安乃近、复方氨基比林等药物解热镇痛，青霉素、头孢噻呋钠、卡那霉素、磺胺嘧啶钠等药物防止并发症及继发感染。对呼吸困难的气喘病牛，25%氨茶碱注射液 20～40 mL，肌内注射。

以胃肠型症状为主的病例，用恩诺沙星、氨苄西林钠、链霉素、庆大霉素、陈皮酊、姜酊等药物进行治疗，同时注意补液，纠正酸中毒，一般经 1～5 d 可痊愈。

瘫痪型病例，可用生理盐水 1 000 mL、10%葡萄糖酸钙 600 mL、10%葡萄糖注射液 1 500 mL、40%乌洛托品注射液 50 mL、10%水杨酸钠 100～200 mL、10%维生素 C 注射液 30～50 mL、维生素 B_1 注射液 0.5 g，静脉注射。

任务十　牛传染性鼻气管炎

牛传染性鼻气管炎，又称“坏死性鼻炎”“红鼻病”，是由牛传染性鼻气管炎病毒引起的一种接触性传染病。本病只发生于牛，临床主要表现为鼻镜、鼻黏膜潮红，呼吸困难，流鼻液等，还可引起生殖道感染、结膜炎、脑膜脑炎、妊娠母牛流产等多种病型。

本病的危害性在于病毒侵入牛体后，可潜伏在一定部位，导致持续性感染，病牛长期乃至终身带毒，给控制和消灭本病带来极大困难。

[病原]

病原为牛传染性鼻气管炎病毒，学名为牛疱疹病毒 1 型、坏死性鼻炎病毒、传染性脓疱外阴阴道炎病毒。病毒粒子呈球形，直径 140～230 nm，有囊膜，只有一个血清型。

本病毒对外界环境因素有一定抵抗力，对热敏感，50 ℃经 20 min 可灭活。4 ℃经 30 d 保存，其感染滴度几乎无变化。低温条件下可长期保存，−70 ℃保存的病毒可存活数年。在 pH 7.0 的溶液中非常稳定，但对乙醚和酸敏感。常用的许多消毒剂都可使其灭活，如 0.5%氢氧化钠、1%苯酚等。

[流行特点]

本病主要感染牛，尤以肉用牛较为多见，其次为奶牛。犊牛较成年牛易感性强，其中又以 20～60 日龄的犊牛最为易感，病死率也较高。

病牛和带毒牛为本病主要的传染源，可随眼、鼻、阴道分泌物排出病毒。牛传染性鼻气管炎病毒可以潜伏在三叉神经节和腰荐神经节内，造成持续性感染。当存在应激因素(如长途运输、过于拥挤、分娩和饲养环境发生剧烈变化)时，潜伏在体内病毒可以活化，并出现于鼻液和阴道分泌物中，因此隐性带毒牛往往是最危险的传染源。

本病主要通过空气、飞沫、精液和接触传播，病毒也可通过胎盘侵入胎儿引起流产。交配也可传播本病。

本病多发于寒冷季节，发病率一般为 20%～30%，病死率一般为 1%～5%，犊牛病死率较高。

[临床症状]

本病潜伏期一般 4～6 d，可表现多种类型。

1. 呼吸道型

呼吸道型最常见，寒冷季节多见。病初体温升高达 40～42 ℃，精神沉郁，拒食，有多量黏液脓性鼻液，鼻黏膜高度充血、潮红，出现浅溃疡，鼻甲骨及鼻镜因组织高度发炎变红而称为“红鼻病”。结膜炎、流泪。呼吸困难，往往张口呼吸，呼气中常有臭味，呼吸增数，咳嗽。有时可见腹泻，粪便带血。多数病例病程在 10 d 左右，病死率一般在 10%以下。

二维码 1-4　红鼻病，鼻镜高度发炎，变红

2. 生殖道感染型

生殖道感染型由配种传染。母牛患本病型又称传染性脓疱外阴阴道炎。病初发热，食欲下降。尿频，排尿有痛感，阴门、阴道发炎充血、红肿，流黏液脓性分泌物，阴道黏膜出现白色病灶、脓疱或灰色坏死膜。病程一般在 2 周左右。

公牛生殖器官感染又称为传染性龟头包皮炎，表现为包皮肿胀、充血、糜烂，包皮、阴茎上发生脓疱，呈颗粒状外观。病程 10～14 d，以后逐渐恢复。

3. 脑膜脑炎型

脑膜脑炎型主要发生于犊牛。体温升高达 40 ℃以上。病犊共济失调，肌肉震颤，兴奋，惊厥，口吐白沫，最终倒地，角弓反张，磨牙，四肢呈游泳状划动。病程在 1 周左右，病死率在 50%以上。

4. 眼炎型

一般无明显全身反应，主要表现眼结膜充血、水肿，角膜轻度浑浊。眼、鼻流浆液脓性分泌物，很少引起死亡。重症病例可于结膜上形成颗粒状灰色的坏死膜。

5. 流产型

一般多见于初产青年母牛，也可发生于经产母牛。流产多发生于妊娠的第 5～8 个月。本型多数是由于病毒在呼吸道黏膜增殖后形成了病毒血症，病毒经血液循环进入胎盘组织及胎儿所致。

[病理变化]

在呼吸道型病例中，病牛呼吸道黏膜高度发炎，充血发红，有浅表溃疡，其上被覆腐臭灰色黏脓性渗出物，咽喉、气管、支气管出血，附有伪膜。可能有肺炎或胸膜肺炎。

[诊断]

根据本病的典型病例(呼吸道型)，如鼻黏膜高度充血，鼻镜潮红，呼吸困难、流黏脓性鼻液等特征性症状，结合流行病学调查，可做出初步诊断，但确诊必须依靠实验室诊断。

［防控］

因本病能导致持续性感染，防控本病最重要的措施是必须实行严格检疫，防止引入传染源和带入病毒（如带毒精液）。抗体阳性牛实际上就是本病的带毒者，应视为传染源，采取措施对其进行严格管理。

目前使用的疫苗有灭活疫苗和弱毒疫苗，可以起到预防临诊发病的效果，但疫苗免疫不能阻止野毒感染，也不能阻止潜伏病毒的持续性感染。因此，在阳性率较高的牛群或地区，目前采用敏感的检测方法（如 PCR 技术）检出阳性牛且扑杀是根除本病的有效途径。

发生本病时，应采取隔离病牛、彻底消毒等综合性措施。

由于本病尚无特效疗法，在隔离病牛的基础上，可以进行对症治疗。应用抗生素防止继发感染，以强心补液等治疗。

任务十一　水疱性口炎

水疱性口炎是由水疱性口炎病毒引起的多种哺乳动物感染的一种高度接触性传染病，人也可感染。本病很少发生死亡。

［病原］

水疱性口炎病毒属弹状病毒科，水疱病毒属。病毒粒子呈子弹状或圆柱状，长度约为直径的 3 倍，大小为（150～180）nm×（50～70）nm。病毒可在 7～13 日龄鸡胚中增殖，并使鸡胚死亡。人工接种于牛、马、猪、绵羊、兔、豚鼠的舌面内可发生水疱，但接种于牛肌肉内则不发病。

本病毒对外界环境因素的抵抗力不强，2%氢氧化钠、1%甲醛可在数分钟内杀死病毒，0.1% 次氯酸钠溶液可 15 min 使病毒失去活性。病毒在含 50%甘油的磷酸盐缓冲液内，4～6 ℃ 可存活 4～6 个月，低温状态下可存活数月至 1 年。

［流行特点］

水疱性口炎病毒可侵害多种动物。自然情况下，牛、马、猪等家畜较易感。成年牛易感性高，1 岁以下的犊牛易感性较低。绵羊、山羊、犬和兔一般不易感染。

病毒通过损伤的皮肤、黏膜而感染，也可通过污染的饲料和饮水经消化道而感染，唾液和水疱液是重要的传染源。一些吸血昆虫也可成为传播媒介。

本病一般不广泛流行，传染性不强，每次只有少数牛只发病，很少发生死亡。本病的发生具有明显的季节性，多见于夏季和秋初，秋末则趋于平稳。

［临床症状］

病初体温升高达 40～41 ℃，精神沉郁，食欲减退，反刍减少，耳根发热，鼻镜干燥，口渴。在舌、唇黏膜上出现米粒大的水疱，水疱逐渐融合形成大水疱，内有透明黄色液体。经 1～2 d，水疱破裂，水疱皮脱落后，则遗留边缘不整齐的鲜红色烂斑。同时，病牛口腔流出大量清亮的黏稠唾液，病牛采食困难。有时，病牛在乳房和蹄部也可发生水疱。病程为 1～2 周，一般转归良好，很少死亡。

［诊断］

根据流行特点和临床症状可做出初步诊断。实验室诊断通常采集水疱皮、水疱液等作为病料，也可采集急性期和恢复期血液，分离血清用于血清学试验。

动物接种试验：病料给成年鸡舌面皮内接种或豚鼠足垫皮内接种，可使舌面或足垫发生水疱。也可将病料舌面皮内接种于牛、马、猪等动物，一般接种后 24 h 可发生水疱。牛肌肉、静脉、腹腔等途径接种均不产生水疱。

血清学试验：用于水疱性口炎诊断的血清学方法有补体结合试验、中和试验、酶联免疫吸附试验等。

牛发生本病时，应注意与口蹄疫相鉴别。

[防控]

发生本病时，应及时隔离患病动物及可疑患病动物，疫区严格封锁。封锁期间严禁从封锁区运出饲料、动物产品及易感动物，人员通过时应严格消毒。对圈舍、场地和用具用 2%～4% 氢氧化钠溶液、10%石灰乳、0.5%～1%次氯酸钠溶液等进行喷洒消毒。动物粪便应堆积发酵或用 5%氨水消毒。一般经过 14 d 再无患病动物发生可以解除封锁，解除封锁时进行一次终末消毒。

本病一般可以自愈。为了促使患牛早日痊愈，缩短病程，特别是防止继发感染，应在严格隔离的条件下对患病动物进行对症治疗。

口腔可用清水、0.1%高锰酸钾或食醋进行洗涤，糜烂面用 1%～2%的明矾或碘甘油涂擦或撒布冰硼散、青黛散等治疗。

蹄部可用 3%来苏儿、5%硫酸铜溶液清洗，然后涂以松馏油或鱼石脂软膏；或撒布高锰酸钾粉或磺胺粉等，用蹄绷带进行包扎。

乳房皮肤病变可用 2%～3%硼酸水洗涤，然后涂以抗生素软膏。

为防止出现继发感染而导致病情加重，可进行抗感染治疗，如青霉素、头孢噻呋钠、磺胺嘧啶钠、氨苄西林等。

[公共卫生]

人感染后，呈流感样症状，表现突然发热，肌肉酸痛、头痛、恶心，有时伴有眼痛、胸痛和呕吐，少数病人发生口炎、扁桃体炎等。一般 1 周内可完全康复，康复后可产生中和抗体。

任务十二　嗜血支原体病

嗜血支原体病（曾称为附红细胞体病）由嗜血支原体引起的一种人兽共患传染病。在临床上以高热、贫血和黄疸为特征。本病最早发现于 1928 年，过去常被人们所忽视，直至 1950 年确定猪的黄疸性贫血是由嗜血支原体引起的，才逐渐被重视起来。目前本病已广泛流行于世界各地。1981 年，我国在家兔体内先发现嗜血支原体，后在牛、羊、猪及犬体内都相继发现，人群中也检查到有其感染。

该病常常导致患病牛羊贫血、消瘦、生长发育受阻、泌乳量下降、免疫力下降，易继发其他疾病，而且还可引起怀孕母畜流产、早产、胎衣不下，导致母畜的繁殖力下降。

[病原]

嗜血支原体是一种多形态微生物。随其寄生的宿主及生长阶段的不同，其形体差异明显，多数为环形、球形、卵圆形，少数为杆状、逗点状。菌体直径 0.2～2.6 μm。嗜血支原体多在红

细胞表面单个或成簇存在，也有的在血浆中呈游离状态，

根据其宿主来源，可分为人嗜血支原体、猪嗜血支原体、绵羊嗜血支原体、山羊嗜血支原体、牛嗜血支原体等。

嗜血支原体对低温抵抗力强，在冷冻条件下可存活数年，但对干燥和化学消毒剂较敏感，常见的消毒剂几分钟即可使其死亡，在酸性溶液中活性会增强，在 37 ℃条件下 0.5%石炭酸需 3 h 方可将其杀死。

[流行特点]

本病多发生于天气炎热，雨水较多的夏秋季节或昆虫活动频繁季节，呈散发或地方流行性，北方多在 7—9 月份。以幼畜发病率较高。牛、猪、绵羊、山羊、家兔、犬和猫对嗜血支原体都易感，人也可感染。嗜血支原体在鼠类体内也可寄生。嗜血支原体具有宿主专一性，也就是说，嗜血支原体病只能在同种动物群体中传播，而不感染其他动物。嗜血支原体可通过接触、血源、交配及媒介昆虫叮咬等多种途径传播；人与动物之间接触可导致机械性传播。此外，可通过污染的注射器、针头、手术器械等传播，也可通过胎盘垂直传播。

[临床症状]

动物感染嗜血支原体多呈隐性经过，动物种类不同，潜伏期也不尽相同，介于 2～45 d。病程长短不一。

1. 牛嗜血支原体病

精神沉郁，食欲减退，易出汗，体温上升至 40 ℃以上，心率加快，呼吸急促，鼻流清涕。四肢无力，走路摇摆。随着病情发展，病牛症状加重，贫血，可视黏膜苍白或黄染，卧地不起。个别的牛有血尿。

2. 羊嗜血支原体病

绵羊和山羊都能感染发病，但绵羊更易感。发病后体温升高达 41 ℃以上，呼吸、心率加快，反刍停止，粪便干燥，有时带血，排尿增加，尿呈淡黄色，鼻孔周围有黏液性黄色结痂。可视黏膜水肿，有出血点或出血斑，口腔内侧、齿龈、舌背面及两侧有出血点，全身皮肤有黄豆或蚕豆大小的出血斑点。后期贫血和黄疸。母羊表现为流产、死胎、弱胎、产仔数减少、不发情等繁殖障碍；公羊表现为性欲减退、精液稀薄、精子变形、受胎率下降。羔羊发病突然，全身皮肤紫红色，指压褪色；有的突然瘫痪，食欲减少或废绝，呻吟，肌肉颤抖，四肢抽搐；死亡时，口、鼻和肛门出血。

[病理变化]

尸体皮肤苍白，血液稀薄、凝固不良。黏膜、浆膜、皮下脂肪黄染。胸腔、腹腔积液，心包腔内液体增多。肺脏、肾脏肿大。肝脏肿大，呈黄棕色，表面有灰黄色或灰白色坏死灶，胆囊充盈，胆汁浓稠。脾脏肿大，质地柔软。全身淋巴结肿大，切面外翻，有浆液渗出，切面有灰白色坏死灶或出血点。胃肠黏膜出现不同程度的炎性病变。

[诊断]

根据本病发病的季节性，病畜皮肤暗红，可视黏膜苍白、黄染，血液稀薄，凝固不良等特点可做出初步诊断。确诊还需实验室检查。

(1)直接镜检：因高热期动物血液中有大量的嗜血支原体，很容易检出。在疾病后期，血液中红细胞数量明显减少，检查比较困难。因此，制血涂片要采取高热期的血液。取耳静脉血

1 滴(必要时加肝素)加等量生理盐水混匀，盖上盖玻片，放在高倍镜暗视野中观察，可见各种形态的嗜血支原体，红细胞在视野中振动，血浆中的嗜血支原体做伸展、翻滚、旋转运动，红细胞表面嗜血支原体附着率很高，1 个红细胞有 2～17 个嗜血支原体附着，一般为 6～9 个。

(2)血涂片染色镜检：取耳静脉血用吉姆萨染色，在油镜下观察，可见红细胞表面凸凹不平，边缘不整，其表面及血浆中有许多染成紫红色逗点状、杆状、圆形或椭圆形等各种形态的嗜血支原体；用瑞氏染色，红细胞染成淡紫色，虫体则染成淡蓝色。

[防控]

预防本病应采取综合性措施。加强饲养管理，搞好圈舍卫生，消灭吸血昆虫，清除牛、羊体表寄生虫。消除应激因素，如圈舍潮湿、饲养密度过大、互相啃咬、频繁更换饲料等，控制本病发生的诱因。

发生本病，要及早治疗。应选择峰值高、消除率低的药物，保证用药量充足，如红霉素、罗红霉素、支原净、恩诺沙星、环丙沙星、多西环素等。症状消失后，要在饲料中添加土霉素粉或四环素粉，防止复发。

对于病情严重的病例，要进行对症治疗，强心补液，清热解毒。贫血的病例要肌内注射右旋糖酐铁，提高机体抵抗力。对隐性感染和慢性病例要补铁，饲料中适当补充复合维生素和硫酸亚铁，饮水中补加食盐，促进机体组织的修复，增强动物机体的抵抗力及解毒能力。

任务十三　放线菌病

放线菌病又称为大颌病，是多种致病性放线杆菌引起多种动物和人的一种非接触性、慢性传染病。本病的特征为头、颈、颌下和舌的放线菌肿。

[病原]

放线菌属在自然界分布很广，多数无致病性，引起牛发病的有牛放线菌和伊氏放线菌。

其中牛放线菌形态随生长环境而异，在培养基上呈杆状或棒状，可形成“Y”形、“V”形或“T”形排列的无隔菌丝，直径为 0.6～0.7 μm。在病灶中形成肉眼可见的大头针帽大的黄白色小菌体，呈硫黄颗粒状，此颗粒放在载玻片上压平后镜检呈菊花状，菌丝末端膨大，呈放射状排列。革兰染色菌体中央呈阳性紫色，周围膨大部分呈阴性红色。

牛放线菌对干燥、高热、低温抵抗力很弱，80 ℃经 5 min 或 0.1%升汞 5 min 可将其杀死。对石炭酸抵抗力较强，对青霉素、链霉素、四环素、头孢霉素、林可霉素及锥黄素、磺胺类药物敏感，但因药物很难渗透到脓灶中，故不易达到杀菌目的。

[流行特点]

本病呈散发性，无明显季节性，一年四季都可发生。牛、猪、羊、马、鹿等均可感染发病，人也可感染。动物中，以牛最易感，尤其 2～5 岁的牛。

放线菌病的病原体存在于污染的土壤、饲料和饮水中，寄生于动物口腔和上呼吸道中。因此，只要黏膜或皮肤上有破损，便可能发病。当给牛饲喂带刺的饲料，如禾本科植物的芒、大麦穗、谷糠、麦秸等，常使口腔黏膜损伤而感染。

[临床症状]

牛常见上、下颌骨肿大，界线明显(图 1-3)。肿胀进展缓慢，一般经过 6～18 个月才出现一个小而坚实的硬块。有时肿大发展甚快，牵连整个头骨，肿部初期疼痛，晚期无痛觉。病牛呼吸、吞咽和咀嚼均感困难，消瘦甚快，有时皮肤化脓破溃，流出脓汁，形成瘘管，流出含黄白色硫黄样颗粒的脓汁，长久不愈。头、颈、颌部组织也常发硬结，不热不痛。

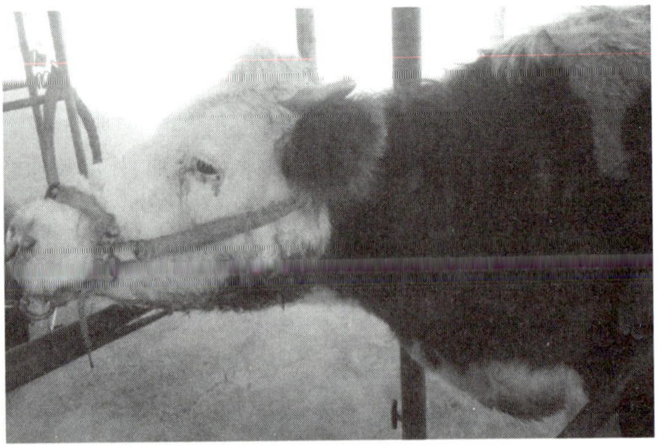
图 1-3 病牛颌骨肿大，皮肤破溃

[诊断]

放线菌病的临床症状和病变比较特殊，不易与其他传染病混淆，故易做出诊断。在颌骨处发生缓慢的肿胀，并有波动性脓肿或瘘管时，即可认为是放线菌病。确诊应进行实验室检验。采取脓汁于试管内，加生理盐水搅动以溶解黏液，然后倒入平皿中，拣出“硫黄颗粒”放置载玻片压碎，革兰染色，油镜观察。如发现革兰阳性短杆状、棒状或分枝状的细菌即可确诊。或采取少量脓汁于载玻片上，加 10% 氢氧化钾 1 滴，混合溶解脓汁后，加盖玻片搓压，在低倍镜下可见到带黄色的菊花状菌块。

[防控]

为了防止本病的发生，应避免在低湿地放牧。舍饲牛只最好于饲喂前将干草、谷糠等浸软，避免刺伤口腔黏膜。遵守兽医卫生制度，特别是防止皮肤、黏膜发生损伤，有伤口时及时处理、治疗。

治疗时，硬结可用外科手术切除，若有瘘管形成，要连同瘘管彻底切除，切除后新创腔用碘酊纱布填塞，24～48 h 更换一次。也可用烧烙法进行治疗。

内服碘化钾，成年牛 5～10 g/d，犊牛 1～3 g/d，连用 2～4 周；重症者可静脉注射 10% 碘化钠，50～100 mL/d，隔日 1 次，共用 3～5 次。在用药过程中如出现碘中毒现象（如黏膜和皮肤发疹、流泪、脱毛、消瘦）应暂停用药 5～6 d 或减少剂量。还可用高锰酸钾治疗牛放线菌病，治疗时，将高锰酸钾粉撒布于湿纱布上，填塞于患牛肿块创腔内。

放线菌对青霉素、红霉素、四环素、林可毒素、恩诺沙星比较敏感，林氏放线杆菌对链霉素、磺胺类药物比较敏感，故可有针对性地应用抗菌药物进行治疗，但需大剂量应用，方可收效。

任务十四 痘 病

痘病是由痘病毒引起的各种家畜、家禽和人的一种急性、热性、接触性传染病。哺乳动物痘病典型特征为全身性或局部性皮肤痘疹、水疱、脓疱和结痂等。痘病以绵羊痘、鸡痘和猪痘较为常见，其中以绵羊痘和鸡痘最为严重，病死率最高，山羊痘、牛痘和马痘较少发生。

[病原]

痘病毒属于痘病毒科，核酸为双股 DNA。病毒呈砖形或卵圆形，长 250～350 nm，宽 200～250 nm。痘病毒结构比较复杂，病毒在细胞浆内复制，可形成包涵体。虽然各种动物的痘病毒在形态、结构上相似，但对宿主的感染性严格专一，一般不发生互相传染。

病毒对低温和干燥的抵抗力较强，冻干可保存 3 年，在干燥的痂皮内可存活 6～8 个月。

对温度敏感，55 ℃经 20 min、37 ℃经 24 h 均可使病毒灭活。常用的消毒剂如 0.5%福尔马林、0.01%碘溶液数分钟内可将其杀死。

(一)绵羊痘病

绵羊痘病是由绵羊痘病毒引起的，是动物痘病中危害最为严重的一种热性、高度接触性传染病。特征是皮肤和黏膜上发生特异性的痘疹，可见斑疹、丘疹、水疱、脓疱和结痂等病理过程。

[流行特点]

多发生于冬末春初。气候严寒、饲养管理不良等条件都可促进本病的发生。不同品种、性别、年龄的绵羊均易感，但细毛羊最易感，羔羊比成年羊易感，病死率也较高。本病主要经呼吸道感染，也可通过损伤的皮肤、黏膜感染。饲养管理人员、护理用具、毛皮、饲料、垫草和外寄生虫都可成为本病的传播媒介。

[临床症状]

绵羊痘潜伏期平均为 4～8 d，病初，病羊体温升高达 41～42 ℃，精神沉郁，食欲减少，结膜潮红，流浆液、黏液或脓性鼻液，呼吸和脉搏增数。经 1～4 d 开始出现痘疹。痘疹多发生于皮肤少毛或无毛部位，如唇、鼻、眼周围、四肢、尾内面、阴唇、阴囊、包皮和乳房等处出现红斑，1～2 d 形成淡红色或灰白色凸出于皮肤表面的丘疹，呈结节状。丘疹在几天之内变为浆液性水疱，继而发展为脓疱。如无继发感染，脓疱干涸形成棕色痂块，痂块脱落遗留红斑并逐渐痊愈。病羊常死于继发感染。病程为 3～4 周。

有的非典型病例呈良性经过，仅出现体温升高和黏膜卡他性炎症，或仅出现丘疹，并在几天之内干燥脱落，不形成水疱和脓疱，称为“石痘”。有的非典型病例呈恶性经过，痘疱内出血，呈黑色，称为“黑痘”。还有的痘疱发生化脓和坏疽，形成深的溃疡，发出臭味，称为“臭痘”和“坏疽痘”，病死率达 25%～50%。

[病理变化]

绵羊痘的特征性病变是消化道、呼吸道、肺和真胃等部位的黏膜出现痘疹，且易形成糜烂或溃疡。另外，绵羊痘病常见肝脂肪变性、淋巴结急性肿胀等类似细菌性败血症的病理变化。

[诊断]

典型病例可根据皮肤、黏膜发生特异性痘疹，结合流行病学做出诊断，非典型病例可进行包涵体检查。取痘疱组织涂片，经镀银染色、吉姆萨染色或苏木精-伊红染色，镜检发现胞浆内包涵体，即可确诊。

[防控]

加强饲养管理，抓好秋膘，特别是冬春季节注意补饲、防寒。常发地区每年定期用羊痘鸡胚化弱毒苗在尾内侧进行皮内接种，剂量为 0.5 mL，4～6 d 产生免疫力，免疫期 1 年。发病后应立即隔离病羊，封锁疫点。对疫区内未发病的羊及受威胁区的羊群进行紧急免疫接种。尸体化制或深埋。圈舍及用具可用 1%福尔马林、2%漂白粉、2%氢氧化钠进行彻底消毒。

本病尚无特效药。对病羊可注射免疫血清。痘疹可用 0.1%高锰酸钾溶液冲洗，擦干后涂碘甘油、1%龙胆紫、硼酸软膏或磺胺软膏等，防止继发感染。

(二)山羊痘病

山羊痘病是由山羊痘病毒属的山羊痘病毒感染引起的急性、接触性传染病，其特征是在皮肤和黏膜上形成痘疹，其症状和病变与绵羊痘相似。我国西北地区、东北地区和华北地区呈流行性,少数地区疫情较重。

中国兽医药品监察所研制的山羊痘细胞弱毒疫苗对山羊安全,免疫效果好,现已推广应用。山羊痘病毒疫苗能预防羊传染性脓疱病,但羊传染性脓疱病毒对山羊痘却无交叉免疫性。山羊痘应与羊传染性脓疱相鉴别,后者可发生于绵羊和山羊,主要在口、唇和鼻周围皮肤上形成水疱和脓疱,以后结成厚而硬的痂,一般无全身反应。山羊痘病康复羊可获得坚强免疫力。

任务十五 小反刍兽疫

小反刍兽疫(PPR)是由小反刍兽疫病毒引起小反刍兽的一种急性、接触性传染病,以发热,眼、鼻、口有分泌物,腹泻和肺炎为特征。

[病原]

小反刍兽疫病毒(PPRV)属于副黏病毒科、麻疹病毒属,病毒粒子呈多形性,多为圆形或椭圆形,大小为130～390 nm,有囊膜。主要侵害淋巴组织及消化道上皮组织,可在胎绵羊肾、胎羊及新生羊的睾丸细胞、Vero细胞上增殖,并产生细胞病变(CPE),形成合胞体。

病毒在体外存活时间不长,50 ℃经60 min可灭活,70 ℃以上迅速灭活。在pH＜4.0或pH＞11.0条件下失活;在冷冻组织中能较长时间存活。醇、醚和常用消毒剂可以杀灭病毒,苯酚和烧碱都是有效的消毒剂。

[流行特点]

山羊及绵羊为主要的易感动物,山羊较绵羊易感性高且临床症状严重。传染源主要是患病动物和带毒动物,急性期自分泌物、排泄物及呼出气体等排出病毒,造成空气、草料、饮水和用具的污染;公羊精液中也有病毒。病毒主要通过直接接触和间接接触传播,经呼吸道和消化道感染。另外,还可经人工授精或胚胎移植感染。

[临床症状]

潜伏期为4～6 d,最长21 d。

病羊体温升高达40～42 ℃,持续3～5 d。精神沉郁,食欲减退。鼻流水样分泌物,此后变成黏脓性分泌物,阻塞鼻腔引起呼吸困难;结膜炎,眼流黏性分泌物,黏合上、下眼睑;口炎,口腔黏膜先是轻微充血,大量流涎,其后牙床下方黏膜开始坏死,并迅速向牙龈、硬腭、颊、舌面等部蔓延;坏死组织脱落后,出现不规则的浅表糜烂斑。

部分羊的口腔病变在2 d内痊愈。多数病羊发生严重的下痢,迅速脱水。怀孕母羊可发生流产。随之体温下降,因二次细菌性感染出现咳嗽、呼吸困难,发病率可达100%,病死率达50%以上。

[病理变化]

口腔黏膜和鼻腔黏膜糜烂坏死;结膜炎,支气管肺炎;有时可见坏死性或出血性肠炎,盲肠、结肠近端和直肠出现特征性条状充血、出血,呈斑马样条纹;肠系膜淋巴结肿胀;脾脏肿大并可出现坏死病变。

[诊断]

根据流行病学、临床症状和病理变化可做出初步诊断。确诊需要进行病原学诊断:生前取病羊口、鼻棉拭子,死后取淋巴结、扁桃体、脾、肺、大肠等组织器官,采用细胞培养法分离病毒。

也可直接对病料进行检测，采用反转录聚合酶链反应(RT-PCR)结合核酸序列测定，也可采用抗体夹心 ELISA。

［防控］

本病无特效的治疗方法。应该加强饲养管理，发病初期使用抗生素或磺胺类药物和支持疗法可以降低患羊的病死率，还能有效预防继发性感染的发生。

受威胁地区可通过接种牛瘟弱毒疫苗建立免疫带，防止该病传入。一旦发现疫情，立即上报动物防疫监督机构，按照“早、快、严、小”的方针，如果确诊，立即采取严格的封锁、扑杀、隔离、检疫等应急措施。对动物的尸体进行无害化处理，并使用有效的消毒剂进行消毒处理，彻底清洁污染区域。在疫点内最后一只羊死亡或被扑杀，再经过 21 d，未出现新病例时，经当地动物疫病预防控制机构审验合格，由农业农村主管部门向原发布封锁令的人民政府申请解除封锁，由该人民政府发布解除封锁令。

任务十六　羊梭菌性疾病

羊梭菌性疾病是由多种梭状芽孢杆菌引起羊的一种急性传染病，包括羊快疫、羊猝狙、羊肠毒血症、羊黑疫和羔羊痢疾等。这类疾病的症状非常类似，其共同特点是发病急、病程短、死亡快，其临诊症状有相似之处，容易混淆。

本病广泛分布于世界各地，也是我国主要养羊地区的常发疾病，给养羊业造成了巨大的损失。

(一)羊快疫

羊快疫是由腐败梭菌引起的主要发生于绵羊的一种急性传染病，其症状特点是突然发病和急性死亡，主要病变是真胃出血性炎症。

［病原］

腐败梭菌为革兰阳性厌氧大杆菌，有鞭毛，能运动，无荚膜。在动物体内外均可形成芽孢，呈卵圆形，位于菌体中央或偏端。培养物和病料涂片中多为单个存在或 2～3 个连成短链状，在病羊肝被膜触片中呈无关节的长丝状菌体。

本菌可产生溶血性毒素和致死性毒素，主要是 α、β、γ、δ 4 种外毒素，本菌需在厌氧的环境下培养。一般消毒剂均能杀死其繁殖体，但其芽孢抵抗力很强，需用高浓度高效消毒剂进行消毒，如 3%福尔马林溶液、20%漂白粉、3%～5%氢氧化钠等。

［流行特点］

主要易感动物是绵羊，以 6～18 月龄、营养中等以上的多发。山羊和鹿有时也可发病。

本病一般经消化道感染，经外伤感染则引起各种家畜的恶性水肿。

腐败梭菌常以芽孢的形式存于外界环境，特别是低洼草地和沼泽中，羊在采食和饮水过程中，芽孢随之进入消化道，致使许多羊在平时消化道中就有该菌，但一般并不发病。当存在不良诱因，特别是秋冬、初春气候骤变、阴雨连绵，羊受寒或采食了带冰霜的饲草料时，机体受到刺激，抵抗力降低，腐败梭菌大量增殖，产生外毒素，引起发病。

［临床症状］

突然发病，常看不到症状即突然死亡。有的病羊离群独处，卧地，不愿走动，强迫行走表现虚弱和运动失调。有的病羊瘤胃臌气，有疝痛样症状，排黑色软粪或稀粪，混有血液和黏液。病羊最后衰竭、昏迷而死亡，病程数分钟至数小时，罕见痊愈。

[病理变化]

病羊尸体迅速腐败，皮下有出血性胶样浸润。胸腔、腹腔、心包腔有大量积液，暴露于空气后易凝固。真胃黏膜出血、坏死，肠道充血、出血，心内、外膜出血。

[诊断]

根据流行病学、临床症状和病理变化可怀疑本病，确诊需进行实验室检查。

(1)肝被膜触片镜检，若发现无关节的长丝状菌体，有助于本病的确诊。

(2)采取新鲜病料(如肝、心血、脾)进行细菌分离鉴定，进行确诊。

[防控]

平时要加强饲养管理，特别注意避免羊只受寒感冒和采食带冰霜的草料。

在本病常发区，可给羊只进行免疫接种，疫苗主要有：羊快疫、猝疽、肠毒血症三联苗，羊快疫、猝疽、肠毒血症、羔羊痢疾、黑疫五联苗，羊快疫、猝疽、羔羊痢疾、肠毒血症、黑疫、肉毒中毒、破伤风七联苗，羊三联四防灭活苗(羊快疫、猝疽、肠毒血症、羔羊痢疾)。目前，主要应用羊三联四防灭活苗进行免疫。免疫期 6～9 个月，在每年 3 月份、9 月份各接种 1 次即可。

发病后，及时诊断，隔离病羊，对病程较长者可进行对症治疗和抗菌类药物治疗，如可用青霉素、磺胺类药物。

病死羊一律进行深埋或无害化处理。

将发病羊群及时转移到高燥地区放牧，可大大降低发病率。其他未发病羊紧急接种疫苗。

(二)羊猝狙

羊猝狙是由 C 型产气荚膜梭菌引起的一种毒血症，以急性死亡、腹膜炎和溃疡性肠炎为特征。

[病原]

病原为 C 型产气荚膜梭菌。C 型产气荚膜梭菌为革兰阳性大杆菌。菌体两端钝圆，芽孢位于菌体中央或近端，多数菌体能形成荚膜。C 型产气荚膜梭菌能产生强烈的外毒素，主要致死毒素有 α、β、ε 及 ι。这 4 种毒素均为蛋白质，具有酶活性，不耐热，有抗原性，用化学药物处理可变为类毒素。根据主要致死性毒素-抗毒素中和实验，本菌分为 A、B、C、D、E 5 种类型，每型产生一种主要毒素及一种或数种次要毒素。

本菌为厌氧菌，培养需要在厌氧的环境下进行。

本菌繁殖体对外界环境因素抵抗力不强，60 ℃经 15 min 即可被杀灭，一般消毒剂均能将其杀死。但其芽孢抵抗力很强，在 95 ℃下需 2.5 h 方可被杀死。消毒必须用高浓度高效消毒剂进行消毒，如 3%福尔马林、20%漂白粉、3%～5%氢氧化钠等。

[流行特点]

主要发生于 1～2 岁的成年绵羊，膘情良好的羊多发，山羊有时也发病。常发生于低洼、沼泽地区，多发生于冬春季节，呈地方流行性。

病羊和带菌羊为主要传染源，主要经消化道传染。

[临床症状]

本病病程短，常看不到临床症状而突然死亡，有时可见病羊掉群、卧地、不安、衰弱和痉挛，数小时内死亡，病死率高。

[病理变化]

剖检可见胸腔、腹腔和心包大量积液，内含纤维素絮块。浆膜出血。十二指肠和空肠黏膜充血、糜烂和溃疡。病羊死后一段时间，骨骼肌出现出血，肌间积聚血样液体并有气性裂孔。

[诊断]

根据流行病学、临床症状和病理变化可做出初步诊断，确诊需进行实验室检查。

(1)细菌分离鉴定：采取浆膜腔积液、脾脏等病料进行细菌分离鉴定。

(2)毒素检查：取发病羊、病死羊小肠内容物，处理后接种小鼠，同时做已知抗血清的中和试验，检查C型产气荚膜梭菌毒素。

[防控]

平时加强饲养管理，减少疾病诱因。

本病常发地区，可给羊进行免疫接种，使用羊三联四防灭活苗或羊快疫、猝疽、肠毒血症三联苗。在每年春秋两季各接种1次即可。

发病后，及时诊断，将发病羊群及时转移到高燥地区放牧，其他未发病羊紧急免疫接种。因本病发病快、病程短，发病一般来不及治疗。病死羊一律进行深埋或无害化处理。

(三)羊肠毒血症

羊肠毒血症是由D型产气荚膜梭菌引起的主要发生于绵羊的一种急性毒血症，又称为软肾病和类快疫。其特点是发病急、死亡快，死后肾脏软化如泥。

[病原]

D型产气荚膜梭菌的特性同其他产气荚膜梭菌。

[流行特点]

各种年龄的绵羊、山羊均可感染本病，绵羊多发，山羊少见，发病羊多为膘情良好、2～12月龄。

病羊和带菌羊为主要传染源，主要经消化道传染。

本病多呈散发或地方流行性，有明显的季节性和条件性。在农区，常常是在收菜季节，羊只食入大量菜根菜叶，或收了庄稼后抢茬食入大量谷类的时候发病；在牧区，多发于春末夏初青草萌发和秋季牧草结籽后的一段时期。因此本病多发于春末夏初抢青时或秋末牧草结籽和抢茬时。

本病菌广泛存在于外界环境，甚至羊的消化系统内也存在，但正常情况下一般不引起发病。只有在饲料突然改变，特别是食入大量青嫩多汁或富含蛋白质饲料后，消化道内环境发生改变，使本菌大量增殖，产生毒素，引起发病。

[临床症状]

本病潜伏期短，多为突然发病，往往见不到症状便很快倒地死亡。病状可分为两种类型。一类以搐搦为特征，病羊倒地，四肢强烈划动，肌肉震颤，眼球转动，磨牙，抽搐，多于2～4 h内死亡。

另一类以昏迷和安静死去为特征，步态不稳，卧地，感觉过敏，流涎，上下颌“咯咯”作响，继而昏迷，角膜反射消失，有的病羊发生腹泻，常在3～4 h内安静地死去。病羊在临死前有明显的高血糖和尿糖。

[病理变化]

病死羊心包积液，液体灰黄色，内含纤维素絮块，心内、外膜下有出血点。回肠黏膜充血、出血，重症病例整个肠壁呈血红色。肾脏肿大，实质变软，重者软化如泥，此变化为死后变化。肺水肿、出血。

[诊断]

根据流行病学、临床症状和病理变化，可怀疑本病，确诊需进行实验室检查。

采用小鼠、豚鼠或家兔，对小肠内容物进行毒素中和试验，检查出 ε 毒素有助于确诊。

采取新鲜肾脏或其他实质脏器病料，分离鉴定出 D 型产气荚膜梭菌，是确诊的依据之一。从肠内容物检查到大量的 D 型产气荚膜梭菌也有助于确诊。

[防控]

平时加强饲养管理，减少诱因，特别注意防止羊群突然采食大量青嫩多汁和富含蛋白质的饲草。在牧区，夏初为该病多发季节，应该少抢青，让羊群多在青草萌发较迟的地方放牧；秋末时，可尽量到草黄较迟的地方放牧。在农区，减少或暂停抢茬，少喂菜根菜叶等多汁饲料。

羊群中出现本病时，及时诊断，立即转移到高燥的地区放牧。

在常发地区，应定期接种羊三联四防灭活苗或羊快疫、猝疽和肠毒血症三联苗进行免疫预防。

(四)羊黑疫

羊黑疫又称传染性坏死性肝炎，是由 B 型诺维梭菌引起的羊的一种急性高度致死性传染病。其特征是急性死亡和肝实质出现坏死灶。

[病原]

诺维梭菌为革兰阳性、两端钝圆的大杆菌，无荚膜，有周身鞭毛，能运动，能形成芽孢。

本菌为严格厌氧菌，需在厌氧的环境下培养。可产生 8 种外毒素，根据所产生毒素的不同，可分为 4 个菌型。本菌繁殖体对外界环境因素抵抗力不强，形成芽孢后抵抗力强。

[流行特点]

本菌可使 1 岁以上的绵羊感染，以 2～4 岁的绵羊发生最多，发病羊多为膘情良好的羊。山羊也可感染，牛偶可感染。实验动物中以豚鼠为最敏感，家兔、小鼠易感性较低。

病羊和带菌羊为本病的主要传染源，主要经消化道传染。

本病主要发生于肝片吸虫流行地区，其发生与肝片吸虫的感染密切相关，多发于春夏季节，低洼潮湿地区。呈地方流行性或散发。

[临床症状]

本病在临床上与羊快疫、肠毒血症类似，病程急促，绝大多数未见临床症状而突然死亡。病程稍长者，可拖延 1～2 d，但没有超过 3 d 的。病羊主要表现掉群，不食，呼吸困难，体温 41.5 ℃ 左右，呈昏睡状态，并在这种状态下死去。

[病理变化]

病死羊的皮下静脉显著淤血，皮肤呈暗黑色外观(黑疫之名由此而来)。

胸部皮下组织水肿。浆膜腔有液体渗出，暴露于空气中易于凝固，液体常呈黄色，腹腔液略带血色。心包腔积液。心内、外膜出血。真胃幽门部和小肠充血、出血。

肝脏充血肿大，表面有一个到多个灰黄色、不规则形的凝固坏死灶，其周围常有鲜红色的充血带围绕，坏死灶直径可达 2～3 cm，切面呈半圆形。羊黑疫肝脏的坏死变化是特征性病变，具有诊断意义。这种病理变化与未成熟肝片吸虫在肝脏中移行造成的病理变化不同，后者为黄绿色、弯曲似虫样的带状病痕。

[诊断]

根据流行病学、临床症状和病理变化的特点，可做出初步诊断，确诊需进行细菌学检查和毒素检查。

1. 细菌学检查

采取肝脏病灶边缘组织或脾脏，进行直接镜检、病原菌分离培养和进行动物实验(豚鼠)。

2. 毒素检查

可用卵磷脂酶试验，此法检出率和特异性较高。取病死动物的腹水或坏死灶组织制备悬液或滤液，加入 4 支试管中，每支 0.5 mL，于第 1～3 管中分别加入 A 型诺维梭菌抗毒素血清、B 型诺维梭菌抗毒素血清及产气荚膜梭菌 δ 抗毒素血清 0.25 mL，第 4 管加同量生理盐水，作为对照。混合均匀，置室温下作用 30 min，然后每管加入卵磷脂卵黄磷蛋白液 0.25 mL，混合后置温箱内 1～2 h，取出观察结果。若对照管产生乳光层，即表示被检材料中含有卵磷脂酶，在第 1～3 管中此反应被何种细菌的抗毒素所抑制，即证明此卵磷脂酶为该种细菌所产生。

如在温箱内作用 1～2 h 反应尚不明显时，可将试管再置入温箱内过夜，随后可以将其在室温下放置，经 14～18 h，再判定结果一次。

卵磷脂卵黄磷蛋白液的制备方法是：打散鸡蛋黄一个，混于 250 mL 生理盐水中，将此混合液以赛氏滤器过滤，无菌分装，置 5 ℃冰箱保存备用。

荧光抗体技术可用来检查诺维梭菌，但应结合病史、症状和剖检变化做综合判断。

[防控]

加强饲养管理，消除发病诱因。定期驱虫，控制肝片吸虫感染。

常发本病的地区，给羊用羊快疫、猝疽、肠毒血症、羔羊痢疾、黑疫五联苗或羊快疫、猝疽、羔羊痢疾、肠毒血症、黑疫、肉毒中毒、破伤风七联苗进行免疫接种。

发生本病时，应及时将羊群移牧于高燥地区。对病羊可用抗诺维梭菌血清(每毫升含 7 500 IU)进行治疗。其他羊进行紧急免疫接种。

(五)羔羊痢疾

羔羊痢疾是由 B 型产气荚膜梭菌引起的初生羔羊的一种急性毒血症，以剧烈腹泻、小肠溃疡为特征。本病常引起羔羊大批死亡，给养羊业造成重大经济损失。

[病原]

B 型产气荚膜梭菌的特性同其他产气荚膜梭菌。

[流行特点]

本病主要危害 7 日龄以内的羔羊，特别是 2～3 日龄的发病最多，7 日龄以上的很少患病。纯种羊的易感性高于土种羊，发病率和病死率也高于土种羊。

病羊和带菌母羊为本病的主要传染源，主要通过消化道传染，也可通过脐带或创伤感染。

本病多发于冬春季节，常呈地方流行性或散发。其发病与诱因与应激因素密切相关，不良诱因主要有：孕羊营养不良，羔羊体弱；羊舍潮湿，气候寒冷，羔羊受冻；没有及时哺喂初乳，羔羊饥饱不均等。

[临床症状]

自然感染的潜伏期为 1～2 d。病初羔羊精神沉郁，低头弓背，不吮乳。不久发生腹泻，粪便恶臭，后期可能含有血液，甚至为血便。病羔逐渐虚弱，卧地不起，若不及时治疗，常在 1～2 d 内死亡，只有少数病轻的，可能自愈。

有的病羔，腹胀而无腹泻，或只排少量稀粪(也可能带血或呈血便)。主要表现神经症状，四肢瘫软,卧地不起,呼吸急促,口流白沫,最后昏迷,头向后仰。病程很短,若不救治,常在数小时到十几小时内死亡。

[病理变化]

尸体脱水现象严重,最显著的病理变化在消化道。真胃内往往存在未消化的凝乳块。小肠(特别是回肠)黏膜充血发红,常可见到多数直径为 1～2 mm 的溃疡,溃疡周围有出血带环绕;有的肠内容物呈血色。肠系膜淋巴结肿胀充血,间或出血。心包积液,心内膜有时有出血点。肺常有充血区域或出血斑。

[诊断]

根据流行病学、临床症状和病理变化特点,可做出初步诊断,确诊需进行实验室检查。取肠内容物进行产气荚膜梭菌毒素检测及毒型鉴定。也可采取实质脏器,进行直接镜检、病原菌分离培养和动物实验(豚鼠)。

[防控]

加强饲养管理,减少诱因和应激因素,特别要注意冬季的保暖,增强羔羊的抵抗力。羔羊出生后,及时足量哺喂初乳。搞好圈舍卫生和消毒工作,特别注意产舍和羔羊棚舍的卫生。

常发地区每年秋季给母羊接种羊快疫、猝疽、羔羊痢疾、肠毒血症、黑疫五联苗或羔羊痢疾疫苗,产前 2～3 周加强免疫 1 次,可使新生羔羊从初乳中获得被动免疫。也可进行药物预防,即羔羊在出生后 12 h 内口服土霉素或其他敏感抗菌药物,连用 3 d,有一定预防作用。

治疗可用土霉素、庆大霉素、磺胺类药物等,同时注意对症治疗。

知识拓展

牛结节性皮肤病

牛结节性皮肤病(LSD)又名牛结节疹、牛皮肤疙瘩病等,是由牛结节性皮肤病病毒引起的牛全身性感染疫病,在临床上以皮肤出现结节为特征。该病不传染人,不是人兽共患病。牛结节性皮肤病可导致病牛生长发育迟缓、消瘦、产奶量下降、牛皮质量下降,甚至因为继发细菌感染而导致病牛死亡,还可导致牛和牛产品出口受阻以及巨额的疫病控制与消灭成本,从而造成严重的经济损失。

牛结节性皮肤病最早于 1929 年的赞比亚和马达加斯加发现,随后迅速传播至非洲的南部和东部。1989 年,LSD 首次传出非洲大陆,传入中东地区的以色列,此后相继传入科威特、巴林、巴勒斯坦、阿联酋等中东国家或地区。2015 年,LSD 首次传入欧洲。2019 年 8 月,我国在新疆伊犁哈萨克自治州确诊首例牛结节性皮肤病。

[病原]

病原为牛结节性皮肤病病毒,属于痘病毒科、羊痘病毒属,呈短管状或砖块状,为双链 DNA 病毒,有囊膜结构,只有一种血清型。该病毒对外界不良环境有较强的抵抗能力,在 pH 6.6～8.6 的环境下可以长期存活;耐干燥,在干燥的栏舍中能存活数月,在皮肤结节、干燥的牛皮及结痂中能存活 1 个多月,在受感染的组织液、4 ℃环境下可以存活 6 个月,在－20 ℃的环境下可存活数年,在－80 ℃的动物皮肤结节或者组织液中可保存 10 年,且仍具有毒力。该病毒不耐高温,55 ℃条件下 2 h 或 65 ℃条件下 30 min 便可灭活;不耐强酸强碱,对乙醚、苯酚、氯仿及甲醛较为敏感，且阳光直射能将其杀灭。此外，常见的消毒剂也能将其杀死，如酒精、碘伏、次氯酸钠、石碳酸、福尔马林及来苏尔等，但是很难将脱落痂皮中的病毒杀死。

[流行特点]

本病的潜伏期时间不一，最短为 4～7 d，最长可达 35 d，但《OIE 陆生动物卫生法典》中规定为 28 d。

牛结节性皮肤病能感染所有牛，黄牛、奶牛、水牛等易感，无年龄差异。一般该病的发病率在 2%～45%，死亡率在 10%左右，但对于一些新发的牛场，发病率、死亡率可更高。

患病牛和带毒牛为最主要的传染源，其分泌的鼻液、唾液、乳汁、血液、精液及溃烂部位的脓液、脱落的痂皮等中均含有大量的病毒体，恢复后的牛只可持续向外排毒 3 周以上；同时，其污染的饲草料、饮水、饲槽、栏舍及饲养工具等是间接的传染源。

该病传播途径较多，其中主要通过蚊、蝇、蠓、虻、蜱等吸血的节肢动物通过叮咬进行机械传播，因此，在节肢动物活动繁殖旺盛的高温湿热夏秋季节传播风险大。或通过与病牛直接接触传播，病牛体表和黏膜面的结节破溃部位含有大量病毒，牛只相互舔舐是主要的直接传播方式。带毒牛或其产品的长途运输可导致 LSDV 的远距离传播。也可通过胎盘、受污染饲料、饮水、饲养设备等而传播感染，共用污染的针头还会造成医源性传播感染。此外，感染公牛的精液中带有病毒，还可以通过人工授精或自然交配等途径进行传播。但一般认为，在没有吸虫媒参与传播条件下，直接传播效率较低。

[临床症状]

临床症状表现差异很大，与动物的健康状况和感染的病毒量有关。

患牛体温升高，可达 41 ℃，持续发热，可持续 1 周。精神沉郁，不愿活动，奶牛产奶量下降。眼结膜炎，流鼻液，流涎。发热后 48 h，皮肤各处出现直径 10～50 mm 的圆形结节，以头、颈、肩部、躯干、乳房、外阴、阴囊等部位居多，结节与周围皮肤界线明显，切面呈红灰色或灰白色，触诊坚实并有疼痛感，结节处被毛脱落，有的坏死和破溃，硬固皮肤病变可持续数月至几年。同时，病牛浅表淋巴结肿大，特别是肩前淋巴结肿大，四肢及腹部、会阴等部位皮肤水肿，导致牛不愿活动。口腔黏膜出现水泡，继而溃破和糜烂。

公牛可能暂时或永久性不育。怀孕母牛流产，发情延迟可达数月。

[病理变化]

消化道和呼吸道黏膜有特征性结节病变，尤其是口腔、鼻咽、气管、皱胃的病变最为明显。淋巴结肿大、充血或出血。心脏肿大，心肌外表充血、出血，呈现斑块状淤血。肺脏肿大，有少量出血点。肾脏表面有出血点。气管黏膜充血，气管内有大量黏液。肝脏肿大，边缘钝圆。胆囊肿大，为正常的 2～3 倍，外壁有出血斑。脾脏肿大，质地变硬，有出血状况。胃黏膜出血，小肠弥漫性出血。

[诊断]

根据流行病学、临床症状、病理变化可以做出初步诊断，结合实验室进一步检测才能确诊。

1. 血清学检测

采集全血分离血清用于抗体检测，可采用病毒中和试验、酶联免疫吸附试验等方法。

2. 病原学检测

采集双侧鼻拭子、抗凝血、结节痂皮等病料进行病原的分离与鉴定；采用荧光聚合酶链式反应、聚合酶链式反应等方法进行病毒核酸检测。

应注意与牛疱疹病毒、牛皮蝇等昆虫叮咬和蠕虫病相鉴别诊断。

[防控]

我国目前将该病按照二类动物疫病进行防控，按照要求应对确诊的患牛立即采取扑杀措施，并对所有病死牛、被扑杀牛及其产品进行无害化处理，对牛只排泄物、被污染和可能被污染的垫料及饲料、饮水等进行无害化处理。对疑似健康的同群牛实施严格的隔离观察，做好临床监视检测，禁止发生疫情县(区)的活牛调运。采取防蚊、蝇和蜱虫措施，杀灭饲养场所吸血性昆虫及幼虫，清除蚊蝇等昆虫媒介。对养殖环境中被污染和可能污染的圈舍、用具、交通工具等进行彻底消毒，如1%福尔马林、2%～3%次氯酸钠、2%苯酚、氯仿等。

进行紧急免疫接种。目前，还没有牛结节性皮肤病的专用疫苗，但牛结节性皮肤病病毒与山羊痘病毒均属于痘病毒科山羊痘病毒属，血清学具有高度交叉免疫保护，可用山羊痘疫苗进行紧急免疫接种，采用5倍剂量的山羊痘疫苗皮内或皮下注射。

牛支原体肺炎

牛支原体肺炎是由牛支原体引起的以牛坏死性肺炎为主要特征的呼吸道传染病，临床上以发热、气喘、间歇性咳嗽、化脓性或坏死性肺炎等为主要特征。牛支原体除引起牛肺炎外，还可引起关节炎、腱鞘炎、乳房炎、角膜结膜炎、中耳炎等多种病症。本病多发生于冬春季节，主要发生于3月龄以下的犊牛，危害性很大，死亡率高；成年牛多呈隐性感染，不表现临床症状或症状轻微。

牛支原体肺炎已经在世界范围内流行，常引起牛呼吸道疾病并造成严重的经济损失，更为严重的是，牛支原体常与溶血性巴氏杆菌、多杀性巴氏杆菌、化脓棒状杆菌、衣原体、金黄色葡萄球菌、链球菌、大肠埃希菌、沙门菌及呼肠孤病毒、腺病毒等病原微生物混合或继发感染，从而使疫情复杂，损失加剧。2008年我国首次报道了牛支原体肺炎，随着集约化养殖业的发展，本病发生率呈上升趋势，给我国养牛业造成了重大经济损失，也成为制约我国养牛业健康发展的主要疫病之一。

[病原]

病原是牛支原体，属于支原体科支原体属成员。支原体无细胞壁，故呈多形态，有球形、星形、环形、丝状等。革兰染色呈阴性，主要寄居在病牛呼吸道，有些健康牛体内也能分离到，这表明病原可以条件致病性存在。支原体为兼性厌氧，较难培养，对营养要求较高，培养基中除基础营养物质外还需加入血清、酵母浸液等，最适合pH为7.8～8.0。在琼脂固体培养基培养2～3 d，可以出现典型的“荷包蛋样”菌落。

牛支原体对外界环境因素的抵抗力不强，对紫外线敏感，阳光直射很快失去感染力，在避免阳光直射的条件下支原体可存活数周，在4 ℃牛乳中可存活2个月，在水中可存活2周以上，冷冻干燥的条件下可以保存数年甚至更久。但牛支原体不耐高温，在65 ℃的环境中存活2 min，70 ℃环境中1 min即可灭活。常用的消毒剂和常规消毒方法都能轻易将其杀灭，如0.1%新吉尔灭溶液、0.1%过氧乙酸、3%过氧化氢溶液、漂白粉、生石灰、氢氧化钠、戊二醛、酒精、氯制剂、碘制剂以及甲醛等。

牛支原体对影响细胞壁合成的抗生素如青霉素不敏感，但对阿奇霉素、氟苯尼考、红霉素、四环素、多西环素等作用于支原体核蛋白体的抗生素，可抑制或影响蛋白质合成，有杀灭支原体的作用。

[流行特点]

1个月内的犊牛容易感染支原体肺炎，通常10～30日龄的犊牛发病较多，且发病急，病情重。据报道，在健康牛群中引入感染牛24 h后，就有犊牛从鼻腔中排出牛支原体，但大部分牛在接触感染牛7 d后经鼻腔排出牛支原体，有的牛在接触感染牛2周后发病。

传染源为患病牛或带菌牛，感染后康复的牛仍可携带牛支原体数月甚至数年。牛与牛之间通过飞沫经呼吸道传播是主要感染途径，其次是近距离接触传播、哺乳传播或生殖道传播，感染牛支原体的公牛配种或使用其冻精进行人工授精都可导致牛支原体的传播和扩散。

另外，牛支原体肺炎的发生与运输应激有关，经运输后的牛鼻腔内牛支原体的分离率要远高于未运输的健康牛。多数牛在运送到目的地后1周左右发病，运输途中恶劣天气可加快发病，年龄越小，病情越严重。此外，饲养管理和卫生条件、环境条件改变、寒冷、牛舍潮湿和拥挤、通风不良等都是影响本病发病率的重要因素。

[临床症状]

流行初期多为急性发作，传播迅速。病牛精神沉郁，食欲下降，反刍减少或停止，体温升高至41～42 ℃，咳嗽、气喘，呈腹式呼吸，早晚或天气转凉时咳嗽加剧。流浆液性鼻液或脓性鼻液，病情严重时常有带血丝的黏脓性鼻液。肺部听诊，病灶部肺泡呼吸音减弱或消失，健康部位肺泡呼吸音代偿性增强，可听到捻发音、啰音。叩诊胸肺部，部分区域有浊音。

随着病情的发展，病牛呼吸困难，目光呆滞，可视黏膜发绀。有的继发腹泻，粪便呈水样，粪便带血液或黏膜；有的患牛发生关节炎、关节脓肿，出现跛行等症状；有的病牛发生角膜结膜炎，眼结膜潮红，有大量浆液性或脓性分泌物。严重者可发生死亡。

[病理变化]

病变主要集中在肺部和胸腔，肺和胸膜可能粘连，胸腔积液，液体浑浊，胸膜变厚，表面粗糙；心包积液，心包膜变厚，常与肺粘连。肺部病变部位可见红色肉变，质地变硬，弹性降低，重者可见肉变区内有黄白色干酪样坏死灶或化脓灶。其他病变与继发症或并发症有关。发生关节炎时，可见关节腔积液，有干酪样坏死物。

[诊断]

根据流行特点、临床症状、病理变化等，可做出初步诊断。确诊需进行病原体的分离鉴定、血清学试验和基因诊断等。

[防控]

目前，本病尚无疫苗可供使用。

长途运输、饲养或环境等各种应激是诱发牛支原体肺炎的重要原因。牛只运输过程中应做好防护措施，降低牛的运输应激，在运输后，应加强对运输牛的饲养管理。有条件的牛场要坚持自繁自养，不从疫区引种，防止病原传入；对于需要引进新牛的牛场应做好牛的疫病防控工作，防止引进病牛或带菌牛；牛群引进后应隔离检疫，确保牛群健康并做必要的预防接种和驱虫方可混群。

做好牛场的清洁卫生和定期消毒工作。对发生疫情的牛场和周围环境，每天消毒1～2次；做好对病死牛、污染物和排泄物的无害化处理，同时做好灭蝇、灭蚊、灭鼠的工作。

保持牛舍干燥和通风，冬天做好防寒保暖，夏天注意防暑降温，牛群密度适当，避免过度拥挤；饲料品质良好，注意补充矿物质、维生素和微量元素。

治疗以抗菌消炎为主，并根据病牛状况，及时采取强心、补液、利尿、纠正代谢性酸中毒等措施。抗菌消炎药物可用氟苯尼考、替米考星、泰乐菌素、林可霉素、环丙沙星、恩诺沙星等，注意用足剂量和疗程。

考核评价

一、选择题

1. 可在细胞内寄生的细菌是(　　)。

A. 链球菌　　B. 大肠杆菌　　C. 巴氏杆菌

D. 嗜血杆菌　　E. 布鲁氏菌

2. 动物传染病的特征不包括(　　)。

A. 特定的病原微生物引起　　B. 传染性　　C. 流行性

D. 世代交替　　E. 具有一定的流行规律

3. 使用细菌弱毒苗时，对动物不宜同时采用的措施是(　　)。

A. 使用抗生素　　B. 实施环境消毒　　C. 使用抗应激药物

D. 饲料中添加维生素　　E. 饲料中补充微量元素

4. 发生一类动物疫病时，不得采取的措施是(　　)。

A. 立即报告疫情　　B. 隔离发病动物　　C. 环境消毒

D. 对症治疗　　E. 扑杀发病动物

5. 以吸血昆虫为主要传播媒介的传染病是(　　)。

A. 牛结核病　　B. 牛流行热　　C. 牛出血性败血病

D. 牛传染性胸膜肺炎　　E. 牛传染性鼻气管炎

6. 牛，4 岁。病初流浆液性黏性鼻涕，咳嗽，流涎、口腔黏膜糜烂。粪便呈水样，并带有黏液和血液，抗生素治疗无效。剖检见食道黏膜糜烂，糜烂直线排列。该病最可能的诊断是(　　)。

A. 牛流行热　　B. 牛出血性败血病　　C. 牛传染性鼻气管炎

D. 牛传染性胸膜肺炎　　E. 牛病毒性腹泻-黏膜病

7. 牛流行热的临床症状表现类型不包括(　　)。

A. 脑炎型　　B. 瘫痪型　　C. 胃肠型

D. 急性呼吸型　　E. 最急性呼吸型

8. 牛传染性鼻气管炎临床类型不包括(　　)。

A. 皮肤型　　B. 流产型　　C. 呼吸道型

D. 脑膜炎型　　E. 生殖道感染型

9. 下列几种传染病中病程最短的是(　　)。

A. 口蹄疫　　B. 结核病　　C. 牛流行热

D. 牛病毒性腹泻-黏膜病　　E. 牛传染性鼻气管炎

10. 根除牛传染性鼻气管炎的有效方法是(　　)。

A. 治疗　　B. 隔离　　C. 扑杀阳性牛

D. 免疫接种　　E. 消毒

11. 一牛突然发病，体温 40～42 ℃，白细胞减少。鼻、眼有浆液性分泌物。2～3 d 出现鼻镜及口腔黏膜糜烂，舌面上皮坏死，流涎，呼吸恶臭。口腔黏膜损害后严重腹泻，带有黏液和血液。初步诊断该病为（　　）。

A. 口蹄疫　　B. 牛流行热　　C. 牛沙门菌病

D. 牛巴氏杆菌病　　E. 牛病毒性腹泻-黏膜病

（12～14 题共用题干）

某奶牛场，300 头奶牛陆续出现精神沉郁，体温升高达 40 ℃以上，采食及反刍停止，产乳量下降，流涎多并呈白色泡沫状。检查发现，病牛齿龈、舌面、唇内有蚕豆至核桃大的水疱，水疱破裂处有溃疡，有的病牛乳房、蹄部也出现水疱。病牛死亡 5 头，其余 1 周后症状逐渐消失。

12. 该病最可能的病原是（　　）。

A. 病菌　　B. 真菌　　C. 病毒

D. 支原体　　E. 衣原体

13. 对该病不易感的动物是（　　）。

A. 猪　　B. 马　　C. 绵羊

D. 山羊　　E. 骆驼

14. 发病死亡幼畜常见的特征性病变为（　　）。

A. 胃溃疡　　B. 关节肿大　　C. 脂肪肝

D. 虎斑心　　E. 雀斑肾

（15～17 题共用题干）

牛，夏季吸血昆虫活动频繁时大群发病。病牛发热，流泪，流鼻涕，流涎，流产，呼吸迫促。部分病牛全身肌肉和四肢关节肿痛跛行，步态僵硬。该病传播快，发病率高，病死率低，多数病牛在发病 2～5 d 自愈。据调查，该病在当地流行周期为 3～5 年。

15. 该病最可能是（　　）。

A. 牛流行热　　B. 牛传染性鼻气管炎　　C. 恶性卡他热

D. 牛副流感　　E. 牛病毒性腹泻-黏膜病

16. 动物接种试验，应选择的实验动物是（　　）。

A. 乳兔　　B. 乳豚鼠　　C. 乳仓鼠

D. 乳大鼠　　E. 乳猪

17. 治疗本病禁用的给药方法是（　　）。

A. 肌内注射　　B. 静脉注射　　C. 皮下注射

D. 口服　　E. 雾化吸入

（18～20 题共用题干）

某山羊群，近期多只山羊发生流产，流产多发生于妊娠后 3～4 个月，胎衣不下，胎盘呈黄色胶冻样浸润，流产胎儿皮下有出血性浆液性浸润，胃肠和膀胱浆膜下出血。

18. 该病可能是（　　）。

A. 布鲁氏菌病　　B. 病毒性腹泻-黏膜病　　C. 钩端螺旋体病

D. 传染性鼻气管炎　　E. 沙门菌病

19. 该病检疫常用的方法是（　　）。

A. 血清凝集反应　　B. 动物接种试验　　D. 变态反应

D. 血液病原体检查　　E. 胎衣病原体检查

20. 羊场根除该病的措施是(　　)。

A. 淘汰检疫阳性羊　B. 及时治疗发病羊　C. 阳性羊和阴性羊分栏饲养

D. 紧急预防接种　E. 大批引进健康羊

(21～22 题共用题干)

奶牛场,11 月 2—15 日,1～3 岁奶牛近 1/2 陆续发病,流涎呈白色泡沫状,口腔黏膜有蚕豆大的溃疡灶,食欲下降,产乳量下降,前肢跛行明显。

21. 对该牛群适宜的处理措施是(　　)。

A. 扑杀,无害化处理　B. 隔离患病动物,禁止新进动物

C. 注射灭活疫苗　D. 注射高免血清

E. 用盐水清洗病灶,肌内注射青霉素

22.【假设信息】若周边的羊和猪同时发病,该病可能是(　　)。

A. 口蹄疫　B. 水疱病　C. 蓝舌病

C. 传染性鼻气管炎　E. 痘病

(23～25 题共用题干)

7 月份,某牛场出生 2 周后的犊牛普遍发病,体温升高,拒食,喜卧,排灰黄色混有黏液和血丝的稀粪。采集病料进行培养,在麦康凯琼脂上形成无色菌落。

23. 该病最可能是(　　)。

A. 大肠杆菌病　B. 沙门菌病　C. 巴氏杆菌病

D. 弯曲杆菌病　E. 结核病

24. 该病病原的特点是(　　)。

A. 革兰阳性,无芽孢,无荚膜　B. 革兰阴性,无芽孢,无荚膜

C. 革兰阴性,有芽孢,有荚膜　D. 革兰阳性,无芽孢,有荚膜

E. 革兰阳性,有芽孢,有荚膜

25. 人类感染该病后最常见的病型是(　　)。

A. 关节炎型　B. 肺炎型　C. 胃肠炎型

D. 肾炎型　E. 肝炎型

二、病例分析:根据病史和临床检查的结果,提出初步诊断,制订治疗措施(开出处方)

1. 某奶牛场的奶牛在 8 月上旬发生一次迅速流行的发热性疾病。病牛高热,体温高达 41 ℃左右,精神沉郁,食欲废绝,鼻镜干燥,呼吸加快(每分钟达 80 次以上),大量流涎,口角出现多量泡沫状黏液,头颈伸直,张口伸舌,呼吸极度困难,喘气声粗粝如拉风箱,肺泡音及支气管音增强;眼结膜充血浮肿,流泪,流鼻液呈黏性线状;喜卧懒动,严重者卧地不起。孕牛发生流产,有的产出死胎。大多数病牛经 3 d 左右症状逐渐减轻,很少发生死亡。

2. 患牛体重约 400 kg,在颌骨处有一圆形肿胀,食欲正常。临床检查:精神尚可,体温 39.9 ℃,在下颌骨后下缘,有一个拳头大的肿胀,触之坚硬。穿刺无物流出,仅见针孔中有黏稠的灰白色脓汁。

二维码 1-5　项目一考核评价参考答案

项目二
消化系统疾病

学习目标

◆了解消化系统常见疾病的发病特点，熟悉消化系统疾病的常用诊疗方法。

◆熟悉消化系统疾病常用的治疗药物。

◆了解口炎、食道阻塞、前胃弛缓、瘤胃积食、瘤胃臌气、瘤胃酸中毒、创伤性网胃-心包炎、瓣胃阻塞、真胃炎、真胃阻塞、真胃变位、胃肠炎、犊牛消化不良等的概念，掌握其病因、症状、诊断、治疗及预防。

思政目标

◆ 培养树立正确的世界观、人生观和价值观。

◆ 增强服务农业农村现代化、服务乡村全面振兴的责任感和使命感，培养以强农兴农为己任，知农爱农的实用型人才。

◆ 激发对传统中(兽)医文化的认同感和使命感，巩固专业思想。

任务十七　口　炎

口炎是口腔黏膜炎症的总称。临床上以口腔黏膜的红、肿、热、痛，甚至糜烂、溃疡、出血和坏死，以及厌食、流涎、口臭等为特征。按炎症的性质分为卡他性口炎、水疱性口炎和溃疡性口炎，以卡他性口炎较多见。

[病因]

1. 原发性口炎

原发性口炎主要由于口腔黏膜遭受机械性、化学性、物理性等因素刺激，损伤口腔黏膜而引起。

(1)机械性因素：采食粗糙、干硬、有芒刺或刚毛的饲草，如出穗成熟的大麦、狗尾草、甘蔗、毛尖叶等；饲草中混有铁丝、木片、玻璃、鱼刺等尖锐异物；不正确地使用开口器或锐齿直接损伤口腔黏膜等。

(2)化学性因素：灌服浓度高、刺激性强或腐蚀性药物(如水合氯醛、稀盐酸)，采食霉败饲料、有毒植物、带有锈病菌或黑穗病菌的饲料、发芽的马铃薯等。

(3)物理性因素:采食冰冻饲料、抢食温度过高的饲料或灌服温度过高的药液等。

此外,当受寒或过劳,机体防卫功能降低时,可因口腔内的条件性病原菌,如链球菌、葡萄球菌等的侵害而引起口炎。

2.继发性口炎

常继发或伴发于邻近器官的炎症,如咽炎、唾液腺炎等;消化器官疾病的经过中,如急性胃卡他、肝炎;营养代谢性疾病,如核黄素、抗坏血酸、维生素 A、锌等缺乏症、贫血、佝偻病等;中毒性疾病,如汞、铜、铅中毒等;传染性疾病,如口蹄疫、传染性水疱性口炎、牛恶性卡他热、牛流行热、蓝舌病、放线菌病等。

[症状]

任何一种类型的口炎,都具有采食和咀嚼缓慢甚至不敢咀嚼,拒食粗硬饲料,流涎,口角附着白色泡沫。口腔黏膜潮红、肿胀、疼痛、口温增高、带臭味等共同症状。每种类型的口炎还有其特有的临床症状。

1.卡他性口炎

口腔黏膜潮红,硬腭肿胀。唇部黏膜的黏液腺阻塞时,则有散在的小结节和烂斑;由植物芒刺或刚毛所致的病例,在口腔内形成大小不等的丘疹,顶端呈针头大的黑点,触之坚实、敏感。重症病例,唇、齿龈、颊部、腭部黏膜肿胀甚至发生糜烂,大量流涎(图 2-1)。

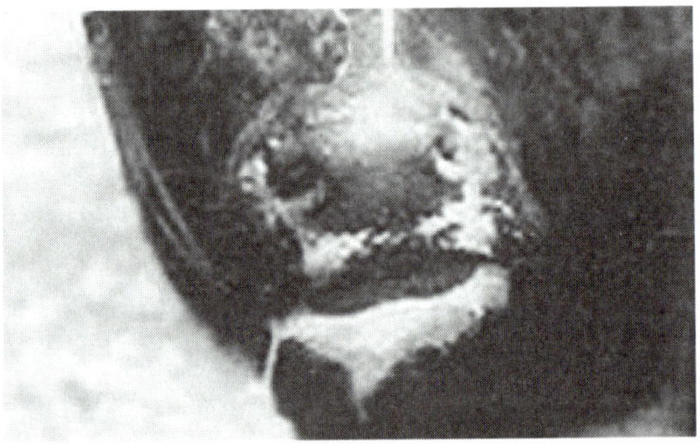

图 2-1 牛卡他性口炎,流出泡沫样液体

2.水疱性口炎

在唇部、颊部、腭部、齿龈、舌面的黏膜上有散在或密集的粟粒大至蚕豆大的透明水疱,经 2～4 d 水疱破溃形成边缘不整齐的鲜红色烂斑,间或有轻微的体温升高。

3.溃疡性口炎

口腔黏膜发生糜烂、坏死或溃疡,流涎,混有血液,口腔气味恶臭。随时间延长,病变部位溃疡面覆盖暗褐色痂样物,揭去痂样物时,溃疡面为暗红色。病重者,体温升高。

[诊断]

原发性口炎,根据病史和口腔黏膜炎症变化,即可做出诊断。

[治疗]

本病的治疗原则为消除病因,加强饲养管理,净化口腔,消炎和收敛。

1.消除病因,加强饲养管理

消除各种刺激性病因,如摘除刺入口腔黏膜中的麦芒、异物等,剪断并锉平过长齿等。口腔发炎时一般都采食困难,故应禁止饲喂粗硬饲料,应给予柔软易消化的青绿饲料、优质的青干草和麸皮粥等。对于不能采食或咀嚼的患畜,应及时输液补糖,或者经胃导管给予流质食物。

2.净化口腔,消炎和收敛

可用 1%～2%食盐水、0.1%高锰酸钾溶液、0.1%新洁尔灭溶液、2%～3%硼酸溶液清洗口腔,3～4 次/d。然后涂布碘甘油或龙胆紫、金霉素鱼肝油等。

流涎较多时，可用1%明矾溶液、1%鞣酸溶液冲洗口腔。

口腔黏膜上的烂斑和溃疡，先用消毒液冲洗，必要时涂擦10%硝酸银溶液，再用生理盐水充分洗涤，然后涂布碘甘油或1%磺胺甘油乳剂。重剧性口炎还应同时使用抗生素或磺胺类药物进行全身抑菌消炎。

对传染性口炎，重点治疗原发病，及时隔离，严格检疫。

中兽医称口炎为口舌生疮，治疗以清火消炎，消肿止痛为主，宜用青黛散：青黛15 g、黄连10 g、黄柏10 g、儿茶10 g、桔梗10 g、薄荷6 g，研细末后装入布袋内，在水中浸湿后，衔于病畜口内，饲喂时取下，1次/d。也可在蜂蜜内加冰片和复方新诺明各5 g，含于口内。

[预防]

应加强饲养管理，注意饲料质量，对饲料进行合理调配，避免饲喂发霉变质的、冰冻的饲草料，防止尖锐异物、有毒植物混入饲料内。经口投服腐蚀性或刺激性大的药物时，一定要注意避免浓度过大。应定期检查口腔，及时修整牙齿，正确使用开口器等。

二维码 2-1　牛保定技术

二维码 2-2　牛体温测定

任务十八　食道阻塞

食道阻塞，又称食道梗阻，俗称“草噎”，是由于食道被食物团块或异物阻塞引发的一种疾病。临床上以采食过程中突然发病，流涎，痛苦不安和咽下障碍为特征。按阻塞程度可分为完全食道阻塞与不完全食道阻塞；按阻塞部位可分为颈部食道阻塞、胸部食道阻塞和腹部食道阻塞。

[病因]

过度饥饿后贪食，采食过急，咀嚼不充分而急于吞咽，是食道阻塞发生的主要原因。牛、羊常因吞食甘薯、马铃薯、胡萝卜、萝卜、玉米棒、甜菜和大块豆饼等，不经仔细咀嚼即行咽下引起。特别是在采食过程中突然受到惊扰，吞咽过急，更易引起食道阻塞。

继发性食道阻塞常继发于食道炎、食道狭窄、食道痉挛等疾病。也有因全身麻醉，食管功能没有完全恢复就进食，从而发生食道阻塞的。

[症状]

采食中突然发病，停止采食，恐惧不安，头颈伸直，张口伸舌，大量流涎，并不断地做吞咽动作，常伴有咳嗽。颈部食道阻塞时，外部触诊可摸到阻塞物，并引起患牛的疼痛反应；胸部食道阻塞时，因阻塞部位上方的食道内积聚唾液，触诊有波动感并引起哽咽运动，低头时有大量唾液流出。用胃管食道探诊时，胃管插至阻塞部时，感到阻力，不能前进。

二维码 2-3　牛食道阻塞物检查

完全食道阻塞时，可由于嗳气障碍而引起急性瘤胃臌气，病牛呼吸困难，可于几小时内因窒息而导致死亡。

X线检查：在完全食道阻塞时，阻塞部呈块状阴影。

食道造影检查：显示钡剂到达该处则不能通过。

［诊断］

根据病史和在采食过程中突然发病，惊恐不安，大量流涎，呈现吞咽动作等症状，并结合食道外部触诊、胃管食道探诊、X线检查等即可确诊。但要注意与下列疾病的鉴别。

(1)食道狭窄：呈慢性经过，饮水及液状食物能通过食道。食道探诊时，粗的胃管不能通过狭窄部，而细的胃管则能通过。

(2)食道炎：呈疼痛性咽下障碍，当食道探诊时，病畜剧烈骚动，疼痛不安。

(3)食道痉挛：阵发性或一过性发作，当病情发作时，触诊食道如硬绳索状。胃管食道探诊时，胃管无法通过，用水合氯醛等解痉剂，食道痉挛缓解后，则胃管可自由通过。

(4)食道麻痹：胃管食道探诊时，胃管插入无阻力，可顺利通过食道。

［治疗］

本病的治疗原则是解除阻塞，疏通食管，消除炎症，加强饲养管理和预防并发症的发生。

当因食道阻塞而引起急性瘤胃臌气时，应先进行瘤胃穿刺放气，再去除食道内阻塞物。在一般情况下，先用5%水合氯醛酒精溶液200～300 mL，静脉注射，或选用其他肌松药物，使食道壁弛缓，然后选用下列方法。

1. 掏取法

咽后食管起始部阻塞时，给牛装上开口器后，将牛头和开口器固定牢靠，一人从牛颈外部两侧将阻塞物尽量推到咽喉部位固定住，另一人手伸到咽喉部位食道内可取出阻塞物(图2-2)。或用一长镊子从口腔进入，然后夹出(图2-3)。

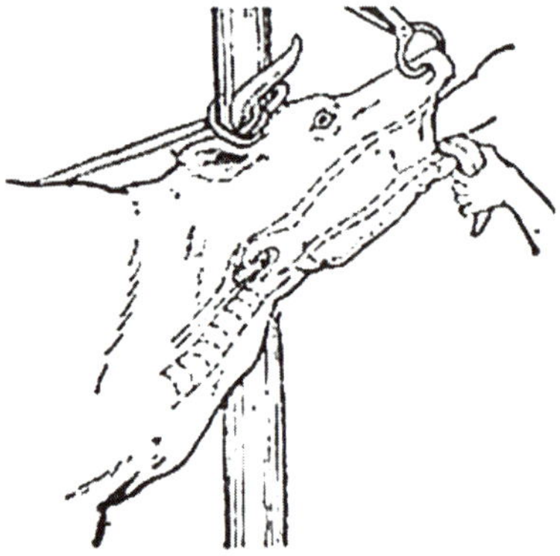

图2-2 掏取法治疗食道阻塞

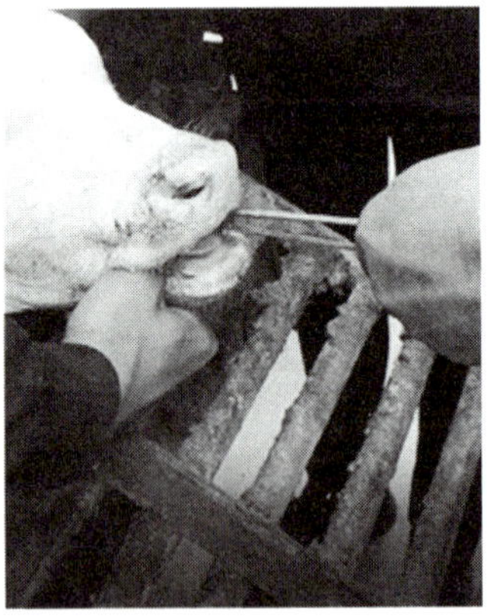

图2-3 夹取法治疗食道阻塞

2. 推送法

推送法又称疏导法，主要用于胸部、腹部食道阻塞。先在食管内灌入植物油或液状石蜡油50～100 mL、3%盐酸普鲁卡因溶液10～20 mL，再将胃管送入食管内抵住阻塞物，缓缓地把阻塞物推入胃中。推送时，每次推动2～3 cm，将胃管适当向外拔出，再向内推送，以免阻塞物滚动导致胃管前端方向改变使食道破裂。若胃管过软，可于胃管内适当放入硬物，如钢丝、细的胃管等。或在胃管的末端接上打气管，然后适量打气，并乘势推进胃管，直至将阻塞物推入胃中。打气时，不可打过多气和推送过猛，以免造成食管破裂。

3. 冲洗法

当阻塞物为颗粒状或粉状饲料时，多较易处理，可用胃导管插入食道，先导出食道中的唾液，再注入适量的温水，反复虹吸，把阻塞物溶化洗出，或者将阻塞物冲下。也可先导出食道中的唾液，再灌入一定量的油类泻剂及少量温水，使其自行软化，润下以达到治疗的目的。

4. 捶打法

多用于颈部食道阻塞，阻塞物多为脆性易碎物，如新鲜的土豆、地瓜、苹果等，将病畜右侧横卧保定好，固定食道阻塞物，在阻塞物之下放一平坦木板，然后用平顶锤准确而有力地将阻塞物砸碎，或先在阻塞部位垫上棉花、布片等，然后将阻塞物砸碎即可。

如经上述方法治疗无效，则采用手术治疗，切开食道，取出阻塞物。

食道疏通后应及时治疗食道炎，给予柔软的饲草，适当喂给粥状的饲料。病程较长的，应及时强心、补液，维持机体营养。

[预防]

加强饲养管理，饲喂要定时定量，勿使牛羊过度饥饿，防止因动物饥饿而吞咽过急。合理调制饲料，如豆饼要泡软、块根类饲料要适当切碎等。全身麻醉手术后，在食管功能尚未完全恢复前应禁食，以防发生本病。

任务十九　前胃弛缓

前胃弛缓，中兽医称为脾虚慢草，是由于前胃神经兴奋性降低，肌肉收缩力减弱，菌群失调，瘤胃内容物运转迟滞，产生大量腐败发酵的物质，引起消化功能障碍和全身功能紊乱的一种疾病。临床上以食欲减退、反刍障碍、前胃蠕动减弱乃至停止为特征，严重时伴发全身性功能紊乱。本病是消化系统疾病的多发病，多发生于舍饲的牛、羊等反刍动物。

前胃弛缓按病情发展过程可以分为急性前胃弛缓和慢性前胃弛缓；按病因可分为原发性前胃弛缓和继发性前胃弛缓。原发性前胃弛缓又称为单纯性消化不良，多取急性经过，预后良好；继发性前胃弛缓又称为症状性消化不良，多取亚急性或慢性经过，可出现于各系统的各类疾病的病程中，病情复杂。

[病因]

1. 原发性前胃弛缓

原发性前胃弛缓的病因主要与平时的饲养不当、管理不当和应激反应有关。

(1)饲养不当。几乎所有能改变瘤胃内环境的食物性因素均可引起原发性前胃弛缓。常见的有：①长期饲喂粗硬难消化饲料，如稻草、麦糠、豆秸、秕壳等，强烈刺激胃壁，尤其在饮水不足时，前胃内容物易缠结成不易移动的团块，影响瘤胃的消化活动；反之，长期饲喂过于柔软或粉碎过细的饲料或饲草，如麸皮、细碎的精料等，对胃黏膜的刺激不足，易引起前胃弛缓。②饲料品质不良，如发霉变质、冰冻或混有泥沙的饲料。③日粮中矿物质和维生素缺乏，特别是维生素 A、维生素 B_1 及钙缺乏时，易引起单纯性消化不良。④饲养程序紊乱，如突然变换饲草料或突然改变饲养方式、饲喂不定时或不定量、时饥时饱等。

(2)管理不当。长期休闲、运动不足，圈舍卫生不良、阴暗、潮湿、过度拥挤或缺乏光照；误食塑料袋、化纤布，或分娩后的母牛食入胎衣等，均可导致本病的发生。

(3)应激反应。由于严寒、酷暑、饥饿、疲劳、分娩、离群、断乳、调换圈舍、更换饲养员、恐惧、感染与中毒等因素刺激或手术、创伤、剧烈疼痛的影响，引起应激反应而发生前胃弛缓。

2. 继发性前胃弛缓

常继发于消化系统疾病、营养代谢性疾病、热性病、传染病、寄生虫病和中毒性疾病等，如口炎、牙齿疾病、咽炎、瘤胃臌气、瘤胃积食、创伤性网胃腹膜炎、瓣胃阻塞、皱胃阻塞、肠便秘、骨软化症、酮病、生产瘫痪、乳房炎、子宫内膜炎、牛流行热、结核病、布鲁氏菌病、肝片吸虫病、前后盘吸虫病、锥虫病等。

此外，在兽医临床上治疗用药不当，如长期大量应用磺胺类和抗生素等抗菌药物，瘤胃内菌群共生关系受到破坏，因而发生消化不良，呈现前胃弛缓。

[症状]

前胃弛缓按其病情发展过程可以分为急性和慢性两种类型。

1. 急性前胃弛缓

多见于急性热性病或感染性疾病的过程中，表现为急剧的应激状态和消化不良，食欲、饮欲减退或废绝，反刍减少、短促、无力，嗳气，气味酸臭。瘤胃收缩力减弱，蠕动音减弱，蠕动次数减少甚至停止(正常牛瘤胃每 2 min 蠕动 3～5 次)，或每次蠕动的持续时间缩短。触诊瘤胃，其内容物黏硬呈生面团样或稀软呈粥状；瓣胃蠕动音减弱。病初排粪无大变化，以后逐渐变为干硬，色暗，被覆黏液。体温、呼吸、脉搏一般无明显变化。

少数病例，伴发前胃炎或酸中毒时，病情急剧恶化，精神沉郁，食欲废绝，磨牙，呻吟，反刍、嗳气停止，粪便呈糊状、棕褐色，气味恶臭。皮温不整，体温下降，鼻镜干燥，眼球下陷，心率加快，黏膜发绀，呼吸困难。

2. 慢性前胃弛缓

多由急性前胃弛缓转变而来，其症状与急性前胃弛缓类似，病程长，病情弛张，时好时坏，日渐消瘦，体质虚弱，被毛干枯无光泽，皮肤弹性减退。多数病牛食欲不振，常发生异食癖，舔砖吃土，或者吃褥草、污物等。反刍不规则，短促、无力或停止，嗳气减少。瘤胃蠕动音减弱或消失，瘤胃内容物黏硬或稀软，常出现慢性瘤胃臌气。

病程后期常伴发瓣胃阻塞，精神沉郁，食欲、反刍停止，瓣胃蠕动音消失。鼻镜干燥、龟裂。病重时，呈现贫血与衰竭，常导致死亡。

[诊断]

根据病史和食欲减退，反刍障碍，瘤胃、瓣胃蠕动减弱，消化功能障碍，瘤胃内容物的性质改变，体温、脉搏、呼吸等生命指标无大的变化等即可做出初步诊断。诊断时，要注意确定是原发性前胃弛缓还是继发性前胃弛缓。

通过检测瘤胃内容物 pH 的变化或瘤胃液中纤毛虫数量、活力可为诊断和治疗提供依据。健康牛瘤胃液 pH 为 6.5～7.5，前胃弛缓时，pH 下降至 5.5 或更低，也有少数病例 pH 升至 8.0 或更高。瘤胃液 pH 的变化直接影响其中纤毛虫的存活率和菌群共生关系，健康黄牛的瘤胃液中，纤毛虫数量为13.9万～114.6万个/mL，在前胃弛缓发病过程中，瘤胃内纤毛虫数量减少，活力下降，严重时，瘤胃内纤毛虫数下降到5万/mL左右。

[治疗]

本病的治疗原则是：去除病因，加强饲养管理；恢复前胃的运动功能；制止腐败发酵；改善瘤胃内环境，恢复正常的微生物区系；防止脱水和自体中毒。

1.除去病因，加强饲养管理

立即停喂发霉、变质饲料；病初禁食1～2 d，但给予充足的清洁饮水，以后给予适量的易消化的富有营养的饲料，如青草、优质干草等，适当运动。轻症病例可在1～2 d自愈。

2.恢复前胃的运动功能

应用10%氯化钠注射液，0.1 g/kg体重，静脉注射；或皮下注射新斯的明（牛10～20 mg）、卡巴胆碱（牛20～40 mg）等。须注意，本类药物对胃肠平滑肌有较强的兴奋作用，但对于病情重剧、心脏衰弱、老年牛或妊娠母牛禁止应用此类药物，以防虚脱或流产。

3.制止腐败发酵

可用硫酸镁（或硫酸钠）500 g，鱼石脂20 g，75%酒精100 mL，加水，混合溶解后一次内服。

4.改善瘤胃内环境，恢复正常的微生物区系

当瘤胃内容物pH降低，为改善瘤胃内环境，调节瘤胃内容物pH，恢复正常微生物区系，可应用缓冲剂，氢氧化镁（氢氧化铝）200～300 g，碳酸氢钠50 g，加常水适量，牛一次内服；当瘤胃内容物pH升高，宜用稀醋酸（牛30～100 mL，羊5～10 mL）或食醋（牛300～1 000 mL，羊50～100 mL），加常水适量，一次内服。

必要时，可先对病牛洗胃，再投服健康牛反刍食团或灌服健康牛瘤胃液4～8 L，以恢复正常微生物区系。

5.防止脱水和自体中毒

当病牛出现脱水和自体中毒时，应用10%葡萄糖注射液1 000～2 000 mL，0.9%氯化钠注射液1 000～1 500 mL，10%维生素C注射液30 mL，5%碳酸氢钠注射液500 mL，静脉注射。

6.中兽医治疗

根据辨证施治原则，对脾胃虚弱、水草迟细，消化不良的牛，着重健脾和胃，补中益气。如加味四君子汤：党参100 g、白术75 g、茯苓75 g、炙甘草25 g、陈皮40 g、黄芪50 g、当归50 g、大枣200 g。共为末，开水冲调，候温灌服，1剂/d，连服2～3剂。

此外，也可用红糖250 g、生姜200 g（捣碎）、胡椒粉30 g，开水冲化，候温内服，具有健脾和胃、温中散寒的功效。

[预防]

原发性前胃弛缓多因饲养管理不当引起，对前胃弛缓的预防要加强平时的饲养管理。牛、羊在饲料供给和管理上一定要遵循科学的方式，注意饲料的选择、保管和调理，合理调配饲料，不饲喂霉变、冰冻饲料，禁饮不洁的饮水，不可突然变更饲料或任意加料。牛、羊要有适当运动和日光照射，圈舍要保持清洁卫生和通风保暖，避免有害因素的刺激和干扰，尽量减少各种应激因素的影响，及时治疗容易诱发前胃弛缓的疾病，提高畜群的抗病能力。

二维码 2-4　牛静脉注射技术（输液技术）

二维码 2-5　牛肌内注射技术

二维码 2-6　牛灌药技术

任务二十　瘤胃积食

瘤胃积食又称急性瘤胃扩张，中兽医称宿草不转或瘤胃食滞，是采食过量难以消化的粗硬饲料或容易臌胀的饲料，在瘤胃内蓄积，引起瘤胃扩张、容积增大，内容物停滞和阻塞，瘤胃运动和消化功能障碍，形成脱水和毒血症的一种严重疾病。临床特征是瘤胃体积增大且较坚硬。

本病是反刍动物常见的多发病之一，舍饲的牛、羊更为常见。

[病因]

瘤胃积食主要是由过食引起的。多见于因饥饿采食了大量难以消化的饲料，如豆秸、山芋藤、老苜蓿、花生蔓、谷草、稻草、麦秸、甘薯蔓、棉秆等，缺乏饮水，从而引起积食；或采食大量易于膨胀的饲料，又大量饮水，如玉米、小麦、大豆、豌豆、糟渣类饲料、豆饼、花生饼、棉籽饼、酒糟等，导致瘤胃过度充满；或将品质差、适口性不好的饲料突然变换为品质好、适口性强的饲料时，致使采食量过多；也有因误食异物如塑料薄膜等而发生本病的。此外，过度紧张、运动不足、长途运输、过于肥胖、中毒或感染等导致瘤胃运动功能降低，也可引起瘤胃积食。

继发性瘤胃积食，常见于前胃弛缓、创伤性网胃腹膜炎、瓣胃阻塞、皱胃阻塞等疾病的发病过程中。

[症状]

常在饱食后数小时内发病，腹痛，神情不安，呻吟，常拱背站立，回顾腹部或后肢踢腹，间或不断起卧。反刍停止，食欲废绝，空嚼，磨牙，时有努责。左侧腹部膨胀（图 2-4），瘤胃上部饱满，中下部向外凸出。排粪量减少，粪便干硬，色暗。

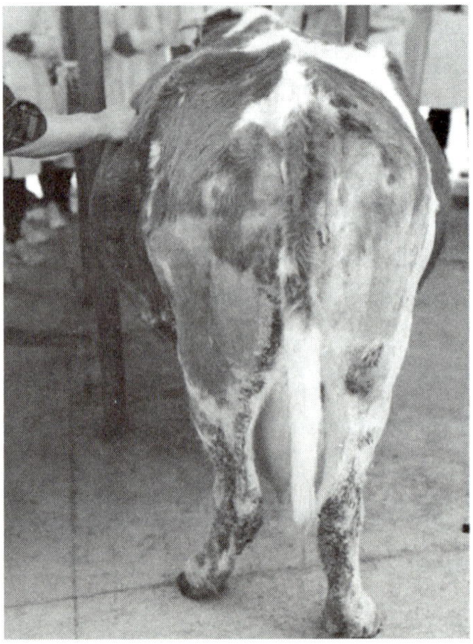

图 2-4　左侧腹部膨胀，触压坚实

触诊瘤胃，内容物充满、坚实或黏硬，病畜不安；听诊瘤胃，瘤胃蠕动音减弱或消失。

直肠检查，可发现瘤胃扩张，容积增大，充满坚实的内容物，有的病例内容物呈粥状，但胃壁显著扩张。

重症后期，瘤胃积液，呼吸急促，脉搏加快，黏膜发绀，眼窝凹陷，呈现脱水及心力衰竭症状。病畜衰弱，卧地不起，陷入昏迷状态。

[诊断]

根据采食过多的病史及瘤胃内容物充满，左侧腹部下部膨大凸出明显，触压坚实等临床特征可以确诊。

诊断时，应与前胃弛缓、急性瘤胃臌气、皱胃左方变位等疾病进行鉴别。

前胃弛缓：食欲减退，反刍减少，病情较缓，触诊瘤胃内容物稀软，腹痛症状不明显，全身症状轻微。

急性瘤胃臌气：病情发展急剧，腹围显著膨大，尤以左肷窝部凸出更为显著，触诊瘤胃壁紧张而有弹性，叩诊呈鼓音，呼吸高度困难。

皱胃左方变位：左腹部肷窝部增大不明显，而以左侧肋弓部凸起明显，左肋部听诊有皱胃蠕动音。在左侧肋弓凸起区域进行穿刺检查，穿刺液呈酸性反应（pH 为 1～4），棕褐色，缺乏纤毛虫，说明穿刺液是皱胃液，可做出明确诊断。

［治疗］

本病的治疗原则主要是排除瘤胃内容物，恢复瘤胃运动功能，防止脱水和自体中毒。

1. 排除瘤胃内容物

病初禁食 1～2 d，多次少量饮水，待瘤胃内容物排除，且出现食欲、反刍时，逐渐给予柔软易消化的草料。如果采食大量易膨胀的饲料，则应限制饮水。

对轻症病例，可进行瘤胃按摩，每次 20～30 min，3～4 次/d，同时配合灌服活性酵母粉（牛 250～500 g），进行适当牵遛运动，效果更好。

中等程度的瘤胃积食，为了排除瘤胃内容物，可灌服泻剂或洗胃。常用硫酸钠（或硫酸镁）500～800 g，加水配成 5%～8%溶液，并加入鱼石脂 15～25 g，一次灌服。泻下时，由易膨胀饲料引起的瘤胃积食宜用油类泻剂，如液状石蜡或植物油 500～1500 mL，一次内服。

2. 恢复瘤胃运动功能

可用 10%氯化钠注射液 300～500 mL、5%氯化钙注射液 200～300 mL，一次静脉注射。也可用卡巴胆碱（牛 20～40 mg）、新斯的明（牛 10～20 mg，羊 2～5 mg）等进行皮下注射。但对于病情重剧、心脏衰弱、老年牛或妊娠母牛，禁止应用此类药物，以防虚脱或流产。

瘤胃内容物基本排出，食欲仍不好转时，可用健胃剂，如人工盐、健胃散、大蒜酊、陈皮酊、马钱子酊等内服。

3. 防止脱水和自体中毒

脱水时宜用 5%葡萄糖生理盐水注射液 2 000～3 000 mL、维生素 C 2～3 g，静脉注射，2 次/d；解除酸中毒，用 5%碳酸氢钠注射液 500 mL，静脉注射。

4. 手术治疗

对重症而顽固的瘤胃积食，可行瘤胃切开术，掏取瘤胃内容物（图 2-5），排除积食，而后接种健康牛的瘤胃液。

图 2-5　掏取的瘤胃内容物

5. 中兽医治疗

中药治疗以健脾开胃，消食化积为主。可用山楂 100 g、麦芽 100 g、神曲 100 g、厚朴 40 g、枳实 40 g、大黄 60 g、芒硝 200 g（后下）、牵牛子（炒）60 g、槟榔 50 g、郁李仁 60 g，共研细末，开水冲调，候温灌服。

[预防]

本病的预防在于加强日常的饲养管理，防止突然变换饲料或过食；饲喂要定时定量，饲料搭配适当，不能随意加大精料喂量，粗硬的饲草饲料要适当加工后再饲喂；加强饲料保管，防止牛、羊偷食；耕牛不要过度使役，避免采食后立即使役或使役后立即饲喂；避免外界各种不良因素的刺激；加强运动，饮水充足，及时治疗原发病。

知识拓展

奶牛进行全身检查的项目及标准如表 2-1 至表 2-4 所示。

表 2-1　奶牛前方观察监控项目及标准

项目	正常	异常
精神状态	反应敏捷	呆滞，反应迟缓
眼睛	明亮、正常	呆滞，眼窝凹陷，眼睛有分泌物
鼻腔	无鼻液或仅有少量鼻液	鼻腔有多量鼻液
鼻镜	湿润、干净、触之冰凉	干燥甚至龟裂，发热
耳朵	竖起，灵敏	耳朵耷拉，湿凉或过热
面部	轮廓正常	肿胀，变形
食欲	食欲旺盛，采食迅速	食欲减退，甚至废绝
呼吸	10～30 次/min	频率加快，胸式呼吸或腹式呼吸，无规律

表 2-2　奶牛后方观察监控项目及标准

项目	正常	异常
瘤胃充盈度	评分 3 分或 4 分：肷窝隐约可见或不可见，腹围充盈	评分 1 分或 2 分：肷窝深陷，呈深三角形，腹围明显缩小；采食严重不足；左腹部膨胀、紧张，甚至肷窝凸出
站立姿势	背腰平直	弓背；腹部紧缩
尾部	灵活、干净	污秽，沾满稀粪或子宫分泌物，举尾努责状
外阴	外观正常，黏膜粉红色	黏膜苍白，黄色，产道红肿、糜烂
粪便	光亮、奶油状、成形	稀软，黏稠，恶臭，潜血
子宫分泌物	0 分：黏液清亮或无黏液 1 分：有黏液和斑点状脓性分泌物	2 分：＜50％脓性分泌物，有异味，体温正常 3 分：＞50％脓性分泌物，有恶臭，体温升高 4 分：流出红棕色水样分泌物，有恶臭，体温升高
乳房充盈度	充盈、柔软	红肿热痛，干瘪
肢蹄	稳健	蹄变形，负重障碍
气味	无异常气味	恶臭，异常

表 2-3　奶牛进行全身检查项目及标准

（针对前方或后方观察监控异常及体温异常）

项目	正常	异常
直肠温度	37.5～39.5 ℃	≥39.5 ℃或＜37.5 ℃
瘤胃蠕动	2～3 次/min	减弱，消失
心率	60～80 次/min	增快、减慢、心律不齐
淋巴结	正常	肿胀、化脓
血酮值	＜1.2 mmol/L	亚临床型酮病：1.2～2.5 mmol/L 临床型酮病：≥2.5 mmol/L
瘤胃液 pH	6.0～7.0	＜5.5 或＞7.5
尿液 pH	7.7～8.7	5.0～6.0 或 8.0～9.5

表 2-4　奶牛巡查观察项目

项目	正常	异常	疑似病因（诊断）
精神状态	头、颈、耳转动灵活，反应迅速，行动敏捷	萎靡，耳耷头低，反应迟钝	低钙血症或多种疾病的后期症状
眼睛	眼光明亮	凹陷；无神；眼睛有分泌物	腹泻脱水、严重衰弱等
鼻镜	湿润，附有少量水珠，触之冰凉	干燥、龟裂	瓣胃阻塞、瘤胃酸中毒、胃肠炎及热性病等
鼻腔	干净	鼻腔有较多分泌物	肺炎等
面部	轮廓正常	肿胀、变形	放线菌病、外伤等
食欲	食欲旺盛，采食迅速	食欲减退，甚至废绝	消化系统疾病、代谢性疾病、感染性疾病等
呼吸	10～30 次/min	频率加快，无规律	感染性疾病，如肺炎
瘤胃充盈度	3 分：肷窝仍可见，短肋下皮肤垂直向下一掌宽，然后向外弯曲，沿髂骨翼的皮肤皱褶不可见 4 分：肷窝不可见，短肋下皮肤向外弯曲 5 分：瘤胃完全充盈，短肋不可见，腹壁与肋骨无明显过度，整个腹部皮肤紧绷	1 分：肷窝大于一手掌宽，左侧腹壁深陷，腰椎下方皮肤向内弯曲，皮肤沿髂骨翼皱褶垂直下行 2 分：肷窝一手掌宽，短肋下方皮肤向内弯曲，通常沿髂骨翼皱褶的皮肤呈对角线向前直达最后一节肋骨，从而形成一个三角形	消化系统疾病、营养代谢性疾病或其他感染性疾病引起的消化不良
站立姿势	背腰平直	弓背，腹部紧缩	腹膜炎、子宫炎、蹄病
尾部	灵活、干净	污秽，沾满稀粪或子宫分泌物，举尾努责状	腹泻、子宫炎、产道损伤等
外阴	外观正常，黏膜粉红色	黏膜苍白，产道红肿、糜烂	贫血、产道拉伤等
阴道气味	无	恶臭，异常	子宫炎、产道拉伤等

续表 2-4

项目	正常	异常	疑似病因(诊断)
粪便	光亮、奶油状,成形	稀软、黏稠、恶臭、潜血等	腹泻、酮病、真胃变位、真胃溃疡等
子宫分泌物	0 分:黏液清亮或无黏液 1 分:有黏液和斑点状脓性分泌物	2 分:<50%脓性分泌物,有异味,体温正常 3 分:>50%脓性分泌物,有恶臭,体温升高 4 分:流出红棕色水样分泌物,气味恶臭,体温升高	子宫疾病
乳房充盈度	充盈、柔软	红肿热痛	乳房炎等
四肢、蹄部	稳健	蹄变形,负重障碍	蹄病

任务二十一　瘤胃臌气

瘤胃臌气又称瘤胃臌胀,中兽医称为气胀,是因为采食多量易于发酵的饲料,在瘤胃内异常酵解,迅速产生大量气体,引起瘤胃急剧膨胀的一种疾病。按病因可分为原发性瘤胃臌气和继发性瘤胃臌气;按病程可分急性瘤胃臌气与慢性瘤胃臌气;按气体的性质可分为泡沫性瘤胃臌气和非泡沫性瘤胃臌气。临床上以腹围急剧增大,反刍、嗳气障碍,呼吸极度困难为特征。本病多发生于夏季牧草生长旺盛的季节。

[病因]

(1)原发性瘤胃臌气,主要是采食大量易发酵的饲料,通常多发生于牧草茂盛的夏季,特别是舍饲转为放牧的牛,更容易导致急性瘤胃臌气的发生。

采食开花前幼嫩多汁的牧草,如苜蓿、豌豆、紫云英、三叶草等,因采食过多,迅速发酵,产生大量气体而引起。

采食堆积发热的青绿饲料,或经霜、露、雨、雪、冰霜冻结的牧草以及发热霉败饲料,或含淀粉高的谷物饲料或块根饲料等,如玉米、小麦、马铃薯、甘薯、胡萝卜等。

此外,舍饲的长期饲喂干草的牛羊,突然改喂青草,采食过多;饲料调配不当,如谷物饲料过多,而粗饲料不足,或给予豆饼等未经浸泡和调理等都可引起瘤胃臌气。

(2)继发性瘤胃臌气,通常由于瘤胃内产生的气体,向外排出受阻而引起,常继发于食道阻塞、前胃弛缓、创伤性网胃炎、瓣胃阻塞等疾病的过程中。

[症状]

(1)急性瘤胃臌气,常在采食易发酵的饲草饲料后不久或在采食过程中发病。腹部迅速膨胀,特别是左肷窝凸起明显,严重者高过背中线,按压腹壁紧张而有弹性,叩诊呈鼓音;瘤胃蠕动音初期增强,常伴有金属音,后期减弱或消失。食欲废绝,反刍和嗳气停止,病畜腹痛不安,呻吟,不断回头顾腹,或后肢踢腹。

由于腹内压急剧增高,患畜呼吸困难,呼吸急促而有力,甚至头颈伸展,张口呼吸,呼吸数增至60次/min以上；心悸，脉搏数增加，可达100次/min以上。

胃管检查，泡沫性臌气仅排出少量泡沫性气体，而不能解除臌胀；非泡沫性瘤胃臌气，从胃管内排出大量酸臭的气体，臌胀明显减轻。

病程的后期，患牛心力衰竭，静脉怒张，结膜发绀，眼球凸出，出汗，站立不稳，甚至突然倒地，痉挛，抽搐，最终因窒息和心脏停搏而死亡（图2-6）。

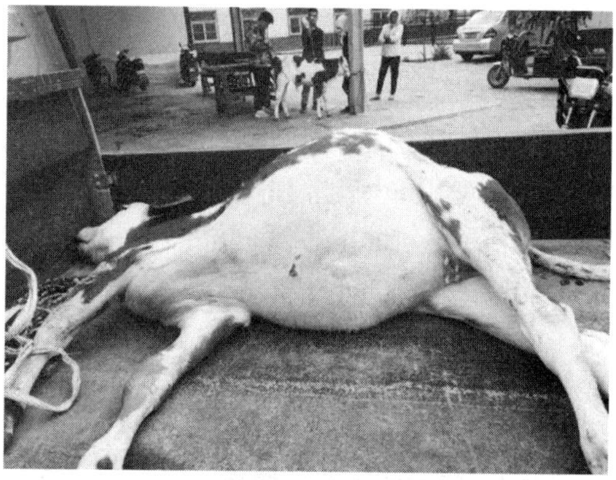

图2-6　患牛因瘤胃臌气而窒息死亡

（2）慢性瘤胃臌气，多为继发性瘤胃臌气，病情弛张，发生发展缓慢，呈轻度间歇性瘤胃臌气，常在采食或饮水后发作，通常为非泡沫性臌气，患牛呈慢性前胃弛缓症状。

［诊断］

原发性瘤胃臌气，病情急剧，采食大量易发酵的饲料后发病，腹部膨胀，左肷窝凸出，按压瘤胃紧张有弹性，叩诊呈鼓音，呼吸困难等即可确诊。继发性瘤胃臌气的特征为周期性的或间隔时间不规则的反复臌气，故诊断并不难，但必须进行详细的临床检查，确定原发病。

瘤胃穿刺时，泡沫性臌气，只能断断续续地从套管针内排出少量带泡沫的气体，针孔常被堵塞而排气困难；非泡沫性臌气，则排气顺畅，腹胀明显减轻。

投送胃管，也是区别泡沫性臌气和非泡沫性臌气的有效方法。

［治疗］

本病病情发展急剧，治疗贵在及时，采取有效的紧急措施，排气消胀，方能抢救病畜。因此治疗原则是：排气减压，止酵消沫，清肠健胃，恢复瘤胃蠕动，强心补液。

1. 排气减压

病情轻的病例，让病牛取前高后低、抬头姿势，不断牵引其舌或在木棒上涂煤油或松馏油等，横衔于口中，用绳拴在角根后部固定（图2-7），使之不断咀嚼，促进嗳气。

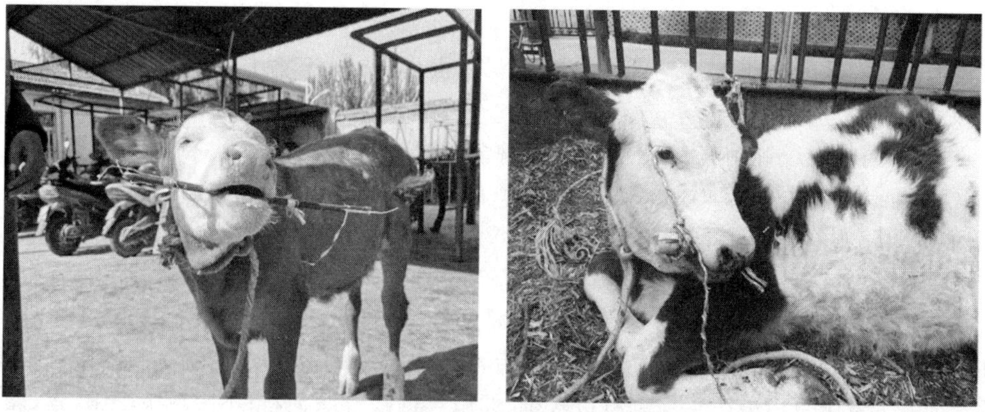

图2-7　嘴含木棒，张嘴，促使牛嗳气

对瘤胃臌气严重，腹围显著膨大，呼吸高度困难的，要立即进行胃管放气或瘤胃穿刺放气急救（图2-8）。瘤胃穿刺部位在左肷部的中央部，或隆起的最高点处，使用套管针或注射针头穿刺瘤胃放气。放气不宜过快，以防发生脑贫血。

2. 止酵消沫，清肠健胃

止酵可用鱼石脂 15～25 g(羊 2～5 g)，95%酒精 50～100 mL(羊 20～30 mL)，加水，一次灌服或经胃导管或套管针注入瘤胃；也可用 10%生石灰水 1 000～3 000 mL，或 8%氧化镁溶液 600～1 500 mL，灌服。

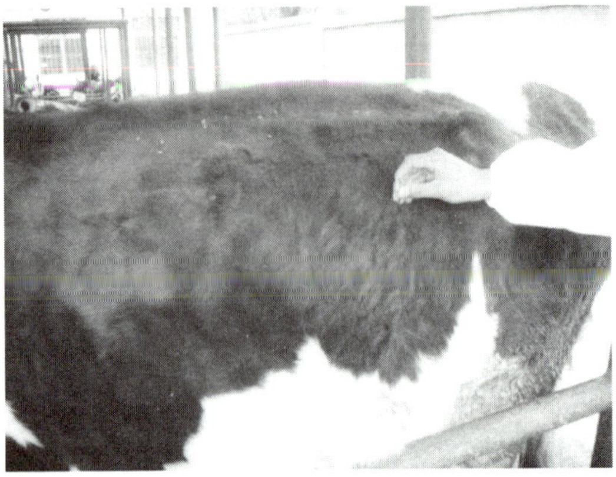

图 2-8 牛瘤胃穿刺放气

泡沫性瘤胃臌气，以消沫消胀为目的，宜用降低泡沫表面张力的药物。如二甲硅油，牛 2～4 g，羊 0.5～1 g，或消胀片(每片含二甲硅油 15 mg，氢氧化铝 40 mg)，牛 100～150 片/次，羊 25～50 片/次，内服。或松节油 30～50 mL，鱼石脂 15～25 g，酒精 50～100 mL，配成合剂，牛一次内服，能迅速奏效。或食用油 300～500 mL，松节油 30～40 mL，常水适量，一次灌服。农村、牧区在紧急情况下，也可应用白酒、煤油、汽油、甲醛、醋、食用油等消胀和止酵。

清肠健胃，硫酸镁或硫酸钠 300～500 g，加水成 5%～6%的浓度，液状石蜡 500～1 000 mL，一次内服。

根据临床经验，无论哪种臌气，灌服液状石蜡 500～1 500 mL，可收到良好效果。此外，应注意调节瘤胃内容物的 pH，可用 2%～3%碳酸氢钠溶液或石灰水洗胃或灌服。

3. 恢复瘤胃蠕动，强心补液

恢复瘤胃蠕动，促进反刍和嗳气，可用卡巴胆碱、新斯的明皮下注射。此外，应注意全身功能状态，及时强心补液，进行对症治疗。

4. 中兽医治疗

中兽医称瘤胃臌气为气胀病或肚胀，治以行气消胀，通便止痛为主。可用消胀散：炒莱菔子 15 g、枳实 35 g、木香 35 g、青皮 35 g、小茴香 35 g、槟榔 17 g、二丑 27 g，共为末，加清油 300～500 mL，大蒜 60 g(捣碎)，水冲服。也可用木香顺气散：木香 30 g、厚朴 10 g、陈皮 10 g、枳壳 20 g、藿香 20 g、乌药 15 g、小茴香 15 g、青果(去皮)15 g、丁香 15 g，共为末，加清油 300～500 mL，水冲服。

此外，可同时配合针刺苏气、顺气、山根、脾俞等穴。

也可用如下验方：烟叶末 100 g、松节油 40～50 mL、液状石蜡 500 mL，加水 500 mL。同调内服，多在 30 min 左右见效。

[预防]

本病的预防重在加强饲养管理。在有幼嫩豆科植物的草地放牧，时间不可过长，以防暴食；由舍饲转为放牧时，出牧前先喂一些干草后再放牧；对易于发酵的青绿饲料要限制饲喂量，或者先饲喂少量干草以减少青绿饲料摄入量，然后再饲喂青绿饲料；不喂或少喂雨、露、霜浸湿的牧草或堆积发热的青草，含淀粉高的块根类饲料或谷物饲料一次不可饲喂过多。

任务二十二　瘤胃酸中毒

瘤胃酸中毒，又称乳酸中毒、过食谷物综合征、中毒性消化不良，是由于反刍动物采食大量的谷类或其他富含碳水化合物的饲料后，在瘤胃内产生大量乳酸而引起的一种代谢性酸中毒。其特征是消化障碍、瘤胃运动停滞、瘤胃 pH 明显降低、酸血症、脱水。

瘤胃酸中毒是集约化养殖过程中危害奶牛、羊的重要疾病之一，尤其是亚急性或慢性瘤胃酸中毒。瘤胃酸中毒使瘤胃微生物区系紊乱和瘤胃消化率降低，当瘤胃 pH 长期处于较低水平时，还可引起瘤胃黏膜损伤、角化不全、瘤胃炎、蹄叶炎、腹泻和肝脓肿等，很多病症数月后才出现或者被其他常见病症状所掩盖，所以危害很严重。

［病因］

瘤胃酸中毒的主要病因是饲喂大量富含碳水化合物的饲料。能引起瘤胃酸中毒的物质有：谷物饲料（如玉米、大麦、小麦、燕麦、高粱、稻谷）、块根类饲料（如马铃薯、甘薯、甜菜）、面食（如生面团、面粉）、酿造副产品（如酒糟、淀粉渣）、水果类（如苹果、梨）等。

饲养管理不当是采食过量碳水化合物饲料的条件，如为了提高泌乳量、生长速度或催肥，突然增加精料；精料保管不当而被偷食；精料的饲喂量过于随意；霉败的粮食人不能食用时，大量饲喂牛、羊；谷物饲料粉碎过细；饲料突然改变，尤其是平时以饲喂牧草为主，而突然改成饲喂富含碳水化合物的饲料等，易导致瘤胃酸中毒。

研究发现，虽然瘤胃 pH 趋于中性时有利于提高瘤胃中降解纤维的微生物数量与微生物的生长效率，同时能降低瘤胃壁溃疡的发生率，但瘤胃偏酸性环境有利于奶牛提高泌乳量和肉牛快速生长，因此，在生产中饲喂高精料就成为必然。控制精料饲喂量和提高日粮精料时，执行合理的过渡适应期，可有效预防瘤胃酸中毒的发生。

［症状］

根据采食量的多少、饲料的种类和个体耐受力的不同，通常将症状分为最急性型、急性型和慢性型。

(1)最急性型。发病急，通常在采食后几小时内出现中毒症状，精神极度沉郁，腹痛，腹胀，呻吟，步态不稳，不愿行走。有的双目失明，瞳孔散大。腹部显著膨胀，瘤胃内容物多，但不坚硬，以后变稀软或水样，瘤胃蠕动微弱或停止，瘤胃 pH 降低于 5 以下，无纤毛虫存活。呼吸急促，心率加快，口内流出泡沫状液体，阵发性痉挛。最后卧地不起，角弓反张，昏迷而死。

图 2-9　患牛脱水，眼球明显凹陷

(2)急性型。精神沉郁，食欲、反刍废绝，磨牙，空口咀嚼，流涎，粪便稀软或呈水样，有明显的酸臭味。瘤胃胀满，瘤胃内容物先黏硬后稀软，随病情发展，出现瘤胃积液，冲击触诊有拍水音，瘤胃蠕动音微弱或消失，瘤胃 pH 降低。脱水体征明显，眼窝凹陷（图 2-9），血液浓稠色暗，少尿或无尿，尿液 pH 降低。体温多数正常或微低，心率加快，100 次/min 以上，呼吸浅而快，60～90 次/min。

有的病畜出现视力障碍和神经症状。步态蹒跚，碰撞物体，眼睑反射减弱或消失；中枢神经兴奋性增强，狂躁不安，盲目冲撞，转圈或头抵墙壁。随病情发展，后肢麻痹，卧地不起。若不及时救治，多在发病后 1～2 d 死亡。

(3)慢性型。症状轻微，常呈现前胃弛缓，食欲减退，反刍减少，粪便松软或腹泻。伴发蹄叶炎时，步态强拘，站立困难。

［诊断］

根据瘤胃胀满，瘤胃 pH 降低，脱水，蹄叶炎，神经症状等，结合有过食谷类或富含碳水化合物饲料的情况，可以做出诊断。测定瘤胃液 pH 和血液中乳酸含量，有助于确诊。

［治疗］

本病的治疗原则是矫正瘤胃和全身性酸中毒及防止乳酸进一步产生；排出有毒物质；强心补液，调节电解质，维持循环血量，纠正脱水；恢复胃肠功能。

1. 矫正酸中毒

(1)洗胃疗法。对食入大量粉料不久或采食精料时间较长，已经在瘤胃发酵产生大量乳酸的病牛，要采用洗胃疗法(图 2-10)。方法是用大小适宜的胃管(内径 25～28 mm)经口导入胃内，末端接以漏斗，高举漏斗，向漏斗内灌注水或 10%石灰水(生石灰 1 kg，加水 10 kg，充分搅拌后沉淀，取其上清液)，不待水流尽，随即放低牛头部和漏斗，利用虹吸原理，或用吸引器反复抽吸，以洗出胃内容物，如此反复多次。洗胃时，如果助手配合用拳头顶压冲击瘤胃，更容易洗出胃内容物。

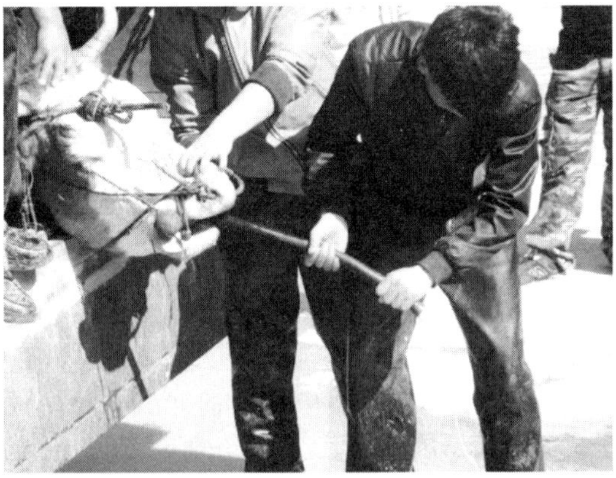

图 2-10　洗胃

瘤胃酸中毒继发瘤胃臌气的病例，少数是非泡沫性臌气，将胃管插入瘤胃后即可迅速排出气体，腹围立即缩小。但绝大部分是泡沫性臌气，易阻塞胃管而不易导出气体，这时应先通过胃管灌入少量石灰水，稀释后导出周围泡沫，反复来回抽动胃管使其疏通，随后由于灌水量逐渐增多使泡沫变稀更容易导出。当腹围减小之后，就可以大量灌入 10%石灰水，使石灰水与胃内容物充分混合后就更容易导出胃内容物。

(2)洗胃后，用 5%碳酸氢钠 500～1 000 mL，静脉注射，纠正酸中毒；维生素 B_1 0.2～0.4 g，肌内注射，以促进乳酸的代谢。根据病情可反复应用，直到酸中毒解除为止。

2. 排出有毒物质

对采食大量富含碳水化合物的整粒精料或粉料，且采食后不久，瘤胃内精料还未发酵或仅部分发酵产生少量乳酸的，要尽早使用大剂量油类泻药泻下。这样既可排出瘤胃内未消化及未发酵的精料、酸性物质，防止瘤胃产生大量乳酸，又能保护胃肠黏膜免受损伤，减缓酸性物质的吸收。

须注意，泻下时宜用油类泻药如液状石蜡，而不宜用盐类泻药如硫酸钠、硫酸镁等。因盐类泻药使整粒精料吸水膨胀，加重动物腹胀和增加泻下难度，又能加快脱水的过程，加速动物死亡。如液状石蜡 1 000～1 500 mL，灌服。切记量要足，否则达不到泻下和保护胃肠黏膜的作用，而延误治疗。

3. 强心补液，调节电解质，维持循环血量，纠正脱水

酸中毒时，大量的乳酸在瘤胃内蓄积，使瘤胃内的渗透压明显升高，因而就有大量的体液随血液循环进入瘤胃内，引起机体脱水，血液浓稠。与此同时，大量乳酸及其他有毒产物对胃肠道的刺激，使其发炎而腹泻，加重了脱水程度，这是本病发病与死亡的主要原因。因此，应及时强心补液，调节电解质，维持循环血量，纠正脱水。可用复方氯化钠或5%葡萄糖生理盐水2 500～3 000 mL，维生素C 2～3 g，一次静脉注射。

4. 恢复胃肠功能

酸中毒解除后，恢复瘤胃功能有效的办法是用健康牛瘤胃液3 000～5 000 mL，一次灌服，可反复使用；10%氯化钠注射液，0.1 g/kg体重，静脉注射；或卡巴胆碱、新斯的明等皮下注射；或陈皮酊80～100 mL，大黄酊80～100 mL，鱼石脂15～20 g，一次内服。

5. 防止继发感染

为防止机体继发感染，可使用抗生素，如氨苄西林钠，牛、羊10～20 mg/kg体重，肌内注射，2次/d。

6. 对症疗法

患牛全身中毒症状减轻，脱水缓解而仍卧地不起者，可以补充钙制剂，如5%氯化钙200～300 mL，静脉注射，一方面可减少渗出，另一方面可补充血钙浓度，加强心肌收缩，增强全身张力。当患牛兴奋不安、甩头时，可用甘露醇或山梨醇，降低颅内压，缓解神经症状。当患牛出现休克症状时，宜用地塞米松静脉或肌内注射。当患牛伴发蹄叶炎时，可注射抗组胺药物，如盐酸苯海拉明、异丙嗪、氯苯那敏等，配合蹄部冷水浴或放蹄头血效果更好。

对重症病例应立即进行瘤胃切开术，先排除瘤胃内容物，冲洗干净后将健康牛瘤胃液3 000～5 000 mL和少量优质干草一起置于瘤胃内。然后用碳酸氢钠、复方氯化钠、抗生素等纠正酸中毒、补液、消炎。

［预防］

加强饲养管理，合理供应精料，这是预防反刍动物瘤胃酸中毒的主要措施。严格控制精料饲喂量，日粮供应合理，精粗比例要平衡，一定要保证充足的干草供应量，不能随意加料或补料。日粮中可添加碳酸氢钠和碳酸钙等缓冲物质，以减少本病的发生。在生产中，由高粗饲料向高精饲料转变要逐渐进行，通常需要2～4周的过渡期，使瘤胃能逐渐适应饲料的变化。谷物精料加工时压片或破碎即可，宜大不宜小，颗粒要大小均匀，尽量防止磨成细粉后再喂。对偷食过多谷物精料的牛，在出现酸中毒症状之前，及时洗胃。

知识拓展

规模化牛场瘤胃酸中毒治疗方案

1. 症状及诊断要点

(1)严重全身症状(可见腹泻、脱水)。

(2)瘤胃液pH低于5.5，尿液pH为5.0～6.0甚至更低。

(3)多发于产后。

2.治疗方案

(1)5%碳酸氢钠1 000～1 500 mL、5%葡萄糖生理盐水1 500～2 500 mL、0.9%氯化钠注射液1 000～2 000 mL,静脉注射。

(2)青霉素2 000万IU、0.9%氯化钠注射液500 mL,静脉注射;复合维生素B注射液30 mL,肌内注射。

(3)同时灌服苏打水或石灰水中和胃酸,洗胃。

任务二十三　创伤性网胃-心包炎

创伤性网胃-心包炎俗称"铁器病"或"铁丝病",是由于尖锐异物混杂在饲料内,被误食后进入网胃,异物由网胃经膈肌刺入心包引起的心包炎症。临床上以顽固性前胃弛缓,网胃区疼痛,姿势和运步异常,心包摩擦音和拍水音,静脉怒张,水肿,心浊音区扩大等为特征。

[病因]

牛采食迅速,并不咀嚼,以唾液裹成食团,囫囵吞咽,又有舔食习惯,往往将随同饲料的异物吞咽落入网胃。因网胃体积小,收缩力强,胃的前壁和后壁容易接触,落入网胃内的尖锐异物,即使短小,也容易刺进胃壁,并以胃壁成为尖锐异物的支点,向前可刺伤膈、心、肺,向后则可刺伤肝、脾、瓣胃、肠和腹膜,病情显得复杂而重剧(图2-11)。

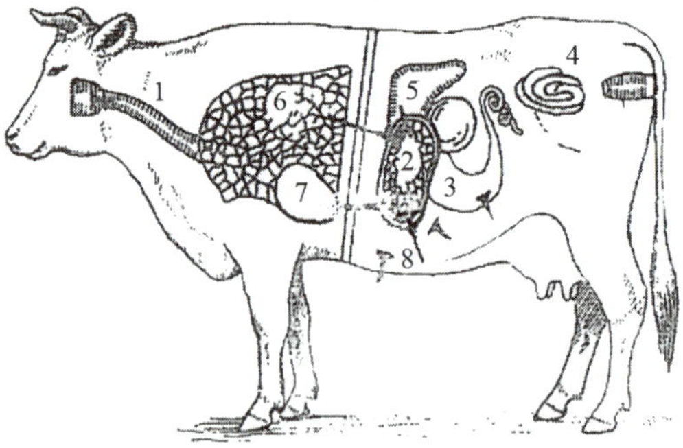

1.食道　2.网胃　3.真胃　4.肠
5.肝　6.肺　7.心包　8.腹膜

图2-11　网胃内异物造成损伤模式图

因此,当饲养管理不当,饲料加工粗放,混进尖锐金属异物;对饲料中的金属异物检查时粗心大意或处理不及时;饲养管理粗放,散落在房前屋后、道路边、牛场周围的地面或草丛、牛舍等处的尖锐异物,被牛采食或舔食,都可导致本病的发生。

常见尖锐异物包括铁钉、碎铁丝、碎铁片、别针、回形针、大头钉、缝合针、图钉、废弃的小剪刀、铅笔刀、注射针头、玻璃片及各种尖锐金属异物,特别是饲料粉碎机与铡草机上的铁钉。

腹内压急剧增加是该病发生的重要诱因。误食尖锐异物后,当瘤胃积食、瘤胃臌气、妊娠、分娩、奔跑、滑倒、发情时爬胯、手术时保定乃至起卧等过程中,腹内压急剧升高,挤压网胃,可促进本病的发生和发展。

[症状]

根据金属异物刺穿胃壁的部位、创伤深度、炎症范围以及个体反应性等不同,临床症状也有差异。

创伤性网胃-心包炎的症状表现为两个阶段。

1.第一阶段为网胃-腹膜炎症状

消化紊乱。突然发病,表现顽固性前胃弛缓症状,食欲减退或废绝,反刍缓慢或停止,有时还表现出异食癖。瘤胃蠕动微弱，常呈间歇性瘤胃臌胀，排粪减少，粪便干燥，呈深褐色至暗黑色，常覆盖一层黏稠的黏液。

网胃疼痛。典型病例精神沉郁，四肢收拢于腹下，拱背站立，肘头外展，肘肌震颤。呼吸时呈现屏气现象，呼气抑制，做浅表呼吸。病牛站多卧少，一旦卧地后不愿起立，当卧地起立时，极为谨慎，或持久站立，不愿卧下，也不愿行走。站立时，常采取前高后低的姿势站立，头颈伸直，眼半闭，不愿移动。行走时动作缓慢，禁忌下坡、跨沟或急转弯，在水泥路面上行走时止步不前。触诊剑状软骨区和网胃区，或提捏鬐甲部以及抬杠剑状软骨区（图 2-12），敏感，疼痛不安，表现出呻吟、退让、躲避等疼痛反应。

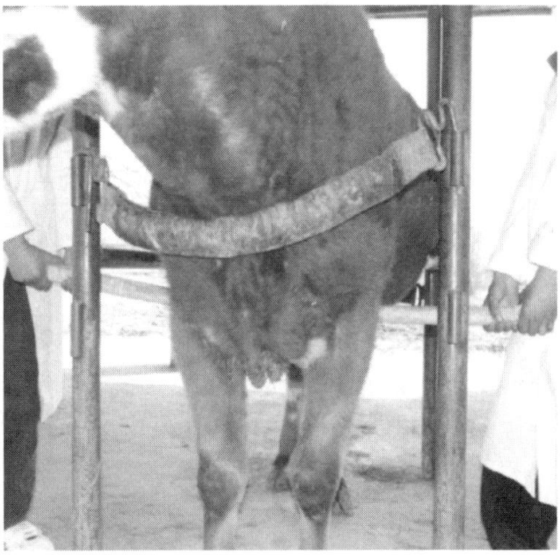

图 2-12　抬杠法检查网胃区

当网胃穿孔引起腹膜炎呈急性经过时，病初体温升高，脉搏增数，以后体温可维持正常，而脉搏却逐渐增多，脉搏数可达 100～120 次/min，呼吸数增加，呼吸浅表。若异物再度转移，引起新的穿刺伤时，体温又可能升高。触诊腹壁敏感，腹壁两侧下方呈对称性膨大，腹腔穿刺液浑浊、发红。奶牛泌乳量急剧下降。急性弥漫性腹膜炎的病例，上述全身症状更加明显。若脾脏或肝脏受到损伤，易形成脓肿，往往蔓延引起脓毒败血症。

2. 第二阶段为心包炎症状

病牛精神极度沉郁，呆立不动，头颈下垂，眼睛半闭（图 2-13）。病初体温升高，后期降至常温，但脉率仍然增加，脉搏初期充实，后期微弱不易感触。呼吸浅快，有时困难，呈腹式呼吸。心音变化较快，病初由于心包内有纤维性渗出液，故出现心包摩擦音，随着浆液渗出及气泡的产生，出现心包拍水音。叩诊浊音区增大，上界可达肩端水平线，后方可达第 7～8 肋间。

当病程超过 1～2 周，血液循环明显障碍，静脉怒张（图 2-14），可视黏膜发绀，呼吸困难。患牛下颌间隙和垂皮等处先后发生水肿。常因心力衰竭或脓毒败血症而死亡，极个别的突然死于心脏破裂。

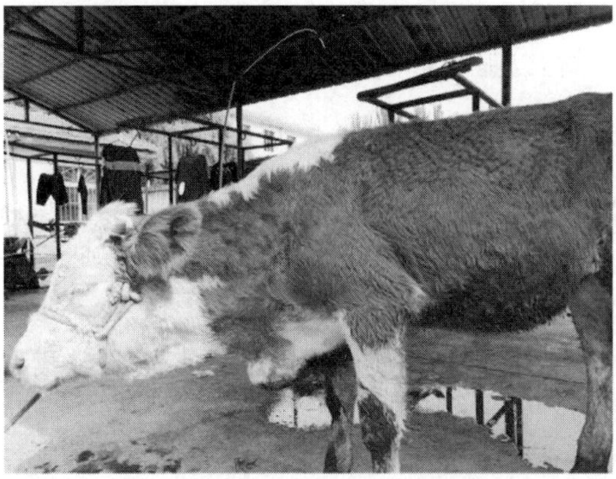

图 2-13　患牛呆立，头颈下垂，眼睛半闭

图 2-14　静脉怒张

血液学变化。病的初期，白细胞总数升高，可达$(11\sim16)\times10^9$个/L；中性粒细胞增至45%～70%，淋巴细胞减少至30%～45%。严重病例，伴有明显的中性粒细胞核左移现象。

［诊断］

典型病例，通过病牛异常的姿势和行为，顽固性前胃弛缓，网胃区触诊敏感、疼痛，心包摩擦音，心包拍水音，静脉怒张，可视黏膜发绀，水肿（图2-15）以及血象变化在内的全身反应等可建立诊断。

二维码2-7 垂皮水肿，触之冰凉，心包拍水音

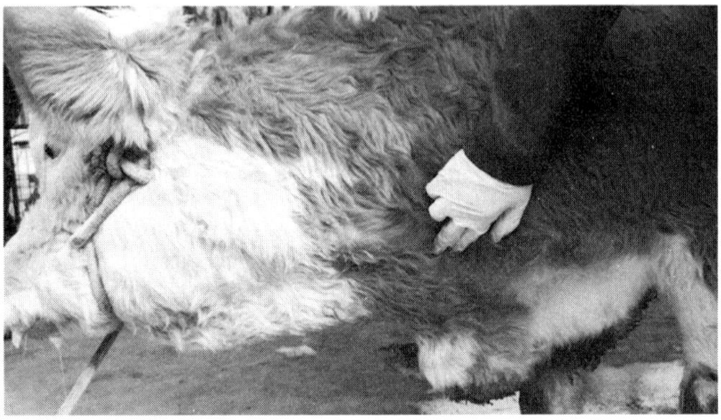

图2-15 静脉怒张，下颌间隙、垂皮等处水肿

确诊需要辅以X线检查、金属异物探测器检查等。根据X线影像，可确定金属异物损伤网胃壁的部位和性质，金属异物探测器检查可查明网胃内金属异物存在的情况。

［治疗］

治疗原则是加强护理，摘除异物，抗菌消炎，恢复胃肠功能。通常采用两种方法，即保守疗法和手术疗法。

(1)保守疗法：使病牛保持前高后低的姿势，同时限制采食以降低腹腔脏器对网胃的压力，内服缓泻剂如液状石蜡，促使异物从网胃壁上退出，并促使网胃的内容物向后移动排出；伴发瘤胃臌气时，可灌服止酵剂；同时应用抗生素和磺胺类药物，控制炎症，防止形成脓肿、败血症等；必要时可注射葡萄糖、维生素等营养药物；剧烈疼痛时可酌情应用安乃近、氟尼辛葡甲胺等。也可以用特制磁铁经口投入网胃中，吸取胃内金属异物。

(2)手术治疗：早期如无并发症，采取手术疗法，施行瘤胃切开术，进行网胃探查，寻找异物，将网胃内的异物摘除，可望治愈，也是治疗本病的根本方法。

加强管理，给予柔软易消化的饲料，补充营养。辅以强心补液，增强病牛的恢复能力。用健胃药物恢复胃肠功能，恢复食欲等。

［预防］

加强日常饲养管理工作，防止饲料中混有金属异物，不可将碎铁丝、铁钉等金属异物随地乱扔，避免到尖锐异物多的工地等处随意放牧。加强饲草饲料中金属异物的检查和筛选，在大型牛场的饲料自动输送线或青贮塔卸料机上安装大块电磁板，以除去饲草中的金属异物，也可装磁铁牛鼻环减少发病机会。定期应用金属探测器检查牛群，并应用金属异物摘除器从瘤胃和网胃中摘除异物。

任务二十四　瓣胃阻塞

瓣胃阻塞又称瓣胃秘结，中兽医称为“百叶干”，是因前胃运动功能障碍，瓣胃收缩力减弱，大量内容物在瓣胃内停滞，水分被吸收而干涸，胃壁扩展而形成阻塞的一种疾病。瓣胃阻塞根据病因可分为原发性和继发性两种类型。临床上以瓣胃蠕动音消失，瓣胃区坚硬疼痛，消化障碍，粪便干硬，脱水等为特征。本病多发生于牛。

［病因］

1. 原发性瓣胃阻塞

长期过多地饲喂粗硬、坚韧、含纤维素多的难消化饲料，如甘薯蔓、花生蔓、豆秸等，使瓣胃排空缓慢，水分逐渐被吸收，导致内容物干涸积滞，尤其在饮水不足时，更易促使本病的发生。或长期饲喂刺激性小或缺乏刺激性的饲料，如糠麸、粉渣、酒糟等，导致瓣胃的兴奋性和收缩力减弱。此外，由放牧转为舍饲或突然变换饲料，饲料中缺乏蛋白质、维生素以及微量元素，或饲料中沙土较多以及运动不足等均可促进本病发生。

2. 继发性瓣胃阻塞

继发于瘤胃疾病、真胃疾病、发热性疾病等，如前胃弛缓、瘤胃积食、真胃阻塞、真胃变位、真胃溃疡、牛恶性卡他热、血液原虫病等疾病。

［症状］

本病一般发展比较缓慢，病初多呈现前胃弛缓的症状，精神沉郁，食欲不定或减退，便秘，粪便干硬、色暗，奶牛泌乳量下降。瘤胃轻度臌胀，瘤胃蠕动音减弱，瓣胃蠕动音微弱或消失，右侧瓣胃区触诊或叩诊，病牛疼痛不安。

随着病情进一步发展，食欲废绝，反刍停止，鼻镜干燥、龟裂，空口咀嚼、磨牙；呼吸浅表、急促，心率加快至 80～100 次/min。在患牛右侧最后一肋骨向前方切入触诊，可触到坚实的瓣胃（图 2-16）。瓣胃穿刺检查，可感到阻力较大，瓣胃不显现收缩运动。直肠检查可见肛门与直肠痉挛性收缩，直肠内空虚，有黏液，并有少量暗褐色粪块附着于直肠壁。

图 2-16　瓣胃阻塞，患牛右侧最后一肋骨处向前方切入触诊，可触到坚实的瓣胃

晚期病例，精神高度沉郁，排粪停止或排出少量黑褐色恶臭黏液，尿量减少或无尿。瓣胃小叶发炎、坏死，体温升高 0.5～1 ℃，呼吸急促，心率加快至 100～140 次/min，心律不齐，结膜发绀，眼球下陷，体质虚弱，卧地不起，陷入昏迷状态而死亡。

［诊断］

根据瓣胃蠕动音减弱或消失，触诊瓣胃敏感性增高，鼻镜干燥、龟裂，粪便干硬、色暗呈算盘珠状或像骆驼粪等可建立诊断。典型病例,在右侧最后肋骨后缘处中央向前方切入触诊,可触摸到坚硬扩大的瓣胃,可做出诊断。

由于本病临床诊断比较困难,可结合瓣胃穿刺辅助诊断,于右侧第 9 肋间与肩关节水平线交点处进行瓣胃穿刺检查,可感到阻力较大,瓣胃不显现收缩运动。

[治疗]

本病的治疗原则是恢复前胃运动功能,促进瓣胃内容物排出,对症治疗。

轻症或疾病的早期,可用硫酸钠或硫酸镁 500～800 g、加水 5 000～8 000 mL 或液状石蜡 1 000～1 500 mL,一次灌服。对重症病例,可采用瓣胃注射(图 2-17)疗法。可用 10%硫酸钠或硫酸镁溶液 1 000～2 000 mL、液状石蜡 500～1 000 mL、氨苄西林钠 10～15 g,一次瓣胃内注入,可收到一定效果。瓣胃注射时,为慎重起见,可先注入适量的生理盐水,并用注射器回抽,如抽出黄色浑浊液体或草屑时,则证明注射部位正确,然后注入所用药物。

也可用生理盐水 2 000～3 000 mL、硫酸链霉素 5 g,一次瓣胃内注入。如果注射一次效果不明显时,次日或隔日可再注射一次。注射后还要充分饮水,并适当配合强心补液等治疗措施,如 5%葡萄糖生理盐水 2 500～3 000 mL、10%樟脑磺酸钠 10～20 mL、5%碳酸氢钠注射液 500 mL,静脉注射。同时给予前胃兴奋剂和制酵剂,如卡巴胆碱、新斯的明、10%氯化钠等。

以上疗法均无效时,可施行瘤胃或真胃切开术(图 2-18)进行按摩、冲洗瓣胃,使其内容物软化、排出。

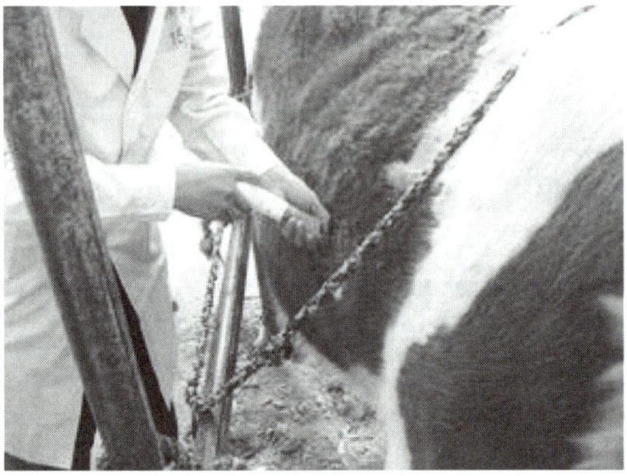

图 2-17　瓣胃注射

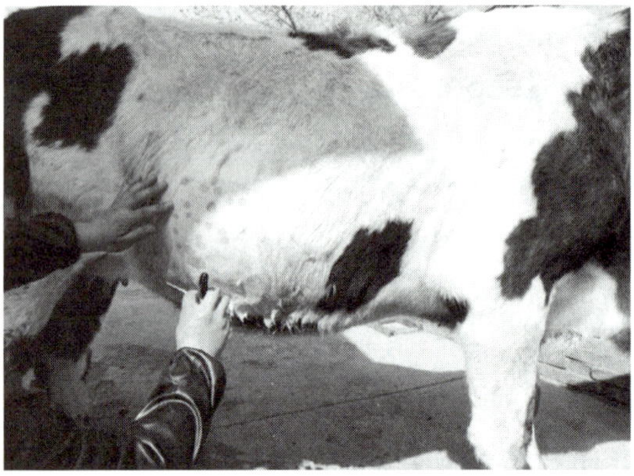

图 2-18　术部剃毛,行真胃切开术冲洗瓣胃

按照中兽医辨证施治原则,牛百叶干是因脾胃虚弱,胃中津液不足,百叶干燥,治疗着重生津,清胃热,补血养阴,通肠润燥。宜用藜芦润肠汤:藜芦 60 g、常山 60 g、二丑 60 g、川芎 60 g、当归 120 g,水煎后加滑石 90 g、液状石蜡 1 000 mL、蜂蜜 250 g,灌服。或用下方:当归 200 g、肉苁蓉 100 g、青皮 50 g、陈皮 50 g、大戟 25 g、枳实 75 g、大黄 150 g、滑石 50 g、麻仁 50 g,水煎,候温,加芒硝 100 g,灌服。

[预防]

加强饲养管理,合理调配日粮,日粮中增加青绿饲料和多汁饲料,适当减少粗硬难消化的饲料,饲草不宜铡得过短,注意补充蛋白质饲料与矿物质饲料。避免长期饲喂混有泥沙的糠麸、糟粕饲料,保证充足饮水,并注意适当运动。及时治疗前胃弛缓等疾病,以防止发生本病。

任务二十五　真胃炎

真胃炎是指真胃黏膜及黏膜下层组织的炎症。真胃炎多见于犊牛和老年牛。

[病因]

原发性真胃炎，多因长期饲喂粗硬饲料、冰冻饲料、霉变饲料或长期饲喂糟粕、淀粉渣等引起的；或因饲养管理不当，如饲喂不定时定量，突然变换饲料，经常调换饲养员，引发真胃炎；或者因长途运输，过度紧张和劳累，影响消化功能，导致真胃炎的发生。

继发性真胃炎，常继发于前胃疾病、营养代谢疾病、口腔疾病、化学物质中毒、寄生虫病（如血矛线虫病）以及传染病（如牛病毒性腹泻、牛沙门菌病）等。

[症状]

不论急性或慢性真胃炎，病初主要表现是前胃弛缓，消化功能障碍，有时伴发呕吐现象。缺乏特征性症状，在临诊中易误诊。

急性病例，精神沉郁，食欲减退或废绝，低头站立，反刍减少、短促、无力或停止，鼻镜干燥，皮温不整，结膜潮红、黄染，泌乳量减少甚至完全停止，体温一般变化不明显。口腔黏膜被覆黏稠唾液，舌苔白腻，口腔散发臭味，有的伴发糜烂性口炎；瘤胃轻度臌气，收缩力减弱；右腹部真胃区进行触压或解压后，病牛疼痛不安；便秘，粪呈球状，表面被覆多量黏液或黏液膜，间或腹泻。有的病例表现腹痛不安，哞哞叫；有的表现视力减退，具有明显的神经症状。病程的末期，病情急剧恶化，往往伴发肠炎，全身衰弱，心跳数增加，脉搏微弱，精神极度沉郁，甚至呈现昏迷状态。

慢性病例，表现为长期消化不良，异食癖，口腔发臭，黏膜苍白或黄染，唾液黏稠，有舌苔；真胃收缩无力，便秘，粪便干硬，呈球状。病程的后期，病牛衰弱，贫血，腹泻。

[诊断]

本病特征不明显，临床诊断困难。根据病牛消化不良，触诊真胃区敏感，眼结膜与口腔黏膜黄染，便秘或腹泻等症状，可做出初步诊断。

[治疗]

治疗原则主要是加强护理，清理胃肠，消炎止痛，对症治疗。

(1)对急性病例，病初，禁食 1～2 d。对犊牛，在禁食期间，可饮温生理盐水，再给少量牛奶，逐渐增量。为清理胃肠道有害内容物，用植物油 500～1 000 mL 或人工盐 400～500 g，加水，内服。瘤胃内容物发酵、腐败时，可用四环素 0.5 g，内服，1～2 次/d；或用链霉素 1 g，内服，连用 3～4 次。

(2)对病情严重、体质衰弱的牛，应及时服用抗菌药物，防止感染，如青霉素、链霉素、环丙沙星、磺胺嘧啶钠等，必要时可瓣胃注射链霉素、环丙沙星等。镇痛可用 30%安乃近 10～30 mL，肌内注射。在使用抗生素的同时，注意强心补液，矫正酸中毒，促进新陈代谢，改善全身功能状态。病情好转时，可服用复方龙胆酊、橙皮酊等健胃剂。

(3)对慢性病例，应注意加强饲养管理，适当地应用人工盐、酵母粉、陈皮酊、龙胆酊等健胃剂。必要时，给予盐类或油类泻剂，清理胃肠。

由于真胃炎影响前胃内容物的排出，久之发生酸败产生有毒物质，所以洗胃、导胃就显得十分必要。用水反复洗胃与导胃,直至导出的内容物无酸臭味以及瘤胃较空虚为止。洗胃后再投服健康牛的瘤胃液,更新瘤胃内容物群系,增进消化功能。或洗胃后向瘤胃内注入一定量的1%盐水,这样可防止瘤胃的酸败内容物及毒素对真胃的刺激。

中兽医认为本病是胃气不和,食滞不化,应以调胃和中、导滞化积为主。宜用加味保和丸:焦三仙 200 g、莱菔子 50 g、鸡内金 30 g、延胡索 30 g、川楝子 50 g、厚朴 40 g、焦槟榔 20 g、大黄 50 g、青皮 60 g,水煎去渣,内服。

若脾胃虚弱,消化不良,皮温不整,耳鼻发凉,应以强脾健胃、温中散寒为主。宜用加味四君子汤:党参 100 g、白术 120 g、茯苓 50 g、肉豆蔻 50 g、广木香 40 g、炙甘草 40 g、干姜 50 g,共为末,开水冲调,候温灌服。

[预防]

加强牛的饲养管理,搞好牛舍环境卫生,合理搭配日粮,饲喂质量良好的饲料,禁止饲喂霉败或质量不佳的饲料;不要突然变换草料,并注意适当运动,避免不利因素刺激和干扰,尽量减少各种应激因素的影响。

知识拓展

真胃炎(溃疡)处方

(1)5%葡萄糖生理盐水或复方氯化钠 1 000~1 500 mL、5%碳酸氢钠 500 mL,静脉注射。

(2)氨苄西林钠 10~15 g、0.9%氯化钠注射液 500 mL,静脉注射;或庆大霉素 50 mL,肌内注射。

(3)10%葡萄糖注射液 500 mL、维生素 C 4 g,静脉注射。

(4)美达佳(美洛昔康注射液)15~20 mL,肌内注射,2 次/d,连用 3 d。

任务二十六 真胃阻塞

真胃阻塞又称真胃积食,是由于迷走神经调节功能紊乱或受损,真胃弛缓,大量内容物滞留于真胃形成阻塞,胃壁扩张和体积增大的一种疾病。按发病原因,分为原发性阻塞和继发性阻塞;按阻塞物的性质,分为食物性阻塞和异物性阻塞。临床上,以消化功能障碍,排粪迟滞或停止,右侧真胃区局限性隆起,真胃坚硬、扩张,严重脱水和自体中毒为特征。本病常见于黄牛和水牛,奶牛与肉牛也有发生。

[病因]

原发性真胃阻塞主要是由于饲养管理不当而引起的。

(1)长期大量采食粗硬难以消化的饲料,如稻草、麦糠、甘薯蔓、花生蔓,麦秸、豆秸、玉米秸秆、高粱秸秆等(特别是切割过短后饲喂)是引起本病发生的主要原因。

(2)饲料中混有较多的泥沙,也可引起真胃阻塞。

(3)由于异食癖,采食不能消化的异物,如被毛、塑料薄膜、绳索、破

二维码 2-8 真胃中取出的砂石

布、胎盘、木屑、沙石等。这些异物形成团块阻塞幽门或十二指肠，引起机械性真胃阻塞。

(4)饮水不足、过度劳役、神经紧张和应激等可促进本病的发生。

继发性真胃阻塞，常继发于前胃弛缓、创伤性网胃腹膜炎、真胃炎、真胃溃疡、小肠阻塞等疾病。

[症状]

本病发展较慢，病初呈现前胃弛缓，食欲减退，反刍减少。有的病例则喜饮水，瘤胃蠕动音减弱，瓣胃蠕动音低沉，肚腹无明显异常；尿量减少，排粪迟滞，粪便干燥，但排粪量明显减少。

随着病情发展，病牛食欲废绝，反刍停止，鼻镜干燥或龟裂，瘤胃与瓣胃蠕动音消失，瘤胃多空虚或积气、积液，当瘤胃大量积液时，冲击式触诊呈现振水音。常常呈现排粪姿势，有时排出少量糊状、棕褐色的粪便，或呈煤焦油状，有恶臭味，混有少量黏液或紫黑色血丝和血凝块；尿量少而浓稠，色深，有强烈臭味。有的长期不见排粪。

重剧病例，右侧腹部肋弓后下方真胃区可见局限性隆起(图 2-19)，进行冲击式触诊可感知坚硬或坚实且扩展的真胃，同时病牛敏感，疼痛，表现弓背、退让、躲避、呻吟和后肢踢腹等。特别是继发于创伤性腹膜炎的病例，由于腹腔脏器粘连，真胃位置固定，更为明显。在左肷部听诊，同时以手指叩击左侧倒数第 1～5 肋骨或右侧倒数 1～3 肋间，可听到类似叩击钢管的铿锵音(钢管音)。

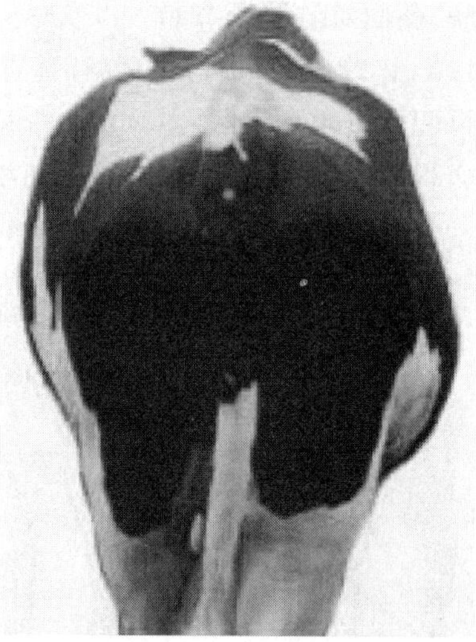

图 2-19　右侧腹部臌胀下坠，真胃区局限性隆起

病程的末期，出现严重脱水和代谢性碱中毒症状，精神极度沉郁，体力衰弱，结膜发绀，皮肤弹性减退，鼻镜干燥，眼窝下陷，舌面皱缩，血液黏稠，心率增加，达 100 次/min 以上。若治疗不当，多在 2～5 周内死亡。

犊牛的真胃阻塞表现为消化不良综合征，特别是由含有大量的酪蛋白乳所形成的坚韧乳凝块而引起的真胃阻塞，持续性腹泻，体质消瘦，腹部臌胀而下坠(图 2-20)，冲击式触诊，可听到一种类似流水音的异常音响。某些严重病例，即使通过真胃手术除去阻塞物后，仍然可能陷于长期的前胃弛缓，严重影响生长发育。

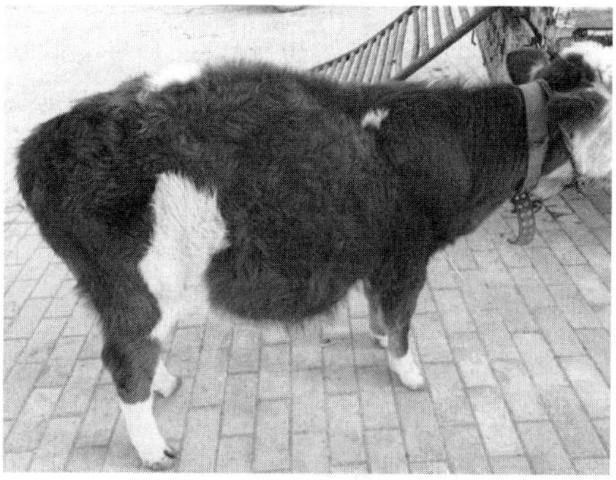

图 2-20　右侧腹部臌胀而下坠

[诊断]

有长期饲喂粗硬难以消化或细碎草料的病史，发病缓慢，前胃弛缓，排粪迟滞，右腹部真胃区局限性膨隆，触诊真胃区坚硬，在左肷部结合叩诊肋骨弓进行听诊，呈现类似叩击钢管的铿锵音；发生不同程度的低氯血症、低钾血症、代谢性碱中毒等可做出诊断。应注意与前胃疾病、真胃变位、肠变位等疾病进行鉴别诊断。

［治疗］

治疗原则是消积化滞，防腐止酵，缓解幽门痉挛，促进真胃内容物排出，防止脱水和自体中毒。

发病初期，在真胃蠕动功能尚未完全消失时，可用硫酸镁（或硫酸钠）300～500 g、鱼石脂20～30 g、75％酒精50 mL、液状石蜡（或植物油）500～1 000 mL、酵母粉250 g，加常水6～8 L，一次内服；也可用25％硫酸钠溶液500～1 000 mL、液状石蜡（或植物油）500～1 000 mL、乳酸8～15 mL，一次真胃注射。真胃注射部位在右侧第12～13肋骨后下缘（图2-21），针头刺透皮肤，朝向对侧肘关节刺入5～8 cm深，如有坚实感，表明已刺入真胃。先注入生理盐水50～100 mL，然后回抽，其中混有真胃内容物，pH为1～4，证明无疑，然后再注入上述药液。如果再配合按摩真胃区（图2-22），疗效更佳。以后每天灌服油类泻剂，连用3～5 d。但要注意，在病程的后期发生脱水时，忌用高浓度盐类泻剂。

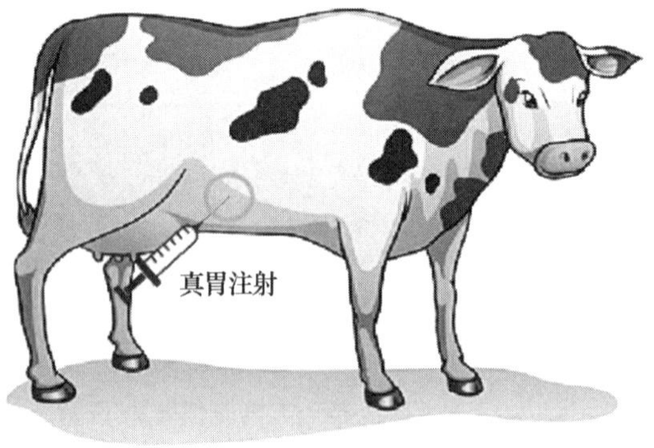

图2-21 真胃注射部位

图2-22 真胃按摩

病程中，为了促进胃肠蠕动，增强心脏活动，防止脱水和自体中毒，可用5％葡萄糖生理盐水2 500～3 000 mL、10％维生素C注射液30 mL、10％氯化钾30～50 mL、10％樟脑磺酸钠注射液10～20 mL，静脉注射；或10％氯化钠溶液400 mL、5％氯化钙300～500 mL，静脉注射。

此外，可适当应用抗生素或磺胺类药物，防止继发感染。

上述疗法无效时，可施行真胃切开术，用温水冲洗，疏通真胃及瓣胃（由于真胃阻塞，多继发瓣胃秘结）。

中兽医治疗，以宽中理气，消坚破满，通便下泻为主，可参照瓣胃阻塞治疗。

［预防］

加强饲养管理，合理配制日粮，特别要注意粗饲料和精饲料的调配，粗硬饲料占日粮比例不能过高，避免饲喂单一难以消化的饲料，饲草不能铡得过短，精料不能粉碎过细，保证饲料有充足的矿物质和维生素，饮水必须充分。注意清除饲料中异物，避免损伤迷走神经。

任务二十七 真胃变位

真胃的正常解剖学位置发生改变，称为真胃变位。根据其变位的方向可分为真胃左方变位和真胃右方变位两种类型，在临床上绝大多数病例是真胃左方变位。真胃变位主要发生在规模化牛场，发病高峰在分娩后6周内，也可散发于泌乳期或怀孕期。成年高产奶牛的发病率高于低产奶牛，犊牛与公牛较少发病。随着奶牛业的迅速发展，该病的发病率和死亡率呈上升趋势，特别是年轻高产的良种奶牛发病率最高，经济损失十分严重，成为威胁奶牛业健康发展的一种严重疾病。

一、真胃左方变位

真胃通过瘤胃下方移到左侧腹腔，置于瘤胃和左腹壁之间，称为真胃左方变位。以4～6岁的奶牛常发，在产后1个月发病最多。

[病因]

目前，尚不完全清楚病因，可能与真胃弛缓和分娩因素有关。

1. 真胃弛缓

引起前胃弛缓的原因也是引起真胃弛缓的原因。

饲养不当，饲喂较多的优质谷物饲料（如玉米、青贮玉米），使真胃内挥发性脂肪酸浓度升高，导致胃壁平滑肌运动减弱，真胃内食糜停滞，从而产生多量气体，积气的真胃容易受挤压而游走，移位到瘤胃左方并抬升而发病。

一些营养代谢性疾病、感染性疾病和产后疾病是本病的重要诱发因素，如酮病、生产瘫痪、子宫内膜炎、乳房炎、胎衣滞留、创伤性网胃炎和消化不良等，会引起胃肠弛缓。这些因素还可引起病牛食欲减退，导致瘤胃体积减小，促进真胃变位的发生。

2. 分娩因素

妊娠后期，随着胎儿的发育，瘤胃被庞大的子宫机械性地向前推移和向上抬高，导致瘤胃与腹腔底壁之间形成空隙，真胃通过瘤胃底部的空隙而游走至左侧，分娩后，胎儿被产出，瘤胃恢复下沉，致使真胃被压到瘤胃与左腹壁之间。

[症状]

常于分娩后数日或1～2周出现症状，食欲减退，厌食谷物精料和青贮饲料，病牛精神沉郁，产奶量下降，反刍稀少、迟缓、无力或停止，体温、脉搏、呼吸多在正常范围内。有的病牛可出现继发性酮病，呼出气和乳汁带有酮味。排粪减少，粪便呈黑色糊状、油泥状，臭味大，轻度脱水。一般无腹痛症状，但在真胃显著臌胀的急性病例，腹痛明显。

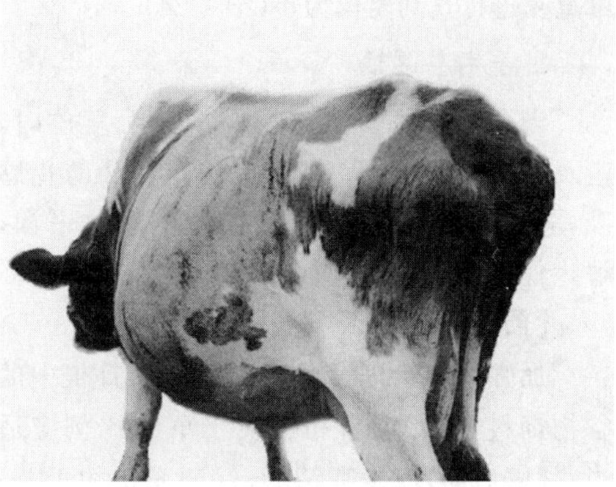

图2-23　左腹膨大，左侧肋弓凸起

随病程发展，左腹膨大，左侧肋弓凸起（图2-23），瘤胃蠕动音减弱或消失，右侧肷窝由于真胃已移位而明显塌陷，右腹平坦。在左侧肩关节和膝关节的连线与第11肋间交点处听诊，能听到与瘤胃蠕动不一致的真胃蠕动音。在左腹部听诊的同时进行叩诊，可听到典型的“钢管音”（砰砰声或类似叩击钢管的铿锵音）。钢管音区域小而明显，多集中于左侧肩关节水平线与倒数第 1～3 肋间交界处的上方区域。在左侧肋骨下进行冲击式触诊，可听到振水音（液体振荡音）。

直肠检查，可发现瘤胃背囊明显右移。

［诊断］

本病根据分娩后发病，食欲减退，产奶量下降，对症治疗无效或复发。在特定区域听诊配合叩诊可听到钢管音，视诊左腹侧肋弓部凸起，在凸起部做深部穿刺检查，可抽取褐色、酸臭、浑浊的真胃液，pH 为 1～4，无纤毛虫，可做出明确诊断。

［治疗］

真胃左方变位有 3 种治疗方法，即药物疗法、滚转复位法和手术整复法。

1. 药物疗法

应用消胀、消气、助消化、下泻、促进胃肠蠕动的药物，部分牛的真胃可能复位。可静脉注射 10％氯化钠溶液 500 mL，5％氯化钙溶液 300～400 mL，同时配合补糖补液等；或皮下注射新斯的明 15～20 mg，1 次/d，连用 2～3 d；或用其他平滑肌兴奋药。目的是借助胃肠蠕动功能和胃排空功能加强，消除真胃弛缓，从而促进真胃气液排空，促进真胃的复位。

药物治疗（配合滚转疗法）后，应让病牛多采食干草填充瘤胃，既可防止真胃左方变位复发，又可促进胃肠蠕动。若存在并发症，如酮病、乳房炎、子宫炎等，应同时进行治疗。

2. 滚转复位法

仅限于病程短，病情轻的真胃左方变位，但成功率不高，多数病例滚转后症状即消失，但容易复发。滚转复位前，限制饮水，禁食 1 d 以上，使瘤胃空虚。首先使牛右侧横卧，然后转成仰卧，接着以背部为轴心，先向左滚转 45°，回到正中，再向右滚转 45°，再回到正中；如此来回地向左右两侧摆动若干次，每次回到正中位置时静止 2～3 min，此时真胃可能通过腹中线回到正常位置。最后将牛转为左侧横卧，使瘤胃与腹壁接触，立即使牛站立，以防左方变位复发。如经触诊和听诊检查发现真胃尚未复位，可重复进行直到复位为止（图 2-24）。

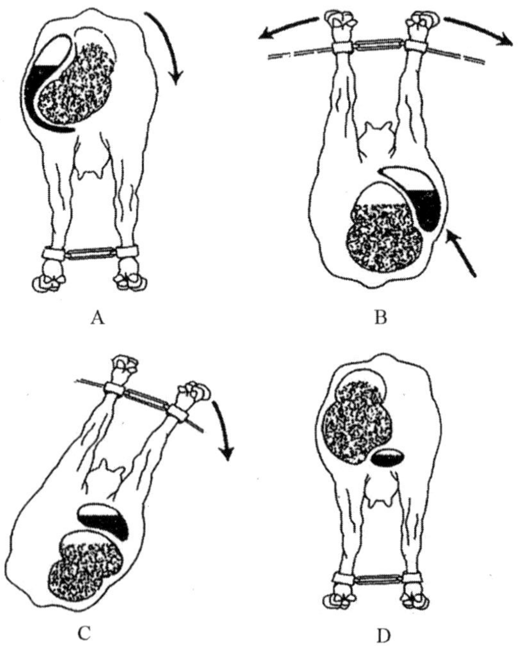

A. 真胃左侧变位的状态　B. 将病牛四肢缚紧，右侧倒卧，四肢向上，左右摆动数次　C. 最后让病牛左侧卧地，放松绳索，小心辅助病牛站立　D. 当病牛起立后，真胃可复位

图 2-24　真胃变位滚转复位法

3. 手术整复法

当药物疗法及滚转复位法无法复位时，应及时做手术整复。术后应用抗菌药防止感染，应注意矫正脱水，维持体液电解质平衡，解除代谢性碱中毒和促进胃肠功能的恢复。

［预防］

加强饲养管理，合理配制日粮，日粮中的谷物饲料、青贮饲料和优质干草的比例应适当；妊娠后期，应少喂精料，保证充足的干草，适量运动，防止过于肥胖；对产后奶牛，需加强监护，采食量应逐渐增加；产后灌服足量的营养液（20～50 L），充盈瘤胃能有效地预防真胃变位的发生（图 2-25）。

对并发乳房炎、子宫炎、酮病等疾病的病牛应及时治疗；在奶牛的育种方面，应注意选育后躯宽大、腹部较紧凑的奶牛。

图 2-25　产后给奶牛灌服营养液 20～50 L，预防真胃变位

二、真胃右方变位

真胃右方变位又称真胃扭转。真胃从正常的解剖位置以逆时针方向向前方扭转，置于网胃和膈肌之间，称为真胃前方变位；真胃从正常的解剖位置以顺时针方向扭转到瓣胃的后上方，置于肝脏与腹壁之间，称为真胃后方变位。常发于成年奶牛产犊后 3～6 周内，公牛、犊牛、肉牛也可发生。

[病因]

真胃右方变位的主要病因与真胃左方变位一样，可能与真胃弛缓、积气、积液、体位及腹内压的改变有关。突然跳跃、起卧、滚转等可促进本病的发生。

[症状]

真胃右方变位通常发病急剧，表现突然腹痛，背腰下沉，后肢踢腹，呻吟，呈蹲伏姿势。食欲减退或废绝，泌乳量急剧下降，瘤胃蠕动音消失，体温一般正常或偏低，心率 60～120 次/min，呼吸数正常或减少。粪便呈黑色、糊状，混有血液。发病 3～4 d，右腹膨大或肋弓显著凸起，冲击式触诊可听到液体振荡音。在右腹部听诊的同时进行叩诊，可听到典型的钢管音。

穿刺检查：从右腹侧膨胀部位做真胃穿刺，可抽出大量带血色液体，pH 为 2～4。

直肠检查：可在右后侧腹部触摸到膨胀而紧张的真胃。

[诊断]

(1)多在产犊后 3～6 周发病，腹痛，低氯血症，低钾血症，代谢性碱中毒；右侧最后肋弓及肋弓后方明显膨胀，听诊配合叩诊可听到钢管音，在此冲击式触诊有振水音。

(2)直肠检查可在右腹部触摸到膨胀、紧张而具有弹性、充满气体和液体的真胃后壁。

(3)从右腹侧膨胀部位穿刺真胃，可抽出大量带血色液体，pH 为 2～4。

(4)牛真胃变位和真胃扭转时血液酸碱度与电解质变化如表 2-5 所示。

[治疗]

真胃扭转主要采用手术治疗，应立即施行开腹整复手术。

在右腹部第 3 腰椎横突下方 10～15 cm 处，做垂直切口，导出真胃内的气体和液体，纠正真胃位置，并使十二指肠和幽门通畅，减少脱水和碱中毒。然后将真胃在正常位置加以缝合固定，防止复发。术后应抗菌消炎，强心补液和矫正碱中毒。

[预防]

真胃右方变位的预防与真胃左方变位的预防措施相似。

表 2-5 牛真胃变位(DA)和真胃扭转(AV)时血液酸碱度与电解质变化

	pH	Cl^- /(mmol/L)	K^+ /(mmol/L)	HCO_3^- /(mmol/L)	碱过剩 /(mmol/L)
正常静脉血	7.35～7.50	97～111	3.7～4.9	20～30	2.5～2.5
典型真胃左方变位	7.45～7.55	85～95	3.5～4.5	25～35	0～10
典型真胃右方变位	7.45～7.60	85～95	3.0～4.0	30～40	5～15
重度真胃右方变位	7.45～7.60	80～90	3.0～6.5	35～45	5～20
典型真胃扭转	7.45～7.60	75～90	2.5～3.5	35～50	10～25
晚期真胃扭转	7.45～7.65	60～80	2.0～3.5	35～55	10～35
晚期真胃扭转并发真胃坏死	7.30～7.45	85～95	3.0～4.5	15～25	10～0
典型真胃左方变位并发重度酮病	7.15～7.30	85～95	3.5～4.5	15～30	10～0

知识拓展

规模化牛场真胃变位诊治方案(一)

1. 症状及诊断要点

(1)在左侧倒数第 1～3 肋间,听诊叩诊结合可闻“钢管音”。

(2)左腹中上部膨隆(与右腹侧对比)。

(3)产后 60 d 内多发(尤其 30 d 内),100 d 后发病比例小。

(4)常并发酮病。

2. 治疗

(1)及时手术治疗(24 h 内)。

(2)切开腹壁,整复移位的真胃,并将靠近幽门部的网膜固定在右侧腹壁(膝关节下方)。

(3)术后治疗:复方氯化钠 3 500 mL,静脉注射,连用 2～3 d;头孢噻呋钠,1.1 mg/kg 体重,肌内注射,1 次/d,连用 3～5 d;若体温升高,可用氟尼辛葡甲胺 20～25 mL/次,静脉注射,1 次/d,连用 1～2 d。

(4)并发酮病时,需同时治疗酮病。

规模化牛场真胃变位诊治方案(二)

1. 治疗原则

(1)手术后用抗生素,保守治疗不用抗生素(包括盲针固定)。

(2)手术整复的牛只,药物治疗静脉注射 3 d,肌内注射 2 d。

2. 静脉注射处方

0.9%氯化钠 500 mL+氨苄西林钠 15～20 g 或青霉素 2 000 万 IU,静脉注射;5%葡萄糖生理盐水 1 000 mL+维生素 C 注射液 40 mL+50%葡萄糖 500 mL+硼葡萄糖酸钙 500 mL,静脉注射,1 次/d。

3. 肌内注射处方(任选其一)

(1)氨苄西林钠 15～20 g 或青霉素 2 000 万 IU,肌内注射。

(2)头孢类抗生素,肌内注射,如头孢噻呋钠。

(3)美达佳(美洛昔康注射液)15 mL,肌内注射。

4. 术后护理

术后使用 5%的碘酊对伤口进行消毒,1 次/d,连用 3 d。术后 9～10 d 拆线,5%碘酊消毒。

注意:①美达佳只适用于高危牛只。②每种病连续用药 3 d,无效果或效果不明显的换另一种治疗方案。

任务二十八　胃肠炎

胃肠炎是胃肠黏膜及其深层组织的重剧性炎症。临床上,很多胃炎和肠炎往往相伴发生,故合称为胃肠炎。胃肠炎是牛羊的常见多发病。临床上以严重的胃肠功能障碍、腹泻、脱水和自体中毒为特征。

胃肠炎按炎症的性质可分为黏液性胃肠炎、出血性胃肠炎、化脓性胃肠炎、纤维素性胃肠炎和坏死性胃肠炎;按病程经过可分为急性胃肠炎和慢性胃肠炎;按发病原因可分为原发性胃肠炎和继发性胃肠炎。

[病因]

(1)原发性胃肠炎的发病原因较多,主要有如下几种。

①饲料质量不良或加工调制不当,如饲料过于粗硬而不易消化,发霉变质的饲料,霜冻的饲料,混有泥沙太多的饲料等。

②饲养管理不当,草料突变或经常改变饲喂程序,饲喂不定时、不定量,饮水不洁等易致病;另外,畜舍卫生条件差,阴暗潮湿,长途运输,过劳,过度紧张,气候骤变等,机体处于应激状态,容易受到致病因素的侵害而发病。

③误食有毒植物,灌服刺激性强或腐蚀性强的药物剂量过大或浓度过高等。

④误食尖锐异物损伤胃肠黏膜,被化脓菌感染而导致胃肠炎。

⑤滥用抗生素。一方面细菌产生抗药性;另一方面造成肠道菌群的失调,引起二重感染。

(2)继发性胃肠炎,常见于胃肠卡他、瘤胃酸中毒、犊牛消化不良等疾病的过程中,也继发于某些传染病(如牛副结核病、沙门菌病、病毒性腹泻-黏膜病)、寄生虫病(如牛血矛线虫病、牛球虫病)、中毒病(如棉籽饼中毒、黄曲霉毒素中毒)等。

[症状]

(1)急性胃肠炎,精神沉郁,食欲废绝,体温升高至 40 ℃以上,反刍减少或停止,饮欲增加;眼结膜潮红、黄染乃至发绀。鼻镜干燥,口腔干燥,气味恶臭,舌面被覆多量舌苔。常伴有轻微的腹痛,回顾腹部,不安或喜卧。

腹泻,是胃肠炎的主要症状。表现为不断排稀软、粥状以至水样恶臭或腥臭粪便,粪便内常混有数量不等的黏液、血液、脓液及坏死组织碎片。腹泻时间持续较长的患牛,尽管有痛苦的努责,并无粪便排出,呈现里急后重现象。肠音初期增强,后期减弱或消失。

脱水体征明显。表现皮肤干燥，弹力减退，眼球凹陷（图2-26），肚腹蜷缩，尿少色浓，血液浓稠色暗。红细胞数及血红蛋白含量均增多，血沉变慢，白细胞总数增多，核左移。

自体中毒明显，全身症状重剧。心音初期增强，脉搏增数达80～100次/min，初期充实有力，以后很快减弱，往往不感于手，呼吸加快。随着病情的发展，病牛精神高度沉郁，全身无力，肌肉震颤，出汗，甚至出现兴奋、痉挛或昏睡等神经症状。

图2-26 患牛腹泻导致脱水，眼球凹陷

(2)慢性胃肠炎，病牛精神不振，衰弱，食欲不定，或有异食癖现象，喜食泥土、石块、粪尿污染的垫草。轻微腹痛，便秘与腹泻交替，肠音不整。体温、脉搏、呼吸常无明显改变。

[诊断]

典型的胃肠炎，根据全身症状重剧，腹泻，粪便中含有病理性产物，体温升高，脱水等，不难做出诊断。进行流行病学调查，血、尿、粪的化验，对单纯性胃肠炎、传染性胃肠炎或寄生虫性胃肠炎可进行鉴别诊断。怀疑中毒时，应检查饲草料和其他可疑物质。

[治疗]

本病的治疗原则是抗菌消炎，缓泻和止泻，补液，解毒，强心。治疗时，要抓住1个根本——抗菌消炎，掌握2个时机——缓泻和止泻，把好3个关口——补液、解毒、强心。

1.抗菌消炎

抑制肠道内致病菌增殖，消除胃肠炎症过程，是治疗急性胃肠炎的根本措施，适用于各种病型，应贯穿于整个病程，可依据病情和药物敏感试验，选用抗菌消炎药物。如庆大霉素，2～4 mg/kg体重，肌内注射；恩诺沙星，2.5 mg/kg体重，肌内注射；氨苄西林钠，10～20 mg/kg体重，肌内注射；链霉素，10～15 mg/kg体重，肌内注射；以及环丙沙星、磺胺间甲氧嘧啶钠、磺胺脒等。还可灌服0.1%～0.2%高锰酸钾溶液1 000～3 000 mL。多次、大量经口投服抗菌药会影响瘤胃内正常微生物群系，可考虑经瓣胃注射给药。

2.缓泻和止泻

缓泻和止泻是相反相成的两种措施，必须切实掌握好用药时机。

缓泻，是排出有毒物质，制止胃肠内容物腐败发酵，减轻炎性刺激，缓解自体中毒的重要措施。适用于肠音弱，粪便干、色暗或排粪迟滞，或排粥样恶臭粪便时。如牛用硫酸钠或人工盐300～400 g(或液状石蜡500～1 000 mL)、鱼石脂15～20 g、95%酒精50 mL，常水适量，内服。在应用泻剂时，要注意防止剧泻。

止泻，可以防止机体因持续腹泻而致严重脱水。适用于肠内积滞的粪便已基本排出，粪便的臭味不大而仍腹泻不止的非传染性胃肠炎。如药用炭，牛200～300 g，羊20～25 g，加水，一次内服；或用鞣酸蛋白，牛20 g，羊2～5 g，加水适量，一次内服；或牛用矽碳银片30～50 g，鞣酸蛋白20 g，碳酸氢钠40 g，加水适量，灌服。也可用炒面粉0.5～1 kg，加适量水，灌服；或浓茶水1 000～2 000 mL，灌服。

腹泻时间较长，粪便有恶臭气味，并混有多量脓血时，既不宜应用泻剂，也不宜应用止泻剂。应着重抑菌消炎和补液解毒。

3. 补液、解毒、强心

三者是相辅相成的，但以补液为主。在实施补液时应注意以下几个问题。

(1)药液的选择。胃肠炎引起的脱水，是混合性脱水，即水盐同时丧失，故常补给复方氯化钠注射液或生理盐水。静脉注射5%葡萄糖生理盐水，兼有补液、解毒和营养作用，效果良好，牛一般每次注射量为2 500～3 000 mL。配合应用6%低分子右旋糖酐注射液(一般一次静脉滴注1 000～2 000 mL)，还有维持血液渗透压、扩充血容量和改善微循环的作用。

(2)胃肠炎经过中，血钾浓度、血氯浓度往往降低，可静脉补充葡萄糖、复方氯化钠或生理盐水，补液时适当补充一定剂量的氯化钾。

(3)纠正酸中毒，可静脉注射5%碳酸氢钠注射液500～1 000 mL。

(4)在补液的基础上，适当选用强心剂，如樟脑磺酸钠等，维护心脏功能。

4. 对症治疗

腹痛明显时，可肌内注射30%安乃近20～30 mL；胃肠道出血时，可用5%氯化钙注射液200～300 mL，静脉注射，或酚磺乙胺等；当炎症已基本消除时，可应用各种健胃剂，如人工盐、健胃散等以促进胃肠功能恢复。

5. 中药治疗

中兽医称肠炎为肠黄，治疗以清热解毒、消黄止痛、活血化瘀为主。宜用白头翁汤(白头翁72 g、黄连36 g、黄柏36 g、秦皮36 g)或郁金散(郁金36 g、大黄50 g、栀子18 g、诃子18 g、黄连18 g、白芍l8 g、黄柏18 g、黄芩15 g)。

[预防]

加强饲养管理，保证饮水清洁，不用霉败饲料饲喂，避免采食有毒物质或灌服刺激性、腐蚀性的化学物质；防止各种应激因素的影响；搞好牛的定期预防接种和驱虫工作。

知识拓展

规模化牛场胃肠炎参考处方

1. 肌内注射处方

(1)血便或者粪便中带有脱落的肠黏膜，酚磺乙胺10～20 mL，肌内注射。

(2)氨苄西林钠10～15 g，肌内注射；或庆大霉素、链霉素等肌内注射。

2. 静脉注射处方

0.9%氯化钠注射液500 mL+氨苄西林钠15～20 g(或青霉素2 400万IU)，5%葡萄糖500 mL+维生素C注射液40 mL，碳酸氢钠注射液500 mL，静脉注射。

3. 灌服处方

健康牛瘤胃液2 000 mL，一次灌服；小苏打150 g、人工盐200 g、活性炭200 g，加水40 L，灌服。

任务二十九 犊牛消化不良

犊牛消化不良是哺乳期犊牛胃肠消化功能障碍的统称。该病主要特征是明显的消化功能障碍和不同程度的腹泻。根据临床症状和疾病经过，分为单纯性消化不良和中毒性消化不良两种。前者主要表现为消化与营养的急性障碍和轻微的全身症状，后者主要表现为严重的消化障碍、明显的自体中毒和重剧的全身症状。

［病因］

妊娠母牛饲养不良，饲料不全价，饲料中营养物质缺乏，使母牛的营养代谢发生紊乱。一方面，影响胎儿正常生长发育，造成刚出生的犊牛体质虚弱，吮乳反射出现较晚，抵抗力低下，胃肠道消化功能降低，易患胃肠道疾病；另一方面，母牛初乳中蛋白质、脂肪含量低，维生素、溶菌酶等物质缺乏，犊牛从初乳中得不到足够的免疫球蛋白，导致犊牛抗病力低，则易发生消化不良。

哺乳母牛饲养不良，饲料中营养物质不足，如矿物质、维生素、微量元素缺乏等，可使营养代谢紊乱，影响胎儿的正常发育，使犊牛发育不良，体质衰弱，抵抗力低下，进而导致犊牛消化道功能障碍。此外，当母牛患乳房炎等疾病时，乳汁中含有各种病理产物和病原微生物，犊牛食后，极易发病。

犊牛护理不当，也是引起犊牛消化不良的重要原因。如新生犊牛不能及时吃到初乳，或哺乳的量不够而舔食污物，或人工哺乳的代乳品配制不当，不定时不定量，以及哺乳期犊牛补饲不当等，均可引起犊牛消化功能紊乱而发病。各种应激因素，如牛舍潮湿、通风不良、卫生不良、过度拥挤和气温突变等都可导致犊牛发病。

中毒性消化不良，多数是因为单纯性消化不良治疗不当，肠内容物发酵、腐败，导致自体中毒而引起。

［症状］

1. 单纯性消化不良

病牛精神沉郁，喜躺卧，食欲减退或废绝，体温一般正常或偏低。腹泻，犊牛多排粥样或水样粪便，呈深黄色、黄色或暗绿色，肠音高朗，并有轻度瘤胃臌气和腹痛现象。心音增强，心率增快，呼吸数增加。腹泻不止时，鼻镜干燥，皮肤弹性降低，被毛蓬乱无光泽。严重时，站立不稳，全身震颤。

2. 中毒性消化不良

全身症状重剧，病牛精神极度沉郁，食欲废绝，全身无力，躺卧于地，全身震颤，对外界各种刺激反应降低。腹泻，粪便内含有大量黏液和血液，出现恶臭或腐败臭气味；持续腹泻时，则肛门松弛，排粪失禁，皮肤弹性降低，眼球凹陷。体温升高，心跳次数增加，心音减弱，呼吸浅快。病至后期，体温多下降，四肢、耳尖及鼻端厥冷，终至昏迷而死亡。

［诊断］

根据病史、临床症状等可做出诊断。诊断时，要注意以下两点。

（1）单纯性消化不良与中毒性消化不良的区别　主要根据粪便性状和精神、食欲、体温、循环等全身状态进行鉴别诊断。单纯性消化不良，全身症状轻微；中毒性消化不良，则呈现明显的自体中毒和重剧的全身症状。

(2)犊牛消化不良与由特异性病原体引起的腹泻进行鉴别诊断，如轮状病毒病、冠状病毒病、细小病毒病、犊牛副伤寒、球虫病等相鉴别。

［治疗］

治疗原则是加强护理，除去病因，促进消化，防止肠道感染，恢复胃肠功能以及对症治疗。

(1)将患病犊牛置于干燥、温暖、清洁的畜舍内，为缓解胃肠道的刺激作用，可施行饥饿疗法。禁乳(禁食)8～10 h，此时可饮适量的盐酸水溶液(氯化钠 5 g、33%盐酸 1 mL、凉开水 1 000 mL)或温红茶水或口服补液盐(氯化钠 3.5 g、氯化钾 1.5 g、碳酸氢钠 2.5 g、葡萄糖 20 g，加水至 1 000 mL)；加强母牛的饲养管理，给予全价日粮，改善乳汁质量，保持乳房卫生。

(2)为排出胃肠内有毒物质，对腹泻不严重的犊牛，可应用油类泻剂或盐类泻剂进行缓泻；为制止肠内发酵、腐败过程，可选用乳酸、鱼石脂等防腐制酵药物。清除胃肠内容物后，适量给予稀释乳或人工初乳(鱼肝油 10～15 mL、氯化钠 10 g、鸡蛋 3～5 个、鲜温牛乳 1 000 mL，混合搅拌均匀)。饲喂人工初乳时要稀释，开始时以 1.5 倍稀释，以后为 1 倍稀释，犊牛每次 500～1 000 mL，4～5 次/d。

(3)为促进消化，给予健康空腹牛胃液(30～50 mL/次)、人工胃液(胃蛋白酶 10 g、稀盐酸 5 mL、适量的 B 族维生素和维生素 C，加水 1 000 mL，每次 30～50 mL)、胃蛋白酶(1 600～4 000 IU)、乳酶生(10～30 g)，灌服。对于单纯性消化不良，疗效显著。

(4)当腹泻不止时，可选用鞣酸蛋白、碱式硝酸铋等药物。

(5)对中毒性消化不良，应抗菌消炎，防止肠道感染。如肌内注射链霉素(10 mg/kg 体重)、庆大霉素(1 500～3 000 IU/kg 体重)、卡那霉素(10～15 mg/kg 体重)，或内服磺胺脒(10 mg/kg 体重)、磺胺间甲氧嘧啶钠(200～250 mg/kg 体重)等。

(6)防止脱水和自体中毒，可用 10%葡萄糖注射液或 5%葡萄糖生理盐水 500～1 000 mL，5%碳酸氢钠注射液 60～100 mL，静脉注射，2 次/d；或灌服口服补液盐(氯化钠 3.5 g、氯化钾 1.5 g、碳酸氢钠 2.5 g、葡萄糖 20 g，加水至 1 000 mL)500～1 000 mL。

(7)中兽医认为犊牛腹泻是幼犊食了母畜热乳，或感受风寒，内伤阴冷引起腹泻的一种病证。根据其病因病性，可分为热泻和寒泻。

热泻，多因母畜产后瘀血未尽或外感热邪，以致热毒注入血脉，传之于乳；或母畜患乳痈等症，致使乳汁不洁，犊牛食后，热毒积于胃肠而发病。热泻治宜清热解毒，涩肠止泻。方用乌梅散：乌梅(去核)15 g、干柿 25 g、黄连 6 g、郁金 6 g、柯子肉 6 g，煎汤取汁，候温灌服。

寒泻，多因饲养管理不当，犊牛外感风寒，内伤阴冷，致脾胃运化失常所致。寒泻的治疗宜补脾养胃，和中止泻。方用补中益气汤：黄芪 12 g、党参 9 g、白术 9 g、甘草 3 g、当归 6 g、陈皮 3 g、升麻 3 g、柴胡 3 g，煎汤取汁，候温灌服。

［预防］

加强妊娠母畜饲养管理，特别是在妊娠后期，应饲喂富含蛋白质、矿物质及维生素的优质饲料。改善卫生条件，饲喂器具要清洁卫生，经常洗刷消毒，保持母畜乳房的清洁，并保证适当的舍外运动。圈舍应保持温暖、干燥、清洁、通风。搞好定期预防接种和驱虫工作。

二维码 2-9　消毒技术

加强对幼畜的护理，保证新生仔畜能尽早地吃到初乳。母乳不足或质量不佳时，应定时、定量人工哺乳，且应保持适宜的温度。防止幼畜受寒感冒。

知识拓展

瘤胃内容物疗法

瘤胃内容物疗法是指从健康牛的瘤胃内将具有高度活性微生物群的瘤胃内容物取出，投入病牛瘤胃内，借以增加病牛瘤胃内微生物群及其活性，从而使病牛瘤胃微生物消化恢复正常，促进分解、合成和吸收功能，以恢复瘤胃内的消化功能，借以治疗某些疾病。

[应用] 主要用于前胃弛缓、瘤胃臌气、瘤胃积食、瘤胃酸中毒、奶牛酮病等疾病的治疗；或瘤胃内容物检查时的病料采集。

[准备]

圆木开口器(图 2-27)、胶管(长 3 m，直径 2～3 cm)、吸引唧筒、采集瓶、供体牛等。

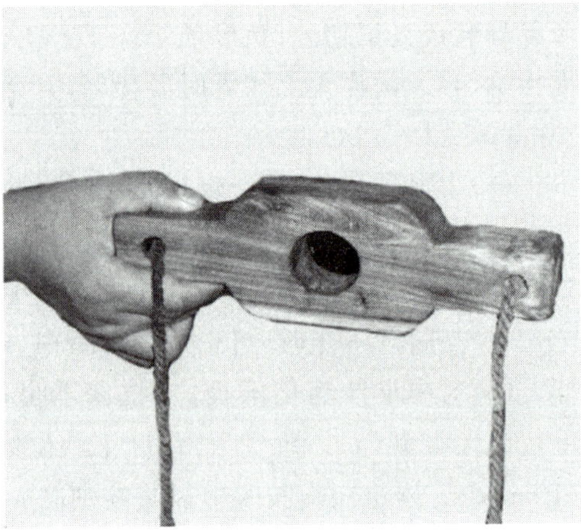

图 2-27 圆木开口器

[方法]

(1)柱栏内站立保定，给牛固定好圆木开口器。

(2)采集健康牛的瘤胃内容物。胃导管前端涂以润滑剂，然后通过圆木开口器的圆孔插入胃导管至瘤胃内，而后胃导管外端接上吸引唧筒抽取瘤胃内容物，收集于采集瓶中。抽吸时如前端阻塞，可用力吹入空气或前后轻轻抽动胃导管疏通。也可待健康牛反刍时从其口腔直接采集食团。用于治疗的采集量一次为 3～5 L 或更多，用于诊断的采集量一般为 100～200 mL。

(3)给病牛投服瘤胃液。将采集的健康牛瘤胃内容物立即投入病牛的瘤胃内，可用胃导管直接投服，操作方法同胃管投药法，也可经口直接投服。根据病情 1 次/d，一次投服量一般为 3～5 L 或更多。

[注意事项]

(1)最好选择与病牛在同一环境、同一饲料及同一饲养条件的健康牛作为供体。因它们的微生物群相同，致病牛胃内活性不减，可继续增殖而发挥作用。

(2)给病牛投予瘤胃内容物后，要加强饲养管理，给予优质的干草、青草或青贮饲料，以增强瘤胃内微生物群的活性。

(3)根据病情应结合其他药物进行对因和对症治疗。

瘤胃穿刺术

[应用] 用于急性瘤胃臌气时的急救排气和向瘤胃内注入药液。

[准备] 套管针(图 2-28)或大动物静脉注射针头等。

[部位] 在左侧肷窝部，由髋结节向最后肋骨中点所引连线的中点，也可选在瘤胃隆起最高点穿刺（图 2-29）。

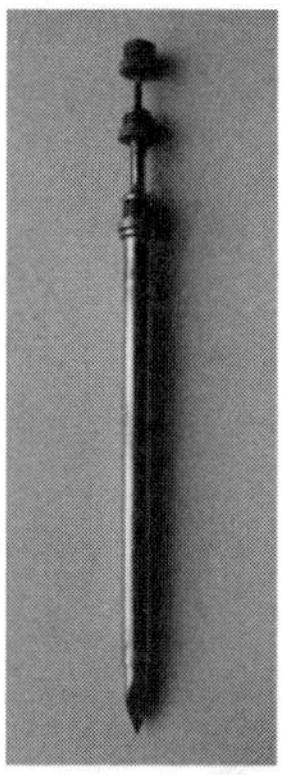

图 2-28　套管针

图 2-29　瘤胃穿刺放气部位

[方法] 站立保定，术部剪毛消毒。术者用左手将局部皮肤稍向前移，右手持套管针向对侧肘头方向迅速刺入瘤胃（必要时可先用手术刀在术部皮肤做一小切口，以便于使套管针刺入瘤胃），然后固定套管，拔出内针，用手指堵住管口，间断排出瘤胃内的气体。若套管堵塞，可插入内针疏通，切忌直接拔出套管针。气体排出后，为防止复发，可经套管向瘤胃内注入制酵剂、消沫剂，如鱼石脂、酒精、松节油、二甲硅油等。

拔出套管针时应先插入内针，同时压定针孔周围的皮肤，再拔出套管针，然后消毒处理。

[注意事项]

(1)放气速度不宜过快，以免发生急性脑贫血。

(2)根据病情，为了防止臌气继续发展，避免重复穿刺，可将套管针固定，留置一定时间后再拔出。

(3)穿刺放气时，应注意防止发生针孔局部感染和继发腹膜炎。

(4)经套管注入药液时，注药前一定要确切判定套管是否在瘤胃内。

瓣胃注射术

[应用] 将药物直接注入瓣胃中，使其内容物软化通畅。主要用于治疗瓣胃阻塞。

[准备] 瓣胃穿刺针、注射器、注射用药品（液状石蜡、10%～20%硫酸镁、生理盐水、植物油等）。

[部位] 瓣胃位于右侧第 7～10 肋间，其注射部位在右侧第 9 肋间与肩关节水平线交点上下 2 cm 范围内。

[方法]

(1)动物站立保定，瓣胃注射处剪毛、消毒。

(2)术者持瓣胃穿刺针垂直刺入皮肤后，针头斜向对侧肘头方向（左前下方）刺入，刺入深度 8～10 cm。为判断针头是否刺入瓣胃内，可先连接吸入生理盐水的注射器，向瓣胃内注入少量（20～40 mL）生理盐水，再回抽，如混有食糜或被食糜污染的液体时，即为正确。可注入所需药物（如 10%～20%硫酸镁溶液 500～1 000 mL，生理盐水 2 000 mL，液状石蜡 500 mL）。注射完毕，迅速拔出针头，术部涂擦碘酊消毒。

[注意事项]

(1)操作过程中宜将病畜确实保定，注意安全，以防意外。

(2)注射中病畜骚动不安时，要确实判定针头是否在瓣胃内，而后再行注入药物。

(3)在针头刺入瓣胃后，回抽注射器，如有血液或胆汁，是误刺入肝脏或胆囊，表明位置过高或针头偏向上方的结果。这时应拔出针头，另行偏向下方刺入。

导胃与洗胃术

[应用] 主要用于牛的瘤胃积食、前胃弛缓或瘤胃酸中毒时排出胃内容物，或用于胃炎的治疗和吸取胃液供实验室检查等。

[准备] 胃导管(内径应为 2 cm)、开口器、39～40 ℃温水。此外，根据需要还可用 2%～3%碳酸氢钠溶液或石灰水溶液、1%～2%食盐水、0.1%高锰酸钾溶液等。

[方法]

(1)先用胃管测量到胃内的长度(牛从嘴唇至倒数第 5 肋骨)，并做好标记。

(2)装好开口器，固定好头部。

(3)从口腔徐徐插入胃管，到胸腔入口及贲门时阻力较大，应缓慢插入，以免损伤食管黏膜。必要时可灌入少量温水，待贲门弛缓后，再向前推送入胃。胃管前端经贲门到达胃内后，阻力突然消失，此时可有酸臭味气体或食糜排出。如不能顺利排出胃内容物时，可装上漏斗灌入温水，待漏斗内水快流完时，迅速把漏斗放低，并同时压低牛头部，借虹吸作用排出胃内容物，或用吸引器抽出胃内容物(图 2-30)。如此反复多次，逐渐排出胃内大部分内容物，直至病情好转为止。

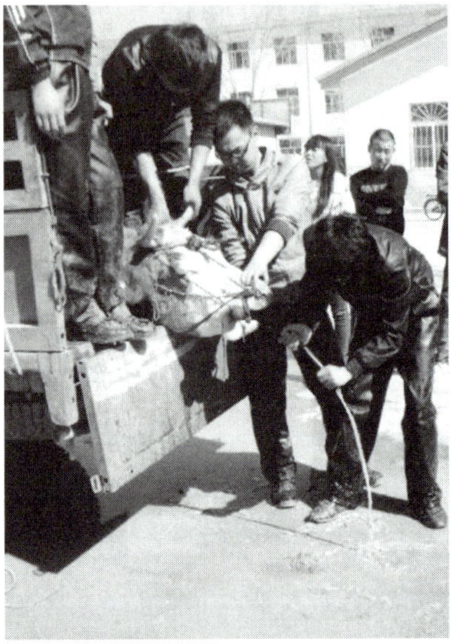

图 2-30 洗胃

(4)治疗胃炎时，导出胃内容物后，要灌入防腐消毒药。

(5)冲洗完后，缓慢抽出胃管，解除保定。

[注意事项]

(1)操作中要注意安全，胃管长度和粗细要适宜。

(2)洗胃后，可投服健康牛胃液或投服健康牛的反刍食团。

(3)瘤胃积食宜反复灌入大量温水，方能洗出胃内容物。

灌肠术

[应用] 灌肠术是向直肠内注入药液、营养液、温水、肥皂水等，直接作用于肠黏膜，使药液、营养液被吸收或排出宿粪，以及除去肠内分解产物与炎性渗出物，达到治疗疾病的目的。

[准备] 灌肠器或胶管、灌肠液(微温水、肥皂水、食盐水、0.1%高锰酸钾溶液)等。治疗用溶液根据病情而定，营养溶液可备葡萄糖溶液、淀粉浆等。

[方法]

(1)大动物于柱栏内站立保定，用绳子吊起尾巴。

(2)根据动物体格选用合适的灌肠器或表面光滑的胶管，从肛门缓缓插入直肠深部，另一端接上漏斗并高举，然后将药液倒入漏斗内，药液则徐徐流入肠管中。在灌注过程中，轻轻前后移动胶管，防止粪球堵塞管口，并随时用手指刺激肛门周围，使肛门紧缩，防止注入的溶液流出。灌完后取出胶管，放下尾巴。

[注意事项]

(1)直肠内存有宿粪时，应掏出宿粪，再进行灌肠。

(2)胶管及断端应整齐平滑，适当涂擦润滑剂，防止粗暴操作，以免损伤肠黏膜或造成肠穿孔。

(3)溶液注入直肠后由于排泄反射，易被排出。为防止排出，用手压迫尾根肛门，或于注入溶液的同时，以手指刺激肛门周围，也可按摩腹部。较好的办法是用塞肠器压迫肛门。

类症鉴别——表现消化道症状的牛病

牛的消化道临床症状表现为食欲下降或废绝，流涎，咀嚼、吞咽障碍，反刍减少或停止，腹胀、腹痛、腹泻等，主要见于消化道疾病，也可见于某些营养代谢性疾病、中毒病、传染病和寄生虫病等。

(一)表现流涎的牛病

1.流涎并伴有采食、咀嚼障碍的病牛

主要有口炎、口蹄疫、牛恶性卡他热、牛放线菌病等，其鉴别诊断要点如下。

(1)口炎：口腔黏膜潮红、肿胀，有时可见水疱、溃疡、创伤或芒刺刺入黏膜；全身症状不明显。

(2)口蹄疫：具有传染性，偶蹄动物易感，传播迅速；高热，口腔黏膜、舌、唇、蹄间出现水疱和溃烂；眼、鼻不发炎，没有分泌物。

(3)牛恶性卡他热：由恶性卡他热病毒引起，多为散发。不能由病牛直接传递给健康牛，一般认为绵羊无症状带毒是牛群暴发本病的来源。持续高热(41～42 ℃)，淋巴结肿大，口、鼻黏膜充血、坏死、糜烂，流涎，腹泻，气味恶臭。流脓性鼻液，呼吸困难，角膜浑浊，蓝眼。

(4)牛放线菌病：主要侵害上、下颌骨，形成肉芽肿，后期出现明显硬结，骨组织肿大扁平隆起(图 2-31)。颌骨病变导致采食困难，组织化脓性感染，坏死形成瘘管，流出脓液，脓液中有像硫化物的白色颗粒。骨组织坏死呈豆腐渣样，舌体变粗变硬，称为木舌症。

图 2-31　牛放线菌病，颌骨肿胀

2.流涎并伴有吞咽障碍的病牛

主要有咽炎、食道阻塞、食道炎等，其共同症状主要有流涎，吞咽障碍，摇头伸颈，甚至有食物反流现象，鉴别诊断要点如下。

(1)咽炎：头颈伸展，转动不灵活，吞咽困难，咽部肿胀有热痛。触诊咽喉部，病畜疼痛敏感。

(2)食道阻塞：采食过程中突然发生，惊恐不安，不断做吞咽动作，咳嗽，流涎。颈部食管阻塞，可在颈部触摸到阻塞物；胸部食管阻塞，阻塞部位上方的食道内积满唾液，有波动感。胃导管探诊，当触及阻塞物时，不能推进。完全阻塞食管，会迅速发生瘤胃臌气。

(3)食道炎：口、鼻流涎，吞咽困难。胃管探诊时，动物敏感，并有阻力，但稍用力即可通过。

(二)表现食欲减退、反刍障碍的牛病

主要有瘤胃积食、瘤胃臌气、瘤胃酸中毒、创伤性网胃-心包炎、瓣胃阻塞、前胃弛缓、真胃阻塞、真胃左方变位、奶牛酮病等，其鉴别诊断要点如下。

(1)瘤胃积食：多因采食大量粗硬难消化的饲料或容易膨胀的饲料引起。腹围增大，瘤胃胀满，触诊瘤胃内容物坚硬、坚实，听诊瘤胃蠕动音减弱或消失。排粪停止，粪便干燥。

(2)瘤胃臌气：左侧腹部膨大，左肷部凸出，按压紧张有弹性，叩诊呈鼓音，呼吸困难。

(3)瘤胃酸中毒：突然采食大量的谷类或其他富含碳水化合物的饲料而引起，病初瘤胃内容物胀满，后稀软，粪便稀软，口腔气味酸臭；呼吸急促、心率加快，体温正常或偏低，有的可出现蹄叶炎和神经症状；瘤胃液 pH 降至 6.0 以下。

(4)创伤性网胃-心包炎：顽固性前胃弛缓，病牛起卧、站立或行走时姿势异常；网胃区触诊时病牛表现敏感、疼痛。后期静脉怒张，下颌、颈静脉周围、垂皮水肿，听诊有心包摩擦音、心包拍水音。

(5)瓣胃阻塞：鼻镜干燥、龟裂，瓣胃蠕动音消失，触诊瓣胃区敏感性增高。排粪减少，甚至停止，粪便干、硬、小、黑，像算盘珠或骆驼粪。

(6)前胃弛缓：食欲降低或废绝，反刍减少或停止，瘤胃蠕动音减弱或消失，瘤胃蠕动次数减少，触诊瘤胃内容物稀软，严重时瓣胃蠕动音减弱或消失，体温、脉搏、呼吸等生命指标无大的改变。

(7)真胃阻塞：发病缓慢，右侧真胃区局限性膨隆，触压坚硬，真胃蠕动音减弱或消失。随发病时间延长，瘤胃积液，左肷部听叩诊结合检查，呈现钢管音。

(8)真胃左方变位：真胃通过瘤胃底部，移行至左侧腹腔，高产母牛较为常见，多发生于分娩后。左侧肋弓部凸起，左侧腹部听诊可听到真胃蠕动音，在左侧肋弓凸起区域进行穿刺检查，穿刺液呈酸性反应(pH 为 1～4)，棕褐色，缺乏纤毛虫。听叩诊结合检查，呈现钢管音。

(9)奶牛酮病：多发生于产后 2 个月内，泌乳量越高越容易发病。食欲降低，拒食精料，泌乳量下降，消瘦；乳汁、尿液、呼出气体有烂苹果味。

(三)表现腹泻的牛病

主要有犊牛消化不良、胃肠炎、牛黏液膜性肠炎、牛副结核病、沙门菌病、大肠杆菌病、牛病毒性腹泻-黏膜病、恶性卡他热、牛弯杆菌性腹泻、牛球虫病、牛蛔虫病等，其鉴别诊断要点如下。

(1)犊牛消化不良：通常不具传染性，分为单纯性消化不良和中毒性消化不良两种。单纯性消化不良，症状轻微，体温不升高，排粥样或水样粪便，呈深黄色、黄色或暗绿色，但无恶臭，全身症状不明显；中毒性消化不良，食欲废绝，体温升高，腹泻，粪便气味恶臭，脱水，肌肉震颤，全身症状重剧。

(2)胃肠炎：体温升高，腹泻，粪便中混有黏液、血液和脱落的黏膜组织，有的混有脓液，气味恶臭，肠音增强。脱水，口腔干燥，有舌苔。

(3)牛黏液膜性肠炎：排带黏液的腥臭粪便，几天后，腹痛加剧，排出较长的白色管状或索状黏液膜，排出后体温下降，症状也减轻。

(4)牛副结核病：病程长，随发病时间延长，顽固性腹泻，粪便稀薄、恶臭，有气泡、黏液和血

液凝块，严重时排粪呈喷射状。颌下、垂皮水肿。副结核变态反应阳性。

(5)沙门菌病：体温升高，腹泻，粪中混有黏液、血液，呼吸困难，眼结膜充血、黄染，腹痛剧烈。粪检无虫卵。

(6)大肠杆菌病：多发生于出生后数日内的犊牛。肠毒型的病犊，真胃内有大量的乳凝块，黏膜充血、水肿，褶皱部有出血。肠内容物混有血液、气泡、恶臭，小肠黏膜充血。

(7)牛病毒性腹泻-黏膜病：急性体温升高，达 41～42 ℃，食欲降低，流浆液性鼻液，腹泻，消瘦，流涎；鼻镜、口腔黏膜糜烂，舌面坏死，恶臭，白细胞减少。有的伴有蹄叶炎及趾间皮肤糜烂坏死。

(8)恶性卡他热：散发，持续高热(41～42 ℃)，口腔糜烂，口、鼻流黏液，气味恶臭，呼吸增数，眼结膜、角膜发炎，角膜浑浊。腹泻，气味恶臭，排尿痛苦，尿频，血尿。

(9)牛弯杆菌性腹泻(牛冬痢或黑痢)：本病呈暴发性、发病急、传播快。典型症状是腹泻，排粪呈喷射状，排水样粪便，色呈棕色，内含大量气泡、血液或血凝块，腥臭。脉搏、呼吸数均正常，无并发症时体温不升高。

(10)牛球虫病：多发生于 1 月龄以上的犊牛，病初体温升高，排带血稀粪，有恶臭，消瘦，贫血。粪便中或直肠黏膜刮取物有虫卵。

(11)牛蛔虫病：主要发生于 5 月龄以内的犊牛。腹泻，排大量黏液并具有特殊恶臭，早期会出现咳嗽。消瘦及生长发育停滞。饱和盐水漂浮法检查粪便有无虫卵。

(四)表现有腹痛，排粪减少或停止的牛病

主要有瘤胃积食、瓣胃阻塞、真胃阻塞、真胃右方变位、肠便秘、肠变位等，其鉴别诊断要点如下。

(1)瘤胃积食：多因采食大量粗硬难消化的饲料或容易膨胀的饲料引起。腹围增大，瘤胃胀满，触诊瘤胃坚硬、坚实，听诊瘤胃蠕动音减弱或消失。

(2)瓣胃阻塞：鼻镜干燥、龟裂，瓣胃蠕动音减弱或消失，在患牛右侧最后一肋骨向前方切入触诊，可触到坚实的瓣胃。排粪停止，粪便干、硬、小、黑，像算盘珠或骆驼粪。脱水。

(3)真胃阻塞：发病缓慢，右侧真胃区局限性膨隆，触压坚硬。随发病时间延长，瘤胃积液，左肷部听诊配合叩诊检查，呈现钢管音。

(4)真胃右方变位：突然发生腹痛，背腰下沉，右腹肋弓部膨胀，听诊配合叩诊检查有钢管音，冲击触诊有振水音；膨胀部位穿刺液为血样液体，pH 为 1～4。

(5)肠便秘：腹痛，中后期腹痛减轻或消失。排粪停止，里急后重，频频努责，排出少量白色胶冻样黏液；以拳冲击触诊右腹侧腹部有振水音。

(6)肠变位：突然出现腹痛现象，并很快转为剧烈持续性腹痛；病初排少量粪便，并混有黏液或血液；腹腔穿刺液呈红色。全身症状迅速恶化。

(五)听诊结合叩诊出现钢管音的牛病

主要有真胃阻塞、真胃左方变位、真胃右方变位等，其鉴别诊断要点如下。

(1)真胃阻塞：发病缓慢，进行性消瘦，在左侧倒数第 1～3 肋间叩诊配合听诊，常出现钢管音，钢管音的音调高而清脆，范围大；右腹部真胃区局限性膨大，瘤胃积液，严重脱水，代谢性碱中毒。

(2)真胃左方变位：高产母牛较为常见，多发生于分娩后。在左侧倒数第 1～3 肋间，用手指叩击肋骨，同时在附近的腹壁上听诊，可听到钢管音。左侧肋弓后上方有局限性膨隆，在此

处穿刺，抽取部分内容物，其 pH 为 1～4，缺乏纤毛虫。左侧腹部可听到真胃蠕动音。

(3)真胃右方变位：突然发生腹痛，背腰下沉，发病急，多发生在产后 3～6 周。粪便黑色，混有血液，右腹肋弓部膨大，冲击触诊有振水音，膨胀部位穿刺液为血样液体，pH 为 1～4。在右侧第 7～13 肋骨及肋后缘，叩听诊结合可听到音质高朗的钢管音。发病 4～5 d，代谢性碱中毒，全身症状明显恶化。

(六)表现腹围增大的牛病

主要有瘤胃积食、瘤胃臌气、真胃阻塞、腹膜炎、腹腔积液、膀胱破裂、尿素中毒等疾病及妊娠，其鉴别诊断要点如下。

(1)瘤胃积食：左侧瘤胃上部饱满，中下部向外凸出，触压瘤胃内容物坚实，瘤胃蠕动音减弱或消失，排粪停止。

(2)瘤胃臌气：左肷部凸出，按压紧张有弹性，叩诊有鼓音，呼吸困难。

(3)真胃阻塞：发病缓慢，瘤胃积液，右侧真胃区局限性膨隆，触诊真胃区坚硬，有时排出少量糊状、棕褐色的恶臭粪便；在左侧倒数第 1～3 肋间，听诊结合叩诊，呈现钢管音。

(4)腹膜炎：站立时四肢集于腹下，弓背，强迫行走，步态不稳，疼痛。呼吸浅表，呈胸式呼吸，触诊腹壁病畜疼痛。直肠检查，直肠中宿粪较多，可感到腹壁紧张，腹膜面粗糙。腹腔穿刺，腹腔液量增多，颜色改变，浑浊，甚至恶臭。

(5)腹腔积液：下腹部对称性膨大，冲击触诊有振水音。腹腔穿刺，流出大量液体。

(6)膀胱破裂：膀胱结石和尿道结石，可致膀胱破裂。患牛不排尿，膀胱破裂后大量尿液流入腹腔，腹部对称性膨大，冲击触诊有振水音。腹腔穿刺有尿液流出。

(7)尿素中毒：有采食尿素的病史，瘤胃臌气，呼吸困难，兴奋不安。

(8)妊娠：母畜妊娠后期腹围变大，触压右侧腹壁可以感触到胎儿。

考核评价

一、选择题

1. 牛，采食、咀嚼障碍，吞咽正常，张口伸舌，口温升高，口腔黏膜红肿，有大量浆液性分泌物流出，体温正常。该病可能是(　　)。

A. 咽炎　　B. 口炎　　C. 食道炎
D. 食道阻塞　　E. 食道痉挛

2. 某牛腹围增大，回头顾腹，间或踢腹，呻吟，采食、反刍停止，瘤胃蠕动音消失，瘤胃压诊呈捏粉样感。则该牛最可能患的疾病是(　　)。

A. 瘤胃积食　　B. 瘤胃臌气　　C. 创伤性网胃炎
D. 真胃积食　　E. 真胃变位

3. 下列几种情况中，(　　)对皱胃左方变位最具有诊断意义。

A. 右侧腹壁听不到皱胃蠕动音
B. 左侧腹部局限性隆起处穿刺，穿刺液 pH<4，胃内容物无纤毛虫
C. 左侧腹部听诊瘤胃蠕动音变弱
D. 患畜有腹痛症状
E. 排粪停止

4. 瓣胃阻塞的诊断与治疗都需进行瓣胃注射，瓣胃注射的位置应选择在(　　)肋间与肩关节水平线相交处斜向对侧肘头进针。

A. 右侧第 9　　B. 左侧第 9　　C. 右侧倒数第 9
D. 左侧倒数第 9　　E. 左侧倒数第 4

5. 急性瘤胃臌气可引起反刍动物急性死亡，抢救时，应放在第一位的治疗措施为(　　)。

A. 止酵消沫　　B. 改善瘤胃内环境　　C. 排气减压
D. 强心补液　　E. 促进瘤胃蠕动

6. 牛在采食过程中突然发病，停止采食，恐惧不安，出现头颈伸展，吞咽障碍，大量流涎等临床症状，该病可能是(　　)。

A. 咽炎　　B. 唾液腺炎　　C. 齿龈炎
D. 食道梗塞　　E. 口炎

7. 下列属于瘤胃臌气症状的是(　　)。

A. 呼吸困难　　B. 左侧腹部臌胀，按压紧张有弹性　　C. 静脉怒张
D. 可视黏膜发绀　　E. 以上都对

8. 下列关于瘤胃积食的描述，正确的是(　　)。

A. 采食大量精料易发病　　B. 采食大量难消化的饲料易发病
C. 中兽医称为宿草不转　　D. 可灌服液状石蜡治疗　　E. 以上都正确

9. 奶牛真胃变位的主要发病原因是(　　)。

A. 妊娠与分娩有关　　B. 胎儿大小有关　　C. 胎儿性别有关
D. 胎儿数量有关　　E. 妊娠时间有关

10. 牛创伤性心包炎后期的典型临床症状是(　　)。

A. 弛张热　　B. 精神沉郁　　C. 胸壁敏感
D. 呼吸困难　　E. 心包拍水音

11. 牛羊采食了多量的粉末状谷物类饲料，易引起(　　)。

A. 便秘　　B. 瘤胃积食　　C. 瘤胃酸中毒
D. 皱胃阻塞　　E. 瘤胃臌气

12. 羊泡沫性瘤胃臌气的最佳治疗方法是(　　)。

A. 灌服稀盐酸　　B. 用石灰水洗胃　　C. 鱼石脂口服
D. 内服二甲硅油　　E. 硫酸镁口服

13. 长期的、顽固性的前胃功能障碍，常表示(　　)。

A. 瓣胃阻塞　　B. 皱胃炎　　C. 皱胃阻塞
D. 创伤性网胃-心包炎　　E. 瘤胃积食

14. 一奶牛，食欲减退，反刍减弱，嗳气减少，瘤胃蠕动音减弱，触诊瘤胃内容物稀软，体温正常，该病最可能的诊断是(　　)。

A. 瘤胃臌气　　B. 瓣胃阻塞　　C. 前胃弛缓
D. 瘤胃炎　　E. 瘤胃积食

15. 牛真胃左方变位时，于左侧腹壁上 1/2 的第 9～13 肋间用手指叩诊，同时听诊，可听到(　　)。

A. 钢管音　　B. 鼓音　　C. 啰音　　D. 空瓮音　　E. 浊音

16. 真胃阻塞发生的原因是(　　)。

A. 采食过多难以消化的饲料　　B. 迷走神经功能紊乱或受损

C. 前胃功能失调　　D. 以上都是　　E. 以上都不是

17. 一头奶牛偷食了大量玉米,随后食欲废绝,反刍停止,精神沉郁,鼻镜干燥,喜饮水,临床检查时重点检查的部位是(　　)。

A. 瘤胃　　B. 网胃　　C. 瓣胃

D. 真胃　　E. 盲肠

18. 下列关于奶牛创伤性网胃-心包炎的描述,正确的是(　　)。

A. 常取前高后低、肘关节外展姿势站立　　B. 顽固性前胃弛缓

C. 网胃区触诊敏感　　D. 可听到心包拍水音　　E. 以上都对

19. 表现有前胃弛缓症状的疾病有(　　)。

A. 奶牛酮病　　B. 瘤胃酸中毒　　C. 皱胃阻塞

D. 创伤性网胃炎　　E. 以上都对

20. 胃肠炎的发病病因是(　　)。

A. 饲养管理不当　　B. 草料发霉变质　　C. 灌服刺激性过强的药物

D. 继发于传染病、寄生虫病　　E. 以上都对

21. 关于牛瘤胃积食症状描述正确的是(　　)。

A. 胀　　B. 痛　　C. 实　　D. 停　　E. 以上都对

22. 牛皱胃右方变位可出现(　　)。

A. 低血钾　　B. 高血钾　　C. 低血钠

D. 高血氯　　E. 高血钙

23. 牛,患小肠梗阻,经保守治疗无效,现决定手术治疗。切口部位在(　　)。

A. 左肷部　　B. 右肷部　　C. 右肋弓下斜

D. 左肋弓下斜　　E. 腹中线

(24～26 题共用题干)

黑白花奶牛,3 岁,采食后发病。反刍停止,不安,呻吟,排粪停止,腹部膨胀,左肷窝扁平,听诊瘤胃蠕动音消失。

24. 该病最可能是(　　)。

A. 瘤胃积食　　B. 瘤胃臌气　　C. 创伤性网胃炎

D. 瓣胃阻塞　　E. 皱胃阻塞

25. 有助于判定瘤胃内容物性状的检查方法是(　　)。

A. 触诊　　B. 叩诊　　C. 问诊　　D. 嗅诊　　E. 视诊

26. 对本病有诊断意义的瘤胃内容物呈(　　)。

A. 弱酸性,纤毛虫数量增加　　B. 弱酸性,纤毛虫数量减少

C. 弱碱性,纤毛虫数量增加　　D. 弱碱性,纤毛虫数量减少

E. 中性,纤毛虫数量增加

(27～29 题共用题干)

犊牛,3 月龄,2 d 前发病,食欲减退,腹泻,粪便腥臭,体温 40.2 ℃,脉搏 100 次/min。

27. 该病最可能导致(　　)。

A. 脱水　　B. 黄疸　　C. 水肿　　D. 贫血　　E. 碱中毒

28. 该病最适宜的护理措施是(　　)。

A. 大量饮水　　B. 少量多次饮水　　C. 禁止饮水

D. 增加饲喂量　　E. 增加饲喂次数

29. 该病最可能的诊断是(　　)。

A. 肠嵌闭　　B. 肠痉挛　　C. 肠扭转　　D. 肠梗阻　　E. 胃肠炎

(30～32 题共用题干)

黄牛,5 岁,反刍停止,食欲废绝,鼻镜干燥,体温 38.6 ℃,左肷窝平坦,触诊坚硬,叩诊呈浊音,听诊瘤胃蠕动音减弱。该牛发病前饲喂了大量半干的甘薯蔓。

30. 该病最可能的诊断是(　　)。

A. 真胃左方变位　　B. 瓣胃阻塞　　C. 前胃弛缓

D. 瘤胃臌气　　E. 瘤胃积食

31. 治疗该病的适宜措施是(　　)。

A. 灌服硫酸镁、鱼石脂和液状石蜡

B. 灌服硫糖铝、碳酸银和小苏打

C. 输注生理盐水、小苏打和阿托品

D. 输注复方氯化钠溶液、小苏打和东莨菪碱

E. 灌服硫酸钠、活性炭和胃蛋白酶

32.【假设信息】若经药物治疗 5 d 后,左肷部触诊仍坚硬,叩诊呈浊音,应采取的手术方法(　　)。

A. 自左肷部做瘤胃切开术　　B. 自右肷部做瓣胃切开术

C. 自中线旁做瘤胃切开术　　D. 自中线旁做真胃固定术

E. 自右肷部做真胃固定术

(33～35 题共用题干)

黄牛,雌性,5 岁,过食幼嫩多汁的青草发病,表现不安,回头顾腹,背腰弓起,食欲废绝,反刍和嗳气停止,腹围膨大,左侧肷窝明显凸起,呼吸困难,颈静脉怒张。

33. 该牛最可能发生的疾病是(　　)。

A. 再生草热　　B. 瘤胃臌气　　C. 瘤胃积食

D. 瘤胃酸中毒　　E. 青草搐搦

34. 治疗该病应采用的急救措施是(　　)。

A. 强心　　B. 洗胃　　C. 缓泻　　D. 排气　　E. 止酵

35. 治疗该病不当的措施是(　　)。

A. 强心补液　　B. 接种健康牛瘤胃液　　C. 快速放气

D. 避免饲喂磨细的谷物　　E. 饲喂青饲料前饲喂一些干草

二、病例分析:根据病史和临床检查的结果,提出初步诊断,制订治疗措施(开出处方)

1. 一黄牛,突然停止采食,骚动不安,摇头伸颈,空口咀嚼,不断做吞咽动作,大量流涎,咳嗽,瘤胃臌胀,呼吸困难。触压颈部食道有波动感。食道探诊时,胃管插至胸部食道时受到阻碍不能继续插入。

2. 一头奶牛发病已 3 d，食欲降低，反刍、嗳气减少，气味酸臭。听诊瘤胃蠕动音减弱，每 3 min 蠕动 2 次，触诊瘤胃，内容物稀软，听诊瓣胃蠕动音减弱，体温、脉搏、呼吸均无明显变化。

3. 一黄牛，精神沉郁，食欲废绝，反刍停止，呻吟，腹围膨大，排粪减少，粪干而硬，粪便中有未消化麦粒，后排粪停止。按压瘤胃内容物充满坚硬，有腹痛症状。据畜主讲，昨天该牛曾偷食小麦。

4. 主诉：昨天早上收割玉米，该牛脱缰，偷食了玉米后发病，病牛精神沉郁，食欲废绝，反刍停止。临床检查：该牛体重约 400 kg，体温 39.4 ℃，呼吸、脉搏增数，瘤胃蠕动音消失，瘤胃胀满，冲击触诊有振水音，呼出气酸臭，步态不稳，跛行，粪便稀软、恶臭，鼻镜干燥。

5. 某奶牛养殖户饲养的 3 头奶牛出现精神沉郁，食欲废绝，呼吸急促，腹泻等症状。经了解，昨天下午饲喂了新鲜的酒糟，且酒糟中加了较多的玉米粉后发病。临床检查，3 头病牛精神沉郁，反刍停止，体温分别为 38.5 ℃、39.1 ℃、38.9 ℃，呼吸急促，心率加快，步态不稳，磨牙，嘴角附着白色泡沫样唾液，口腔有酸臭味。瘤胃胀满，触诊有波动感，听诊瘤胃蠕动音微弱。粪便呈水样，有酸臭味，眼窝凹陷，排尿减少甚至停止。一头病牛出现神经症状，狂躁不安，后期卧地不起。穿刺采取瘤胃液，其 pH 分别为 5.4、5.6、5.7。

6. 一成年高产奶牛，分娩后呈现前胃弛缓症状，精神沉郁，消瘦，粪便稀软、色暗、恶臭。左腹膨大，在左腹部听诊，能听到与瘤胃蠕动音不一致的皱胃蠕动音，在左侧后 3 个肋骨区域内手指弹腹壁同时配合听诊，可听到清晰的钢管音。在该区域进行穿刺检查，穿刺液棕褐色，$pH<4$。

7. 主诉：黑白花奶牛，2 岁，最初表现为精神沉郁，食欲减退，反刍减少。4 d 后，食欲废绝，反刍停止，排粪减少，粪便干硬，呈算盘珠状、色暗。临床检查：患牛鼻镜干燥，结膜发绀，眼球凹陷，机体衰弱无力，体温 38 ℃，脉搏 108 次/min，呼吸 52 次/min。触诊瘤胃，内容物稀软，听诊瘤胃蠕动音微弱；触诊瓣胃区，患畜疼痛不安、抗拒，听诊瓣胃蠕动音消失；瓣胃穿刺，进针阻力很大。

8. 主诉：母牛，3 岁，发病已 4 d，精神沉郁，食欲废绝，反刍减少，腹泻。临床检查：病牛精神沉郁，口腔干燥，舌苔黄厚，鼻镜干燥。体温 40.8 ℃，脉搏 75 次/min，排糊状稀粪，气味恶臭，粪便中混有黏液和少量血液。听诊瘤胃蠕动音弱。

二维码 2-10 项目二考核评价参考答案

项目三
呼吸系统疾病

学习目标

- 了解呼吸系统常见疾病的发病特点,熟悉呼吸系统疾病的常用诊疗方法。
- 熟悉呼吸系统疾病常用的治疗药物。
- 了解感冒、支气管炎、支气管肺炎、异物性肺炎的概念,掌握其病因、症状、诊断、治疗及预防。

思政目标

- 激发民族自豪感和社会责任意识。
- 培养创新创业精神,培养解决临床实际问题的能力。
- 树立文明卫生意识,养成良好卫生习惯,培养健康行为。

任务三十　感　　冒

感冒是由于寒冷作用引起的以上呼吸道炎症为主的急性热性全身性疾病,俗称“伤风”。一年四季都可发生,但以早春和晚秋、气候剧变时多发。犊牛多发。临床上主要表现为体温升高、乏力、咳嗽、流鼻液等。

[病因]

本病最常见的原因是寒冷因素的作用,如圈舍阴冷、受贼风侵袭、在寒冷气候条件下露宿、运动出汗后被雨淋风吹等。此外,长途运输、过劳及营养不良等,都可使机体抵抗力降低,致使呼吸道内的常在菌得以大量繁殖,而引起本病的发生。

[症状]

常在寒冷作用后,突然发病。病牛精神沉郁,头低耳耷,前胃弛缓,食欲减退,舌苔薄白,反刍减少或停止,瘤胃蠕动减弱。体温升高,眼结膜潮红,流泪,耳尖、鼻端发凉,皮温不均。鼻黏膜充血,鼻塞,病初流浆液性鼻液,后转为黏液性或黏液脓性鼻液。咳嗽,呼吸加快,肺泡呼吸音增强。并发支气管炎时,出现干啰音或湿啰音。

二维码 3-1　犊牛感冒,眼结膜潮红,流浆液性鼻炎

如不及时治疗,特别是幼畜,可继发支气管肺炎。

[诊断]

根据受寒病史、体温升高、皮温不均、流鼻液、流泪、咳嗽、前胃弛缓等症状可初步诊断。在鉴别诊断上,要注意与流行性感冒相鉴别。流行性感冒是由流感病毒引起的,有传染性,体温突然升高到 40～41 ℃,全身症状较重,传播迅速,往往大批发生。

[治疗]

本病治疗以解热镇痛为主,为了防止继发感染,适当抗菌消炎。

(1)解热镇痛。可用 30%安乃近注射液,牛 20～40 mL,羊 3.3～6.7 mL;或复方氨基比林注射液,牛 20～50 mL,羊 5～10 mL,肌内注射,1～2 次/d;或柴胡注射液,牛 20～40 mL,羊 5～10 mL,肌内注射,1～2 次/d;或氟尼辛葡甲胺,2.2 mg/kg 体重,肌内或静脉注射。

(2)抗菌消炎。当病情较重有合并感染时,配合抗菌药物等治疗。青霉素,牛 1 万～2 万 IU/kg 体重,羊 2 万～3 万 IU/kg 体重,肌内注射,2 次/d;10%磺胺嘧啶钠注射液,0.5～1 mL/kg 体重,静脉注射,1～2 次/d;或头孢噻呋钠等肌内注射。

(3)中药治疗。以解表清热为原则。

①风热感冒(如体表灼热、出汗、黏膜潮红、鼻液黏稠、口干喜饮、干痛咳嗽、气短促、尿短赤),以辛凉解表,祛风清热为主。可用银翘散:银花 45 g、连翘 45 g、桔梗 24 g、薄荷 24 g、牛蒡子 30 g、豆豉 10 g、竹叶 30 g、芦根 45 g、荆芥 30 g、甘草 18 g,水煎灌服,咳嗽较重,加杏仁、贝母。

②风寒感冒(如发热较轻、咳嗽、鼻流清涕、舌苔薄白、肌肉颤抖),以辛温解表,疏散风寒为主,可用杏苏散:杏仁 18 g、桔梗 30 g、紫苏 30 g、半夏 15 g、陈皮 21 g、前胡 24 g、甘草 12 g、枳壳 21 g、茯苓 30 g、生姜 30 g、大枣 15 g,共为细末,开水冲服。

[预防]

加强耐寒锻炼,增强机体抵抗力。防止突然受寒,建立合理饲养制度。气候骤变时,要有防寒措施。

任务三十一　支气管炎

支气管炎是支气管黏膜的炎症。按病程可分为急性和慢性两种。临床上以不定型热、咳嗽、流鼻液为特征。寒冷季节或气候突变时容易发病。

[病因]

(1)感染。主要是受寒感冒,导致机体抵抗力降低。一方面细菌、病毒直接感染;另一方面呼吸道寄生菌(如肺炎球菌、巴氏杆菌、链球菌、葡萄球菌、化脓杆菌、副伤寒杆菌)或外源性非特异性病原菌乘虚而入,呈现致病作用。也可由上呼吸道感染的细菌和病毒蔓延而引起。

(2)物理、化学因素。吸入过冷的空气、粉尘、刺激性气体(如二氧化硫、氨气、烟雾)均可直接刺激支气管黏膜而发病。投药或吞咽障碍时,由于异物进入气管,也可引起吸入性支气管炎。

(3)继发性因素。在流行性感冒、牛口蹄疫、恶性卡他热、肺丝虫等疾病过程中,常表现支气管炎的症状。另外,喉炎、肺炎及胸膜炎等疾病时,由于炎症蔓延,也可继发支气管炎。

(4)诱因。厩舍卫生条件差、通风不良、闷热潮湿、营养不良、维生素 A 和维生素 C 的缺乏，常成为支气管炎的诱因。

[症状]

(1)急性支气管炎。咳嗽是本病的主要症状。病初呈干、短、痛咳，以后呈湿咳。病初流浆液性鼻液，以后流黏液性或黏脓性鼻液。胸部听诊，肺泡呼吸音增强，可听到干啰音、湿啰音。全身症状轻微，体温正常或轻度升高(0.5～1.0 ℃)，一般持续 2～3 d 后下降，呼吸、脉搏稍增数。

随着疾病的发展，炎症侵害细支气管，则全身症状加剧，体温升高 1～2 ℃，呼吸加快，严重者出现吸气性呼吸困难，可视黏膜发绀。胸部听诊肺泡呼吸音增强，可听到干啰音、捻发音或小水泡音。

(2)腐败性支气管炎。除具有急性支气管炎症状外，全身症状重剧，呼吸困难，呼出气带恶臭味，两侧鼻孔流出污秽不洁和有腐败臭味的鼻液。

(3)慢性支气管炎。病程长，病情时轻时重，常发咳嗽，咳嗽可持续数月甚至数年，一般在清晨、夜间、采食、运动或气温骤变时症状加重。胸部可长期听到啰音。无并发症时，一般全身症状不明显。后期因支气管黏膜结缔组织增生变厚，管腔变狭窄，常继发肺气肿，则长期呈现混合性呼吸困难。病畜逐渐消瘦，有的发生贫血。

[诊断]

根据病史，结合咳嗽、流鼻液和肺部出现啰音等呼吸道症状，即可初步诊断。

[治疗]

本病的治疗原则主要是消除病因、消除炎症、祛痰止咳。

(1)加强护理，去除致病因素。使病畜充分休息，置于通风良好、清洁、温暖的厩舍中，给予多汁易消化的饲料，供给充足的清洁饮水。

(2)祛痰止咳。当频发咳嗽，分泌物黏稠不易咳出时，用溶解性祛痰剂。如牛用氯化铵 20 g、杏仁水 40 mL、远志酊 50 mL、温水 500 mL，一次内服；碳酸氢钠 50～80 g、远志酊 50～80 mL、温水 500 mL，一次内服。若分泌物不多，但咳嗽频繁且疼痛者，可选用镇痛止咳剂，复方甘草合剂 100～150 mL，内服，1～2 次/d。

(3)消除炎症。可选用抗生素或磺胺类药物，应选用敏感性高的抗菌药物。病初应用青霉素有效，与链霉素并用效果更佳。青霉素，牛 1 万～2 万 IU/kg 体重，羊 2 万～3 万 IU/kg 体重，肌内注射，2 次/d，配合应用氢化可的松或地塞米松能提高消炎效果。牛也可用青霉素 160 万 IU，链霉素 100 万 IU、注射用水 10～20 mL，进行气管注射，1 次/d；或卡那霉素，15 mg/kg 体重，肌内注射，2 次/d；10％磺胺嘧啶钠，0.5～1 mL/kg 体重，静脉注射。另外，还可选用林可霉素、喹诺酮类(如恩诺沙星、环丙沙星)及头孢菌素类(如头孢噻呋钠)等药物。

(4)中药疗法。

①外感风寒引起者，宜疏风散寒，宣肺止咳。可选用紫苏散：紫苏 25 g、荆芥 25 g、防风 25 g、陈皮 25 g、茯苓 25 g、桔梗 25 g、姜半夏 20 g、麻黄 15 g、甘草 15 g，共研末，生姜 30 g、大枣 10 枚为引，一次开水冲服。

②外感风热引起者，宜疏风清热，宣肺止咳。可选用款冬花散：款冬花 30 g、知母 30 g、浙贝母 30 g、桔梗 30 g、桑白皮 30 g、地骨皮 30 g、黄芩 30 g、金银花 30 g、杏仁 20 g、马兜铃 24 g、枇杷叶 24 g、陈皮 24 g、甘草 12 g，共研末，一次开水冲服。也可用桑菊银翘散：桑叶 25 g、杏仁

25 g、桔梗 25 g、薄荷 25 g、菊花 30 g、银花 30 g、连翘 30 g、生姜 20 g、甘草 15 g，共研末，一次开水冲服。

[预防]

加强饲养管理，减少各种应激因素对呼吸道的刺激，饲料品质要好，营养要全面，防止感冒，避免机械性或化学性刺激。冬春季节要加强厩舍的保温，增强机体体质，提高抗病能力。

任务三十二 支气管肺炎

支气管肺炎是由非特异性病原微生物感染引起的以细支气管和肺泡内浆液渗出和上皮细胞脱落为特征的炎症。由于肺泡内积聚脱落的上皮细胞、血浆与白细胞组成的卡他性炎性渗出物，故又称为卡他性肺炎。在多数病例中，炎症始于支气管，继而蔓延到细支气管及其所属的肺小叶，故又称为小叶性肺炎。临床上，以弛张热型，咳嗽、呼吸数增多，听诊有啰音、捻发音，叩诊有散在的局灶性浊音区等为特征。春秋两季多发，犊牛、羔羊更容易发病。

[病因]

支气管肺炎通常是由感冒和支气管炎进一步发展而成的。因此，凡能引起感冒和支气管炎的致病因素均可促使本病的发生，如受寒感冒、某些营养物质缺乏、长途运输、吸入刺激性的气体、药物误投入气管、胎儿吸入羊水等，使机体抵抗力降低，呼吸道的防御功能减弱，为呼吸道的各种内源性与外源性微生物的生长和繁殖创造了有利条件，引起炎症过程。

另外，本病还继发于某些传染病（如流行性感冒、牛恶性卡他热、出血性败血症）、寄生虫病（如肺线虫病、蛔虫病）和某些化脓性疾病（如乳房炎、子宫炎）经过中。

[症状]

病初呈现急性支气管炎的症状，呈短、干、痛性咳嗽，以后转为湿性咳嗽。流浆液性、黏液性鼻液（图 3-1）或脓性鼻液，初期及末期鼻液量较多。

随病情的发展，全身症状逐渐加重，精神沉郁，食欲减退或废绝，眼结膜潮红或发绀，泌乳量减少，喜站立不动，头颈伸直，呼吸困难，腹式呼吸，甚至张口呼吸（图 3-2），往往呈现混合性呼吸困难，可视黏膜、鼻镜发绀。

图 3-1　流黏液性鼻液

图 3-2　病牛呼吸困难，张口呼吸

体温升高，多呈弛张热型。病初 2～3 d 体温逐渐上升，可达 40 ℃以上，以后 2～3 d 又逐渐下降，但随即又再度上升。脉搏随体温的变化而变化，病初稍强，以后变弱，脉搏可增至 60～100 次/min。

胸部听诊：病灶部肺泡呼吸音减弱或消失，可听到捻发音；健康部位肺泡呼吸音代偿性增强。以后，随着炎性渗出物性质改变可听到干啰音或湿啰音，当肺泡和细支气管内完全充满渗出物时，肺泡呼吸音消失，有时出现支气管呼吸音。

胸部叩诊：当病灶位于肺的表面时，可出现一个或数个局灶性小浊音区，其部位多在胸壁前下方区域内；若病灶位于肺的深部，则浊音不明显。

血液检查：白细胞总数增多，中性粒细胞比例增大，核左移。

X 线检查：肺纹理增粗，肺野可见到散在的阴影，此种阴影大小不等，似云絮状，甚至扩散融成一片，但密度多不均匀。

[诊断]

根据弛张热型，全身症状明显，胸部听诊有捻发音、啰音，局灶性肺泡呼吸音减弱或消失，胸部叩诊呈局灶性浊音区，X 线检查出现散在的局灶性阴影等，可做出诊断。但需与细支气管炎、纤维素性肺炎等疾病鉴别诊断。

二维码 3-2　犊牛流鼻液，鼻镜发绀

二维码 3-3　犊牛肺炎，呼吸困难、流黏液性鼻液

[治疗]

治疗原则为加强护理，抗菌消炎，祛痰止咳，制止渗出和促进渗出物吸收及排出，对症治疗。

1. 加强护理

将病畜置于通风良好、光线充足、温暖的厩舍中。给予富含营养、多汁易消化的饲料及清洁的温水。

2. 消除炎症

临床上，主要应用大剂量的抗生素和磺胺类药物进行治疗，用药途径及剂量视病情轻重及有无并发症而定。常用的抗生素为青霉素、链霉素、卡那霉素、林可霉素和广谱抗生素土霉素、四环素等。氟喹诺酮类药物（环丙沙星，2.5 mg/kg 体重，肌内注射；恩诺沙星，2.5 mg/kg 体重，肌内注射）、头孢菌素（头孢噻呋钠，牛，1.1 mg/kg 体重，肌内注射）等疗效显著。还可用 30%替米考星注射液，0.033 mL/kg 体重，皮下注射，或氟尼辛葡甲胺等。

抗生素常规给药的同时配合做气管注射（图 3-3），疗效更佳。如青霉素 160 万 IU、3%盐酸普鲁卡因 5 mL、生理盐水 10～15 mL，一次气管注射。如果是由细菌和病毒混合感染引起的，应选用抗病毒药物，同时配合双黄连、清开灵注射液等静脉注射。有条件的可在治疗前取鼻分泌物做细菌的药敏试验，以便对症用药。

3. 祛痰止咳

当咳嗽频繁，分泌物黏稠时，选用溶解性祛痰剂。剧烈频繁地咳嗽，分泌物不多时，可用镇痛性止咳剂（详见支气管炎的治疗）。

4. 制止渗出和促进渗出物的吸收及排出

制止渗出，可静脉注射5%氯化钙200～300 mL或10%葡萄糖酸钙500 mL；促进炎性渗出物吸收和排出，可应用利尿剂（呋塞米等）或10%樟脑磺酸钠强心等。

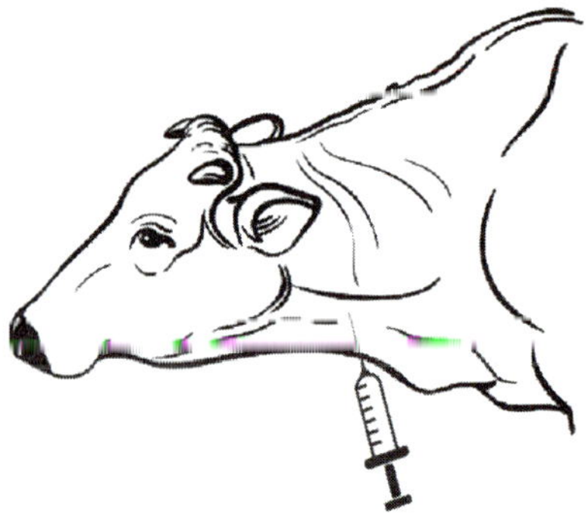

图 3-3 气管注射示意图

5. 对症治疗

解热，补液，纠正水、电解质和酸碱平衡紊乱，健胃等。输液量不宜过大，速度不宜过快，以免发生心力衰竭和肺水肿。对病情危重，全身毒血症严重的病畜，可短期（3～5 d）静脉注射氢化可的松或地塞米松等糖皮质激素。

6. 中药疗法

可选用加味麻杏石甘汤：麻黄15 g、杏仁8 g、生石膏90 g、二花30 g、连翘30 g、黄芩24 g、知母24 g、元参24 g、生地24 g、麦冬24 g、花粉24 g、桔梗21 g，共为研末，蜂蜜250 g为引，一次开水冲服。

［预防］

加强饲养管理，厩舍要保持清洁卫生、通风良好且温暖，避免雨淋受寒、过劳等诱发因素。供给全价日粮，减少应激因素的刺激，增强机体抗病能力。及时治疗原发病。

知识拓展

规模化牛场肺炎参考处方

（1）美达佳（美洛昔康注射液）15 mL，肌内注射。

（2）青霉素2 000万IU或氨苄西林钠15 g，肌内注射。

（3）头孢类抗生素，如盐酸头孢噻呋注射液，1.1 mg/kg体重，肌内注射。

（4）青霉素2 000万IU＋0.9%氯化钠注射液500 mL＋（10%氯化钠注射液500 mL）＋50%葡萄糖500 mL＋10%葡萄糖酸钙500 mL，静脉注射，1次/d。

注意：（2）（3）（4）任选其一，配合（1）进行治疗。

任务三十三 异物性肺炎

异物性肺炎又称吸入性肺炎，是由于异物（如食物、呕吐物或药物）误咽吸入肺脏而引起的炎症。在肺炎基础上感染腐败菌，出现以肺组织坏死和腐败分解为特征的肺炎时，称为坏疽性肺炎或肺坏疽。在临床上，以高度呼吸困难，流污秽、恶臭的鼻液，肺部出现明显的啰音，并伴有重剧的全身症状为特征。各种动物均可发生。

［病因］

本病通常多因吸入或误咽入呼吸道内的异物等而引起。

(1)投药方法不当是常见的病因。如胃管投药操作失误，将药物误投入气管；经口灌药，尤其是灌服刺激性药物(如酒精、松节油)操作麻痹大意，灌药时太快、头位过高、动物咳嗽及挣扎等均可使动物不能及时吞咽，药物吸入呼吸道而发病。在西北的许多地方，有每年在惊蛰或清明节前后给牛灌服清油萝卜的习俗，有操作不当吸入呼吸道而发病。

(2)当患吞咽障碍的疾病时，如咽炎、咽麻痹、食道阻塞、破伤风、生产瘫痪、李氏杆菌病、麻醉或昏迷等，都有可能使唾液、黏液、小块饲料、呕吐物、反刍物及其他异物等吸入或误咽入呼吸道而发病。

(3)吸入大量有害气体，如浓烟、灰尘、氨气等。

(4)难产时，胎儿吸入羊水。

［症状］

异物直接由气管入肺者，发病急，立即出现惊恐不安，咳嗽，呼吸急速而困难，严重者很快窒息死亡。其他原因引起时，疾病发展较为缓慢，且具有原发病的症状。

由于异物对气管和肺组织的刺激而发生咳嗽，呼吸急速。随着呼吸运动胸腹部出现明显的起伏动作或呈腹式呼吸，严重者呼吸困难，并从两侧鼻孔中流出多量带有异物颜色和气味的鼻液，呼出气也带有异物和气味，这种情况随着低头或咳嗽而明显。以后由于肺组织坏死和腐败分解，呼出气带有腐败性臭味，两鼻孔流污秽不洁的恶臭鼻液，镜检可发现弹力纤维(肺组织的分解产物)。

肺部听诊，病初多在肺的前下部听到明显的湿啰音(比一般肺炎明显)。肺部叩诊，病初在肺前下部叩诊音低沉呈浊音、半浊音；当肺组织溶解形成空洞，叩诊呈鼓音；若空洞周围被致密组织所包围，其中充满空气，叩诊呈金属音；若空洞与支气管相通，叩诊则呈破壶音。病灶小或在深部则无明显变化。

体温升高至 40 ℃以上，精神高度沉郁，脉搏快、弱且节律不齐。白细胞总数显著增多。X 线检查，肺组织浸润有局灶性阴影。

［诊断］

本病根据病史，发病急、快，呼吸极度困难，鼻孔中流出污秽、恶臭的鼻液等可做出初步诊断。如能结合肺部听诊、叩诊及 X 线检查更好。鼻液镜检发现弹力纤维及肺组织碎片也是确诊的方法之一。诊断时，应注意与腐败性支气管炎相鉴别。

［治疗］

一旦发病应立即抢救。其治疗原则是迅速排出异物，抗菌消炎，制止肺组织的腐败分解。

1.排出异物

当发现病牛有误咽的可疑或确已将药液误投入肺时，应立即将病牛保持前低后高的体位，并将头部放低，便于异物向外排出。也可用 2%盐酸毛果芸香碱 5～10 mL，皮下或肌内注射，使气管分泌物增加；与此同时，可反复注射兴奋呼吸中枢的药物，如樟脑磺酸钠 10～20 mL，皮下或静脉注射，每 4～6 h 一次，促使异物迅速排出。

必要时，做低位气管切开术，并用吸引器经切口抽吸误咽入气管深部的异物。

2.抗菌消炎，制止肺组织的腐败分解

可用大剂量的抗生素(如青霉素、链霉素、氨苄西林、四环素和头孢菌素)或磺胺类药物，如青霉素 200 万～400 万 IU，链霉素 1～2 g，3％普鲁卡因 5～10 mL，混合，气管注射，1 次/d，连用 2～4 d。

此外，还应实施制止渗出，解热镇痛，强心补液，调节酸碱和电解质平衡，补充能量等治疗措施。

3. 中兽医治疗

苇茎汤对治疗坏疽性肺炎有一定疗效：芦根 250 g、薏苡仁 60 g、冬瓜子 90 g、桃仁 30 g、桔梗 60 g、鱼腥草 60 g，酌加金银花、连翘等。水煎或开水冲调，一次内服。

[预防]

本病发展迅速，病情难以控制，总体来讲，临床治疗效果不理想，死亡率很高。因此，预防本病的发生就显得十分重要。

对吞咽障碍的病畜，不应强制性经口投药。经口、鼻投药时，要严格遵守投药规定，防止投入气管内。麻醉或昏迷的动物在未完全清醒时，不应让其进食或投服药物。

知识拓展

气管注射

[应用] 气管注射是一种呼吸道的直接给药方法。将药物注入气管中，使之直接作用于气管黏膜和肺脏。宜用于肺部的驱虫及气管与肺部疾病的治疗。

[准备] 注射器、注射针头、注射用药品(如生理盐水、青霉素、普鲁卡因等)。

[部位] 在颈上部，气管腹侧正中，两个气管软骨环之间。

[方法]

(1)动物站立保定，固定好头部，充分伸展颈部，局部剪毛消毒。

(2)术者左手摸清气管环，右手持针头垂直气管间隙刺入，进针深度 2～3 cm；当针头刺入气管后则阻力消失，针头活动范围较大，连接吸有药液的注射器回抽，若药液中有气泡，则证明针头在气管内，然后慢慢注入所需药液(图 3-4)。如遇动物咳嗽，则宜暂停。注射完毕拔出针头，注射部位涂抹碘酊消毒。

图 3-4 气管注射

[注意事项]

(1)注射的药液应是可溶性并容易吸收的，否则有引发肺炎的危险。

(2)注射剂量不宜过多，以肌内注射量的 1/4 剂量为宜，总量控制在 20 mL 以内。注射速度要缓慢，过快可导致痉挛性咳嗽，将药物咳出或发生窒息死亡。

(3)药液温度应与体温一致，以减轻刺激。

(4)为了防止或减轻咳嗽，可先在气管内注入 2％～3％盐酸普鲁卡因溶液 5～10 mL，以降低气管黏膜的敏感性。

类症鉴别——表现呼吸道症状的牛病

1.表现咳嗽,流鼻液,呼吸次数增加或呼吸困难,体温升高的牛病

主要有感冒、支气管炎、小叶性肺炎、大叶性肺炎、肺充血和肺水肿、吸入性肺炎、日射病及热射病、巴氏杆菌病、牛恶性卡他热、牛副流行性感冒、牛传染性胸膜肺炎、牛传染性鼻气管炎、结核病、网尾线虫病等。

(1)感冒:有受寒病史,咳嗽,流鼻液。精神沉郁,体温升高,结膜潮红,皮温不均,末梢发凉,寒战。听诊肺泡呼吸音增强。

(2)支气管炎:急性支气管炎时,主要表现为咳嗽、流鼻液,全身症状不明显。细支气管炎时,全身症状重剧,体温升高,呼吸困难,可视黏膜发绀,胸部听诊,可听到干啰音、捻发音和小水泡音。慢性支气管炎时,主要表现为长期的干咳。

(3)小叶性肺炎:体温升高,弛张热型,肺区叩诊有局灶性浊音,听诊肺区有啰音、捻发音。X线检查,有局灶性的阴影。

(4)大叶性肺炎:高热稽留,呼吸困难,铁锈色鼻液,肝变期叩诊有大片浊音,听诊有支气管呼吸音。X线检查,有明显的广泛性阴影。

(5)肺充血和肺水肿:高度呼吸困难,可视黏膜发绀,流无色的或红色的细小的泡沫样鼻液,肺部听诊有明显的湿啰音。

(6)吸入性肺炎:有灌药、胎儿吸入羊水等病史,高度呼吸困难,流污秽、恶臭、含弹力纤维的鼻液,肺部出现明显的啰音。

(7)日射病及热射病:多在炎热季节发病,有阳光曝晒等病史,呼吸急促,脉搏快速,体表静脉怒张,体温显著升高,心肺功能障碍,精神抑制,步态不稳。

二维码 3-4　肺水肿、肺充血

(8)巴氏杆菌病:有传染性,急性型体温高达41 ℃,呼吸困难,咳嗽,流浆液性、黏液脓性鼻液,肺部可听到啰音。头、颈、咽喉、前胸,甚至前肢皮下炎性水肿,流涎,流泪,腹泻,粪便恶臭,混有黏液和血液。

(9)牛恶性卡他热:持续高热(41～42 ℃),呼吸急促,流鼻液,鼻液浓稠,气味恶臭。眼结膜充血,流泪,角膜浑浊,蓝眼;口腔黏膜、齿龈等坏死、糜烂。腹泻,粪便中含黏液、血液,恶臭。

(10)牛副流行性感冒:多发生于长途运输或舍饲牛,体温高达41 ℃以上,流脓性鼻液,咳嗽,呼吸困难,大量流泪,脓性结膜炎,听诊肺前下部有纤维素性胸膜炎和支气管肺炎症状。有的发生黏液性腹泻。

(11)牛传染性胸膜肺炎(牛肺疫):有传染性,新疫区可暴发流行,老疫区多为散发,体温高(40～42 ℃),呼吸困难,咳嗽,胸部听诊有摩擦音、啰音,流脓性鼻液,垂皮、腹下水肿。病料涂片镜检可见丝状支原体。

(12)牛传染性鼻气管炎:又称坏死性鼻炎,体温40 ℃以上,秋冬季节发病,咳嗽,流黏脓性鼻液,鼻黏膜高度充血,有浅溃疡,鼻镜高度充血(俗称红鼻病)。有时腹泻,粪中带血。流行时常出现生殖道感染症状。

二维码 3-5　牛传染性鼻气管炎,红鼻病

(13)结核病:消瘦,贫血,呼吸增数,气喘,干咳,体表淋巴结肿大,无热无痛。用结核菌素皮内注射和点眼呈阳性反应。

(14)网尾线虫病：春季多发，体温 39.5～40 ℃，气喘，咳嗽，咳出的痰液中可含虫卵、幼虫或成虫，整个肺区可听到湿啰音或爆裂音。流淡黄色黏性鼻液，消瘦，贫血。粪便、鼻液可检出第一期幼虫。

2. 表现呼吸困难，体温不升高和全身状况重剧的牛病

主要有亚硝酸盐中毒、氢氰酸中毒、牛黑斑病甘薯中毒、有机磷中毒等。

二维码 3-6　犊牛亚硝酸鼻镜发绀盐中毒时呼吸困难，鼻镜发绀

(1)亚硝酸盐中毒：有采食硝酸盐或亚硝酸盐的病史。发病突然，病程短促，肌肉痉挛，呼吸高度困难，黏膜发绀，血液黑红色。

(2)氢氰酸中毒：有采食氰苷类植物的病史。发病突然，极度呼吸困难，可视黏膜和血液呈鲜红色，肌肉震颤。

(3)牛黑斑病甘薯中毒：俗称牛喘病，有采食霉烂甘薯的病史。呼吸困难，肺水肿，张口喘气，呼吸用力，类似拉风箱的声音。口、鼻流出泡沫样的液体。颈部及胸部皮下气肿。

(4)有机磷中毒：有接触有机磷农药的病史。流涎，腹痛，腹泻，瞳孔缩小，肌肉震颤，出汗，呼吸困难，肺水肿。

考核评价

一、选择题

1. 如发现病畜咳嗽、流鼻液及呼吸困难，可提示为(　　)疾病。

A. 泌尿系统　B. 呼吸系统　C. 消化系统　D. 神经系统　E. 中毒性

2. 大叶性肺炎，又称格鲁布性肺炎或纤维素性肺炎，大多由病原微生物引起，以肺泡内纤维蛋白渗出、稽留热型、大片浊音区及定型经过为特征，其临床特征是(　　)。

A. 铁锈色鼻液　B. 浆液性鼻液　C. 脓性鼻液　D. 黏液性鼻液　E. 血性鼻液

3. 支气管肺炎的 X 线征象是(　　)。

A. 黑色阴影　B. 密度均匀的阴影　C. 大小不一的云絮状阴影

D. 边缘整齐的大块状阴影　E. 整个肺野出现高密度阴影

4. 患牛，稽留热，胸部叩诊有广泛的浊音区。精神沉郁，食欲废绝，心率加快，呼吸困难。其呼吸困难的类型属于(　　)。

A. 肺源性　B. 心源性　C. 血原性　D. 中毒性　E. 中枢性

5. 动物支气管炎的临床特征是(　　)。

A. 呼吸困难和稽留热　B. 咳嗽、流鼻液和不定型热

C. 咳嗽、流鼻液和弛张热　D. 咳嗽、流鼻液和稽留热

E. 喘气、流鼻液和不定型热

6. 不属于肺炎病例的临床特征表现是(　　)。

A. 发热、呼吸困难　B. 喘鸣　C. 低氧血症

D. 听诊有啰音或捻发音　E. 叩诊出现散在或广泛性的浊音区

7. 动物鼻液呈污秽不洁，带灰色或暗褐色，有尸臭或恶臭味，则提示的疾病多为(　　)。

A. 呼吸道卡他性炎症　　B. 呼吸道化脓性炎症　　C. 坏疽性肺炎

D. 霉菌性肺炎　　E. 大叶性肺炎

8. 在肺炎治疗过程中，为制止肺部炎性产物的渗出，应选择的药物是(　　)。

A. 40%乌洛托品　　B. 5%氯化钙　　C. 5%糖盐水

D. 氯化铵　　E. 碳酸氢钠

9. 3 月龄犊牛，精神沉郁，食欲减退，咳嗽，呼吸困难，流黏液性鼻液，体温 40.5 ℃，弛张热，叩诊有局灶性浊音，肺泡呼吸音减弱，有捻发音，可能的诊断是(　　)。

A. 急性支气管炎　　B. 慢性支气管炎　　C. 肺水肿

D. 支气管肺炎　　E. 格鲁布性肺炎

(10～12 题共用题干)

犊牛，食欲下降，咳嗽，呼吸困难，流黏液性鼻液，体温 40.1 ℃，叩诊胸区出现灶性浊音区，胸部听诊有湿啰音，病灶部位肺泡呼吸音减弱。

10. 本病最可能的诊断是(　　)。

A. 胸膜炎　　B. 支气管炎　　C. 大叶性肺炎

D. 支气管肺炎　　E. 间质性肺气肿

11. 病牛的热型最可能表现为(　　)。

A. 弛张热　　B. 稽留热　　C. 回归热

D. 间歇热　　E. 不规则热

12. 病牛的血常规检查最可能出现(　　)。

A. 白细胞总数增多　　B. 白细胞总数减少　　C. 白细胞总数正常

D. 红细胞总数增多　　E. 红细胞总数减少

13. 夏季，一 3 月龄犊牛，证见发热，咳嗽声高，鼻流黏涕，呼出气热，口红津少，尿短赤，粪便干燥。治疗该病应选用(　　)。

A. 麻黄汤　　B. 银翘散　　C. 清肺散

D. 四君子汤　　E. 百合固金汤

14. 患牛两侧鼻孔流无色或粉红色细小泡沫样鼻液，则提示的疾病多为(　　)。

A. 喉炎　　B. 感冒　　C. 肺水肿或肺充血

D. 肺气肿　　E. 胸膜炎

15 健康奶牛的呼吸类型是(　　)。

A. 胸式呼吸　　B. 腹式呼吸　　C. 胸腹式呼吸

D. 间歇式呼吸　　E. 以上都不对

二、病例分析：根据病史和临床检查的结果，提出初步诊断，制订治疗措施(开出处方)

1. 患牛精神沉郁，食欲减退，鼻流清涕，眼结膜潮红，鼻镜干燥，反刍减少，呼吸急促，体温 40 ℃。

2. 病牛精神沉郁，食欲废绝，眼结膜潮红，体温 41 ℃，脉搏增数，呼吸困难。胸部听诊，病灶部肺泡呼吸音减弱，健康部肺泡呼吸增强，并可听到捻发音，啰音；胸部叩诊可出现小片浊音区，多在肺脏的肩前叩诊区出现。

3.某牛场的6头荷斯坦犊牛发病，精神沉郁，食欲减退或废绝，鼻镜干燥，常卧地，体温升高至39.5～41.5℃，心率加快，呼吸困难，咳嗽，流鼻液。听诊肺部，病初肺泡呼吸音增强，可听到啰音。

4.某牛场的一头3岁黑白花奶牛，体温升高，食欲、反刍减退，呼吸增数，按感冒治疗2 d后，病情好转，于是停止用药。2 d后，发现病情再次加重。临床检查：精神沉郁，食欲减退，咳嗽，流鼻液，体温为39.5℃，心率为84次/min，呼吸数为37次/min；听诊瘤胃蠕动音减弱，排粪较干。

二维码3-7　项目三考核评价参考答案

项目四
心血管系统疾病

学习目标

◆ 了解心血管系统常见疾病的发病特点，熟悉心血管系统疾病的常用诊疗方法。

◆ 熟悉心血管系统疾病常用的治疗药物。

◆ 了解心力衰竭、贫血的概念，掌握其病因、症状、诊断、治疗及预防。

思政目标

◆ 深刻领会党和国家在保障人民健康和畜牧业发展方面所做出的正确决策和持续努力，激发爱国热情，培养正确的价值观。

◆ 认识生命的宝贵与脆弱，践行“尊重生命，生命至上”的理念。

任务三十四　心力衰竭

心力衰竭又称心脏衰弱、心功能不全，是因心肌收缩力减弱或衰竭，引起外周静脉过度充盈，使心脏排血量减少，动脉压降低，静脉血液回流受阻而引起全身血液循环障碍的一种综合征。本病各种动物均可发生。按病程可分为急性和慢性，慢性心力衰竭又称充血性心力衰竭；按发病起因可分为原发性和继发性两种；按发病部位可分为左心衰竭、右心衰竭和全心衰竭。

[病因]

(1)急性原发性心力衰竭，主要是由于压力负荷过重或容量负荷过重而导致的心肌负荷过重。压力负荷过重所引起的心力衰竭主要发生于使役过重或不当，特别是长期休闲后，突然进行重剧劳役；容量负荷过重而导致的心力衰竭往往是在治疗过程中，静脉输液量超过了心脏的最大负荷量，尤其是向静脉过快地注射对心肌有较强刺激性的药物，如钙制剂、钾制剂等。

急性继发性心力衰竭，多继发于急性传染病(如口蹄疫、出血性败血症)、寄生虫病(如弓形虫病)、内科疾病(如日射病、胃肠炎、心包炎、心肌炎)、中毒病(如霉菌毒素中毒、棉籽饼中毒)、营养代谢病(如硒缺乏症、铜缺乏症)。

高海拔地区，在棘豆草丛生的牧场上放牧的青年牛易发生右心衰竭。

此外，还可发生于麻醉意外、雷击、电击等。

(2)慢性心力衰竭，除长期重剧使役外，常继发或并发于多种亚急性和慢性感染、心脏本身的疾病（如心包炎、心肌炎、心肌变性、心脏扩张和肥大、心瓣膜病）、中毒病（如棉籽饼中毒、霉败饲料中毒、含强心苷的植物中毒）、甲状腺功能亢进、幼畜白肌病、慢性肺泡气肿、慢性肾炎等。

［症状］

（1）急性心力衰竭，由于病情轻重不同而表现不同。病畜精神沉郁，食欲减退或废绝，易于疲劳，出汗，呼吸加快，肺泡呼吸音增强，可视黏膜发绀，体表静脉怒张，心搏动亢进，第一心音增强，脉搏细数，有时出现心律不齐和心内性杂音。

随病情的发展，发生肺水肿，呼吸高度困难，两侧鼻孔流出多量无色细小泡沫状鼻液，胸部听诊有广泛的湿啰音。心动疾速，第一心音增强，而第二心音减弱，临近死亡时，心搏动和心音都减弱，脉搏相应减弱甚至不感于手，往往心律不齐。常在症状出现后数分钟内死亡。

（2）慢性心力衰竭，病情发展缓慢，病程持久，长达数周、数月或数年，病情弛张。病初安静时常无明显症状，只在活动时才出现呼吸加快或喘息，而且耐力明显降低，易于疲劳、出汗。活动停止后，脉搏数和呼吸数需要较长时间才能恢复正常。

随病程延长，病情逐渐加重，安静时也出现明显的呼吸、脉搏增数，病畜精神沉郁，食欲减退，前胃弛缓，腹泻和消瘦。可视黏膜发绀，体表静脉怒张。下颌、颈静脉周围、垂皮、腹下、四肢下端水肿，触诊有捏粉样感觉，指压留痕，无热无痛。病畜驻立时，从前面观察，可见两前肢间隙消失。心率加快，第一心音增强，第二心音减弱，有时出现缩期杂音、心律不齐。

右心衰竭时，除胸腔、腹腔、心包腔积液外，常出现脑、肝、肾、胃肠道淤血症状。

左心衰竭时，肺循环淤血，易发生肺水肿和慢性支气管炎的症状，呼吸增数，听诊肺部出现啰音，湿性咳嗽等。

二维码 4-1　心力衰竭，眼结膜发绀

二维码 4-2　犊牛静脉怒张，可视黏膜发绀

二维码 4-3　犊牛静脉怒张，发绀，心搏动增强

二维码 4-4　病牛胸垂严重浮肿，两前肢间隙消失

［诊断］

根据发病原因，静脉怒张，脉搏增数，呼吸困难，发绀，颈静脉周围、垂皮和腹下等水肿以及心率加快，第一心音增强，第二心音减弱等症状可做出诊断。心电图、X 线检查等有助于判定心脏肥大和扩张，对本病的诊断有辅助意义。要注意急性或慢性、原发性或继发性的鉴别诊断。

［治疗］

治疗原则是加强护理、减轻心脏负担、增强心肌收缩力、增加心脏排血量、缓解呼吸困难以及对症治疗等。

急性心力衰竭往往来不及救治，病程较长的可参照慢性心力衰竭使用强心苷类药物。麻醉时发生的心室纤颤或心搏骤停，可采用心脏按压或电刺激起搏，也可试用极小剂量肾上腺素心内注射。

1. 使患畜充分休息

慢性心力衰竭时，应将患畜置于安静厩舍休息，少量多次地给予柔软易消化而营养丰富的草料，以减少机体对心脏排血量的要求，减轻心脏负担。同时可根据患牛体质，静脉淤血程度以及心音、脉搏强弱，酌情放血 1 000～2 000 mL(贫血患牛切忌放血)，放血后呼吸困难迅速缓解，此时缓慢静脉注射 25%葡萄糖溶液 500～1 000 mL，增强心脏功能，改善心肌营养。

对出现心源性浮肿的病牛，则宜适当限制食盐和饮水，可适当应用利尿剂，如呋塞米等。

2. 增强心肌收缩力

根据不同情况选用不同的强心剂，10%樟脑磺酸钠 10～20 mL，皮下、肌内或静脉注射。还可选用洋地黄类强心苷制剂等，但应注意洋地黄类药物长期应用易蓄积中毒，成年奶牛不宜内服；由心肌发炎损害引起的心力衰竭禁用洋地黄。

对严重的心力衰竭的患牛，可立即注射尼可刹米，不见好转时，可选用 0.1%肾上腺素 3～5 mL，加入 10%葡萄糖液 500 mL 内，静脉滴注。

此外，应针对出现的症状，给予健胃，缓泻，镇静等制剂，还可使用 ATP、辅酶 A、细胞色素 C、维生素 B_6 和葡萄糖等营养合剂，做辅助治疗。

3. 中兽医治疗

中兽医对心力衰竭，多用“参附汤”和“营养散”治疗。

参附汤：党参 60 g、熟附子 32 g、生姜 60 g、大枣 60 g，水煎 2 次，候温灌服。

营养散：当归 16 g、黄芪 32 g、党参 25 g、茯苓 20 g、白术 25 g、甘草 16 g、白芍 19 g、陈皮 16 g、五味子 25 g、远志 16 g、红花 16 g，共为末，开水冲服，1 剂/d，7 d 为一疗程。

[预防]

在输液或静脉注射刺激性较强的药液时，应掌握注射速度和剂量，速度不可过快，剂量不可过大。对于因其他疾病而引起的继发性心力衰竭，应及时根治其原发病。

任务三十五　贫　　血

贫血是指全身血量减少，或单位容积血液中红细胞数、血红蛋白含量低于正常值的一种常见的血液疾病。贫血不是一种独立的疾病，而是许多不同原因引起或不同疾病伴有的综合征。发病后，主要表现为皮肤和可视黏膜苍白，以及各器官由于组织缺氧而产生的各种症状。贫血根据发病原因及发病机理，可分为失血性贫血、营养不良性贫血、溶血性贫血和再生障碍性贫血四个类型。

[病因]

1. 失血性贫血

失血性贫血可因任何一种大失血而引起，主要见于外伤、手术、流产、分娩、肝脾破裂后的出血，以及消化、呼吸、泌尿生殖系统等器官的出血(如真胃溃疡、肺出血、后腔静脉血栓形成综合征、膀胱炎等)。另外，寄生虫病也常引起失血性贫血。失血后果直接取决于出血时间的长短和出血量的多少，突然丧失血容量的 2/3 可能是致命的，但如果

二维码 4-5　贫血患牛，鼻镜眼结膜明显苍白

是 24 h 内缓慢地出血，即使达到血容量的 2/3，也可能没有这种危险。

2. 营养不良性贫血

营养不良性贫血是由造血原料供应不足所引起的，见于铁、铜、钴、维生素 B_{12}、叶酸和蛋白质等的缺乏以及胃肠的消化和吸收功能障碍。

3. 溶血性贫血

溶血性贫血与血管内或血管外的红细胞破坏有关，犊牛常见引起血管内溶血的原因是水中毒。另外，牛巴贝斯原虫病、钩端螺旋体病、D 型诺维梭菌等都可引起溶血性贫血。

4. 再生障碍性贫血

再生障碍性贫血是由骨髓的造血功能衰竭引起的。慢性感染或肿瘤常与红细胞再生不足或再生障碍性贫血有关，如牛结核病、副结核病、慢性肺炎伴发肺脓肿、肾盂肾炎、淋巴肉瘤等。此外，长期应用对造血功能有抑制作用的药物，如氯霉素、磺胺类药物等。

[症状]

贫血的共同症状，主要表现为体质虚弱，容易疲劳，多汗，心跳增速，呼吸加快，结膜苍白，血红蛋白含量和红细胞总数减少以及红细胞形态改变等。

1. 急性失血性贫血

病程发展迅速，病牛衰弱，精神沉郁，步态不稳，出冷汗，体温降低，鼻端、耳尖和四肢末端厥冷，可视黏膜迅速苍白，脉搏细弱而快，心音微弱，呼吸快而浅，最后眩晕倒地。严重者发生失血性休克而迅速死亡。

2. 慢性失血性贫血

出现渐进性消瘦及衰弱，嗜睡，结膜逐渐苍白，脉搏快而弱，呼吸快而浅表。严重者在胸腹下及四肢发生水肿，最终死于心力衰竭。血液检查，血液稀薄，血沉加快，血红蛋白和红细胞数减少。血液中出现幼稚型红细胞，成熟红细胞消失，由于骨髓中铁的含量不足，出现不等形染色过弱的红细胞(巨型红细胞)。

3. 营养不良性贫血

病程较长，黏膜逐渐苍白，消瘦，虚弱无力。犊牛发育迟缓，全身状态进行性衰弱，严重者可伴发全身水肿，并可听到贫血性杂音。缺钴性贫血多发于缺钴地区的牛，具有群发性，病程长。病牛结膜苍白，食欲减退，常有顽固性消化不良和不明原因的消瘦。

二维码 4-6　溶血性贫血，鼻镜、口腔黏膜苍白黄染

4. 溶血性贫血

可视黏膜和皮肤苍白、黄染，精神沉郁，食欲下降，体温正常或升高，步态不稳，心动过速，呼吸困难。严重时出现红蛋白尿，尿胆红素增加。胆红素呈现间接反应阳性。红细胞减少，网织红细胞增多，并出现多量有核红细胞及异形红细胞，血小板数量减少。

5. 再生障碍性贫血

除继发于急性放射病外，一般发病较缓，可视黏膜逐渐苍白，全身症状越来越严重，呼吸困难，眩晕。出血性素质，血液凝固变慢。常继发感染，预后不良。血液学检查，红细胞、白细胞和血小板均显著减少。

［诊断］

根据血液学检查和贫血的特有症状，可以做出诊断。诊断的关键在于确认病因或原发病。是否内出血，可进行腹腔穿刺，观察有无血液。

［治疗］

1. 急性失血性贫血

应查明并除去发病原因，患牛保持安静。外出血时，可用外科方法止血，如结扎止血或敷以止血药。内出血时，5%氯化钙溶液 200～300 mL，静脉注射；或 10%枸橼酸钠 100～150 mL，静脉注射；或 0.5%安络血注射液 10～20 mL，肌内注射。同时，可用右旋糖酐和高渗葡萄糖等补充血容量。条件许可时，对于严重失血，还可输血。

2. 慢性失血性贫血

原则是消除病因，治疗原发病，补充造血物质。补铁时，配合盐酸及抗坏血酸，促进铁的吸收，或配合铜、砷制剂等刺激骨髓造血功能。

二维码 4-7　犊牛贫血，进行输血治疗

3. 营养性贫血

原则是补充所缺乏的造血物质，并促进其吸收和利用。

(1)缺铁性贫血，通常应用硫酸亚铁，配合人工盐，制成散剂混入饲料中饲喂，或制成丸剂投服，6～10 g/d，口服，1 周后改为 3～5 g，连用 1～2 周为一疗程，并同时使用稀盐酸 10～15 mL，加水 500～1 000 mL，内服，以促进铁的吸收，1 次/d。或使用右旋糖酐铁，犊牛 2～6 mL，肌内注射。

(2)缺铜性贫血，不但不缺铁，反而有大量含铁血黄素沉积，因此只需补铜而切莫补铁。如硫酸铜 3～4 g，溶于适量水中，灌服，每隔 5 d 用 1 次，3～4 次为一疗程。

(3)缺钴性贫血，可用维生素 B_{12} 肌内注射或硫酸钴内服。

4. 溶血性贫血

原则是消除感染，排出毒物，补充造血物质，输血、换血及使用利尿剂。如果是感染和中毒引起的急性溶血性贫血的病牛，只要感染被抑制或毒物被排出，则贫血本身一般无须治疗，可由骨髓代偿性增生而迅速自行恢复。

5. 再生障碍性贫血

由于难以治愈和经济价值问题，一般不做治疗。

［预防］

针对病因进行预防。

二维码 4-8　牛可视黏膜检查

二维码 4-9　可视黏膜潮红

二维码 4-10　可视黏膜苍白

二维码 4-11 可视黏膜黄染

二维码 4-12 鼻镜发绀

二维码 4-13 可视黏膜出血

知识拓展

输血疗法

输血疗法是一种重要的治疗方法，是给病畜静脉输入保持正常生理功能的同种属动物血液的一种治疗方法。动物输血有很多比人更有利的条件，如血源方便、安全性高等，因此输血疗法在兽医临床上有重要的应用价值。

[适应证]

用于大失血、外伤性休克、贫血、大手术时出血的预防等。也可用于某些中毒病的抢救。禁忌证为严重的心血管系统疾病、肾脏疾病和肝病等。

[输血和血型的关系]

就目前所知，各种家畜的血型不同，牛有 12 种血型、80 种以上的血型因子，尽管家畜的血型繁多，但临床上首次输血时都可以任用 1 头同种家畜作为供血者而不管是否和受血者的血型一致，通常没有危险性。这是因为家畜的血清中天然抗体不像人类那样有规则地发生，即使有抗体其效价也很低的缘故。但当接受同种家畜的血液后，都能在 3～10 d 内产生免疫抗体，如果此时又以同一供血个体的血液再次输入时，就容易产生输血反应，因此，临床上常常要对经常输血的动物准备多头供血动物，并把重复输血的时间缩短到 3 d 以内。

为了安全起见，输血前应做一次血液的相合试验，尽可能避免输血反应。

[输血前的准备]

1. 供血牛的选择

供血牛应选择年轻、健壮、无传染病和无血液寄生虫病，且以前没有接受过输血、未孕及无体质过敏的健康牛。

2. 输血用具

(1)用注射针头采集供血家畜的血液后立即输给病畜。

(2)采血瓶或一般的盐水瓶按照抗凝溶液和血液的比例事先把抗凝溶液加入瓶内，然后采血到一定刻度。注意边采血，边轻轻晃动采血瓶，以防血液凝固。采血瓶须洗净消毒后备用。

(3)一次性输液器、采血针头等。

3. 采血

从供血牛颈静脉采血，使血液沿瓶壁流入，并轻轻晃动贮血瓶，使血液与抗凝剂充分混合，以防血液凝固。

一般一次采血 1 000～2 000 mL，对牛的健康无影响，兽医临床供血动物较易选择，一般不需要血库。

4. 抗凝剂的选择和配制

常用的抗凝剂有以下几种。

(1)3.8%～4%枸橼酸钠溶液是最常用的一种抗凝剂，此浓度与血液等渗，抗凝时间长。在无菌条件下，抗凝血保存在4 ℃冰箱内，7 d内不失去其理化特性和生物学特性。采血时，一份3.8%的枸橼酸钠溶液和9份血液混合在一起，即可以达到抗凝的目的。其缺点是随同血液输入病牛体内以后，就很快与血液中的钙离子结合，从而使血液中游离的钙量下降，因此在大量输血后要补充钙制剂。

(2)10%氯化钙溶液。其抗凝作用是提高了血液中钙离子的含量，制止血浆中纤维蛋白原的脱出。缺点是抗凝的时间短，必须在2 h内用完，1份10%氯化钙溶液可使9份血液不凝固，此溶液尚能抗休克和降低病牛的反应性。

(3)10%水杨酸钠溶液。抗凝作用可以保持2 d，应用时和血液按1∶5混合。此溶液也有抗休克的作用，如用于患有风湿病的病牛效果更好。

(4)血液保养液。常用的为ACD液(枸橼酸钠0.47 g，水杨酸钠1.33 g，无水葡萄糖3 g，蒸馏水加至100 mL，灭菌后备用，此液pH为5.0，和血液混合后pH为7.0～7.2)。同时，每200 mL全血加入ACD液50 mL。这种保养液既能抗凝，又可供给能量。红细胞在ACD液中以4 ℃贮存到29 d时，存活率仍可达70%。

[血液的相合试验]

家畜的血型鉴别比较复杂，但仅以输血为目的，一般采用交叉配血凝集试验和生物学试验可确保输血安全。

1. 交叉配血试验

配血试验主要是检验受血牛的血清中有无破坏供血牛红细胞的抗体。如果受血牛血清中没有能使供血牛红细胞破坏的抗体，称为“配血相合”，反之称为“配血不合”。一般将配血试验的重点放在受血牛的血清与供血牛的红细胞配合方面，称为“主侧”或“直接配血”，但是在输血时，不能只输红细胞，也要输入血浆，如输入的血浆中有与受血牛红细胞不相合的抗体，也可以破坏受血牛的红细胞，不过由于输入的血浆量少，其抗体可被稀释，受血牛血浆中若含有相应型物质，则可中和输入的抗体，故危害性较小。因此，把受血牛的红细胞与供血牛的血清配血，称为“次侧”或“间接配血”。“主侧”“次侧”同时进行，称为交叉配血。

常用的交叉配血试验按其操作方法有两种。

(1)玻片法：取清洁、干燥双凹玻片或普通载玻片一块。并在玻片上用玻璃铅笔分别注明主侧、次侧字样。在主侧凹内滴受血牛血清2滴及供血牛的5%红细胞生理盐水混悬液(取全血用生理盐水做8～10倍稀释后，以1 500～1 800 r/min离心3～5 min，弃去上清液，按照同样的方法离心3～5次，最后弃去上清液，保留血细胞，再用生理盐水配成5%的浓度)1滴；次侧凹内滴供血牛的血清2滴及受血牛的5%红细胞生理盐水混悬液1滴。混合均匀，向前后方向振荡，在室温下静置20～30 min，观察结果。

(2)试管法：取试管2支，注明主侧、次侧字样，向各管加入的内容物与玻片法相同，混匀后，立即以1 000 r/min离心沉淀，然后观察结果。

玻片法和试管法的结果判定：①如肉眼观察玻片上主侧、次侧的液体都均匀红染，无红细胞凝集现象；显微镜下观察红细胞单个存在，界线清楚，表示配血相合，可以输血。②如肉眼观察主、次两侧或主侧红细胞凝集呈沙粒状团块，液体透明；显微镜下观察红细胞堆积一起，分不清界线，表示配血不相合，不能输血。③如主侧不凝集而次侧凝集时，可能有两种情况。一是供血牛血清中的抗体是免疫抗体，不可输血；二是供血牛血清中的抗体虽属正常抗体（凝集素），在一定条件下可以输血，但为了安全起见最好也不要输血，以防破坏受血牛的红细胞。

2. 生物学试验

生物学试验是先少量输血，观察动物有无反应，以推断血液是否相合的一种方法。无论是首次输血还是重复输血，或是否做过凝集试验，均应在生物学试验阴性的情况下正式进行大量输血。

操作方法：

(1)输血前先检查受血牛的体温、脉搏、呼吸、黏膜色泽和临床表现。

(2)抽取供血牛的抗凝血液 100～200 mL 注入受血牛静脉内，10 min 后观察反应。

(3)若受血动物无任何异常反应，表明输入的血液是相合血，可以进行输血；若注射后病牛表现骚动不安，呼吸、脉搏显著增数，黏膜发绀，肌肉震颤，胃肠蠕动亢进，频频排尿、排粪，甚至出现溶血性休克，表明输入的血液不相合，应立即停止输血，更换供血牛。出现的反应一般经 20～30 min 即可自行消失，通常不需进行处理。

注意：在对牛进行输血时，因其反应较迟钝，所以在生物学试验中供血牛的抗凝血液需静脉注射 2 次，每次 100 mL，间隔 10～15 min 未出现反应，才可输血。

[输血]

1. 输血方法

输血前进行血液相合试验为正常时，即可进行输血。一般采用静脉输入，方法同静脉注射。在输血过程中，要不断轻轻晃动贮血瓶，避免红细胞与血浆分离，给输入带来困难。

2. 输血速度

输血的速度与疾病的种类和病牛的心、肺功能状态密切相关。一般输血的速度为 20～25 mL/min。当急性大失血时，输血速度应快，可达 50～100 mL/min。患心脏衰弱、肺水肿、肺充血、一般性慢性消耗性疾病、寄生虫病及长期化脓性感染等，输血速度宜慢。

3. 输血剂量

输血总量应视病牛的病情需要及体重等决定，一般每次可输入 1 000～3 000 mL。在重复输血时，为避免输血反应，应采用更换供血牛（多用几头供血牛）或缩短重复输血时间，在病牛尚未形成一定的特异抗体时输入，一般均在 3 d 以内。

4. 输血反应及处理

(1)发热反应。输血期间或输血后 1～2 h 内，体温升高 1 ℃以上并有发热症状，病牛表现寒战、发热、出汗、不安、心动亢进、血尿及结膜黄染等，发热持续数小时后自行消退。主要是由抗凝剂不纯或输血用具有致热源所致，有时也可因多次输血后病畜血液中产生血小板凝集素或白细胞凝集素所引起。

处理方法：严格执行无致热源技术与无菌技术；在每 100 mL 血液中加入 2%普鲁卡因 5 mL 或氢化可的松 50 mg 再输血；反应严重应停止输血，并给予对症治疗。

(2)过敏反应。过敏反应病牛表现呼吸急促、痉挛，皮肤上出现荨麻疹块等症状，甚至发生过敏性休克。其原因可能是输入的血液中含有致敏物质或多次输血后体内产生过敏性抗体。

处理方法：应立即停止输血，肌内注射苯海拉明、地塞米松等药物，并进行对症治疗。

(3)溶血反应。病牛在输血过程中突然出现不安，呼吸、脉搏增数，肌肉震颤，不时排尿、排粪，出现血红蛋白尿，可视黏膜发绀或出现休克。常因输入错误的血型，或配合禁忌的血液所致。此外，还可因血液在输入前处理不当，大量红细胞被破坏而引起，如血液保存不当、时间过长、温度过高或过低，以及使用前置室温时间过长或错误加入高渗、低渗药物等。

处理方法：应立即停止输血，改为注射生理盐水或葡萄糖注射液，随后再静脉注射5%碳酸氢钠注射液。皮下注射0.1%盐酸肾上腺素5～10 mL，并用强心剂、利尿剂等进行抢救。

[注意事项]

(1)输血过程中的一定要严格遵守无菌操作原则。

(2)输血前必须进行血液相合试验，以免出现较严重的输血反应。每次输血时，最好先将供血者的少量血液(牛100～200 mL)输入受血者静脉内，输入后10 min，若受血者的体温、脉搏、呼吸和可视黏膜等无明显变化，即可将剩余的血液全部输入。

(3)血液相合试验必须用新鲜而无溶血现象的血液；所用玻璃片、吸管等必须清洁、干燥；凝集试验时，室温以18～20 ℃为宜，过高(24 ℃以上)或过低(8 ℃以下)均会影响试验结果的准确性；观察时间不能超过30 min，以免液体蒸发而发生假凝集。

(4)采血时，抗凝剂与所采血液的比例要适当。

(5)在输血过程中，要严防空气进入血管，密切注意病畜的表现，若出现异常反应，应立即停止输血。

(6)严重溶血的血液，不宜应用，应废弃。

(7)输血主要用于牛、羊、马和犬。一般不用种公牛的血液给已配的母牛或待配的母牛输血，以防发生新生仔畜溶血性疾病。

类症鉴别——表现贫血和黄疸的牛病

1.表现发热、黄疸的牛病

主要有梨形虫病、钩端螺旋体病、溶血性贫血。

(1)梨形虫病：通过蜱吸血而传播，主要在夏秋季节流行。高热稽留，可视黏膜苍白、黄染，淋巴结肿大，排血红蛋白尿。血液涂片吉姆萨染色镜检有梨形虫体。

(2)钩端螺旋体病：有传染性，多发生在夏秋季节，犊牛较成年牛易发病且症状严重。体温升高，皮肤干裂、坏死，口腔糜烂。孕牛发生流产并分泌血染乳汁。发病后3 d内检查尿沉渣，可发现钩端螺旋体。

(3)溶血性贫血：可视黏膜苍白、黄染。食欲减退，心率加快，往往出现血红蛋白尿，血清呈金黄色。

2.表现无热、黄疸的牛病

主要有产后血红蛋白尿病、肝片吸虫病、菜籽饼粕中毒、黄曲霉毒素中毒。

(1)产后血红蛋白尿病：主要发生于分娩后2～4周的第3～6胎的高产母牛，低磷酸盐血症，血红蛋白尿，贫血，可视黏膜苍白、黄染。磷制剂治疗有特效。

(2)肝片吸虫病：多取慢性经过，腹泻，消瘦，贫血，黄染，颌下、垂皮、胸下水肿。粪便检查有肝片吸虫的虫卵。

(3)菜籽饼粕中毒：有采食菜籽饼粕的病史，可视黏膜苍白、黄染，临床上以胃肠炎、呼吸困难、血红蛋白尿及甲状腺肿大为特征。

(4)黄曲霉毒素中毒：有采食发霉饲料的病史，黄疸，出血，水肿，消化障碍和神经症状。妊娠母牛流产、早产。

类症鉴别——表现循环障碍症状的牛病

表现心跳增速，心脏听诊有杂音的疾病。主要有心力衰竭、心肌炎、心内膜炎、创伤性网胃-心包炎、贫血。

(1)心力衰竭：脉搏增数，呼吸困难，心律不齐，心杂音；静脉怒张，可视黏膜发绀；不耐运动，易疲劳、出汗。

(2)心肌炎：通常继发于急性感染或中毒病。心动过速，心率增快与体温升高不相适应，心率异常，可视黏膜发绀，呼吸困难。

(3)心内膜炎：持续性发热，浅表静脉怒张，水肿，腹水，心动过速，心音亢进，缩期杂音。

(4)创伤性网胃-心包炎：顽固性前胃弛缓，心区敏感，姿势异常，听诊有心包摩擦音或心包拍水音，心浊音区扩大，心率增快，颈静脉怒张，颈下水肿。

(5)贫血：皮肤、可视黏膜苍白，体质虚弱，心率加快，贫血性杂音。

考核评价

一、选择题

1. 贫血时，动物可视黏膜一般为(　　)。

A. 发绀　　B. 黄染　　C. 潮红

D. 苍白　　E. 暗紫色

2. 贫血指的是单位体积的血液中(　　)数、血红蛋白含量和红细胞比容低于正常值。

A. 糖原　　B. 白细胞　　C. 红细胞

D. 血小板　　E. 血红蛋白

3. 羊静脉注射钙制剂过快可引起(　　)而死亡。

A. 中毒　　B. 急性心力衰竭　　C. 慢性心力衰竭

D. 休克　　E. 肺水肿

4. 可视黏膜苍白可见于(　　)。

A. 贫血　　B. CO 中毒　　C. 心力衰竭

D. 胆管阻塞　　E. 氢氰酸中毒

5. 由心肌发炎损害引起的心力衰竭，禁用(　　)。

A. 高渗葡萄糖溶液　　B. 安钠咖注射液　　C. 洋地黄毒苷注射液

D. 硝酸士的宁注射液　　E. 肾上腺素注射液

6. 充血性心力衰竭又称为(　　)。

A. 急性心力衰竭　　B. 亚急性心力衰竭　　C. 慢性心力衰竭

D. 继发性心力衰竭　　E. 原发性心力衰竭

7. 急性心肌炎在治疗时，不可使用的药物是(　　)。

A. 抗生素　　B. 磺胺类药物　　C. ATP

D. 洋地黄　　E. 樟脑磺酸钠

8. 贫血根据发病原因及发病机理，可分为(　　)。

A. 出血性贫血　　B. 营养性贫血　　C. 再生障碍性贫血

D. 溶血性贫血　　E. 以上都对

9. 原发性心力衰竭的病因中不包括(　　)。

A. 使役过重　　B. 长途驱赶　　C. 输液量过大

D. 静脉注射钙制剂过快　　E. 心脏固有的缺损

10. 家畜心肌收缩力减弱或衰竭，引起外周静脉过度充盈，使心脏排血量减少，动脉压降低，静脉回流受阻等引起的呼吸困难，皮下水肿，可视黏膜发绀，甚至心搏动骤停和突然死亡的一种全身血液循环障碍综合征，该疾病是(　　)。

A. 贫血　　B. 心力衰竭　　C. 心肌炎

D. 心包炎　　E. 心内膜炎

二、病例分析：根据病史和临床检查的结果，提出初步诊断，制订治疗措施(开出处方)

犊牛，3 月龄，4 d 前发病，腹泻，畜主曾肌内注射多种药物治疗，后腹泻停止，但症状加重。临床检查：患牛卧地不起，对外界反应迟钝。眼球塌陷，呼吸急促，鼻镜、眼结膜明显发绀。体温 36.8 ℃，心跳疾速，心音微弱，有心杂音。颈静脉怒张。

二维码 4-14　项目四考核评价参考答案

项目五
泌尿系统疾病

学习目标

◆ 了解泌尿系统常见疾病的发病特点，熟悉泌尿系统疾病的常用诊疗方法。

◆ 熟悉泌尿系统疾病常用的治疗药物。

◆ 了解肾炎、膀胱炎、尿石症的概念，掌握其病因、症状、诊断、治疗及预防。

思政目标

◆ 培养良好的职业道德，树立“敬佑生命、救死扶伤、甘于奉献、大爱无疆”的医者精神。

◆ 培养临床思维，将临床思维与辩证唯物主义有机结合，在涉及不同系统的症状和检查结果中整理病情主线，抽丝剥茧、循序渐进，培养灵活多变的辨证论治思维，透过临床现象探索疾病本质。

任务三十六　肾　　炎

肾炎是指肾小球、肾小管或肾间质组织发生炎性病理变化的总称。其主要特征是肾区敏感，尿量减少，尿液中含有病理产物（如红细胞、白细胞、肾上皮细胞、蛋白尿及管型），严重时伴有全身水肿等。肾炎按病程可分为急性肾炎和慢性肾炎两种；按炎症发生的范围可分为弥漫性肾炎和局灶性肾炎；按其发生部位可分为肾小球肾炎、肾小管肾炎、间质性肾炎。

［病因］

目前，认为肾炎的发生与感染、中毒、诱发等因素有关。

1. 感染因素

肾炎多发生于某些传染病的过程中，如流感、口蹄疫、传染性胸膜肺炎、牛病毒性腹泻等。也可由邻近器官炎症的蔓延而引起，如膀胱炎、子宫内膜炎等。

2. 中毒因素

（1）内源性毒物。胃肠道炎症、胎衣不下、化脓性子宫内膜炎、肠套叠、肠扭转、代谢障碍性疾病、皮肤大面积烧伤或烫伤时所产生的毒素、代谢产物或组织分解产物等。

(2)外源性毒物。采食有毒植物、采食霉败变质的饲草饲料、误食被农药和重金属(如砷、汞、铅、镉)污染的饲料及饮水、误食强烈刺激性的药物(如松节油、水合氯醛)。

3.诱发因素

腰部创伤、受寒感冒、过劳和营养不良均可成为肾炎的诱发因素。

慢性肾炎原发性病因基本同急性肾炎,但病因作用持续时间较长,性质较缓和,或由于急性肾炎治疗不当而转变为慢性。

[症状]

1.急性肾炎

病牛食欲减退,精神沉郁,体温升高,消化不良,反刍紊乱。

由于肾区敏感、疼痛,病牛不愿行动。站立时背腰弓起,后肢叉开或收拢于腹下。强迫行走时后躯僵硬,运步困难,步态强拘,小步前进。外部强力压迫肾区或施行直肠检查时,肾脏肿大且敏感性增高,病牛有痛感,表现不安,弓腰,躲避或抗拒检查。

病牛频频排尿,但每次尿量较少,严重者无尿,尿色加深,比重增高,尿中蛋白质含量升高,甚至出现血尿。尿沉渣中可见透明颗粒,红细胞管型,上皮管型,散在红细胞、白细胞、肾上皮细胞、脓细胞及病原菌等。

动脉血压升高,主动脉第二心音增强。病程延长时,可出现血液循环障碍及全身静脉淤血。

病程后期,眼睑、颌下、垂皮、胸腹下、阴囊部发生水肿。重症病例,出现尿毒症症状,全身功能衰竭,四肢软弱无力,意识障碍或昏迷,全身肌肉阵发性痉挛,呼吸困难,腹泻。

2.慢性肾炎

多由急性肾炎发展而来,病程较长,发展缓慢,且症状不明显。

初期表现机体衰弱,无力,易疲劳,食欲不定。继而出现食欲减退,消化功能障碍,逐渐消瘦。后期可见眼睑、颌下、胸前、腹下或四肢末端出现水肿,严重时发生肺水肿和体腔积水。

尿量不定,比重增高,尿中有蛋白质,尿沉渣中有肾上皮细胞、各种管型、红细胞和白细胞。严重病例由于血中非蛋白氮大量蓄积,引起慢性氮质潴留性尿毒症。病牛倦怠、消瘦、贫血、抽搐及有出血性倾向,直至死亡。典型病例主要是水肿,血压升高和尿液异常。

[诊断]

根据病史,如患某些传染病或中毒病后发病,或有受寒、感冒的病史,典型症状如少尿或无尿,肾区敏感、疼痛,血压升高,第二心音增强,水肿,尿毒症等,特别是结合实验室尿液检验如蛋白尿、血尿、管型尿、尿沉渣中含有肾上皮细胞等进行诊断。牛的间质性肾炎,除上述诊断依据外,可进行直肠内触诊:肾脏质地坚硬,体积缩小。同时,应注意与肾病相鉴别。肾病有明显的水肿,大量蛋白尿及低蛋白血症,但不见有血尿等现象。

[治疗]

治疗原则是消除病因、加强护理、消炎利尿及对症治疗。

1.加强饲养管理

将病牛置于温暖、干燥、阳光充足、通风良好的圈舍中安静休养,防止继续受寒感冒。在饲养方面,要给予营养丰富、易消化的饲料。为缓解水肿和肾脏的负担,对饮水和食盐的量要适当地限制。

2. 消除感染

可选用抗生素如青霉素、氨苄西林、卡那霉素等。青霉素，牛 1 万～2 万 IU/kg 体重，羊 2 万～3 万 IU/kg 体重，肌内注射，2 次/d；氨苄西林，10～20 mg/kg 体重，肌内注射，2 次/d；也可选用喹诺酮类药物如环丙沙星，5～10 mg/kg 体重，肌内注射，2 次/d。

为防止尿路感染，可用 40%乌洛托品注射液 50～80 mL，静脉注射。

3. 抑制免疫反应

鉴于免疫反应在肾炎的发病上起重要作用，而肾上腺皮质激素具有很强的抗炎和抗过敏作用。因此，肾炎病例可用激素治疗。醋酸泼尼松，牛 50～150 mg，羊 10～50 mg，内服，2 次/d，连续 3～5 d 后，减量；地塞米松，0.1～0.2 mg/kg 体重，肌内注射或静脉注射，1～2 次/d。

4. 利尿消肿

当有明显水肿时，可选用利尿剂。呋塞米，2～4 mg/kg 体重，静脉注射；氢氯噻嗪 0.5～2 g，内服。

5. 对症治疗

心脏衰弱时，可应用强心剂，如樟脑磺酸钠。出现尿毒症时，牛可用 5%碳酸氢钠注射液 500～1 000 mL，静脉注射。有严重血尿时，用止血药物，如酚磺乙胺、维生素 K_3 等。大量出现蛋白尿时，可应用蛋白质合成药物，如丙酸睾酮。

6. 中兽医治疗

中兽医称急性肾炎为湿热蕴结证，治法为清热利湿，凉血止血，代表方剂“秦艽散”加减。慢性肾炎属水湿困脾证，治法为燥湿利水，方用“平胃散”或“五皮饮”加减（苍术 60 g、厚朴 60 g、陈皮 60 g、泽泻 45 g、大腹皮 30 g、茯苓皮 30 g、生姜皮 30 g，水煎服）。

[预防]

加强饲养管理，防止家畜受寒感冒、过劳，以减少病原微生物感染的概率。禁止饲喂有刺激性或发霉、变质的饲料，防止中毒。对急性肾炎的病牛，应及时诊断、治疗，同时要消除发病因素。

任务三十七 膀胱炎

膀胱炎是指膀胱黏膜或黏膜下层的炎症，可分为卡他性膀胱炎、纤维蛋白性膀胱炎、化脓性膀胱炎、出血性膀胱炎四种。多发生于母牛，以卡他性膀胱炎最为多见。临床特征为尿频、尿痛，尿液中出现较多的膀胱上皮细胞、脓细胞、白细胞、红细胞及磷酸镁铵结晶等。

[病因]

1. 细菌感染

膀胱炎多由变形杆菌、化脓杆菌、葡萄球菌、绿脓杆菌、大肠埃希菌等所引起，这些细菌通过血液循环或尿路感染而致病。

2. 邻近器官炎症蔓延

肾炎、输尿管炎、阴道炎、子宫内膜炎等蔓延至膀胱而发病。

3. 机械性或化学性刺激及损伤

导尿时，导尿管损伤膀胱黏膜；膀胱结石、各种有毒物质或强烈刺激性药物（如松节油、甲醛）的刺激；各种原因引起的尿潴留，均可引起本病。

[症状]

1. 急性膀胱炎

特征是排尿频繁和排尿疼痛。由于膀胱黏膜敏感性增高，患病动物频频排尿或呈排尿姿势，但每次排出的尿量很少或呈点滴状流出，排尿时表现疼痛不安。严重时由于膀胱（颈部）黏膜肿胀或膀胱括约肌痉挛性收缩，引起尿闭。此时，动物表现疼痛不安，呻吟不止。母畜后躯摇摆，阴门频频开张；公畜阴茎频频勃起。

直肠触诊膀胱时，病牛表现疼痛不安，膀胱体积缩小呈空虚感，间或高度充盈。尿液检查：卡他性膀胱炎时，尿液浑浊，尿中含有大量黏液和少量蛋白；化脓性膀胱炎时，尿中混有脓液；出血性膀胱炎时，尿中混有血液或血凝块；纤维蛋白性膀胱炎时，尿中混有纤维蛋白膜或坏死组织碎片。

尿沉渣中有大量白细胞、脓细胞、少量红细胞、膀胱上皮细胞、磷酸铵镁结晶等。

全身症状一般不明显，当炎症波及深层组织时，体温升高，食欲降低，精神沉郁。严重的出血性膀胱炎，可出现贫血现象。

2. 慢性膀胱炎

与急性膀胱炎相似，但病程长，程度轻，往往无排尿困难表现。

[诊断]

根据典型临床症状如尿频、排尿疼痛、膀胱空虚等，结合尿液检查，不难做出诊断。

[治疗]

治疗原则是加强饲养管理、抑菌消炎、防腐消毒及对症治疗。

1. 加强饲养管理

使病牛安静，饲喂无刺激性、富有营养且易消化的优质饲料，给予充足的饮水。

2. 局部疗法

进行膀胱冲洗。冲洗前，先将导尿管经尿道外口插入膀胱内，使膀胱内积尿排出，然后用消毒或收敛性药液冲洗，常用的药物有 0.1% 高锰酸钾溶液、2%～3% 硼酸溶液、1%～2% 明矾溶液、0.5% 鞣酸溶液、0.1% 新洁尔灭溶液、0.5%～1% 氯化钠溶液等。膀胱冲洗后，在膀胱内注入青霉素 160 万～240 万 IU，1～2 次/d，效果良好。严重的膀胱炎在继发膀胱麻痹而排尿困难时，导尿管先不拔出，留置于膀胱内以便随时将尿液排出，并每日用消毒液冲洗膀胱，直至膀胱炎消退，才拔出导尿管。

二维码 5-1　化脓性膀胱炎，进行膀胱冲洗疗法

3. 全身疗法

严重者，应用尿路消毒药或抗生素等。如乌洛托品、青霉素、氨苄西林、庆大霉素、卡那霉素、环丙沙星、恩诺沙星等。

4. 中兽医治疗

中兽医称膀胱炎为气淋，主证为排尿艰涩，不断努责，尿少淋漓。治宜行气通淋。可用五苓散：白术 30 g、桂枝 25 g、猪苓 30 g、茯苓 30 g、泽泻 30 g，共为末，开水冲，候温一次灌服。对于出血性膀胱炎，可服用秦艽散：秦艽 50 g、瞿麦 40 g、车前子 40 g、当归 35 g、赤芍 35 g、炒蒲黄 40 g、焦山楂 40 g、阿胶 25 g，研末，水调灌服。

[预防]

导尿管、膀胱镜要彻底消毒，操作时要严格按操作规程进行，防止膀胱及尿道黏膜的损伤感染。要及时治疗泌尿和生殖系统疾病，以防炎症蔓延至膀胱。加强饲养管理，防止尿结石的形成，防止病原及有毒物质侵入机体。

任务三十八 尿石症

尿石症又称尿结石，是指尿路中盐类结晶凝结成大小不一、数量不等的凝结物，刺激尿路黏膜而引起的出血性炎症和尿路阻塞性疾病。中兽医称为“砂石淋”。临床上以腹痛、排尿障碍和血尿为特征。根据尿结石形成和阻塞部位不同，可分为肾盂结石、输尿管结石、膀胱结石和尿道结石等。

本病各种动物均可发生，主要发生于公畜。常见于阉割后育肥的公牛、公羊等。尿结石最常阻塞部位为阴茎乙状弯曲后部和阴茎尿道开口处。

尿结石是在核心物质（如黏液、凝血块、脱落的上皮细胞、坏死组织碎片、红细胞、微生物、纤维蛋白、异物）的基础上，其外周有矿物质盐类（如碳酸盐、磷酸盐、硅酸盐、草酸盐、尿酸盐）和保护性胶体物质（如黏蛋白、黏多糖）环绕凝结而成。尿结石的形状为多样性，呈球形、椭圆形、多边形、粉末状或砂粒状，其大小也不一样。

[病因]

尿石症的成因尚不十分清楚，但普遍认为是伴有泌尿器官病理状态下的全身性矿物质代谢紊乱的结果，并与下列因素有关。

1. 饲料因素

长期饲喂高钙、低磷、富硅、富磷的饲料，可引起体内盐类代谢紊乱，尿液内盐类浓度增高，易结晶析出，促进结石形成。

2. 饮水不足

饮水不足是结石形成的另一重要因素，结石的形成与机体脱水有关。天气炎热，饮水不足，尿量减少，尿液浓缩，使尿中盐类浓度增高，促使结石的形成。

3. 维生素 A 缺乏

维生素 A 或胡萝卜素缺乏，可导致尿路上皮组织过度角化，促进结石形成。

4. 感染因素

肾和尿路感染发炎时，炎性产物、脱落的上皮细胞及细菌积聚，可成为结石形成的核心物质。

5.其他因素

甲状旁腺功能亢进，长期周期性尿液潴留，大量应用磺胺类药物等均可促进结石的形成。公牛早期去势可降低远端泌尿道直径，是去势犊牛尿石症的诱因之一。

［症状］

尿石症的主要症状是排尿障碍、肾性腹痛和血尿。但由于结石存在的部位及其对各器官损害程度的不同，其临床症状有差异。

结石位于肾盂时，多呈肾盂肾炎症状，有血尿。阻塞严重时，肾盂积水，肾区疼痛，运步强拘，步态紧张。

当结石移行至输尿管并发生阻塞时，患畜腹痛剧烈。直肠内触诊，可触摸到其阻塞部的近肾端的输尿管显著紧张而且膨胀。

结石位于膀胱腔时，有时不呈现明显症状，大多数患畜表现为尿频或尿血。牛直肠触诊膀胱，膀胱敏感性增高，可能触到结石，压迫表现疼痛。公牛、公羊有时可见细小结石随尿排出附于尿道口周围的被毛上，形成沙粒结晶。

二维码 5-2　尿道口周围的被毛上，形成沙粒结晶

结石位于膀胱颈部时，患畜呈现明显的疼痛和排尿障碍，常呈现排尿姿势，但尿量较少或无尿排出。排尿时患牛呻吟，腹壁抽搐。

尿道结石，公牛、公羊多发。当尿道不完全阻塞时，患畜排尿痛苦且排尿时间延长，尿液呈滴状或线状流出，有时有血尿。当尿道完全被阻塞时，则出现尿闭或肾性腹痛现象，患畜频频举尾，屡做排尿动作但无尿排出。尿道外部触诊时，患畜有疼痛感；尿路探诊时，可触及结石所在部位。病牛直肠内触诊时，膀胱内尿液充满，体积增大。若长期尿闭，可发生膀胱破裂，尿液进入腹腔后，可继发尿性腹膜炎或尿毒症。

当尿道结石过久时，结石部尿道压迫性坏死，引起尿道破裂，尿液在皮下沉积，沿包皮向腹下部延伸，形成被称为“水腹”的指压留痕的水肿（图 5-1）。有的在会阴部或腹下形成一个大的充满尿液的包囊，局部组织处于坏死状态。

在结石未引起刺激和阻塞作用时，常不显现任何临床症状。

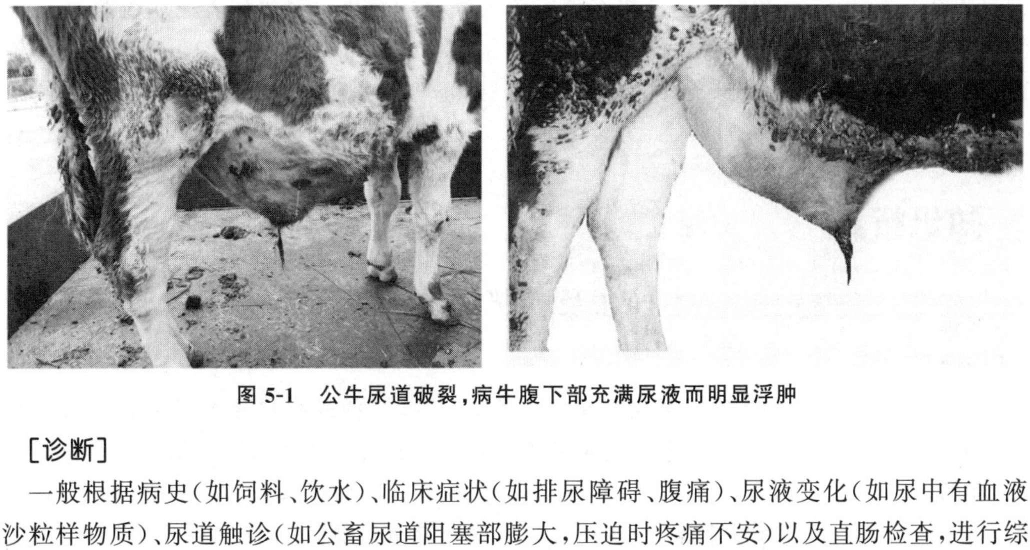

图 5-1　公牛尿道破裂，病牛腹下部充满尿液而明显浮肿

［诊断］

一般根据病史（如饲料、饮水）、临床症状（如排尿障碍、腹痛）、尿液变化（如尿中有血液或细沙粒样物质）、尿道触诊（如公畜尿道阻塞部膨大，压迫时疼痛不安）以及直肠检查，进行综合

诊断。如有条件时,可施行 X 线透视或造影检查。

[治疗]

治疗原则是消除结石、控制感染、对症治疗。

1. 冲洗疗法

导尿管消毒,涂擦润滑剂,缓慢插入尿道或膀胱,注入消毒液体,反复冲洗。适用于粉末状或沙粒状结石。

2. 应用利尿剂

当尿道未完全阻塞时,为了促进结石排出,可用利尿剂,以稀释尿液晶体浓度,并促使粉末状或细沙粒状结石排出体外,如氢氯噻嗪,牛 0.5～1 g,内服,2 次/d。但必须注意,当尿道完全阻塞时,不可用利尿剂。

3. 尿道肌肉松弛剂

当尿结石严重时,可使用 2.5%的氯丙嗪溶液,牛 10～20 mL,羊 2～4 mL,肌内注射。

4. 手术治疗

对结石阻塞在膀胱或尿道的病例,可实施手术切开,将结石取出。

5. 中兽医治疗

中兽医称此病为"砂石淋",治疗以清热利湿,通淋排石为主。一般多用排石汤(石苇汤)加减:海金沙 50～80 g、鸡内金 20～30 g、石苇 50 g、滑石 50 g、瞿麦 30 g、扁蓄 30 g、车前子 60 g、泽泻 25 g,水煎去渣,候温灌服。

据报道,对患有草酸盐尿石症的病牛,应用硫酸阿托品或硫酸镁内服;对患有磷酸盐尿石症的病牛,应用稀盐酸进行冲洗治疗获得良好的治疗效果。

[预防]

合理调配饲料日粮,注意饲料中的钙磷比例平衡,并注意饲喂富含维生素 A 的饲料。平时应适当增喂多汁饲料或增加饮水,以稀释尿液,减少对泌尿器官的刺激,并保持尿中胶体与晶体的平衡。在育肥牛的日粮中加入 4%的氯化钠对尿石症的发病有一定的预防作用,同样,在饲料中补充氯化铵,对预防磷酸盐尿石症有令人满意的效果。对泌尿器官炎症性疾病应及时治疗,以免出现尿潴留。有条件的可将饮水磁化后再加入水槽中,经过 1 h,让病牛、病羊自由饮水。饮水通过磁化后,pH 升高,溶解能力增强,不仅能预防尿结石的形成,而且能使尿结石疏松、破碎而排出。

知识拓展

导尿及膀胱冲洗术

[应用]

导尿及膀胱冲洗术主要用于尿道炎及膀胱炎的治疗,目的是排出尿道或膀胱内的炎性渗出物和尿液,促进炎症痊愈;也可用于采集尿液供实验室检验。本法对母畜操作较容易。

[准备]

导尿管、膀胱洗涤器或注射器、冲洗药液。冲洗药液宜选择刺激或腐蚀性小的消毒、收敛剂。常用的有生理盐水、2%硼酸溶液、0.1%高锰酸钾溶液等。此外，也常用抗生素及磺胺制剂的溶液等。用前将导尿管放在0.1%高锰酸钾溶液中浸泡5～15 min，涂以润滑剂。

[方法]

动物于柱栏内站立保定，助手将尾巴拉向一侧或吊起，术者将导尿管握于掌心，前端与食指同长，呈圆锥形伸入阴道15～20 cm，先用手指触摸尿道口，轻轻刺激或扩张尿道口，然后插入导尿管，徐徐推进，当进入膀胱后，则无阻力尿液自然流出。排完尿后，导尿管外端连接洗涤器或注射器，注入冲洗药液，反复冲洗，直至排出药液透明为止。

[注意事项]

(1)所用器具应在使用前进行严格消毒，母畜的外阴部要清洗消毒，操作要按无菌操作原则进行，以防尿路感染。

(2)识别母畜尿道口有困难时，可用开膣器开张阴道，即可看到尿道口。

(3)插入导尿管时，应防止粗暴操作，以免损伤尿道黏膜或造成膀胱壁穿孔。

类症鉴别——表现有排尿障碍症状的牛病

1.表现排尿异常(频尿、少尿、血尿等)的牛病

主要有膀胱炎、肾炎、尿道炎、尿石症等。

(1)膀胱炎：尿液浑浊有氨臭味，膀胱空虚，直肠检查触压膀胱敏感，尿沉渣中有大量膀胱上皮细胞及病原菌。

(2)肾炎：体温升高，消化紊乱。站立时弓背，运步时背腰僵硬，小心，步态强拘，肾区敏感，肾脏肿大。泌尿功能障碍，尿沉渣中可见有红细胞、白细胞、蛋白质、管型和肾上皮细胞。第二心音增强，水肿。

(3)尿道炎：频尿、尿淋漓，尿道黏膜潮红、肿胀、触诊敏感，导尿管插入受阻及疼痛不安，尿沉渣中有大量尿道上皮细胞。

(4)尿石症：腹痛，排尿障碍，尿液呈点滴状或细流状排出，血尿，尿液中可发现有细沙样物质。

2.表现为红尿的牛病

主要有膀胱炎、尿道炎、肾炎、肾结石、膀胱结石、输尿管结石、尿道结石、产后血蛋白尿病、菜籽饼粕中毒、慢性铜中毒、犊牛水中毒、钩端螺旋体病、梨形虫病、细菌性血红蛋白尿等。

(1)膀胱炎：排尿末期尿液带血，尿液浑浊有氨臭味，频尿，排尿疼痛不安，膀胱多空虚，触诊敏感，尿沉渣中有大量膀胱上皮。

(2)尿道炎：排尿初期带血，排尿不畅，尿道黏膜潮红、肿胀、触诊敏感，尿沉渣中有大量尿道上皮细胞。

(3)肾炎：全程血尿，体温升高，消化紊乱。肾区敏感，站立时弓背，运步时背腰僵硬，小心，步态强拘。肾脏肿大，水肿。少尿或无尿，尿中有大量红细胞、白细胞、蛋白质、管型和肾上皮细胞。第二心音增强。

(4)肾结石：排尿全程血尿，弓背，运步小心，肾区敏感，排尿障碍，X线检查或B超检查可确诊。

(5)膀胱结石：排尿末期尿液带血，频尿、排尿痛苦，触诊膀胱敏感，有硬物，X线检查或

B超检查可确诊。

(6)输尿管结石:全程血尿,剧烈疼痛不安,直肠内触诊,可见阻塞部近肾端的输尿管显著紧张且膨胀,而远端呈正常柔软的感觉。X线检查可确诊。

(7)尿道结石:公牛多发生于乙状弯曲或龟头的上方,排尿初期带血,排尿不畅或停止。尿道探诊时,可触及尿石所在部位,导尿管不能插入膀胱中,尿道外部触诊有疼痛感。膀胱积尿,X线检查可见尿道中有结石。

(8)产后血红蛋白尿病:发病的主要原因是饲喂低磷日粮,主要发生于分娩后2～4周的第3～6胎的高产母牛。血红蛋白尿,贫血。磷制剂治疗有特效。

(9)菜籽饼粕中毒:有采食菜籽饼粕的病史。咳嗽,黏膜苍白、黄染,临床上以胃肠炎、呼吸困难、血红蛋白尿及甲状腺肿大为特征。

(10)慢性铜中毒:本病往往有接触或误服硫酸铜及其铜盐的病史。主要表现为贫血,血红蛋白尿,可视黏膜苍白、黄染。

(11)犊牛水中毒:暴饮而发病,多发生在幼龄犊牛。腹痛,排出浅红色、红色、咖啡色或酱油色血红蛋白尿。

(12)钩端螺旋体病:由钩端螺旋体引起,以贫血、黄疸、血红蛋白尿、黏膜和皮肤坏死及短期发热为特征。本病的发生有明显的季节性,多发于夏秋季节鼠类大量繁殖活动时期,多呈地方流行性或散发。犊牛较成年牛易发病而且症状严重。体温升高,全身症状明显,可视黏膜苍白、黄染,鼻唇部黏膜坏死,表现不同程度的血红蛋白尿。通过微生物和血清学检查,可确诊。

(13)梨形虫病:通过蜱吸血而传播。主要在夏秋季节流行,高热稽留,可视黏膜苍白、黄染,血红蛋白尿,淋巴结肿大。采血镜检,在红细胞中可检出虫体。

(14)细菌性血红蛋白尿:由溶血性梭菌感染引起,发病急,有高热及肠出血,病程短,常在24～36 h内死亡。病初用广谱抗生素有一定效果。

考核评价

一、选择题

1.牛,4岁,排尿时弓腰努责,淋漓不畅,疼痛,尿频而量少,尿色赤黄,口干舌红,苔黄腻,脉滑数。治疗宜选用的方剂是(　　)。

A.平胃散　　B.八正散　　C.独活散

D.独活寄生汤　　E.藿香正气散

2.关于膀胱炎的说法,不正确的是(　　)。

A.公牛多见　　B.以卡他性膀胱炎多见　　C.可由细菌感染引起

D.治疗可用乌洛托品　　E.治疗可用膀胱冲洗疗法

3.急性肾炎的致病因素中,不包括(　　)。

A.口蹄疫等感染因素　　B.中毒性因素　　C.外源性毒物

D.强烈刺激性药物　　E.钩端螺旋体

4.下列几种关于急性肾炎的症状描述中,不正确的是(　　)。

A.尿比重下降　　B.血压升高　　C.呈不同程度的血尿

D.水肿　　E.肾区触压或叩诊呈现疼痛反应

5. 下列关于尿结石形成因素的描述中，不正确的是(　　)。

A. 维生素缺乏可促使尿结石形成

B. 草食动物尿液呈酸性，不易形成碳酸钙、磷酸铵镁等结晶

C. 长期使用钙、镁等盐类含量过高的饲料和饮水易发生尿石症

D. 长期饮水不足，尿液盐类浓度过高易形成结晶

E. 肾和尿路感染是尿石症的原因之一

6. 下列几种与尿石症有关的描述中，不正确的是(　　)。

A. 黏液、脱落上皮等可作为尿结石形成的核心物质

B. 公畜的尿结石多见于阴茎的“S”弯曲部和接近龟头部位

C. 尿结石形成的原始部位是肾脏与膀胱

D. 尿液偏酸或偏碱均可促进尿结石形成

E. 尿结石一经形成即引起尿石症

7. 肾炎时，肾脏触诊(　　)。

A. 敏感性增高　　B. 敏感性降低　　C. 敏感性无变化

D. 膀胱敏感性增高　　E. 膀胱敏感性降低

8. 肾炎与膀胱炎的主要区别是(　　)。

A. 排尿次数　　B. 尿量　　C. 尿液中的有形成分

D. 尿液的 pH　　E. 排尿持续时间

9. 患牛在临床上以频尿和尿中出现膀胱上皮细胞、炎性细胞、血液和磷酸镁铵结晶为特征的疾病是(　　)。

A. 肾炎　　B. 膀胱炎　　C. 心包炎

D. 输尿管炎　　E. 阴道炎

10. 公牛，精神沉郁，体温升高，背腰弓起，不愿行动，血尿，眼睑、胸腹下、四肢下端及阴囊等处水肿。肾区压诊呈现疼痛反应，直肠检查肾脏，压痛明显。尿沉渣中有多量肾上皮细胞、红细胞、白细胞及管型，该患牛最应怀疑的疾病是(　　)。

A. 肾病　　B. 尿道炎　　C. 尿石症

D. 肾炎　　E. 膀胱炎

11. 奶牛，4 岁，主要表现为频尿、血尿等症状。直肠触诊膀胱空虚，有疼痛反应；尿液浑浊，混有多量黏液、凝血块；沉渣检查有多量红细胞、白细胞、脓细胞、膀胱上皮细胞和磷酸铵镁结晶等。则该牛最可能患的疾病是(　　)。

A. 尿道炎　　B. 膀胱炎　　C. 肾炎

D. 膀胱麻痹　　E. 尿道结石

12. 某患牛排尿时，排尿后期尿液颜色深，呈红色，发病部位可能是(　　)。

A. 肾脏　　B. 膀胱　　C. 输尿管

D. 尿道　　E. 直肠

13. 患羊频尿，排尿痛苦，可提示为(　　)疾病。

A. 消化系统　　B. 呼吸系统　　C. 神经系统

D. 泌尿系统　　E. 心血管系统

14. 尿石症常见于(　　)。

A. 母羊　　B. 母牛　　C. 妊娠母牛

D. 去势的公犊牛、公羊　　E. 母犬

15. 病牛出现广泛性水肿，尤其是眼睑、胸下、四肢和阴囊水肿明显，该疾病可能是(　　)。

A. 肺炎　　B. 心包炎　　C. 肾病

D. 胆囊炎　　E. 尿石症

二、病例分析：根据病史和临床检查的结果，提出初步诊断，制订治疗措施(开出处方)

1. 某养殖户饲养的7头犊牛中有4头公犊牛(3～6月龄)出现频尿现象，其中1头尿液呈深浅不一的红色，屡呈排尿姿势。经检查发现有3头犊牛尿道口周围的被毛上有大小不一的灰白色微细颗粒串珠样附着；另一犊牛尿液浓稠，直肠检查发现其输尿管及膀胱有不同程度硬化现象。经调查发现，犊牛仅单一地饲喂精饲料和玉米秸秆，缺乏青绿多汁类饲料。

2. 某养牛户饲养的1头公牛发病，主诉：病牛排尿障碍，尿液呈点滴状排出，有时呻吟及踢腹。临床检查，体温、呼吸和脉搏数均正常，患牛精神、食欲无明显变化。排尿时，尿液流走后，水泥地面留有大小不一的灰白色小颗粒。直肠检查，触压膀胱敏感。

3. 患牛，6岁，食欲减退，反刍减少，排尿减少，尿液呈红色。临床检查：体温40.5 ℃，弓背垂头站立，不愿走动，驱赶行走两后肢举步不高。触诊肾区敏感。直肠检查，肾脏肿大，触之敏感。尿液检查，尿中含有大量的红细胞、白细胞和肾上皮细胞。

二维码 5-3　项目五考核评价参考答案

项目六
神经系统疾病

学习目标

- 了解神经系统常见疾病的发病特点，熟悉神经系统疾病的常用诊疗方法。
- 熟悉神经系统疾病常用的治疗药物。
- 了解脑膜脑炎、日射病和热射病的概念，掌握其病因、症状、诊断、治疗及预防。

思政目标

- 培养临床思维、实践能力和创新精神。
- 树立正确的价值观和职业道德，增强社会责任感和使命感。

任务三十九　脑膜脑炎

脑膜脑炎是软脑膜及脑实质发生的炎症，并伴有严重脑功能障碍的疾病，又称为脑炎或脑膜炎。常见于犊牛。

[病因]

1. 感染

原发性脑膜脑炎多数认为是由病毒或细菌感染所致，如疱疹病毒、牛恶性卡他热病毒、葡萄球菌、链球菌、肺炎球菌、溶血性及多杀性巴氏杆菌、化脓杆菌、坏死杆菌、化脓性棒状杆菌、昏睡嗜血杆菌等。

革兰阴性菌（如大肠埃希菌、沙门菌）性败血症是新生犊牛脑炎的常见原因，并以大肠埃希菌最为常见。其败血症可能源于犊牛脐部感染或经口食入病原微生物。

本病成年牛不多见，多为散发，多因乳腺、子宫急性感染、慢性创伤性网胃腹膜炎、心包炎，导致细菌性败血症扩散所致。霉菌性乳房炎、霉菌性瘤胃炎可继发栓塞性败血症而引起霉菌性脑炎或栓塞性脑膜脑炎。

2. 中毒

中毒因素可见于铅中毒、黄曲霉毒素中毒、霉玉米中毒及各种原因引起的严重的自体中毒，如急性消化不良等，但程度有差异。

3. 寄生虫病

脑膜脑炎也见于一些寄生虫病，如脑脊髓丝虫病、棘球蚴病等。

4. 其他

受寒感冒、日光曝晒、酷暑时车船长途运输等外界因素均可造成动物的抵抗力下降，构成本病的诱因。

[症状]

由于炎症的部位、性质、持续时间、动物种类以及严重程度不同，临床表现也有较大差异，但多数表现出脑膜刺激症状、一般脑症状及局部脑症状。

1. 脑膜刺激症状

脑实质和脑膜发炎，常伴有前几段颈脊髓膜同时发炎，因而背侧脊神经根受到刺激，病畜颈部及背部感觉过敏，对其皮肤轻微刺激，即可出现强烈的疼痛反应，并反射性地引起颈部背侧肌肉强直性痉挛，头向后仰。膝腱反射检查，可见膝腱反射亢进。随着病程的发展，脑膜刺激症状逐渐减弱或消失。

二维码 6-1　犊牛脑膜炎时四肢呈游泳样划动

2. 一般脑症状

通常，一般脑症状是指运动与感觉功能、精神状态、内脏器官的活动以及饮水、采食等发生变化。病畜呈现先兴奋后抑制或二者交替出现。病初，呈现高度兴奋，感觉过敏，反射功能亢进，瞳孔缩小，视觉紊乱，易于惊恐，呼吸急速，脉搏增数。行为异常，不易控制，狂躁不安，攻击人畜，攀登饲槽，冲撞墙壁或不顾障碍向前冲，或转圈运动。其后站立不稳，倒地，眼球向上翻转呈惊厥状。继兴奋之后转入抑制状态，呈嗜睡、昏睡状态，瞳孔散大，视觉障碍，反射功能减退及消失，呼吸缓慢而深长。后期，常卧地不起，意识丧失，陷入昏睡状态，有的四肢呈游泳状划动。

3. 局部脑症状

局部脑症状是指脑实质或脑神经核受到炎性刺激或损伤所引起的症状，主要是痉挛和麻痹。如眼肌痉挛，眼球震颤，斜视，咬肌痉挛，咬牙。吞咽障碍，听觉、视觉减退。颈部肌肉痉挛或麻痹，角弓反张，倒地时四肢呈游泳状划动。某一组肌肉、某一器官麻痹或半侧躯体麻痹时，呈现单瘫或偏瘫等。

新生犊牛脑炎有典型的发热，嗜睡，间歇性癫痫，眼球凸出(图 6-1)，甚至失明。病牛步态僵硬，头颈伸展、歪斜(图 6-2)，眼睑半闭，表现“头痛”痛苦症状。有的表现为角弓反张现象，严重败血症者，可出现低血容量性休克和虚脱。

成年牛脑膜脑炎常表现高热，精神沉郁，步态异常和“头痛”现象。但癫痫样症状较犊牛少见。

图 6-1　眼球凸出

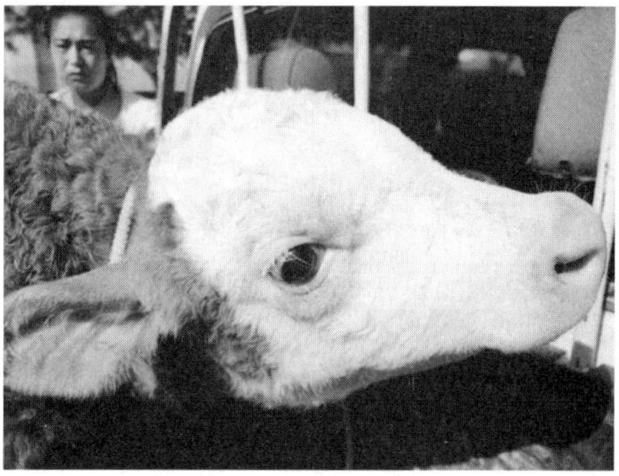

图 6-2　头颈歪斜，眼球凸出

[诊断]

根据临床症状，结合病史调查和分析，可做出初步诊断。确诊困难时，可进行脑脊液检查。脑膜脑炎病例，可见脑脊液多而浑浊，其脑脊液内中性粒细胞数和蛋白质含量增加。

[治疗]

本病的治疗原则是抗菌消炎，降低颅内压和对症治疗。

1. 抗菌消炎

10%磺胺嘧啶钠注射液，0.5～1 mL/kg 体重，静脉注射；恩诺沙星，2.5 mg/kg 体重，肌内注射；氟苯尼考，20 mg/kg 体重，肌内注射。

2. 降低颅内压

脑膜脑炎多伴有急性脑水肿，颅内压升高和脑循环障碍，视体质状况，牛可适当先颈静脉放血 1 000～2 000 mL，再用等量的 10%葡萄糖并加入 40%乌洛托品 50～100 mL，静脉注射。也可用 25%山梨醇或 20%甘露醇溶液，1～2 mL/kg 体重，静脉注射。

3. 镇静

病畜强烈兴奋时，可以用镇静剂。如 2.5%盐酸氯丙嗪，牛 10～20 mL，羊 2～4 mL，肌内注射；或 25%硫酸镁注射液，牛 40～100 mL，羊 10～30 mL，静脉注射。

4. 中兽医疗法

中兽医称脑膜脑炎为“脑黄”，是由热毒扰心所致。治则采用清热解毒，解痉息风和镇心安神。

镇心散和白虎汤加减：生石膏（先入）150 g、知母 60 g、黄芩 60 g、栀子 60 g、贝母 60 g、藁本 45 g、决明子 45 g、菊花 45 g、远志 30 g、当归 30 g、茯苓 30 g、川芎 30 g、黄芪 30 g、朱砂 10 g，水煎服。

朱砂散加减：朱砂 10 g、茯神 45 g、黄连 30 g、栀子 45 g、远志 35 g、郁金 40 g、黄芩 45 g，水煎去渣，冷后加蛋清 100 mL、蜂蜜 120 mL 混合，一次灌服。用于兴奋型。

[预防]

平时加强饲养管理，圈舍要清洁卫生，做好预防接种工作，防止传染性与中毒性因素的侵袭。新生犊牛应哺乳足够的初乳，增强机体抵抗力。消毒脐部，提供清洁干燥环境，有利于减少脐部感染、败血症和脑膜脑炎的发生。

任务四十 日射病和热射病

日射病是家畜在炎热的季节中，头部持续受到强烈的日光照射，而引起的中枢神经系统功能严重障碍性的疾病。热射病是动物所处的外界环境气温高，湿度大，产热多，散热少，体内积热而引起的严重中枢神经系统功能紊乱的疾病。日射病和热射病统称为中暑。本病在炎热的夏季多见，病情发展急剧，甚至迅速死亡。

[病因]

炎热季节，烈日曝晒，长途运输，或长时间处在闷热不通风的厩舍、拥挤的车船内等，热应激是引起本病的常见病因。此外，体质衰弱，皮肤卫生不良，肥胖，呼吸和心脏功能不全，出汗过多，饮水不足，缺乏食盐，或在炎热天气从北方运往南方的家畜，适应性不强，耐热能力差，都易促使本病的发生。

[症状]

日射病和热射病常同时存在，因而很难精确区分。

1. 日射病

常突然发生，病畜精神沉郁，四肢无力，步态不稳，共济失调，突然倒地，四肢做游泳样运动。随着病情进一步发展，体温略有升高，呈现呼吸中枢、血管运动中枢功能紊乱，甚至麻痹症状。心力衰竭，静脉怒张，脉微弱，呼吸急促而节律失调，结膜发绀，瞳孔散大。皮肤、角膜、肛门反射减退或消失，腱反射亢进，常发生剧烈的痉挛或抽搐，或呼吸麻痹，通常在几小时或1～2 d内死亡。

2. 热射病

突然发病，体温急剧上升，高达41 ℃以上，皮温增高，出汗。病畜站立不稳或倒地张口喘气，有时出现短暂的兴奋现象，狂躁不安，很快转为抑制。呼吸迫促，鼻孔流出粉红色、带小泡沫的鼻液。心悸，脉搏疾速，可达100次/min以上。眼结膜充血，瞳孔扩大或缩小。后期病畜呈昏迷状态，意识丧失，四肢划动，呼吸浅而疾速，节律不齐，脉不感手，第一心音微弱，第二心音消失，血压下降，肌肉剧烈痉挛或抽搐。常因呼吸中枢麻痹而死亡。

[诊断]

根据发病季节、环境等病史资料和体温显著升高，呼吸、脉搏急速，心肺功能障碍和倒地昏迷等热衰竭症状，容易确诊。但应与急性心力衰竭、肺充血或肺水肿、脑膜脑炎等疾病相鉴别。

[治疗]

治疗原则是消除病因，加强护理，防暑降温，促进机体散热和缓解心肺功能障碍。

在护理上，将病畜移到阴凉、通风的地方，用冷水浇头或浇注全身，或冷水灌注直肠，或头部放置冰袋，同时给予大量清淡凉盐水。体质较好的牛可放血1 000～2 000 mL，同时静脉注射等量生理盐水，以促进机体散热。

促进机体降温，还可用2.5%盐酸氯丙嗪注射液，牛10～20 mL，羊2～4 mL，肌内注射。

对心功能不全者，可用复方氯化钠2 000 mL，10%樟脑磺酸钠10～20 mL，静脉注射。为防止肺水肿，可用地塞米松1～2 mg/kg体重，静脉注射，或用呋塞米0.5～1 mg/kg体重。

纠正酸中毒，可用5%碳酸氢钠注射液500 mL，静脉注射。

［预防］

加强饲养管理，炎热夏季不要使牛羊长时间曝晒，圈舍注意通风降温。圈舍及车船运输不能过度拥挤，要注意充分休息，给足饮水，补喂食盐等。

知识拓展

腰椎穿刺术

［应用］

临床应用于测定颅内压或排除脑脊髓腔内积液来降低颅内压；采取脑脊髓液做理化检验和病理检查；或向脊髓腔内注入药液，进行特殊的治疗。

［部位］

在最后腰椎和荐椎之间的凹陷处，即“百会穴”位置（图6-3）。

［方法］

大动物站立保定，保定确实，防止骚动。术部剪毛、消毒后，用拇指和中指握定针头，食指压定在针尾上，对准术部，按垂直方向缓缓刺入（穿刺深度牛6～8 cm），待针穿透棘间韧带及硬膜进入脊髓腔时，手感阻力突然消失（如同穿透牛皮纸样的感觉，动物尾根可见突然跳动），有脑脊液流出。穿刺完毕，用酒精棉球压住穿刺孔周围的皮肤，然后拔出穿刺针，术部涂以碘酊。

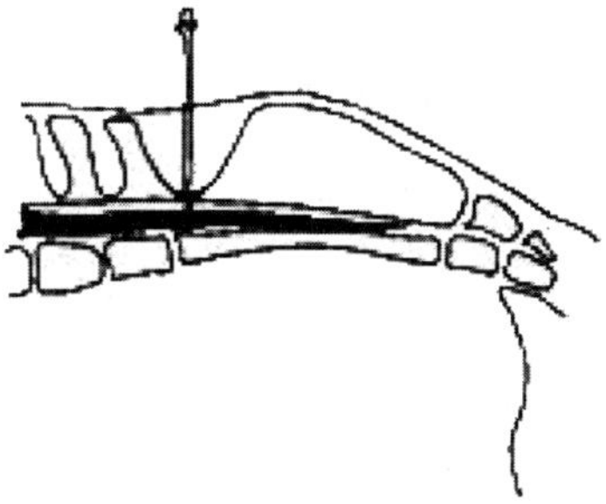

图6-3　腰椎及荐椎穿刺部位

［注意事项］

(1)操作中所用器械均要严格消毒，以免感染。

(2)确实保定动物，穿刺过程中，如遇动物骚动不安时，应暂缓进针。

(3)穿刺时进针不宜过深，并切忌捻转穿刺针，以免损伤脊髓组织。

(4)对颅内压增高的病畜，排液速度不宜过快，排液量不宜过多，以免因椎管内压力骤减而发生脑疝。

类症鉴别——表现神经症状的牛病

主要表现为过度兴奋、转圈、抽搐、痉挛、麻痹等，常见于脑膜脑炎、日射病及热射病、神经型酮病、维生素B_1缺乏症、食盐中毒、菜籽饼粕中毒、有机磷中毒、马铃薯中毒、尿素中毒等疾病，鉴别诊断要点如下。

(1)脑膜脑炎：意识障碍，过度兴奋与抑制交替发生，肌肉痉挛，体温升高，明显的运动和感觉功能障碍。

(2)日射病及热射病：多在炎热季节发病，有日光曝晒等病史，精神抑制，步态不稳，体温显著升高，呼吸急促，脉搏快速，体表静脉怒张。

(3)神经型酮病：多发生于产后2～6周，血、尿、乳中酮体检验阳性，血糖浓度降低。

(4)维生素B_1缺乏症：可发生于犊牛，饲喂有缺乏谷物饲料或青绿饲料的病史，易兴奋，痉挛，抽搐。倒地后，牙关紧闭，眼球震颤，角弓反张。应用硫胺素治疗效果明显。

(5)食盐中毒：有摄入大量食盐或其他钠盐的病史。口渴，腹痛，腹泻，粪中混有黏液和血液。

(6)菜籽饼粕中毒：长期或大量采食菜籽饼粕而发病。肺水肿或肺气肿，呼吸极度困难，血红蛋白尿。

(7)有机磷中毒：有接触有机磷农药的病史。流涎、腹痛，腹泻，出汗，瞳孔缩小，肌肉痉挛、震颤，呼吸困难，肺水肿。

(8)马铃薯中毒：因采食腐败变质、发芽的马铃薯而发病。病初兴奋不安，流涎，腹痛，腹泻，瞳孔散大，步态蹒跚，后躯无力甚至麻痹，肌肉松弛。口唇周围、肛门、尾根发生湿疹或皮炎。

(9)尿素中毒：有饲喂尿素的病史，瘤胃臌气，呼吸困难。

考核评价

一、选择题

1. 重度热射病患畜最常出现(　　)。

A. 浆液性鼻液　B. 粉红色泡沫状鼻液　C. 脓性鼻液
D. 铁锈色鼻液　E. 黏液性鼻液

2. 脑膜脑炎多伴有急性脑水肿，颅内压升高和脑循环障碍，下列药物中可用来降低颅内压的药物是(　　)。

A. 磺胺嘧啶钠　B. 盐酸氯丙嗪　C. 甘露醇
D. 肾上腺素　E. 头孢噻呋钠

3. 家畜脑膜脑炎的治疗原则是(　　)。

A. 强心补液，防止心力衰竭　B. 控制出血，及时补液
C. 抗菌消炎，降低颅内压　D. 抗休克，防止循环虚脱
E. 解痉抗凝，疏通微循环

4. 奶牛日射病的病因是(　　)。

A. 散热障碍　B. 高热应激　C. 热平衡失调
D. 环境通风不良　E. 日光持续照射头部

5. 治疗脑膜脑炎时，较好的药物是(　　)。

A. 青霉素　B. 碳酸氢钠　C. 氯化胆碱
D. 磺胺嘧啶钠　E. 氢化可的松

6. 治疗牛脑膜脑炎时，较好的处方是(　　)。

A. 20%甘露醇 500 mL、10%磺胺嘧啶钠 150 mL，静脉注射
B. 5%碳酸氢钠 500 mL，静脉注射
C. 青霉素 1 600 万 IU、5%葡萄糖生理盐水 2 000 mL，静脉注射
D. 青霉素 1 600 万 IU、地塞米松 20 mg，肌内注射
E. 以上都不对

7. 中暑时，可采用以下哪项治疗措施（　　）。

A. 冷水浇洒全身　　B. 将病畜移至阴凉通风处

C. 氯丙嗪，肌内注射　　D. 清暑香薷汤，灌服；20%甘露醇，静脉注射

E. 以上都对

8. 炎热的夏季，头部受到强烈的日光照射，可引起（　　）。

A. 脑膜脑炎　　B. 日射病　　C. 热射病

D. 癫痫　　E. 心力衰竭

9. 动物处在潮湿闷热的环境中，可引起（　　）。

A. 脑膜脑炎　　B. 日射病　　C. 热射病

D. 癫痫　　E. 心力衰竭

10. 脑膜脑炎的发病因素是（　　）。

A. 病毒感染　　B. 细菌感染　　C. 中毒因素

D. 寄生虫　　E. 以上都对

（11～13 题共用题干）

盛夏，拴系于柱栏的一黄牛突然发病，站立不稳，呼吸急促，全身大汗，被毛湿润，体温升高达 42.1 ℃。呼吸时张口伸舌，很快倒地，四肢不停划动，口吐白沫，静脉怒张，结膜发绀，心音微弱。

11. 该病最可能是（　　）。

A. 牛出血性败血症　　B. 大叶性肺炎　　C. 中暑

D. 气管炎　　E. 口蹄疫

12. 该病的治疗原则是（　　）。

A. 抗菌消炎，缓解呼吸困难　　B. 强心补液，抗菌消炎

C. 利尿消肿，清肺平喘　　D. 制止分泌，镇静安神

E. 散热降温，减轻心肺负担，纠正水盐代谢和酸碱平衡紊乱

13. 对该病有较好疗效的治疗方法是（　　）。

A. 肌内注射青霉素和链霉素

B. 静脉注射樟脑磺酸钠

C. 肌内注射安乃近，静脉注射青霉素和链霉素

D. 内服土霉素和安乃近

E. 颈静脉放血，全身浇淋冷水，静脉注射糖盐水和碳酸氢钠，肌内注射氯丙嗪

（14～16 题共用题干）

夏季，天气湿热，奶牛在运动场运动后突然精神沉郁，张口呼吸，倒地，鼻腔流出粉红色泡沫状鼻液。听诊心音亢进，心率 150 次/min，体温 42.5 ℃。触诊皮温明显增高。

14. 血液学检查最可能出现的是（　　）。

A. 血小板减少　　B. 血液 pH 升高　　C. 白细胞数减少

D. 红细胞数减少　　E. 血细胞比容升高

15. 中兽医治疗可选用（　　）。

A. 青蒿鳖甲汤　　B. 茵陈四物汤　　C. 清暑香薷汤

D. 茵陈术附汤　　E. 桂枝汤

16. 能缓解病情的措施是(　　)。

A. 适度输血　　B. 增加光照　　C. 适度放血

D. 增加运动　　E. 限制饮水

二、病例分析:根据病史和临床检查的结果,提出初步诊断,制订治疗措施(开出处方)

1. 张某饲养的一头 6 月龄犊牛发病,精神沉郁,食欲下降,不愿走动,牵引时步态不稳。有时狂躁不安,乱跑乱叫。临床检查:患牛易受惊,四肢未见异常,眼球突出,体温 40.3 ℃。在检查过程中,该牛突然倒地,痉挛,头颈歪斜,四肢游泳样划动,约 30 s 后又恢复站立姿势。

2. 主诉:上午,将牛系在柱子上,忘记拉进圈舍,午后发现牛精神沉郁,站立不稳,行走摇摆。当日高温,最高气温 33 ℃。临床检查:病牛共济失调,目光迟钝,眼球凸出,可视黏膜发绀,静脉怒张,心音微弱,呼吸急促而节律不齐,体温 41.5 ℃。

二维码 6-2　项目六考核评价参考答案

项目七
营养代谢性疾病

学习目标

◆ 了解营养代谢性疾病的发病特点,熟悉营养代谢性疾病的常用诊疗方法。

◆ 熟悉营养代谢性疾病常用的治疗药物。

◆ 了解奶牛酮病、维生素 A 缺乏症、骨软化症、佝偻病、母牛产后血红蛋白尿症、硒-维生素 E 缺乏综合征等的概念,掌握其病因、症状、诊断、治疗及预防。

思政目标

◆ 树立正确的价值观和职业素养,培养社会责任感和爱国情怀。

◆ 掌握科学思维方法,培养创新能力和解决问题的能力。

◆ 树立生态环境保护意识,培养环保意识和可持续发展的观念;追求精益求精的态度,培养社会责任感和公共意识。

任务四十一　奶牛酮病

奶牛酮病是由于奶牛体内碳水化合物及挥发性脂肪酸代谢紊乱所引起的一种全身性功能失调的代谢性疾病。其特征是酮血、酮尿、酮乳、低血糖,消化功能紊乱,产奶量下降,间断性地出现神经症状。100 多年来,奶牛酮病已在世界上许多国家流行,造成相当大的经济损失。在我国,随着奶牛存栏量的增多以及奶牛业集约化和标准化的发展,奶牛酮病的发病率在逐年增高,尤其是在高产奶牛,酮病不仅会造成奶牛生产性能下降,还会引发产后奶牛的一系列疾病,严重时会导致奶牛死亡,使奶牛养殖业遭受巨大经济损失。

奶牛酮病根据有无临床症状可以分为临床型酮病和亚临床型酮病 2 种:临床型酮病奶牛血清中酮体含量一般为 3.44 mmol/L(200 mg/L)以上,奶牛表现为产奶量下降,不食精料,很快消瘦,呼出气体、乳汁以及尿中带有酮味等。亚临床型酮病奶牛血清中酮体含量为 1.72～3.44 mmol/L(100～200 mg/L),大多数不表现临床症状。健康奶牛血清中酮体含量通常低于 1.72 mmol/L(100 mg/L)。

本病多发生于产后 2～6 周,各胎龄母牛均可发病,但以 3～6 胎产奶量高的母牛发病最多,低产牛很少发病。

[病因]

引起奶牛酮病的原因很多，且很复杂，主要有以下几个方面。

(1)奶牛高产。由于奶牛的产奶高峰大多在分娩后4～6周开始出现，但此时奶牛的食欲和采食量尚未恢复，摄入的能量不能满足奶牛高产的需要而发生酮病。

(2)日粮因素。①饲料供应不足，品质低劣、单一，日粮不平衡，即奶牛饲喂低蛋白、低脂肪的日粮容易发病，此时发生的酮病称为饥饿性酮病。②饲喂高蛋白、高脂肪的日粮也容易发病，这种酮病的发生可能是体内碳水化合物的代谢发生了障碍，即碳水化合物不能充分地转化成葡萄糖所致。③日粮中丁酸过多(丁酸是一种生酮物质，通常青贮饲料所含的生酮物质比干草要多，而且多汁饲料制成的青贮饲料所含的生酮物质比其他饲料多)。④日粮中碘、钴、磷等矿物质缺乏也可促进奶牛酮病的发生。

(3)奶牛产前过度肥胖。奶牛产前过度肥胖，严重影响产后采食量的恢复，摄入能量不足，引起能量负平衡，从而产生大量酮体而发病。由这种原因引起的酮病称为消耗性酮病。这是引起奶牛发生酮病的主要原因之一。

(4)应激因素。寒冷、饥饿和过度地挤奶等因素均会促进奶牛发病。

(5)继发于前胃弛缓、创伤性网胃炎、真胃变位、真胃炎、子宫炎、生产瘫痪、胎衣不下等疾病。

[症状]

轻型经过的酮病缺乏明显的临床症状，仅仅产奶量下降，食欲轻度减少，进行性消瘦等。临床型酮病一般可分为消化型、神经型和瘫痪型(麻痹型)三种类型，其共有症状是呼出气体、尿液和乳汁均有烂苹果的气味(丙酮味)，但因多数闻不到而被忽略。化验尿、乳可发现大量酮体。三型中以消化型常见，发病率最高。

1. 消化型

病牛精神沉郁，食欲下降，拒食精料和青贮饲料，仅采食少量干草，产奶量明显下降，乳汁容易形成泡沫，迅速消瘦。反刍减少，瘤胃蠕动音减弱或消失，体温一般无变化。

2. 神经型

通常是在消化型的基础上出现神经症状，除有不同程度的消化型主要症状外，还有兴奋不安、哞叫，空口咀嚼，无目的的转圈和异常步态，头顶墙、食槽或柱子等。部分牛的视力降低，感觉过敏，躯体肌肉和眼球震颤等一系列神经症状，之后转入沉郁阶段，对外界刺激反应降低。有的兴奋和沉郁可交替发作。

羊患酮病时，精神沉郁，食欲减退，不愿走动，空嚼，口流泡沫状唾液，驱赶强迫其运动时，步态不稳。后期意识紊乱，不听召唤，视力减退。神经症状常表现为头部肌肉痉挛，并可出现耳、唇震颤，由于颈部肌肉痉挛，故头后仰或偏向一侧(图7-1)，也可见到转圈运动。前胃蠕动减弱，反刍减少或停止，黏膜苍白，体温正常或偏低，甚至呼出气及尿液有丙酮气味。

图7-1 山羊酮病，头颈歪斜

3. 瘫痪型(麻痹型)

许多症状与生产瘫痪相似，病畜常卧地不起(图 7-2)，食欲减退或拒食，泌乳量降低，消瘦，体重减轻，前胃弛缓等，一般称为生产瘫痪型酮病。

[诊断]

临床型酮病主要根据本病发生于产犊后几天至几周内，低血糖、高血酮并伴有食欲骤减，泌乳量急剧下降，神经症状，以 3～6 胎的营养良好的高产奶牛发病最多等不难做出诊断。亚临床型酮病由于没有明显的临床症状，仅根据外部症状很难做出确切诊断，故必须根据酮体检测的结果进行诊断(图 7-3)。继发性酮病虽有血、尿中酮体浓度升高现象，但这些病多有其自身的特点，用高糖治疗有部分效果，只要原发病未根除，仍可反复出现血、尿、乳中酮体浓度升高。

图 7-2　麻痹型酮病，奶牛卧地不起

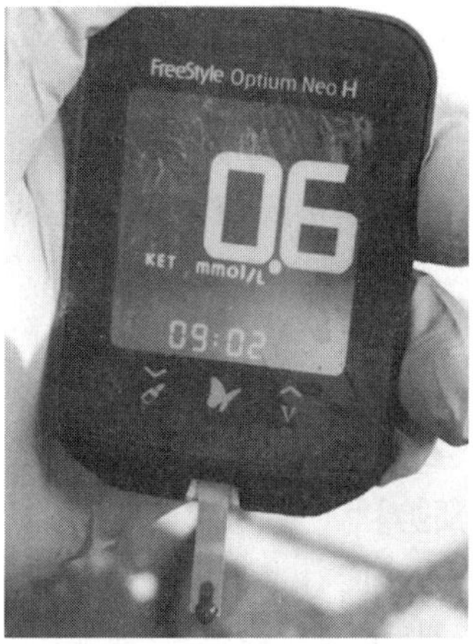

图 7-3　奶牛血液酮体检测

实验室诊断：奶牛酮病表现低糖血症、高酮血症、高酮尿症和高酮乳症。血糖浓度从正常时 2.8 mmol/L(500 mg/L)降为 1.12～2.24 mmol/L(200～400 mg/L)；高酮血症，临床型酮病奶牛血清中酮体含量一般为 3.44 mmol/L(200 mg/L)以上，亚临床型酮病奶牛血清中酮体含量为 1.72～3.44 mmol/L(100～200 mg/L)。

本病应注意与生产瘫痪鉴别诊断，生产瘫痪多发生于产后 1～3 d，呼出的气体、尿液、乳汁无特异性气味，尿、乳酮体检测呈阴性，通过补充钙剂和乳房送风疗法有效，而酮病通过补充钙剂疗效不显著。

原发性酮病除因脂肪肝引起的恢复较慢外，一般预后良好，而继发性酮病在根治原发性疾病过程中，“酮症”可随之消失。

[治疗]

治疗原则以提高血糖含量为主，辅之解除酸中毒。

1. 补糖疗法

50%葡萄糖溶液 500 mL，静脉注射(图 7-4)，对大多数病牛有明显效果，但需重复注射，否则可能复发。严重者可增加次数，或少量多次地

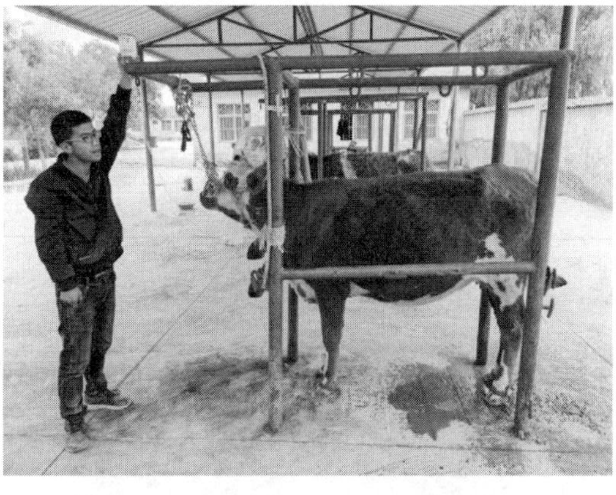

图 7-4　静脉注射葡萄糖治疗酮病

注射，以维持血糖的稳定。或内服丙酸钠 100～200 g，1～2 次/d，连用 7～10 d，还可内服丙二醇或甘油(500 g/次，2 次/d，连用 2 d；随后 250 g/d，用 2～10 d)。补糖的同时，静脉注射 5%氯化钙 200～400 mL，可加速治愈。

2. 激素疗法

应用促肾上腺皮质激素(ACTH)200～600 IU，一次肌内注射，既能动员组织蛋白的糖原异生作用，又可维持高血糖浓度的作用时间，效果确实，而且方便易行。或用肾上腺糖皮质激素，如氢化可的松、地塞米松，肌内注射或静脉注射，但应用糖皮质激素，在治疗初期会引起奶牛泌乳量下降。

3. 其他疗法

对神经性酮病可用水合氯醛内服，首次剂量为 30 g，以后用 7 g，2 次/d，连服数日。因首次剂量较大，最好用胶囊剂投服，继则剂量较小，可放在蜜糖或水中灌服。水合氯醛的作用是对大脑产生抑制作用，降低兴奋性，同时破坏瘤胃中的淀粉及刺激葡萄糖的产生和吸收，并通过瘤胃的发酵作用而增加丙酸的产生。为减少体脂肪动员，减少酮体的生成，可用胰岛素 200～300 IU，肌内注射，1 次/d，连用 3～4 d。

为解除酸中毒，调节酸碱平衡，可用 5%碳酸氢钠注射液 500 mL，静脉注射。

增强前胃消化功能，促进食欲，可用人工盐 200～250 g，或酵母粉 500 g，加水，灌服；维生素 B_1 0.2～0.4 g，一次肌内注射。

[预防]

对酮病应着重于预防，在生产中可采取综合性预防措施，主要采取以下几个方面措施：

(1)加强饲养管理，合理配制日粮，根据奶牛不同生理阶段将奶牛分群管理，合理调配日粮来饲喂奶牛，粗饲料要质量好、口感强、易消化、营养丰富，饲料的种类要多样化，防止单一，要严防牛体过肥或过瘦。提倡饲喂奶牛全混合日粮，根据不同阶段，调配不同的饲料配方，保证饲料中有适量的钴、磷、碘和维生素等。日粮中要增加干草量，高产奶牛日粮中优质干草不少于 3～5 kg。

(2)加强产前和产后奶牛健康检查，建立奶牛群的酮监测制度，定期补糖、补钙。通过定期血糖测定、尿酮检查等，检出血糖降低的早期亚临床型酮病。凡是阳性病例，应加强其饲养管理，合理调配饲料，并立即进行治疗。

(3)调整日粮结构，增加生糖物质，高产奶牛的饲料中添加丙酸钠 120 g/d，2 次/d，连用 10 d，也有较好的预防效果。

(4)加强运动，增强全身抵抗力。舍饲母牛每日必须有一定的运动时间，减少产后子宫弛缓、胎衣不下的发生，增进食欲。

知识拓展

规模化牛场酮病参考处方

1. 临床型酮病

(1)50%葡萄糖 500 mL，静脉注射，1 次/d，连用 1～2 d。

(2)丙二醇 600 mL,灌服,1 次/d,连用 5～7 d。

(3)科特壮(复方布他磷注射液)25 mL,静脉注射,1 次/d;复合维生素 B 注射液 20 mL,肌内注射,1 次/d。

(4)5%碳酸氢钠 500 mL,静脉注射。

(5)适当使用健胃药物,灌服人工盐、健胃散等。

2. 亚临床型酮病

丙二醇 600 mL,灌服,1 次/d,连用 3～5 d。

3. 神经型酮病

(1)25%硫酸镁 100 mL,分点皮下注射或静脉注射。

(2)50%葡萄糖 500 mL,静脉注射,每 4 h 1 次,直至奶牛病情稳定,停止输液,改灌服丙二醇 600 mL/次,1 次/d,连用 7 d。

任务四十二 维生素 A 缺乏症

维生素 A 缺乏症是由于机体内维生素 A 或维生素 A 原(胡萝卜素)缺乏或不足而引起的一种营养代谢性疾病。临床上以生长发育迟缓、夜盲症、繁殖功能障碍以及机体免疫力低下为主要特征。多发生于犊牛,且以冬季、早春饲料单纯及青绿饲料缺乏而不补充胡萝卜和维生素 A 时多发。

[病因]

本病的发生,主要是由于饲料中缺乏维生素 A 或维生素 A 原。维生素 A 仅存于动物源性饲料中,鱼肝和鱼油是其丰富来源;维生素 A 原(主要是 β-胡萝卜素)存在于植物性饲料中,在各种青绿饲料包括发酵的青绿饲料在内,特别是青干草、胡萝卜、黄玉米(玉米黄素)、南瓜中,都含有丰富的维生素 A 原。但在棉籽、亚麻子、萝卜、干豆、干谷、马铃薯、甜菜根及谷类加工的副产品(如麦麸、米糠、粕饼)中,几乎不含维生素 A 原。如果长期饲喂单一配合日粮,又不补加青绿饲料或维生素 A 时,极易发病。另外,饲料收割、加工、贮藏不当,存放过久,发霉变质以及长期经日光曝晒,其中 β-胡萝卜素受到破坏,长期饲喂此类饲料可发病。

3 周龄前犊牛,不能从饲料中摄取胡萝卜素,需从初乳或母乳中获取。初乳或母乳中维生素 A 含量低下,以及使用乳品饲喂犊牛,或过早断奶,都易引起维生素 A 缺乏症。

胃肠疾病和肝脏疾病,维生素 A 损失过多和不能吸收、利用及贮存等,容易促进本病的发生。

机体对维生素 A 的需要量增多,如在妊娠期、泌乳期,或维生素 A 排泄增多,如长期腹泻,也可引起维生素 A 缺乏症。

[症状]

1. 视力障碍

夜盲症是早期症状之一,视力减弱,特别是对暗光的适应能力差,早晨、傍晚或月光下光线朦胧时,盲目前进,行动迟缓,碰撞障碍物。以后继发干眼病,角膜增厚和浑浊,形成云雾状,甚至失明。

2. 皮肤变化

皮肤发炎，背部、尾部皮肤附着有大量糠麸样痂皮（干性糠疹），蹄角质生长不良，有破裂或凹沟。

3. 神经症状

临床上表现为阵发性痉挛、强直性痉挛发作等症状，这是犊牛维生素 A 缺乏的早期症状之一，比眼的变化更明显。另外还表现为骨骼肌麻痹、运动功能障碍等。

4. 繁殖力下降

公畜精液品质不良，精子数目少，活力差，母畜发情紊乱，受胎率下降，产后多发生胎衣不下，所产犊牛体质弱，可见各种缺陷（如脑水肿、眼损害）或畸形，活力低下。

5. 抗病力低下

由于黏膜上皮角质化，腺体萎缩，极易发生支气管炎、肺炎、胃肠炎、泌尿生殖器官炎症等疾病，或因抵抗力下降而引起继发感染。

［诊断］

根据病史和临床特征可初步诊断。确诊需参考病例损害特征、血浆和肝脏中维生素 A 及 β-胡萝卜素水平，以及脑脊液压力的变化。

［治疗］

发病后，要多饲喂胡萝卜、黄玉米和苜蓿等青绿饲料。

药物治疗效果明显，治疗药物可用维生素 A 制剂和富含维生素 A 的鱼肝油。维生素 AD 注射液，成年牛 5～10 mL，犊牛 2～4 mL，肌内注射；浓缩维生素 A 油剂：成年牛 15 万～30 万 IU，犊牛 5 万～10 万 IU，内服或肌内注射，1 次/d；维生素 A 胶丸，500 IU/kg 体重，内服；鱼肝油，犊牛 30～50 mL，内服。

对症疗法，消化不良时，应用健胃剂。当出现结膜炎时，可以使用 2% 硼酸或 1∶3 000 高锰酸钾溶液进行洗眼。皮肤病变明显的，在使用维生素 A 的同时，要配合使用复合维生素 B，特别是对于哺乳犊牛。

［预防］

改善饲养管理，加强护理。其次要调整日粮组成，特别是在冬季和早春，饲喂富含维生素 A 和胡萝卜素的饲料，如优质青草或干草、胡萝卜、青贮饲料、黄玉米，也可补给鱼肝油。饲料不宜贮藏过久，以免胡萝卜素被破坏，也不宜过早地将维生素 A 拌入饲料中做储备饲料，以免氧化破坏。孕牛在产前 4～6 周给予鱼肝油或维生素 A 浓油剂 60 万～80 万 IU，每周 1 次。要及时治疗肝脏和胃肠道疾病，以保证胡萝卜素、维生素 A 的吸收、转化和贮存。

任务四十三　骨软化症

骨软化症是成年动物由于钙、磷代谢障碍引起的骨营养不良症。临床上以消化功能紊乱、异食癖、运动障碍和骨骼变形为特征。本病可发生于各种动物，最常见于牛和绵羊。

[病因]

1. 主要是钙磷不足或其比例不当

一般认为骨软化症的主要原因，是草料内钙磷不足或其比例不当所引起。试验指出，黄牛日粮中的钙磷比以 2.5∶1为宜，奶牛为 1.5∶1，泌乳奶牛则为 0.8∶0.7。动物种类不同，在致病因素上也有一定的差异，牛的骨软化症通常由于饲料、饮水中磷含量不足或钙含量过多，钙、磷比例不平衡而发生。

2. 日粮中维生素 D 缺乏

维生素 D 在钙、磷代谢中发挥着重要作用，维生素 D 能促进钙、磷的吸收和利用，促进长骨生长和钙化。因此，长期缺乏日照的舍饲牛羊及用缺乏光照的植物来饲喂的牛羊均会引发该病。

3. 钙消耗过多

母畜妊娠后期由于胎儿的发育需要消耗大量钙盐，或母畜大量泌乳，大量的钙进入乳汁，也可造成母畜缺钙。另外，饲料中植酸过多，或蛋白质的代谢产物硫酸、磷酸及脂肪酸含量过高，与体液中钙离子结合形成不溶性钙盐，从而造成钙的损耗加大。

另外，慢性肝脏疾病和肾脏疾病，可影响维生素 D 的活化，从而使钙、磷的吸收和成骨作用障碍发生钙化不全。甲状旁腺功能亢进，破骨作用增强，使骨骼中大量钙盐溶解，引起骨质疏松。日粮中锌、铜、锰等不足也会影响骨的形成和代谢。

[症状]

骨软化症的症状出现很缓慢，人为地减少饲料里的钙，需 1～2 个月才呈现出不为人注意的早期轻微的临床症状，在自然情况下临床症状出现就更慢了。

病初患畜精神不振，食欲减退，反刍减少，消化功能紊乱。骨骼负重能力降低而不愿活动，卧多站少，一般运动也易引起疲乏，甚至出汗。异食癖，舔食泥土、墙壁、垫草等。继之，体瘦毛焦，出现不明原因的一肢或几肢跛行，成年母畜多从后肢开始，这时如果检查尾椎，最后几节椎骨已经变软或已被吸收。随病情进一步发展，病畜骨骼变形，尤其以四肢长骨、关节、肋骨和尾椎骨变化明显(图 7-5)。四肢关节肿大，脊柱弯曲，肋骨宽窄不均呈串珠状，胸部狭窄，尾椎骨排列移位、变形，最后几个椎体消失。严重者，两后肢跗关节以下，向外倾斜，呈“X”形。运步不灵活，拖拽其两后肢，呈“拉弓”或“拉弓射箭”姿势，运步时常可听到肢关节内有破裂音，即“吱吱”声，倒卧时易引起骨折。蹄变形，蹄部变大而粗糙，甚至蹄壁裂开。盆骨变形，母牛发生难产。牙齿磨面不整齐，松动，容易脱落，咀嚼缓慢，下颌骨肿大。最终病牛卧地不起。

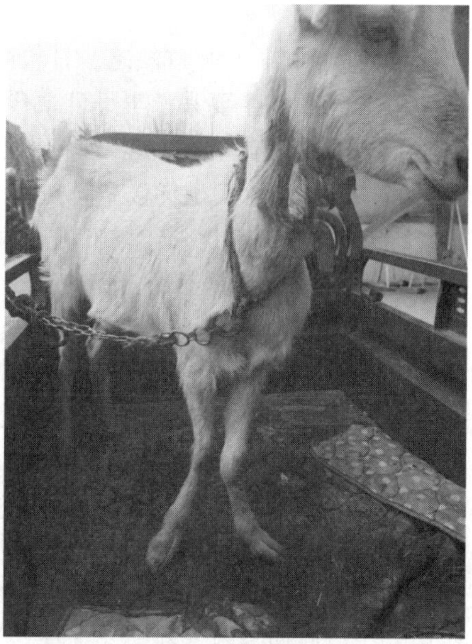

图 7-5　山羊产后骨软化症，前肢长骨变形

[诊断]

根据病史调查(如日粮组合)和临床症状(如消化紊乱、异食癖、运动及站立异常、骨骼变形)可建立诊断。诊断时要注意与风湿病及氟中毒的鉴别诊断。

[治疗]

治疗原则是加强护理，调整日粮结构，补充钙、磷和维生素 D。

发病初期若及时治疗，疗效较好。如症状日趋明显，则不可能使之恢复。具体治疗方法如下。

(1)饲料中可添加碳酸钙、南京石粉、磷酸钙、乳酸钙等，病牛 30～50 g/d，连服数日。或病牛给予骨粉 250 g，1 次/d，5～7 d 为一个疗程。

(2)病牛静脉注射 5%氯化钙 300～500 mL，或 10%葡萄糖酸钙 500 mL，或 20%磷酸二氢钠 300～500 mL，或 3%次磷酸钙 1 000 mL，1 次/d，连续注射 5～7 d。

(3)维生素 D_2 胶性钙注射液，牛 2.5 万～10 万 IU，羊 1 万～2 万 IU，一次肌内注射，隔日一次，连续 3～5 次。

[预防]

加强饲养管理，注意日粮调配，保证钙、磷的需要，补充维生素 D，多喂青绿饲料和优质青干草。妊娠母牛要补充矿物质和维生素饲料，适当运动并多晒太阳。对患胃肠道疾病的患畜，及时治疗胃肠道疾病，以利于钙、磷的吸收。

任务四十四　佝偻病

佝偻病是幼龄动物在生长发育过程中，由于维生素 D 缺乏和钙磷代谢障碍而引起的一种代谢性疾病。临床上以生长发育迟缓、消化紊乱、异食癖、运动障碍和骨骼变形为特征。本病常见于犊牛、羔羊、仔猪等。

[病因]

引起佝偻病发生的原因有多种，但维生素 D 缺乏是发生佝偻病的主要原因，常见的有如下几种。

(1)日粮中维生素 D 缺乏。日粮中维生素 D 缺乏是引起佝偻病的主要原因。幼龄哺乳动物体内维生素 D 主要来源于母乳或代乳，母乳或代乳中维生素 D 不足，导致佝偻病。采食后维生素 D 主要来源于饲料，若饲料中维生素 D 供给不足，即使饲料中钙、磷含量充足，也会导致钙、磷吸收障碍，发生佝偻病。

(2)母畜长期采食未经太阳晒过的干草，使植物中的麦角固醇不能转化为维生素 D_2，造成乳汁中维生素 D 严重不足。

(3)幼畜长期在光照不足的圈舍饲养，皮肤中的 7-脱氢胆固醇不能转变为维生素 D_2 和维生素 D_3，加之乳汁中维生素 D 缺乏是哺乳幼畜发病的主要原因。

(4)日粮中钙、磷缺乏或比例失调。一般认为，幼畜日粮中钙、磷比例为(1～2)∶1，高于或低于此比例，特别是伴有轻度维生素 D 不足，会引起吸收障碍，发生佝偻病。幼畜长期消化不良或患脂肪肝时可影响维生素 D 的吸收。青绿饲料中胡萝卜素含量过高也会引起维生素 D 缺乏。

(5)患有慢性肝脏疾病和肾脏疾病，可影响维生素 D 的活化，从而使钙、磷的吸收和成骨作用发生障碍而导致本病。

(6)维生素 A、维生素 C 缺乏。维生素 A 参与骨骼中黏多糖的合成，它是胚胎和犊牛的骨骼生长发育所必需的。而维生素 C 是羟化酶的辅助因子，促进骨骼有机母质的合成。因此，维生素 A、维生素 C 缺乏会导致新生犊牛骨骼变形，造成佝偻病的发生。此外，锰、铜、锌缺乏也可影响骨骼的形成和发育。

[症状]

病牛精神沉郁，消化不良，喜卧，异食癖，消瘦，生长发育受阻。出牙期延长，齿形不规则，易磨损。站立时，四肢频频交换负重，运步时，步态强拘。骨骼变形，四肢骨骼弯曲，前肢腕关节外展，呈内弧形（“O”形）（图 7-6），后肢跗关节内收，呈外弧形（“X”形）姿势。骨质变软，容易发生骨折。

特征性临床症状是四肢各关节肿大，特别是腕关节和跗关节最为明显。四肢长骨弯曲变形，肋骨和肋软骨结合部呈串珠状肿胀。

图 7-6　前肢腕关节外展，呈“O”形腿

[诊断]

主要根据发病年龄、异食癖、生长缓慢、关节肿大和运动障碍等进行诊断。

[治疗]

治疗原则是加强护理，消除病因，促进钙、磷吸收与沉积。

对患畜尽早治疗，有效的治疗药物是维生素 D 制剂，可用维生素 D_2 胶性钙注射液，牛 5～20 mL，羊 2～4 mL，肌内注射；或者维生素 D_3 注射液（每毫升 30 万 IU），0.005～0.01 mL/kg 体重，肌内注射，1 次/d，连续注射 3～5 d；鱼肝油，内服，犊牛 20～40 mL，羔羊 5～10 mL。

应用钙剂，如 10%葡萄糖酸钙注射液，犊牛 50～80 mL，静脉注射。

对四肢变形严重的幼畜，可用石膏或夹板绷带固定，辅助负重，以利于矫形。

[预防]

加强对妊娠、哺乳母畜的饲养，饲喂全价日粮，保证充足的维生素 D、钙、磷。日粮中钙、磷比例，一般应控制在（1.2～2）∶1，骨粉、鱼粉及脱氟磷酸钙是较好的补充钙、磷的添加剂，因其比例在正常范围内，不必调整。但不能单一用石粉、蛋壳粉、贝壳粉来补钙，因为这些物质中几乎不含磷，不利于钙的吸收和利用。必要时补充富含维生素 D 和矿物质的饲料。犊牛不宜断奶过早，要经常运动，多晒太阳，光线要充足。及时治疗胃肠道疾病。

任务四十五　母牛产后血红蛋白尿病

母牛产后血红蛋白尿病是由于低磷而引起的一种溶血性营养代谢病，临床上以血红蛋白尿和贫血为特征。临床病理学特征是血清无机磷含量下降、血管内溶血。本病主要发生于分娩后 2～4 周的第 3～6 胎的高产母牛（5～8 岁），3 岁以下的奶牛很少发病。本病发病率低，呈散发，但如果不及时治疗，死亡率高达 50%。

[病因]

本病发生的主要原因是饲喂低磷日粮，同时与产后大量泌乳，磷脂排出增多有一定的相关性。无论是产前发病还是产后发病的母牛，均伴有低磷酸盐血症，但并非所有的低磷酸盐血症的母牛都会发生临床血红蛋白尿。采食甜菜块根和叶、青绿燕麦、埃及三叶草、苜蓿以及十字花科植物（如油菜、甘蓝、萝卜）的母牛发病较多，这些植物或饲料中磷含量较低。应激可能是一个重要的诱发因素，比如寒冷，冬春季节发病较多，可能与寒冷刺激有关。另外也可能与铜缺乏有关。

［症状］

红尿是本病的突出病征，甚至是初期阶段的唯一病征。大多在分娩后2～4周内突然排红色的血红蛋白尿，短时间内同时伴发黄疸，食欲减退，泌乳量下降。病牛尿液在最初1～3 d内逐渐地由淡变深，尿色呈淡红、红色、暗红色，直至紫红色、咖啡色或酱油色，然后随症状减轻至痊愈时，又逐渐地由深而变淡，直至正常。排尿次数增加，尿量减少，体温正常或稍微偏高。

随病程延长，贫血程度加剧，可视黏膜、股内侧及乳房皮肤呈苍白、黄染。呼吸急促，心率增加，可高达90～120次/min，心搏动加快加强，颈静脉怒张及明显的颈静脉搏动，心音亢进，出现贫血性杂音。全身衰弱，躺卧不起，若3～5 d内不死，可转入恢复期。

［诊断］

根据病史和特征性临床症状（如血红蛋白尿，可视黏膜苍白、黄染）可建立诊断。但须与牛细菌性血红蛋白尿、钩端螺旋体病、梨形虫病、蕨中毒、慢性铜中毒、犊牛水中毒等鉴别诊断，还要和泌尿系统疾病引起的血尿相鉴别。

（1）牛细菌性血红蛋白尿：由溶血性梭菌感染引起，发病急，有高热及肠出血，病程较短，常在24～36 h内死亡，病初用广谱抗生素有一定效果。

（2）钩端螺旋体病：由钩端螺旋体引起，以贫血、黄疸、血红蛋白尿、黏膜和皮肤坏死及短期发热为特征。本病的发生有明显的季节性，多发于夏秋季节，多呈地方流行性或散发。犊牛较成年牛易发病而且症状严重。体温升高，全身症状明显，可视黏膜苍白、黄染，鼻唇部黏膜坏死，表现不同程度的血红蛋白尿。血液和尿液均可检出钩端螺旋体。

（3）梨形虫病：通过蜱吸血而传播。主要在夏秋季节流行，高热稽留，可视黏膜苍白、黄染，淋巴结肿大。发病与年龄、性别、分娩无关。采血镜检，在红细胞中可检出虫体。

（4）蕨中毒：因大量采食蕨叶或较长时间内连续少量采食后而引起的一种中毒病，其特征是可视黏膜出血，鼻孔、肠道及泌尿生殖道出血，凝血时间延长，体温升高。

（5）慢性铜中毒：本病往往有接触或误服硫酸铜及其他铜盐的病史。主要表现为贫血，血红蛋白尿，可视黏膜苍白、黄染。

（6）犊牛水中毒：暴饮后发病，腹痛，血红蛋白尿。

（7）泌尿系统疾病：如肾盂肾炎、出血性膀胱炎、肾炎、尿石症等，临床表现为血尿，尿液呈红色，将尿液静置24 h后，下层有红细胞沉淀物。除此之外，还会出现泌尿系统疾病的一系列相关症状。

［治疗］

治疗以补磷为主。磷制剂能获满意效果，如20%磷酸二氢钠溶液300～500 mL，静脉注射，2次/d，一般在注射1～2次后，红尿消失。重症可连续治疗2～4次。也可静脉注射3%次磷酸钙溶液1 000 mL，效果良好。

同时，应补充含磷丰富的饲料如骨粉、麸皮、豆饼、米糠等。如在饲料中添加骨粉120～180 g，2次/d，连续饲喂5～7 d。

[预防]

日粮标准应按母牛需要量供应，根据机体泌乳的需要，应保证饲料中含有足够的磷(当然包括钙，以及钙与磷的合适比例)。在大量饲喂油菜属植物时，要补充富含磷的饲料(如豆饼、麸皮、米糠和骨粉)。油菜、萝卜、甘蓝等每日饲喂量不要过多，以 5～10 kg 为宜。在发病地区，饲料的营养成分无法计算时，每年从 11 月份至翌年 4 月份，每日每头牛应加喂 50 g 骨粉，或每天在饲料中添加麸皮 500～1 000 g。冬季和气候突变时，要加强防寒保暖工作。加强对奶牛的监护，以便早期发现病牛。

任务四十六　硒-维生素E缺乏症

硒-维生素 E 缺乏症是由于体内微量元素硒或维生素 E 单独缺乏或共同缺乏所引起的一种营养代谢病，又称白肌病。由于硒缺乏和维生素 E 缺乏，在病因、症状、病理变化和防治等方面存在着复杂而密切的关系，临床上将两者统称为硒-维生素 E 缺乏症。其病理特征因动物种类不同而存在着一定的差异，主要表现为骨骼肌变性、坏死、肝营养不良以及心肌纤维变性等。

本病的发生具有如下特点。

1. 发病的地区性

这是本病的一个重要流行病学特征。土壤的低硒环境是致病的根本原因。贫硒土壤生长的植物，其含硒量也低，即低硒环境(土壤)通过饲料作用于动物机体而发病。我国约有 72%的地区缺硒，北起黑龙江省、吉林省和内蒙古自治区，经过山西、陕西、四川，直到西南部云南省，形成一个连续的广阔低硒带。在这一区域有三大缺硒区，即东北、华北经太行山、大别山至云南、贵州、青海、甘肃和陕北地区，黄海、渤海等沿海地区。在严重缺硒地区，土壤含硒量仅 0.06 mg/kg，这些地区人的克山病、大骨节病、动物的白肌病均与土壤缺硒有关。

二维码 7-1　中国土壤硒元素含量分布情况

2. 发病的季节性

本病多集中发生于 2—5 月份。这种现象可能与漫长的冬季、初春舍饲状态下青绿饲料缺乏，某些营养物质(如维生素类)不足有关。此外，春季(2—5 月份)正是畜禽集中繁殖的旺季，而本病主要是侵害幼龄畜禽，以致形成春季发病高峰。

3. 发病的群体选择性

主要表现为明显的年龄因素。本病多发于幼龄阶段，如犊牛、羔羊、仔猪等。1～3 月龄的犊牛最容易发病，成年奶牛较少发病。这与幼龄动物抗病力较弱及其生长发育迅速，代谢旺盛，对营养物质需求量增加，对低硒营养的反应更为敏感有关。

[病因]

饲料(草)中硒和维生素 E 含量不足是发病的根本原因。饲料中的硒来源于土壤硒，土壤硒含量一般介于 0.1～0.2 mg/kg，植物性饲料的适宜含硒量为 0.1 mg/kg。当土壤硒含量低于 0.5 mg/kg，植物性饲料含硒量低于 0.05 mg/kg 时，便可引起动物发病。由此可见，低硒环境(土壤)是本病的根本致病原因，低硒环境(土壤)通过饲料(植物)作用于动物机体而发病。

此外，饲料中含有大量不饱和脂肪酸（如鱼粉、动物脂肪、豆油）、饲料加工贮藏不当（如高温、曝晒），可使其中的维生素 E 遭到氧化破坏；饲料中与硒相拮抗的元素如硫等含量过高，可干扰机体对硒的吸收；机体对维生素 E 需要量增加（如妊娠母畜、各种应激因素、肝胆疾病），都将导致维生素 E 不足或吸收不良而发生本病。

［症状］

（一）牛

1. 最急性型

多见于 3 月龄以下的犊牛，病牛可能无前兆症状而突然死亡，或在驱赶、运动中突然死亡，心率常增加至 150～200 次/min，体温正常。

2. 急性型

以机体衰弱，心力衰竭（心跳快而弱，心律不齐，听诊有心杂音），运动障碍，呼吸困难，消化功能紊乱为特征。病畜精神沉郁，食欲降低，不愿走动，喜卧，重者站立不稳，共济失调，有的前后肢轻度瘫痪，即使辅助站起，也因肌肉震颤不能负重而卧下。体温一般正常，发生继发感染时则体温升高。背部肌肉变性而腰部凹陷（图 7-7、图 7-8），触诊背部、臀部的肌肉，有肿胀趋势，比正常肌肉硬，且常呈对称性。

3. 慢性型

生长发育停滞，心力衰竭，运动障碍，顽固性腹泻。

犊牛发病时，精神沉郁，喜卧，站立不稳，共济失调，消化不良，肌肉震颤、痉挛，心率加快（100～140 次/min），呼吸加快（70～80 次/min）。多数病例发生结膜炎，甚至角膜浑浊、软化。可继发支气管炎、肺炎。后期食欲废绝，多因心力衰竭和肺水肿而死亡。

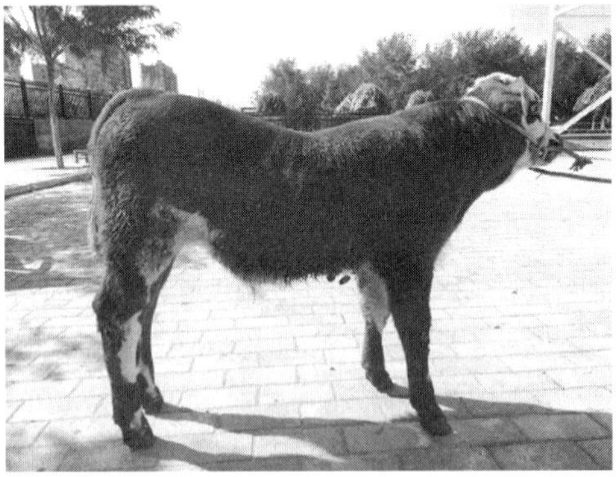

图 7-7　背腰凹陷

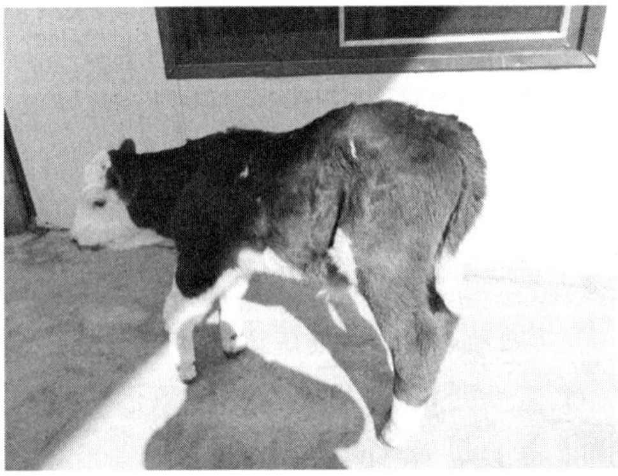

图 7-8　共济失调，腰部凹陷

二维码 7-2　病牛由于背部肌肉变性、坏死而呈现出特异性的“翼状肩胛骨”

二维码 7-3　患牛不愿走动，流泪，背腰凹陷，臀部肌肉僵硬

(二)羔羊

羔羊白肌病又称为肌营养性不良症。本病无季节性，一般在冬天和早春缺乏青料时发病率高，尤其对2～6周龄的羔羊危害较大。

1. 最急性型

病羊可能无前驱症状而突然死亡，或在驱赶、运动中突然死亡。

2. 亚急性型

精神沉郁，背腰僵硬，运动无力，步态强拘，后躯摇晃，站立困难，肌肉震颤，喜卧。有时发生强直性痉挛，随即呈现麻痹。有时出现血尿。有的患羊背部、臀部肌肉有肿胀僵硬趋势，比正常肌肉硬，且常呈对称性。呼吸、脉搏增数，伴随发病时间的延长，心搏动减弱，并出现心律失常。体温一般正常，继发感染时则体温升高。

3. 慢性型

机体衰弱无力，消化机能紊乱，有异食现象，常伴有腹泻。生长发育停滞，营养不良，贫血，消瘦。呼吸加快，心跳快而弱，往往出现心律不齐，心杂音。运动缓慢，四肢运动不协调，喜卧。有经验的牧民，常把羔羊抱起，轻轻掷下，健壮羔羊立即跑去，但患病羔羊则稍停片刻，才向前跑去，可作为羔羊白肌病早期诊断的依据。

[病理变化]

主要的病变部位在骨骼肌、心肌和肝脏，其次为肾脏和脑。患病时，骨骼肌色淡苍白，呈鱼肉样或煮肉样外观，双侧对称，以肩胛部、胸背部、腰部及臀部肌肉变化最为明显。心肌扩张、变薄，心内膜下肌肉呈灰白色或黄白色的条纹或斑块(虎斑心)。肝脏肿大，切面有槟榔样的花纹，称为槟榔肝。

[诊断]

根据地方性缺硒病史、临床症状(如运动障碍、心力衰竭、消化不良)、病理剖检、流行病学特点可做出初步诊断。确诊需要进行补硒治疗性诊断，血液、肝脏中硒含量的测定，以及血清肌酸磷酸激酶(CPK)、谷胱甘肽过氧化物酶(GSH-Px)活性变化、维生素E含量等的测定。

[治疗]

本病用硒制剂治疗效果较好。常用亚硒酸钠维生素E注射液，成年牛15～20 mL，犊牛5～10 mL，成年羊5 mL，羔羊1～2 mL，肌内注射，隔10～20 d重复1次，病情严重者，每5 d注射1次，共2～3次。另外，适当应用维生素A、B族维生素、维生素C及其他对症疗法。

硒具有一定的毒性，注射剂量过大，可发生急性中毒。主要表现为步态不稳，食欲废绝，腹痛，结膜发绀，视力障碍，呼吸困难、频尿等，终因呼吸衰竭而突然死亡。亚硒酸钠的治疗量和中毒量很接近，用量要谨慎，使用亚硒酸钠时应特别注意。

(1)大群使用时，切忌盲目使用，先进行小群安全试验，然后再进行全群注射。

(2)严格控制用药次数和间隔时间。

(3)硒中毒时，可肌内注射二巯基丙醇，每千克体重2.5～5 mg，或饲喂含蛋白质丰富的饲料，也能减轻硒的毒性。

[预防]

加强饲养管理，饲喂富含硒和维生素E的饲料，或直接补硒和维生素E。缺硒地区可在土壤中补充亚硒酸钠或硒肥。母牛妊娠中后期可用亚硒酸钠最低剂量注射1～2次，产后再补充注射1次，以提高乳汁中硒含量。

知识拓展

类症鉴别——表现运动障碍症状的牛病

1.运动异常同时伴有明显外伤病史的牛病

主要有骨折、关节扭挫伤。

(1)骨折:跛行或瘫痪,损伤部肿胀、变形,骨摩擦音,X线检查发现骨断裂。

(2)关节扭挫伤:跛行或瘫痪,损伤部肿胀,不变形,无骨摩擦音,X线检查发现肌肉或韧带断裂,但无骨折。

2.运动异常但无外伤病史的牛病

主要有佝偻病、骨软化症、硒和维生素E缺乏症、风湿病、铜缺乏症、锰缺乏症、蹄叶炎、腐蹄病。

(1)佝偻病:主要发生于犊牛。表现为异食癖,消化不良,消瘦。运步时,步态不稳。骨骼变形,四肢各关节肿大,骨骼弯曲,前肢腕关节屈曲,呈内弧形("O"形),后肢跗关节内收,呈外弧形("X"形)姿势。

(2)骨软化症:发生于成年牛,有饲喂低磷饲料的病史,表现为消化不良,异食癖,骨脆易折,骨骼变形,尤其以四肢长骨、关节、肋骨和尾椎骨变化明显。尾椎骨变形甚至变软,运步不灵活,拖拽其两后肢,呈"拉弓射箭"姿势,X线检查骨密度下降,血磷降低。

(3)硒和维生素E缺乏症:犊牛生长发育受阻,肌肉无力,肌肉颜色变淡,共济失调。背部肌肉变性而腰部凹陷,触诊背部、臀部的肌肉,有肿胀趋势,比正常肌肉硬,且常呈对称性。顽固性腹泻,心力衰竭,心律不齐。

(4)风湿病:往往由风、寒、湿引起,体温升高,发病部位热、痛,肌肉僵硬,运动后跛行症状减轻或消失。

二维码7-4 铜缺乏症病牛脱毛和毛色素改变,呈戴眼镜样外观

(5)铜缺乏症:食欲减退,消瘦,贫血,异食癖,生长发育缓慢,运动障碍,步态强拘,关节硬性肿大,屈腱挛缩。被毛粗乱、稀疏、缺乏光泽、褪色,由深变浅,眼眶周围被毛变成白色,犹如戴上了眼镜。神经功能紊乱及繁殖力下降。犊牛生长发育缓慢,关节变形,运动障碍,持续腹泻,排黄绿色乃至黑色水样粪便(俗称泥炭泻)。铜制剂治疗效果明显。

(6)锰缺乏症:新生犊牛腿部畸形,球关节着地,跗关节肿大与腿部扭曲,运动失调。生长期牛生长发育受阻,被毛干燥、无光泽、褪色,腿短而弯曲,跗关节肿大,关节疼痛,强迫运动呈跳跃式或兔蹦跳姿势。成年牛繁殖力降低。

(7)蹄叶炎:患蹄局部温度升高、疼痛,敲打蹄尖,疼痛反应明显。站立时蹄踵负重,蹄尖跷起,行走时步态紧张,病久呈芜蹄。

(8)腐蹄病:蹄间皮肤发炎,红、肿、热、痛。炎症可波及蹄球及蹄冠,严重时发生化脓、溃疡、腐烂,有恶臭脓性液体,甚至造成蹄匣脱落。

类症鉴别——表现皮肤病变的牛病

1. 表现皮肤病变的牛病

主要有疥螨病、皮肤霉菌病、湿疹、牛皮蝇蛆病。

(1)疥螨病：疥螨和痒螨寄生在牛体表而引起的慢性寄生虫性皮肤病，传染性强，单只牛发病后可快速蔓延至全群。病变部位剧痒，皮肤干硬、粗糙、增厚，被毛脱落。病牛因瘙痒难耐而不断摩擦和啃咬，患部皮肤出现结节、丘疹、水疱甚至脓包，以后形成痂皮和龟裂，患牛消瘦。病变部位刮取物镜检时，可发现疥螨虫体。

(2)皮肤霉菌病：犊牛最常发病，常发生于头(如眼眶、口角、面部)、颈部和肛门等处，不侵害四肢下端，患部初发生豌豆大小的结节，上覆盖着鳞屑，逐渐发展为界线明显、扁平隆起的无毛圆斑，形成灰白色石棉状痂块，可达手掌大小，严重时全身融合成大片。不论早期或晚期均有剧痒和触痛，消瘦，贫血。

(3)湿疹：长期生活在潮湿的环境中所致，通常呈散发。病初皮肤出现红斑，瘙痒不安，继而出现丘疹、水疱和脓疱、糜烂、结痂。病变部不能检出螨虫或真菌。

(4)牛皮蝇蛆病：幼虫在背部皮下移行时，引起局部皮肤发痒，患牛烦躁不安，背部皮肤下可触诊到隆起，上有小孔，内含幼虫，用力挤压，可挤出虫体。

2. 伴有被毛脱落、无光泽或皮肤异常，发病缓慢，病程较长，严重影响生长发育的牛病

主要有铜缺乏症、锌缺乏症、碘缺乏症、钴缺乏症、锰缺乏症。

(1)铜缺乏症：被毛粗乱、稀疏、缺乏光泽、褪色，由深变浅，眼眶周围被毛变成白色，犹如戴上了眼镜。食欲减退，消瘦，贫血，异食癖，生长发育缓慢，运动障碍，步态强拘，关节硬性肿大，屈腱挛缩。神经功能紊乱及繁殖力下降。犊牛生长发育缓慢，关节变形，运动障碍，持续腹泻，排黄绿色乃至黑色水样粪便(俗称泥炭泻)。铜制剂治疗效果明显。

(2)锌缺乏症：犊牛皮肤角化不全或角化过度，在鼻镜、颈部、外阴、肛门、尾端、后肢的后部、膝皱褶部最明显，皮肤粗糙、变厚并多褶，趾间皮肤增厚，甚至皲裂，被毛变脆，易脱落。生长发育受阻，四肢关节肿大，步态僵硬。母牛繁殖力降低。

(3)碘缺乏症：被毛脆弱，皮肤干燥、角化、多皱褶，弹性差，甲状腺明显肿大，生长发育受阻，头骨和四肢骨发育不全而变形，发生黏液性水肿，繁殖力降低。新生犊牛全身或部分脱毛，衰弱无力，骨骼发育不全，皮肤干燥、增厚且粗糙。用碘制剂治疗有效。

(4)钴缺乏症：牛毛质脆而易折断，慢性进行性消瘦及贫血，流泪，食欲减退的同时出现异食癖。泌乳牛泌乳量减少，发情周期延长或不妊娠；妊娠牛流产或产弱仔、死胎。用硫酸钴、维生素 B_{12} 制剂治疗有效。

(5)锰缺乏症：生长发育受阻，被毛干燥、无光泽、褪色，腿短而弯曲，跗关节肿大，关节疼痛，麻痹，共济失调，强迫运动呈跳跃式或兔蹦跳姿势。新生犊牛腿部畸形，球关节着地，跗关节肿大与腿部扭曲，运动失调。成年牛繁殖力降低。

考核评价

一、选择题

1. 营养代谢病种类繁多，病因复杂，但其发生、发展和临床经过等方面有其自身的特点，对营养代谢病的描述，不正确的是（　　）。

A. 发病缓慢，病程一般较长　　B. 多为群发，发病率高

C. 有些营养代谢病的发生呈地方流行性　　D. 发病动物体温变化一般较大

E. 营养代谢病大多具有群发、人兽共患和地方流行的特点

2. 影响家畜营养代谢病发生的最主要因素是（　　）。

A. 年龄　　B. 遗传　　C. 品种　　D. 性别　　E. 生产与管理

3. 奶牛酮病时，实验室检查的主要特征是（　　）。

A. 酮血　　B. 酮尿　　C. 酮乳　　D. 低血糖　　E. 以上都是

4. 高产奶牛酮病的治疗，较好的方法是（　　）。

A. 饲料中添加糖　　B. 静脉注射10%葡萄糖

C. 肌内注射维生素 B_{12}　　D. 静脉注射5%葡萄糖+5%氯化钙

E. 静脉注射25%葡萄糖，同时灌服丙二醇

5. 高产奶牛饲料中磷缺乏时，最可能出现的症状是（　　）。

A. 血尿　　B. 血红蛋白尿　　C. 肌红蛋白尿

D. 卟啉尿　　E. 药物性红尿

6. 佝偻病是（　　）。

A. 成年家畜的一种维生素D缺乏和钙磷代谢障碍性疾病

B. 幼畜的一种维生素D缺乏和钙磷代谢障碍性疾病

C. 一种遗传性疾病　　D. 先天性畸形　　E. 以上都是

7. 下列几种情况中，与佝偻病病因关系最密切的是（　　）。

A. 维生素 B_1 缺乏　　B. 维生素 B_2 缺乏　　C. 维生素D缺乏

D. 维生素C缺乏　　E. 维生素A缺乏

8. 在下列疾病中，引起视力障碍的疾病是（　　）。

A. 痛风　　B. 肾炎　　C. 心力衰竭

D. 维生素A缺乏症　　E. 肝炎

9. “干眼病”是由于（　　）引起的。

A. 维生素E缺乏　　B. 维生素A缺乏　　C. 锌缺乏

D. 维生素C缺乏　　E. 铁缺乏

10. 维生素A主要影响视网膜内视紫红质的合成，缺乏维生素A时，犊牛出现（　　）。

A. 白内障　　B. 夜盲症　　C. 青光眼

D. 蓝眼病　　E. 樱桃眼

11. 硒是机体内（　　）的活性中心，主要发挥氧化作用，从而保护生物膜免受过氧化物的氧化损伤。

A. 谷胱甘肽过氧化物酶　　B. 乳酸脱氢酶　　C. 过氧化氢酶

D. 超氧化物歧化酶　　E. 半胱氨酸蛋白酶

12. 动物硒-维生素E缺乏症的病理特征主要表现为(　　)。

A. 骨骼肌、心肌、肝脏变性坏死　B. 肝脏肿大，颜色发黄
C. 皮肤、黏膜出血　D. 血液凝固不良　E. 以上都不是

13. 奶牛，4岁，产犊1周后发病，不愿吃精料，病畜粪干，后腹泻，泌乳量下降，乳汁易起泡沫，尿液和呼出气伴有烂苹果味。该病最可能的诊断是(　　)。

A. 前胃弛缓　B. 生产瘫痪　C. 瘤胃酸中毒
D. 酮病　E. 骨软化症

14. 羊肌纤维苍白最可能是(　　)缺乏。

A. 钙　B. 硒　C. 钾　D. 铜　E. 锌

15. 某奶牛场部分奶牛产犊1周后，只采食少量粗饲料，病初粪干，后腹泻，迅速消瘦，乳汁呈浅黄色，易起泡沫；乳汁、尿液和呼出气有烂苹果味。病牛血液生化检测可能出现(　　)。

A. 血糖含量升高　B. 血酮含量升高　C. 血酮含量降低
D. 血清尿酸含量升高　E. 血清非蛋白氮含量升高

16. 佝偻病，常发生的家畜是(　　)。

A. 幼畜　B. 成年猪　C. 成年羊
D. 成年牛　E. 成年犬

(17～19题共用题干)

高产奶牛，第4胎，分娩后2周发病，食欲下降，可视黏膜苍白、黄染。排尿次数增加，但每次尿量较少，尿液颜色逐渐由淡红、红色变为棕褐色。

17. 为确定该病的性质，下一步应该检查的项目是(　　)。

A. 葡萄糖　B. 酮体　C. pH　D. 血钙　E. 血磷

18. 该病最可能引起(　　)。

A. 淤血　B. 出血　C. 充血　D. 血栓　E. 贫血

19. 治疗该病有效的药物是(　　)。

A. 磷酸二氢钠　B. 氯化钙　C. 亚硒酸钠　D. 硫酸镁　E. 硫酸钴

20. 母牛产后血红蛋白尿病的主要血液学变化是(　　)。

A. 高磷酸盐血症　B. 低磷酸盐血症　C. 高钾血症
D. 低钾血症　E. 低钠血症

21. 奶牛，3岁，产后1周发病，食欲减退，便秘，迅速消瘦，产奶量下降，乳中血酮含量显著升高，应选用的治疗药物是(　　)。

A. 氨茶碱　B. 尼可刹米　C. 地塞米松
D. 氟尼辛葡甲胺　E. 氟轻松

22. 经产奶牛，3 d前食欲下降，体温38.5 ℃，呼吸28次/min，脉搏85次/min，结膜苍白、黄染，排尿次数增加，但每次排尿量相对减少，尿液呈暗红色，该红尿病例最可能的红尿性质是(　　)。

A. 血尿　B. 卟啉尿　C. 肌红蛋白尿
D. 血红蛋白尿　E. 药物性红尿

23. 断奶犊牛，精神沉郁，异食癖，喜卧，跛行，运步强拘，进而前肢弯曲，血清碱性磷酸酶活性升高。有助于诊断本病的方法是（　　）。

A. X线检查　　B. 尿液检查　　C. B超检查

D. 内窥镜检查　　E. 金属探查仪检查

24. 下列发病原因中，与奶牛酮病发生无关的原因是（　　）。

A. 生产性酮病　　B. 继发性酮病　　C. 食源性酮病

D. 贫血性酮病　　E. 饥饿性酮病

25. 奶牛，5岁，产犊后第3周发病，仅采食少量粗饲料，先便秘后腹泻，迅速消瘦，乳汁、尿液和呼出的气体呈烂苹果味，需要进一步检查的项目是（　　）。

A. 尿蛋白　　B. 血清钙　　C. 血清酮体

D. 尿胆素原　　E. 血清无机磷

二、病例分析：根据病史和临床检查的结果，提出初步诊断，制订治疗措施（开出处方）

1. 某奶牛场，近一段时间牛群中出现少数患病奶牛，精神沉郁，食欲降低，个别狂躁不安，产奶量下降，但牛奶的外观无明显的变化，加热后有烂苹果味，影响了牛奶的销售。

2. 某养殖户饲养的5头处于哺乳期的2～3月龄的犊牛相继出现体温升高，食欲下降，视物不清的症状。随着病情发展，2头犊牛出现失明。该牛群日粮组成为：精料0.5～1 kg（其中玉米占53%、豆粕占18%、麸皮占29%），稻草3.5～5 kg，白酒糟15 kg（鲜重），且从未使用过任何添加剂。这5头犊牛出生之后视力逐渐减弱，最终失明。病犊体温升高，食欲下降，被毛粗乱无光泽，生长发育迟缓，消瘦，消化不良，排稀粪。眼睑水肿，眼球外凸，瞳孔散大且用强光刺激后无回缩，行动迟缓，无目的行走。后发现其在弱光下看不见障碍物，盲目行走，碰撞障碍物。

3. 犊牛，1月龄，精神沉郁，消瘦，结膜苍白，喜舔食泥土、墙壁。面部肿胀，关节粗大，腿骨变形，两前肢呈"O"形。喜卧，运步时步态强拘，跛行。

4. 一奶牛食欲降低，消瘦，被毛粗乱无光泽，有异食癖，常舔食泥土、墙壁、垫草等。卧多站少，不愿行走，行走时步态强拘，后肢伸展，呈拉弓姿势，可听到肢关节有"吱吱"声。

5. 犊牛，3月龄，近1个月以来，精神沉郁，食欲下降，消化不良，现症状逐渐加重。临床检查：患牛可视黏膜苍白，体温39.3 ℃，心跳疾速。臀部肌肉僵硬，背腰部凹陷。不愿行走，强迫行走，步态僵硬，检查四肢未见异常。

二维码7-5　项目七考核评价参考答案

项目八
中毒性疾病

学习目标

◆ 了解中毒性疾病的发病特点、病因、一般症状。

◆ 掌握中毒性疾病的一般治疗方法。

◆ 了解酒糟中毒、马铃薯中毒、棉籽饼粕中毒、菜籽饼粕中毒、黄曲霉毒素中毒、尿素中毒、有机磷中毒、犊牛水中毒等的病因,掌握其症状、诊断、治疗及预防。

思政目标

◆ 加强生态文明教育,树立和践行"绿水青山就是金山银山"的理念。

◆ 在动物生产实践中,坚持中国特色社会主义道路自信,走绿色可持续发展的健康畜牧业道路。

任务四十七　中毒病的救治

动物中毒病发病急剧,症状严重,应及时准确地诊断、治疗,即使尚未明确为何种毒物也应立即按一般治疗措施进行急救。中毒病的一般急救措施包括:阻止毒物的吸收,尽快促进毒物排除;应用解毒剂;维护全身功能及对症疗法。

一、阻止毒物的吸收,尽快促进毒物排除

(一)除去毒源

立即停止饲喂和应用一切可疑饲料、饮水,收集、清除甚至销毁可疑饲料、呕吐物、毒饵等,防止畜禽再接触或采食。如怀疑为吸入或接触性中毒时,应迅速将病畜撤离现场,将病畜置于空气清新和安静的环境中,供给清洁的饮水和优质草料。

(二)促进毒物排除,减少毒物吸收

1. 清除体表的毒物

对通过皮肤吸收的毒物,如毒物性质不明,应及时用大量的清水冲洗接触部位的皮肤(忌

用热水,以防血管扩张而加速吸收),必要时可剪去被毛以利彻底冲洗。已明确毒物性质时,可选用针对性药液洗涤。如酸性毒物用碱洗,碱性毒物用酸洗。对于溅入眼内的毒物,立即用生理盐水或1%硼酸溶液充分冲洗,再滴入抗菌眼药水(膏),以防感染发炎。

2.清除消化道的毒物

主要采取洗胃、泻下、灌肠、吸附、利尿、催吐、放血和瘤胃切开术等方法。

(1)洗胃。毒物进入消化道后,洗胃是一种有效地排出毒物的方法,一般对毒物进入消化道6 h以内者效果较好,牛的洗胃效果比马属动物、猪和羊要好。在毒物性质不明时,最好用清洁常水洗胃;在毒物性质明确时,可选用针对性的洗胃剂,通过吸附、沉淀、氧化、中和等,使其失去毒性或阻滞吸收,从而能够确切地被排除。但在腐蚀性毒物中毒时容易导致胃穿孔,不可洗胃;抽搐痉挛、昏迷或半麻醉的动物也不宜洗胃,必要时可在间歇期或清醒时进行。常用洗胃剂及注意事项见表8-1。

表8-1 常用洗胃剂及注意事项

洗胃剂	适应证	作用及注意事项
温开水、温生理盐水或温肥皂水	不明毒物中毒。砷化物、硝酸银等中毒可用生理盐水	勿用热溶液,避免扩张血管,促进毒物吸收
0.02%~0.05%高锰酸钾溶液	砷化物、氰化物、无机磷、生物碱等中毒	可氧化毒物。1605、1059、3911、乐果等经氧化后毒性增强,故禁用该溶液
1%~3%碳酸氢钠(小苏打)溶液	生物碱、汞、铁及有机磷等中毒	沉淀多种生物碱,中和胃酸,结合某些重金属,分解大多数有机磷农药。但敌百虫在碱性条件下可转化成毒性更强的敌敌畏,应禁用。另外,碳酸氢钠可产气,1次不可大量灌入
0.2%~0.5%活性炭等渗盐水	各种化学物质(氰化物除外)中毒	吸附作用
3%过氧化氢溶液	无机磷、氰化物等中毒	氧化作用。本品容易产生气体,腐蚀性毒物中毒禁用
3%~5%鞣酸溶液	重金属、生物碱、草酸等中毒	沉淀作用
石灰水上清液(1 kg石灰加4~5 kg水)	氟化物中毒、反刍动物瘤胃酸中毒	中和瘤胃中的酸,并生成难溶的有机酸钙盐
5%硫代硫酸钠溶液	碘、砷、汞、氰化物等中毒	形成无毒的硫化物
5%甲醛次硫酸钠溶液	汞中毒	沉淀作用
1%葡萄糖酸钙或氯化钙溶液	氟化物、草酸盐等中毒	沉淀作用,形成不溶性钙盐
微温的浓茶水	重金属、生物碱等中毒	沉淀作用
1%碘溶液或碘酊水溶液(500 mL水中加入15滴碘酊)	生物碱中毒	沉淀作用

要想把胃内容物冲洗完是不可能的,反刍动物瘤胃切开术是胃排空的唯一有效方法。瘤胃内容物排空后,必须灌入合适的液体,可用切碎的干草、麸皮和碾碎的燕麦混合,开水烫熟,

并保持与体温相同的温度，作为一种正常瘤胃内容物的代替品。最好把健康牛反刍的食物导入病牛的瘤胃内，以便重新建立微生物菌群。

(2)泻下。一般用于中毒的中期，使已经进入肠道的毒物，尽可能迅速排出，以避免或减少在肠内的吸收，泻下时应采用轻泻药或缓泻药泻下，忌用刺激性泻剂。盐类泻剂因其渗透压的作用，排除毒物的效果较好，其中以硫酸钠比硫酸镁为佳，因发生中毒时，肠管受到损伤，容易吸收镁离子，从而对中枢神经系统和呼吸系统产生抑制作用。肾功能减退时，排泄障碍，更能增加镁的毒性。某些抑制肠蠕动的药物（如巴比妥类、颠茄）中毒也可增加镁的吸收。油类泻剂多用于生物碱中毒，而不能用于脂溶性毒物（如有机磷农药、酚类）中毒，因许多毒物具有脂溶性，用油类泻剂会促使毒物吸收而加重毒性。如中毒伴发严重腹泻或脱水者，应慎用或不用泻剂。

(3)灌肠。中毒时间较长的(1～2 d)，后部肠管已有毒物存在，故可采用灌肠，促使毒物和粪便的排出，对抑制肠蠕动的药物（如巴比妥类、吗啡）及重金属中毒尤为重要。灌肠可用温水、肥皂水或1%食盐溶液等，且最好与相应的解毒药或吸附剂并用。但腐蚀性毒物或病畜极度虚弱时，严禁灌肠。

(4)吸附。使用吸附剂，使毒物附着在其表面或孔隙中，从而减少或延缓毒物的吸收而达到解毒的目的。在使用吸附剂的同时，须配合使用泻剂，或用作洗胃，这样效果好。常用的吸附剂有活性炭、木炭末、滑石粉等。活性炭是多孔的，含灰量少和有很大的表面面积(100 m^2/g)，1 g活性炭能吸附有毒物质300～1 800 mg。它能吸附胃肠内各种有毒物质，如色素、气体、细菌、发酵和细菌产物、金属以及生物碱等，但氰化物不能被吸收。它的吸附功效，不因毒物的酸性或碱性而降低。

(5)利尿。大部分毒物，尤其是水溶性毒物，肾脏是其主要排泄途径，因此利尿是促进毒物排泄的重要措施之一。为此，可用呋塞米、氢氯噻嗪、醋酸钾等利尿剂，也可用山梨醇、甘露醇等高渗利尿剂。利尿的同时应注意水和电解质的平衡，同时还应考虑心脏负荷等。如有急性肾衰竭时，则不宜采用利尿法。另外，静脉注射葡萄糖溶液可增加尿液量而促使毒物的排出。

(6)催吐。应用催吐药物（如硫酸铜、阿扑吗啡）促使动物发生呕吐，排出胃内毒物，是中毒初期迅速排出进入胃内毒物有效的治疗方法。催吐仅在动物清醒时应用，否则因呕吐物进入气管可造成吸入性肺炎。因牛羊不易呕吐，本方法对牛羊效果很差。

(7)放血。对体质状况良好和中毒初期病畜，毒物停留在血液中未侵及肾脏时，静脉放血有良好效果，通过放血使血液中的部分毒物随放血排出体外。放血后应及时输液补充血容量，有条件的可考虑输血。

(8)瘤胃切开术。在中毒初期，体质状况、心脏功能良好，无其他并发症等时施行瘤胃切开术。除去瘤胃内多量内容物和毒物，然后在瘤胃内投入适当的解毒药或吸附剂，消除已吸收毒物的毒害作用和阻止残留毒物的继续吸收。

二、应用解毒剂

目前，只有少数中毒病可用特效解毒剂治疗，大部分中毒病没有特效解毒剂，因此，还必须适时选用以下解毒方法。

1.保护剂

摄入腐蚀性毒物，为了保护胃肠黏膜，可用牛奶、豆浆、淀粉、蛋清等灌服。其附着于胃肠黏膜而形成保护膜，既能防止毒物被胃肠黏膜吸收，又可保护消化道黏膜免受毒物的刺激性侵害。

2.中和

中和即用弱酸中和碱性毒物或以弱碱中和酸性毒物而达到解毒的目的。常用的弱酸解毒剂有食醋、酸奶、稀盐酸、稀醋酸等，常用的弱碱解毒剂有碳酸氢钠溶液、石灰水上清液、肥皂水等。

3.氧化

只能用于能被氧化的毒物，如生物碱类、氰化物、无机磷、巴比妥类药物、一氧化碳、蛇毒、棉酚等。常用的氧化剂有0.1%高锰酸钾溶液、3%过氧化氢溶液等。但有机磷药物如1605、1059、3911、乐果等经氧化后，毒性更强，故不能使用氧化解毒剂。

4.沉淀

使用药物把毒物沉淀，以减少其毒性和延缓吸收而达到解毒的目的，如重金属、生物碱、氰化物等中毒。常用的沉淀剂有鞣酸、浓茶水、钙剂、稀碘酊、蛋清等。

5.拮抗

利用相互拮抗作用来达到解毒目的。如阿托品、莨菪碱类拮抗毛果芸香碱、新斯的明等，阿托品还对有机磷等有一定的拮抗解毒作用；氯丙嗪与盐酸苯海拉明是相互拮抗药物；水合氯醛、巴比妥类药物拮抗士的宁等；巴比妥类药物、水合氯醛拮抗尼克刹米、安钠咖等。

6.特效解毒剂

(1)亚硝酸盐中毒：小剂量的亚甲蓝可使高铁血红蛋白还原为正常血红蛋白，大剂量则效果相反，可产生高铁血红蛋白症。

(2)氰化物中毒：应用亚硝酸钠和硫代硫酸钠解毒。

(3)有机磷农药中毒：有机磷中毒的特效解毒剂包括生理拮抗剂和胆碱酯酶复活剂两种，二者合用效果更好。生理拮抗剂是阿托品，胆碱酯酶复活剂有解磷定、氯解磷定、双复磷。

(4)有机氟农药中毒：解氟灵(乙酰胺)可竞争性解除剧毒农药有机氟化合物的中毒。

(5)铅、汞、锑、锰、铜、锌、铬、镉等重金属盐类中毒：用依地酸钙钠(乙二胺四乙酸钙二钠)，因其能与多种金属结合成稳定的配合物，随尿排出体外。

(6)砷及汞中毒：用二巯丙醇、二巯基丙磺酸钠、青霉胺等治疗。上述物质均具有巯基，能夺取组织中与酶相结合的金属，并与其结合成不易分解的巯基盐，随尿排出体外。

7.通用解毒剂

活性炭或木炭末2份，氧化镁1份，鞣酸1份，混合均匀，成年牛100～300 g，犊牛30～80 g，加水内服或洗胃，内服或洗胃后应投服泻剂。其中活性炭或木炭粉末能吸附各种有毒物质等，氧化镁可以中和酸，鞣酸可以中和碱，并沉淀多种生物碱、某些苷类和重金属盐类。除有机磷农药中的对硫磷不能用外，适用于各种不同性质的毒物中毒。

强力解毒敏(复方甘草酸铵)，具有良好的抗原抗体反应抑制作用，促进肝脏功能及其解毒效果，是一种广泛的解毒药，适用于饲料中毒、药物中毒及化学物质中毒等。

此外，葡萄糖、维生素C、甘草水、绿豆汤都有一定的解毒作用。

三、维护全身功能及对症疗法

很多毒物无特效解毒剂，维护全身功能及对症治疗很重要，目的在于保护和恢复重要脏器的功能，维持机体的正常代谢过程。主要的措施包括以下几个方面：预防和治疗惊厥，维持呼吸功能与心脏功能，维持体温，治疗休克，治疗脑水肿，维持电解质和体液平衡，减轻疼痛，防止继发感染等。

任务四十八　酒糟中毒

酒糟中毒是长期采食多量新鲜的或已酸败的酒糟，由其中的有毒物质引起的一种中毒病。临床上以腹痛、腹泻及神经功能紊乱等为主要特征。

[病因]

酒糟（如啤酒糟、高粱酒糟及玉米酒糟）是酿酒工业的副产品，其质地柔软，气味芳香，适口性好，故为养牛业良好的饲料来源，但往往因突然大量饲喂酒糟，或因对酒糟保管不严而被偷食，或长期、单一地饲喂酒糟，即可引起牛食后中毒现象。

酒糟的成分十分复杂，如新鲜酒糟中含有乙醇，经发酵酸败后则形成多种游离酸（如醋酸、乳酸、丁酸）和各种杂醇油（如正丙醇、异丁醇、异戊醇），其中乙醇、醋酸是常见的有毒成分。酒糟成分还因酿酒原料不同而有所差别，如马铃薯酒糟可能含有发芽马铃薯中的龙葵素，甘薯酒糟可能含有黑斑病甘薯中的甘薯酮，谷类酒糟可能含有因谷类混有麦角所产生的麦角毒素和麦角胺，以大麦为原料的啤酒糟可产生二甲基亚硝胺。

另外，酿酒原料的霉败，以及酒糟的贮藏保管不当而发霉，可能使酒糟含有多种真菌毒素。因此，酒糟中毒究竟是由何种因素引起，应根据具体情况做具体分析。

[症状]

(1)急性中毒，开始兴奋不安，随后主要表现为胃肠炎的症状，食欲减退或废绝，腹痛、腹泻。严重者全身症状明显，呼吸困难，心跳疾速，脉细弱，步态不稳，后期四肢麻痹，卧地不起，体温下降，因呼吸中枢麻痹而死亡。

(2)慢性中毒，主要表现为消化不良，食欲减退，腹泻或便秘，可视黏膜潮红、黄染，有时出现血尿。发生皮疹、皮炎（酒糟性皮炎），或皮肤肿胀并见有潮红，以后形成疱疹，水疱破裂后形成湿性溃疡面，其上覆以痂皮，往往引起化脓性感染。孕牛可能发生流产。

[诊断]

根据有饲喂酒糟的病史，有腹痛、腹泻、流涎等中毒性疾病的一般临床症状；剖检，胃肠黏膜充血、出血，胃肠内容物有乙醇味及残存的酒糟，据此可做出初步诊断。

[治疗]

本病无特效疗法，发病后立即停喂酒糟，并将病畜放置在干燥及通风良好的圈舍内，用1%碳酸氢钠溶液 1 000～2 000 mL 灌服或灌肠，同时采取补液、强心及其他对症治疗措施。

胃肠炎严重的应及时用抗生素等消炎；兴奋不安的及时用镇静剂，如用硫酸镁等静脉注射；为了促进毒物排出可内服缓泻剂；为防止心功能衰竭，可静脉注射樟脑磺酸钠等；皮肤的局部病变，可按湿疹的治疗方法处理。

[预防]

用新鲜酒糟饲喂时,应由少到多逐渐增加,且酒糟的比例不能超过日粮的1/3,妊娠动物应减少喂量。轻度酸败的酒糟可加入石灰水,以中和酸性物质;严重酸败变质的酒糟,不得用作饲料。妥善贮藏酒糟,不宜堆放过厚,并避免日晒,以防发霉变质。

任务四十九　马铃薯中毒

马铃薯中毒是由于动物采食大量发芽马铃薯,腐烂块根或花果期茎叶后发生的一种中毒性疾病。以神经症状、胃肠炎、皮肤湿疹为特征。

[病因]

马铃薯又称洋芋、土豆、山药蛋,属茄科,其块茎和整个植株中含有一种有毒的生物碱马铃薯素,又称龙葵素,是一种弱碱性的糖苷生物碱,可溶于水,遇醋酸极易分解,高热、煮透也能解毒。

二维码 8-1　发芽腐败的马铃薯

马铃薯全株各部含马铃薯素的量差别很大,马铃薯素主要存在于花、幼芽、外皮和嫩绿茎叶内。绿叶中含0.25%,幼芽内含0.5%,花内含0.73%,绿果内含1.0%,马铃薯皮内含0.01%,而成熟的块根内只含0.005%~0.01%,而且大部分集中在外皮和芽眼组织中,未成熟的块根内含量可达1%。随贮藏时间的增加,马铃薯素含量明显增加,由新鲜时的0.004%,猛增到0.11%(9个月)乃至1.3%(18个月)。特别是贮藏不当,阳光照射而变绿、发芽、腐烂变质时,马铃薯素含量更高,霉烂的块根内可达0.58%~1.34%,芽内则可高达4.76%。

腐败的马铃薯还含有腐败素。此外,马铃薯的嫩绿茎叶中还含有4.7%的硝酸盐,处理不当时,可引起牛羊的亚硝酸盐中毒。

[症状]

根据中毒程度的不同,其临床症状也有差异。

(1)轻症的患畜,多呈慢性经过,呈明显的胃肠炎症状和皮疹症状。表现精神沉郁,食欲减退或废绝,流涎,口腔黏膜肿胀,前胃弛缓,瘤胃臌胀,腹痛,腹泻,粪便混有血液。口唇周围、肛门、尾根、四肢系部及母畜的阴门和乳房周围出现湿疹和水疱性皮炎。绵羊则常呈现贫血和尿毒症的症状。

(2)重症的患畜,多出现神经症状,病初流涎,腹痛,腹泻,随之精神高度沉郁,空口咀嚼,肌肉震颤,全身痉挛,后躯麻痹,呼吸迫促,心率加快,直至死亡。妊娠牛羊常发生流产。

[诊断]

根据采食多量的马铃薯(如发芽、腐烂变质、贮藏时间过长)及其茎叶的病史,结合临床症状(如神经症状、胃肠炎及皮肤湿疹)可做出诊断。

[治疗]

目前,马铃薯中毒尚无特效解毒剂。停喂马铃薯,中毒初期为减少毒物吸收和促进胃肠内容物排出,可用0.1%高锰酸钾溶液或0.5%~1%鞣酸溶液洗胃,必要时施行瘤胃切开术,取出瘤胃内容物。对胃肠炎较轻的牛,还可投服泻剂,促进胃肠内毒物排出。

对兴奋不安患畜，可用盐酸氯丙嗪，0.5～1 mg/kg 体重，肌内注射。

对胃肠炎患畜，及时给予抗生素或磺胺类药物，如牛用磺胺脒 40～60 g，鞣酸蛋白 30 g，碱式硝酸铋 15 g，加水适量，灌服。

对采食马铃薯茎叶而中毒的牛，应给予大剂量的维生素 C 或小剂量亚甲蓝，以缓解亚硝酸盐中毒。

中毒严重者，采取强心、补液等措施改善机体状况。对皮肤湿疹，可静脉注射 10%葡萄糖酸钙溶液，同时患部应用消毒药液洗涤或涂擦硫黄水盐酸软膏等。

[预防]

(1)避免使用发芽、变绿、腐烂的马铃薯或其未成熟的青绿茎叶做饲料。发芽不严重的马铃薯，将芽除掉后煮熟饲喂，并将水弃掉。

(2)马铃薯植株的幼嫩茎叶不能作为饲料，马铃薯茎叶需经晒干或制成青贮料进行饲喂，但也不宜长期、大量地饲喂。

(3)妊娠牛羊禁止饲喂糖苷生物碱含量高的马铃薯及其茎叶，以防流产。

任务五十　棉籽饼粕中毒

棉籽及其榨油后的副产品棉籽饼粕含有丰富的蛋白质和磷，在畜牧业生产中常作为精料补充料，可提高日粮中蛋白质和磷等营养成分含量。然而，棉籽、棉叶及棉籽饼粕中含有一种称为棉酚的有毒物质，饲喂不当可引起家畜中毒，妊娠母牛及犊牛比较敏感。棉酚可由乳汁排出，哺乳犊牛常因吸食饲喂棉籽饼粕的母牛乳汁而发生中毒。成年牛对棉酚有较大的抵抗力，只是在单一饲喂而又在低蛋白日粮的情况下，才可发生中毒。临床上以出血性胃肠炎、肺水肿、心力衰竭、神经紊乱、血尿和血红蛋白尿为主要特征。

[病因]

棉籽饼粕含粗蛋白质 36%～42%，粗纤维 11%～15%，存在于棉籽中的棉酚，其含量依棉花的种类、气候、土壤条件以及榨油的温度或所用溶媒而有所不同。棉酚能借助加热而灭活，低温或用已烷抽提不能除去棉酚，因此，冷榨生产的棉籽饼中棉酚量高于热榨产品。棉酚有结合棉酚和游离棉酚两种。在榨油时，大部分棉酚与蛋白质、氨基酸等物质结合，称为结合棉酚，这种结合棉酚不溶于油脂中，不能被消化吸收，因此被认为无毒。没有结合的棉酚成为游离棉酚，则具有毒性，且易被消化吸收，对神经、血管及实质脏器均有明显的毒害作用，并可侵害胎儿。棉籽中游离棉酚的含量一般为 0.04%～0.05%，这一含量足以产生毒害作用。所以，用棉籽饼粕或棉籽长期饲喂或饲喂量过大，可引起畜禽中毒。当饲料中维生素(维生素 A)、矿物质(特别是钙)缺乏和青饲料不足时，更易发生中毒。

棉酚吸收后主要经胆汁随粪便排出体外，少量随着尿液排出，也可以由乳汁排出。棉酚的排泄比较缓慢，在体内有明显的蓄积作用。长期多量饲喂棉籽饼粕，使游离棉酚在畜体内和肝脏中积蓄，侵害肾脏使之排泄缓慢，加剧棉酚在体内积蓄。棉酚损害肝细胞，破坏红细胞，损伤微血管膜，导致肠道出血和贫血；还能使子宫强烈收缩，致使母牛子宫内缺血缺氧，引起妊娠母牛流产和死胎；棉酚能损害动物睾丸生精上皮，导致精子畸形、死亡，甚至无精，造成公牛繁殖力降低或公牛不育。

此外，棉籽饼粕中尚有胰蛋白酶抑制因子、红细胞凝集素及生物碱等有害物质。这些物质能抑制畜禽的正常生长，但一般都在加热过程中被破坏。只有在饲喂棉籽或加热不充分的棉籽饼粕时，这些物质的毒性才会暴露出来。

[症状]

轻度中毒，出现轻度胃肠炎的症状，腹泻，食欲减退。只要能及时除去病因，适当治疗就会好转。重度中毒，多数出现出血性胃肠炎，食欲减退或废绝，反刍停止，初便秘，后腹泻，排黑褐色粪便，混有黏液和血液，粪便恶臭。呼吸急促，心搏动加快，精神沉郁，有嗜睡现象，个别病牛在病初有兴奋不安和腹痛现象。以后则全身无力，卧地不起。当病情进一步发展，皮下、四肢、颈下和胸前出现水肿，尿呈现红色、暗红色或酱红色，可视黏膜发绀，心力衰竭，多死亡。

牛的慢性中毒，主要表现为维生素 A 和钙缺乏的症状，食欲减退，消化紊乱，腹泻，血红蛋白尿，贫血和夜盲症。

[病理变化]

病畜呈现全身性的水肿变化，皮下组织呈明显的浆液性浸润，胸腔、腹腔积有红色透明的液体。肺充血、出血、淤血、水肿，支气管内充满淡黄色泡沫样渗出物。胃肠道有出血性炎症，肝脏充血、淤血、肿大。心脏扩张，心肌松软。肾肿大，被膜下有出血点。膀胱有出血性炎症，常有暗红色尿液。

[诊断]

根据长期或大量饲喂棉籽或其副产品的病史，并且饲喂的棉籽及其副产品均未去毒、未曾热榨或浸泡处理，结合胃肠炎、排暗红色尿液、视觉障碍等临床症状及病理变化可做出诊断。必要时可测定棉籽饼粕中棉酚的含量。

(1)血液检查：红细胞数和血红蛋白含量减少，白细胞总数增加，中性粒细胞比例增高，核左移。

(2)棉酚的定性检验：取棉籽饼粕少许，研成细末，加硫酸数滴，振荡 1～2 min，若有棉酚存在即变为红色。

[治疗]

目前，尚无有效的治疗方法，只能采取一般的急救措施。消除病因，加速毒物的排泄及对症治疗。

应立即停止饲喂棉籽饼粕饲料，加速其排泄。用 0.1%的高锰酸钾溶液、3%～5%碳酸氢钠溶液或双氧水溶液洗胃。也可用硫酸亚铁 7～15 g，一次内服。若胃肠内容物多且胃肠炎不严重，可内服盐类泻剂，胃肠炎严重时用消炎收敛的药物，如磺胺脒、氢氧化铝胶。也可用面糊、淀粉来保护胃肠黏膜，250 g/次，用开水冲成稀糊状，2 次/d。为制止渗出，增强心脏功能，补充营养和解毒可用高渗葡萄糖溶液、10%樟脑磺酸钠、5%氯化钙等静脉注射，配合维生素 C、维生素 A 及维生素 D 更好。特别是有视觉障碍的患牛，用维生素 A 效果明显。

对有食欲的病牛，多喂青绿饲料及补钙，可促进病牛的恢复。

[预防]

棉籽与棉籽饼粕中毒与否，关键在于饲料中含有可以直接利用棉酚的量，因此，不能以棉籽饼粕的量来确定其安全性。一般认为奶牛日粮中游离棉酚的含量不超过 200 mg/kg 是安全的。

(1)对于反刍动物，长期饲喂棉籽或其副产品时，应搭配豆科干草或其他优良饲料或青饲料，同时补充维生素 A 和钙。限制棉籽饼粕的饲喂量，牛每天不超过 1～1.5 kg，妊娠母牛最好停喂，以防流产。

(2)减毒或脱毒处理。将棉籽饼粕热炒或蒸煮 1 h 后再喂，可避免中毒。据认为用 10%大麦粉与其混合后煮沸，去毒效果更好。也可以在阳光下曝晒，使棉籽饼失水达 60%～70%，经过 3 次处理可将游离棉酚减少到无害的程度。铁与棉酚结合成不被家畜吸收的复合物，使棉酚的被吸收率大大减少。据报道，用 0.1%～0.2%硫酸亚铁浸泡棉籽饼粕，其中棉酚的破坏率可达 81.8%～100%。饲喂棉籽饼粕的家畜同时喂硫酸亚铁，理论上铁元素与游离棉酚之比为 1∶1，但硫酸亚铁中含有分子水，实际应用时，硫酸亚铁与游离棉酚之比为 5∶1，还应使硫酸亚铁与棉酚充分接触。

任务五十一　菜籽饼粕中毒

菜籽饼粕中毒是动物长期或大量摄入油菜籽榨油后的副产品，由于含有硫代葡萄糖苷的分解产物，引起肺、肝、肾及甲状腺等器官损伤，临床上以胃肠炎、呼吸困难、血红蛋白尿及甲状腺肿大为特征的中毒病。常见于猪和牛，其次为禽类和羊。

[病因]

油菜为十字花科芸薹属植物，是我国的主要油料作物之一。菜籽饼粕是油菜籽榨油后的副产品，含粗蛋白 34%～39%，并含有 0.52%的蛋氨酸、0.79%的胱氨酸、1.33%的赖氨酸，是重要的蛋白质饲料资源。但菜籽饼粕中含有硫代葡萄糖苷（简称硫苷）及其代谢产物、芥子碱等多种有毒有害成分，长期大量采食可危害动物健康，引起中毒。

硫代葡萄糖苷（又称芥子苷）广泛存在于十字花科的植物中，随油菜的品种和加工方法的不同有很大变化，不同品种的油菜中，硫代葡萄糖苷的含量有差异。目前，我国种植的品种有白菜型油菜、芥菜型油菜和甘蓝型油菜，其中甘蓝型油菜种植面积最大，均为高芥子酸、高硫代葡萄糖苷含量的"双高"品种。油菜植株的各部分都含有硫代葡萄糖苷，以种子中的含量最高，其他部分较少，顺序为种子＞茎＞叶＞根。油菜籽中硫代葡萄糖苷含量为 3%～8%，白菜型、芥菜型和甘蓝型平均含量分别为 6.13%、4.04%和 4.85%。

硫代葡萄糖苷本身无毒，含有硫代葡萄糖苷的植物都含有黑芥子酶，是一种水解酶。家畜长期或大量食入菜籽饼粕之后，在胃内经黑芥子酶催化硫代葡萄糖苷水解生成异硫氰酸盐、硫氰酸盐、噁唑烷硫酮等多种有毒降解物质，引起中毒症状。另外，菜籽饼粕还含有芥子碱、芥子酸、单宁、植酸、硝酸盐、S-甲基半胱氨酸亚砜等有毒物质。

本病的发生是畜禽突然大量饲喂未做减毒处理的菜籽饼或长期饲喂未做去毒处理的菜籽饼。动物采食多量鲜油菜或芥菜，尤其开花结籽期的油菜或芥菜也可引起中毒。在大量种植油菜、甘蓝及其他十字花科植物的地区，以这些植物的根、茎、叶及其种子为饲料，或利用油菜种子的粉或菜籽饼作为动物饲料时，常常发生该病的流行。

[症状]

菜籽饼粕与油菜中毒后一般表现为 4 种类型。以精神沉郁，食欲减退或废绝，反刍停止，瘤胃蠕动减弱或停止，腹泻或便秘为特征的消化型；以血红蛋白尿、泡沫尿和贫血等溶血性贫血为特征的泌尿型；以肺水肿和肺气肿等出现呼吸困难为特征的呼吸型；以失明（"油菜目盲")、狂躁不安等神经症状为特征的神经型。

牛急性中毒后表现食欲废绝，反刍减少或停止，瘤胃蠕动无力、次数减少，瘤胃臌气，不安，空口咀嚼，流涎，腹痛，腹泻或便秘，粪便中混有血液，奶牛产奶量降低。咳嗽，呼吸极度困难，呼吸加快，张口呼吸，鼻孔流出粉红色泡沫状液体，有的出现皮下气肿。黏膜苍白、黄染，尿频，尿液呈红褐色或酱油色，尿液落地时可溅起多量泡沫。严重的病例甲状腺功能减退，体温降低，耳尖及肢体末端冰凉，脉搏细弱，卧地不起，全身衰竭，最后昏迷而死。

有的病例可突然发生失明，检查时双眼正常，瞳孔对光反应减弱，通常需要数周后才能恢复。犊牛表现兴奋不安，乱奔乱撞，继而四肢痉挛、麻痹，站立不稳而卧地不起，体温升高，脉搏快而弱，很快衰竭死亡。

慢性中毒时，体重下降，甲状腺肿大。妊娠母牛妊娠期延长，新生犊牛甲状腺肿大，生长缓慢，死亡率升高。菜籽饼粕还可导致感光过敏，牛常在乳房、四肢、胸腹部、颌下、口唇周围出现疹块，并发奇痒，白天在阳光照射下加剧，晚上则减轻。因皮肤发痒而不安、摩擦，可引起进一步的损伤和感染。

［诊断］

根据饲喂菜籽饼粕或鲜油菜的病史，结合急性胃肠炎、呼吸困难等临床症状可初步诊断，必要时进行毒物检验或动物试验加以确诊。

本病的症状与许多疾病有相似之处，应注意鉴别诊断，如甲状腺肿大应与碘缺乏症等相鉴别；腹泻应与大肠杆菌病、沙门菌病、蕨类植物中毒等相鉴别；溶血性贫血应与牛产后血红蛋白尿、钩端螺旋体病、巴贝斯焦虫病等相鉴别；急性肺水肿和肺气肿病牛要与牛再生草热、肺丝虫病、霉烂甘薯中毒等相鉴别；神经型病例要与食盐中毒、有机磷中毒及其他具有神经症状的疾病相鉴别。感光过敏性皮炎伴随肝损害病例应与其他光敏物质中毒相鉴别。

［治疗］

目前尚无特效解毒药物。轻度中毒病牛立即停喂有毒菜籽饼粕，改喂其他饲料后即可恢复。严重中毒者可采取一般解毒措施，如洗胃、下泻和对症疗法等。反复洗胃，以清除瘤胃内有毒物质，减少毒物的吸收。而后用淀粉 100～200 g，开水冲成浆状候温后加磺胺脒 60 g，内服，以保护胃肠黏膜，消除炎症。

甘草煎汁加食醋内服有一定解毒效果，甘草 200～300 g，煎成汁，食醋 500～1 000 mL，混合，一次灌服。

对肺水肿和肺气肿病牛，可使用抗组织胺药物和肾上腺类固醇皮质激素，如盐酸苯海拉明、地塞米松等肌内注射。

溶血性贫血病例，应及早输血，并补充铁制剂，以尽快恢复血容量。

若病牛产后伴有低磷酸盐血症，可同时用 20%磷酸二氢钠溶液 300～500 mL，或 3%次磷酸钙溶液 1 000 mL，静脉注射，1 次/d，连续 3～4 d。

对严重的中毒病牛，还应采取包括强心、补液、利尿、平衡电解质等对症治疗措施。

［预防］

(1)用未经脱毒的菜籽饼粕饲喂动物，必须控制饲喂量。有关菜籽饼粕的安全饲喂量，因试验条件和方法不同，其结论也不一。一般认为，牛饲料中菜籽饼粕安全限量为 15%以下。即使控制用量的菜籽饼粕，也应脱毒后再行饲喂。

(2)培育"双低"油菜品种。这是菜籽饼粕去毒和提高其营养价值的根本途径。20 世纪

70 年代，“双低”(低硫代葡萄糖苷、低芥酸)油菜品种，在加拿大和欧洲各国大力培育并推广，效果良好。近年来，我国在引进和选育“双低”油菜品种方面已经取得了成效。但新的油菜品种仍存在着产量低、抗病力差和易出现品种退化等问题。

(3)改进油菜籽制油工艺。为了生产出毒物含量低、蛋白质品质好的菜籽饼粕，应严格按照国家有关部门规定的预榨浸出工艺和技术标准进行生产。从我国目前情况来看，一般认为，采用整粒菜籽先蒸炒灭活硫代葡萄糖苷酶，再破碎去皮，而后预榨浸出的制油工艺比较适宜。

(4)脱毒。对于含毒量高的菜籽饼粕，可经脱毒处理后再利用，常用的脱毒方法有以下几种。

①坑埋法：将菜籽饼粕用水拌湿后埋入土坑中，上面盖以干草并覆盖适量干土，待 30～60 d 后取出饲喂或晒干贮藏，可除去大部分毒物，此法可去毒 70%～98%。

②水浸法：硫代葡萄糖苷具水溶性，用水浸泡数小时，换水 1～2 次，即可作为饲料。本法对水溶性营养物质的损失较多。

③热处理法：用干热、湿热、高压热处理菜籽饼粕，可使硫代葡萄糖苷酶失去活性。但在高温处理时，蛋白质变性而降低了饼粕的营养价值，而且硫代葡萄糖苷仍留在饼粕中，饲喂后可能被动物肠内某些细菌酶解而产生毒性。

④化学脱毒法：硫酸亚铁、硫酸铜和硫酸锌等是硫代葡萄糖苷的分解剂，并能与异硫氰酸盐和噁唑烷硫酮形成难溶性络合物，使其不被动物吸收，有较好的去毒效果。氨气与碱[NaOH、$Ca(OH)_2$和 Na_2CO_3]用作脱毒剂，有一定的脱毒效果，但往往会降低饲料的营养价值和适口性。

⑤微生物脱毒法：某些菌种(酵母、霉菌、细菌)，可以破坏硫代葡萄糖苷及其降解产物，对菜籽饼粕进行生物发酵，可使毒素减少。常用酵母液接种发酵脱毒。在温度 30 ℃、接种量 10%(酵母液)条件下培养 25 h 后烘干，不仅测不出硫苷和异硫氰酸盐，而且脱毒饼的香味大有改善，饼的营养价值也有所提高，尤其是必需氨基酸增加 3%～5%。此法可适用于工业化生产。

任务五十二　黄曲霉毒素中毒

黄曲霉毒素中毒是动物采食被黄曲霉毒素污染的饲料而引起的一种人兽共患并具有严重危害性的霉败饲料中毒性疾病。主要病理学特征是肝细胞变性、坏死、出血，胆管和肝细胞增生。临床上以全身出血，消化功能紊乱，腹水，神经症状等为特征。长期慢性小剂量摄入，还有致癌作用。患牛多呈慢性经过。

本病于 20 世纪 50 年代末首次在英国苏格兰发生，当时称为“火鸡 X 病”，以后相继又在美国、巴西和南非等 18 个国家发生。近 20 年来，我国长江沿岸及以南地区的饲料污染黄曲霉毒素较为严重，而华北、东北及西北地区的饲料污染黄曲霉毒素则相对较少。

各种动物均可发生本病，但由于性别、年龄及营养状态等的不同，其敏感性是有差异的。一般来说，幼龄动物比成年动物易感，雄性动物比雌性动物(怀孕期除外)易感，高蛋白饲料可降低动物对黄曲霉毒素的敏感性。每千克日粮中黄曲霉毒素的耐受量为：幼禽≤50 μg，成年家禽≤100 μg，断奶仔猪≤50 μg，肥育猪＜200 μg，犊牛＜100 μg，成年牛＜300 μg。每千克奶牛日粮中黄曲霉毒素 10～20 μg,即可在乳汁中检测到代谢产物。因此,被黄曲霉毒素污染的饲料不能饲喂奶牛。绵羊对黄曲霉毒素的耐受性较强,很少有自然发病。

[病因]

黄曲霉毒素主要是黄曲霉和寄生曲霉等产生的有毒代谢产物,其他曲霉、青霉、毛霉、链孢霉、根霉中的某些菌株也能产生少量黄曲霉毒素。目前,发现黄曲霉毒素及其衍生物有 20 余种,其中除黄曲霉毒素 B1、黄曲霉毒素 B2 和黄曲霉毒素 G1、黄曲霉毒素 G2 为天然产生的以外,其余的均为它们的衍生物。已证明黄曲霉毒素 B1、黄曲霉毒素 B2、黄曲霉毒素 G1 以及黄曲霉毒素 M1 都可以诱发猴、大鼠、小鼠等动物发生肝癌,在这些毒素中又以黄曲霉毒素 B1 的毒性及致癌性最强,为氰化钾的 10 倍、砒霜的 68 倍,致癌作用为二甲基偶氮苯的 900 倍,比二甲基亚硝胺诱发肝癌能力大 75 倍。因此,在检验饲料中黄曲霉毒素含量和进行饲料卫生学评价时,一般以黄曲霉毒素 B1 作为主要监测指标。

二维码 8-2　被黄曲霉毒素污染的各种作物

黄曲霉毒素是目前已发现的各种霉菌毒素中最稳定的一种,在通常的加热的条件下不易被破坏。如黄曲霉毒素 B1 可耐 200 ℃高温,强酸不能破坏,加热到它的最大熔点 268～269 ℃才开始分解。黄曲霉毒素遇碱能迅速分解,荧光消失,但遇酸又可复原。很多氧化剂如次氯酸钠、过氧化氢等均可破坏其毒性。

这些产毒霉菌广泛存在于自然界中,主要污染玉米、花生、豆类、棉籽、麦类、大米、秸秆及其副产品(如酒糟、油粕、酱油渣)等,这些霉菌最适宜的繁殖、产毒条件为基质水分在 16%以上,相对湿度在 80%以上,温度在 24～30 ℃,会产生大量黄曲霉毒素,在 2 ℃以下和 50 ℃以上即不能繁殖。一般来说,饲料水分含量越高,产黄曲霉毒素的量就越多。因此,黄曲霉毒素中毒的发生的原因多半是动物采食被上述产毒霉菌污染的花生、玉米、豆类、麦类、棉籽及其副产品所致。本病一年四季均可发生,但在多雨季节,温度和湿度又较适宜时,若饲料加工、贮藏不当,更易被黄曲霉菌所污染,增加动物黄曲霉毒素中毒的概率。

[症状]

黄曲霉毒素是一类肝毒物质,家畜中毒后以肝脏损害为主,同时伴有血管通透性破坏和中枢神经损伤等,临床特征是黄疸、出血、水肿和神经症状。犊牛对黄曲霉毒素较敏感,多为急性,表现为精神沉郁,厌食,磨牙,耳部震颤,生长发育缓慢,消瘦,失明,前胃弛缓,腹泻,粪便中混有血凝块及黏液,最后昏迷死亡,死亡率较高。成年牛多呈慢性经过,死亡率较低。表现食欲降低,磨牙,前胃弛缓,瘤胃臌气,间歇性腹泻,泌乳量下降,但死亡率低。妊娠母牛流产、早产。

[病理变化]

牛的特征性病变:肝脏纤维化及肝细胞瘤,肝管上皮增生,胆囊扩张,胆汁变稠。肾脏表面色淡或呈黄色,水肿。

病理组织学变化:急性病例呈急性中毒性肝炎,如肝实质细胞变性、坏死、出血和空泡化。慢性病例可见肝细胞和间质组织增生。

[诊断]

对黄曲霉毒素中毒的诊断,应从病史调查入手,并对饲料样品进行检查,结合临床表现(如黄疸、出血、水肿、消化障碍及神经症状)和病理学变化(如肝细胞变性、坏死、增生、肝癌)等情况，可做出初步诊断。确诊必须对可疑饲料进行产毒霉菌的分离培养以及饲料中黄曲霉毒素含量的测定。

[治疗]

对本病尚无特效疗法，主要在于预防。发现中毒时，应立即停喂霉败饲料，改喂富含碳水化合物的青绿饲料和高蛋白饲料，减少或不喂含脂肪过多的饲料。

一般轻症病例，不给任何药物治疗，可逐渐康复，重剧病例，应及时投服泻剂如硫酸钠、人工盐等，加速胃肠道毒物的排出。同时，采用保肝和止血疗法，可用 20%～50%葡萄糖溶液、维生素 C、10%葡萄糖酸钙或 5%氯化钙溶液。心脏衰弱时，皮下或肌内注射强心剂。为了防止继发感染，可应用抗生素制剂，但严禁使用磺胺类药物，否则会加速死亡。

[预防]

预防本病主要采取如下措施。

1. 防止饲草、饲料发霉

防霉是预防饲草、饲料被黄曲霉毒素及其毒素污染的根本措施。引起饲料霉变的因素主要是温度与相对湿度，因此在饲草收割时应充分晒干，切勿雨淋；饲料应置阴凉干燥处，勿使受潮、淋雨。为了防止发霉，还可使用化学熏蒸法或防霉剂。常用防霉剂有丙酸钠、丙酸钙，每吨饲料中添加 1～2 kg，可安全存放 8 周以上。

2. 霉变饲料的去毒处理

霉变饲料不宜饲喂畜禽，发霉严重的饲料应废弃；轻度发霉的，若直接废弃，则将造成经济上的很大浪费，除去饲料中的毒素后仍可饲喂畜禽。常用的去毒方法有以下三种。

(1)连续水洗法。此法简单易行，成本低，费时少。具体操作是将饲料粉碎后，用清水反复浸泡漂洗多次，至浸泡的水呈无色时可供饲用。

(2)化学去毒法。最常用的是碱处理法。在碱性条件下，可使黄曲霉毒素结构中的内酯环破坏，形成香豆素钠盐且溶于水，再用水冲洗可将毒素除去。可用 5%～8%石灰水浸泡霉败饲料 3～5 h 后，再用清水淘净，晒干便可饲喂。或每千克饲料拌入 12.5 g 的农用氨水，混匀后倒入缸内，封口 3～5 d，去毒效果达 90%以上，饲喂前应挥发去残余的氨气。还可用 0.1%漂白粉水溶液浸泡处理等。

(3)微生物去毒法。据报道，无根根霉、米根霉、橙色黄杆菌对除去粮食中黄曲霉毒素有较好效果。

任务五十三　尿素中毒

尿素是动物体内蛋白质分解的终末产物，常通过肾脏由尿液排出，故名尿素。现用的尿素皆为工业合成品。尿素是含氮 46%的中性高效化肥，除应用于农作物外，还是反刍动物蛋白质的补充饲料，反刍动物瘤胃内的微生物可将尿素的非蛋白氮转化为蛋白质，因此，利用尿素加入日粮中以补充蛋白质来饲喂牛羊，早已在畜牧生产中实施了。从理论上讲，1 kg 尿素相当于 2.6～2.8 kg 粗蛋白质。然而补饲不当或过量即可发生中毒。本病主要发生在反刍动物，多为急性中毒，死亡率很高。临床上以肌肉强直，呼吸困难，循环障碍，新鲜胃内容物有氨臭味为特征。

［病因］

(1)使用尿素补饲不当。在饲料中加入尿素补饲时，初次就突然按规定量饲喂，或不按规定控制用量，或添加的尿素与饲料混合不匀，或将尿素溶于水而大量饲喂，或尿素管理不善被反刍动物误食等，均可引起中毒。

尿素的用量一般控制在饲料干物质的1%以下或精料的3%以下。开始只能在饲料中加入少量尿素，然后在数天或数周内逐渐增加，使动物习惯摄食尿素，即有足够的时间使瘤胃微生物适应可饲用氨的供应量，并使肝脏的氨解毒机制适应血中氨的增加。关于首次给牛饲喂尿素的中毒剂量有不同的记载，有人认为 0.45 g/kg 体重或总量 100～200 g 均可引起中毒。另外，尿素的用量受许多因素的影响，与饲喂量、个体差异、饥饿状态等有密切关系。如果逐渐增加饲料中的尿素量，成年公牛能摄取多达 400 g/d 而无毒害作用，对于敏感的牛 50 g 也会引起中毒。一般认为牛在短时间内就会对尿素产生耐受性，但是，如果几天不饲喂尿素，这种耐受性就会很快消失。将尿素与糖蜜混合喷洒在粗饲料上饲喂可增加动物对于尿素的耐受性，可能是因为糖的发酵可使瘤胃 pH 维持酸性，从而降低尿素的分解和氨的吸收。另外，尿素的饲喂量、中毒量和致死量之间极为接近，因此，使用尿素时在剂量上即使存在微小差异，也可能发生中毒。

(2)补饲尿素的同时饲喂富含脲酶的大豆饼或蚕豆饼等饲料，可增加中毒的危险性。当动物摄食过量的尿素，在瘤胃内被分解产生大量的氨通过瘤胃壁吸入血液、肝脏。当外围血液中氨超过一定量时，即可引起中毒。氨中毒的主要机理为抑制柠檬酸循环(通过消耗 α-酮戊二酸实现)，脑细胞能量供应不足和脑组织代谢紊乱，导致惊厥和出现其他神经症状。同时，由于瘤胃臌气，呼吸更加困难。

［症状］

牛羊采食过量尿素后 30～60 min 出现症状，首先表现沉郁，随后不安和感觉过敏，呻吟，反刍停止，瘤胃臌气，肌肉痉挛，震颤，步态不稳，继则反复发作强直性痉挛，同时呼吸困难，呼出气体带有氨臭味，脉搏加快，自口、鼻流出泡沫状液体。后期则出汗，瞳孔散大，肛门松弛。急性严重中毒经 1～2 h 即可因窒息死亡。如果延长至 1 d 左右，则可能发生后躯不全麻痹。

血氨升高，血液 pH 在中毒初期升高，死亡前下降，并伴有高钾血症，尿液 pH 升高。

［诊断］

根据采食尿素史和临床表现(如强直性痉挛和呼吸困难)可做出初步诊断。

测定血氨浓度，有助于确诊。在一般情况下，当血氨浓度为 8.4～13 mg/L 时，即开始出现症状；当血氨浓度达到 20 mg/L 时，表现共济失调；当血氨浓度达到 50 mg/L 时，动物即死亡。

［治疗］

本病尚无特效治疗药物，可采取下列处理措施。

立即暂时停止饲喂尿素，同时灌服大量食醋或稀醋酸等弱酸类溶液，以抑制瘤胃中脲酶的活力，并中和尿素的分解产物氨，减少氨的吸收。如食醋 500～1 000 mL，加水适量，成年牛一次灌服；或 1%醋酸溶液 1 000 mL、糖 500～1 000 g，加水 1 000 mL，灌服；还可静脉注射谷氨酸钠 25～75 g，它可使一部分存在于肝、肾、脑组织中的氨，在谷氨酰胺合成酶的催化下，与谷氨酸合成无毒的谷氨酰胺。

对症治疗，用苯巴比妥抑制痉挛，瘤胃穿刺以放气减压。静脉注射20%～50%葡萄糖、生理盐水、维生素C等保肝解毒、纠正脱水，但肺水肿严重时应慎重。

[预防]

(1)加强饲养管理。加强对牛羊的饲养管理，对尿素要加强管理，不能粗心大意，任意堆放，严防牛羊误食或偷食。严禁牛群、羊群进入刚施过尿素的草场或采食刚施过尿素的作物。

(2)正确合理地使用尿素。饲料中添加尿素，应由少到多，逐渐增量至规定用量。尿素作为饲料饲喂反刍动物要按照由少到多、循序渐进的过程。由过渡期到适应期，一般需经7～15 d的适应期后才能逐步增加到规定量，每天供给的日定量应分为2～3次饲喂，不能一次性喂给。一定要严格控制剂量，实践证明，每头牛每日饲喂尿素100 g，或在精料中的含量不超过3%，对于奶牛的健康和生产均无不良影响。在拌入饲料时，一定要混合均匀，以免因采食不匀，引起中毒事故，尤其要严禁将尿素溶在水中直接喂给。

(3)不要将富含尿酶的豆饼类饲料或南瓜等与尿素同时饲喂，补饲尿素时应同时饲喂富含碳水化合物的饲料，以保证瘤胃微生物生命活动的需要。

任务五十四　有机磷中毒

有机磷中毒是动物接触、吸入或误食了有机磷杀虫剂后而发生的中毒性疾病。有机磷化合物进入动物体内，抑制胆碱酯酶的活性，导致乙酰胆碱大量积聚，临床上以腹痛、腹泻、大量流涎、肌肉痉挛和瞳孔缩小等为特征。各种动物均可发生。

有机磷杀虫剂种类繁多，毒性不一，应用广泛，该类杀虫剂不仅可用于防治果树、农作物的害虫，在兽医临床上也可作为体内外驱虫药物。按毒性的大小将其分为三类：高毒类，包括对硫磷(1605)、甲拌磷(3911)、甲基多硫磷、内吸磷(1059)等；中毒类，包括敌敌畏、二嗪农(地亚农)、倍硫磷、乐果等；低毒类，如敌百虫、马拉硫磷、辛硫磷等。

[病因]

(1)饲喂或误食了喷洒过有机磷杀虫剂不久的牧草、蔬菜而发生中毒，或饮用了被有机磷杀虫剂污染的水源。

(2)违反使用、保管农药的安全操作规程，使用盛装过有机磷杀虫剂未彻底清洗的容器存放饲料或饮水；在车船运输中，有机磷杀虫剂与饲料混杂装运；在饲料仓库内或附近存放有机磷杀虫剂，特别是在饲料仓库内配制或搅拌有机磷杀虫剂等。

(3)空气污染，农业、林业及环境卫生防疫工作中喷雾或农药厂生产的有机磷杀虫剂废气可污染局部或较远距离的环境空气，动物吸入挥发的气体或雾滴可致中毒。

(4)作为兽药用量过大，如应用敌百虫等驱除体内外寄生虫时，剂量过大、使用不当等引起中毒。

(5)人为投毒的破坏活动。

有机磷杀虫剂主要经胃肠道、呼吸道、皮肤和黏膜吸收，但通过消化道和呼吸道吸收较为快速且完全，动物中毒以消化道吸收中毒多见，临床症状也较严重。吸收后迅速分布于全身各器官组织，其中以肝脏浓度最高，其次是肾脏、肺脏、脾脏等，肌肉和大脑最低。有机磷进入体内后，可抑制多种酶的活性，但毒性主要表现在抑制胆碱酯酶活性。进入体内的有机磷化合物与乙酰胆碱酯酶结合，形成比较稳定的磷酰化胆碱酯酶，失去分解乙酰胆碱的能力，导致乙酰胆碱大量积聚，引起胆碱能神经的兴奋性升高，导致先兴奋后衰竭的一系列毒蕈碱样、烟碱样和对中枢神经系统等症状。

①毒蕈碱样作用。乙酰胆碱作用于胆碱能神经节后纤维所支配的器官组织（如心脏、血管、平滑肌、腺体）时的内脏效应，其作用与毒蕈碱相似，故称为毒蕈碱样症状。主要表现为唾液分泌过多，胃肠运动过度而导致剧烈的腹痛、腹泻、痉挛、呕吐、出汗、瞳孔缩小，支气管腺体分泌增加导致呼吸迫促，甚至呼吸困难，严重者可伴发肺水肿。

②烟碱样作用。乙酰胆碱作用于肾上腺髓质、骨骼肌等时所表现的骨骼肌效应，其作用与烟碱相似。小剂量时，对这些器官组织起兴奋作用，发生肌肉震颤、痉挛；大剂量时，发生抑制作用，如中毒晚期的肌麻痹和呼吸窒息等。其所表现的症状称为烟碱样症状。

③对中枢神经的作用。乙酰胆碱在大脑内大量积聚，使中枢神经细胞之间的兴奋传递发生障碍，造成中枢神经系统的功能紊乱，先表现为兴奋不安，体温升高，后出现抑制，昏睡，惊厥或昏迷等神经症状。

[症状]

有机磷杀虫剂的安全范围很窄，急性中毒发生于口服或吸入农药 10 min 至 2 h 内，且病情发展迅速。经体表吸收者则需较长的潜伏期，病情较轻且缓慢。中毒症状因有机磷制剂的种类、毒性、摄入量及动物品种、年龄等不同而有一定差异。临床根据病情程度可分为以下三种。

1. 轻度中毒

以毒蕈碱样（又称 M 样症状）症状为主。表现为精神沉郁或不安，食欲大减或废绝，反刍停止，大量流涎，腹痛，腹泻，出汗，瞳孔缩小等。

2. 中度中毒

除上述症状加重外，主要出现烟碱样（又称 N 样作用）症状。表现为骨骼肌的兴奋，发生肌纤维震颤，严重的全身抽搐，以后发展为麻痹。最终因呼吸肌麻痹窒息死亡。

3. 重度中毒

通常以中枢神经中毒症状为特征。表现为兴奋不安，共济失调，体温升高，抽搐，甚至陷于昏迷或突然倒地，四肢做游泳状划动，心率加快，瞳孔缩小，很快死亡。

牛羊中毒以毒蕈碱样症状为主，表现不安，流涎，鼻液增多，反刍停止，腹泻，粪便往往带血。肌肉痉挛，眼球震颤，瞳孔缩小，不时磨牙，呻吟。呼吸困难，心率加快，听诊肺部有广泛性的湿啰音。四肢末端发凉，体表出冷汗。最后因呼吸肌麻痹而窒息死亡。妊娠母牛可发生流产。

[诊断]

根据接触有机磷杀虫剂的病史（要注意观察饲喂的饲料、饮水，中毒病畜的胃内容物、呼吸道分泌物和皮肤等有无有机磷制剂的特殊气味），结合流涎、腹痛、腹泻、瞳孔缩小、肌肉震颤、呼吸困难等临床症状，可做出初步诊断。血液胆碱酯酶活性降低，胃内容物、可疑饲料和饮水等样品有机磷化合物的定性或定量分析，可为确诊提供依据。

此外，通过阿托品和解磷定进行的治疗试验，可验证诊断。静脉注射一般治疗量的硫酸阿托品，10 min 后观察，如病畜发生口干，瞳孔散大，心率加快等“阿托品化”现象时，即可否定有机磷中毒。反之，如出现心率由快变慢，中毒症状也有所减轻时，则判定为有机磷中毒。静脉注射治疗量的解磷定后，病情出现明显好转，症状减轻时，可判定为有机磷中毒。

［治疗］

1.清除毒物和防止毒物继续吸收

(1)清洗皮肤和被毛。如果是经皮肤引起中毒的，可用微温水或凉水、中性肥皂水清洗局部或全身皮肤，但不能刷拭皮肤。

(2)洗胃。经口引起中毒者，要迅速用水或碳酸氢钠溶液洗胃，多数有机磷农药可在碱性溶液中分解失效。但是，在八甲磷、敌百虫中毒时，因它们易在酸性溶液中分解失效，故可用1%醋酸洗涤皮肤。若为对硫磷中毒时，禁用高锰酸钾溶液洗胃，因为在高锰酸钾存在的情况下，对硫磷可转化为毒性更强的对氧磷。为了阻止毒物继续吸收，促进毒物排出，可灌服活性炭。

(3)缓泻与吸附。可灌服硫酸镁、硫酸钠或人工盐等盐类泻剂排出胃肠内容物。灌服活性炭可吸附有机磷，并促进其从粪便排出，由于动物从瘤胃内容物中可持续吸收有机磷，所以活性炭对反刍动物效果更佳。注意禁用油类泻剂，因为多数有机磷杀虫剂具有高度的脂溶性，其可加速有机磷溶解而被肠道吸收。

2.特效解毒剂

有机磷中毒的特效解毒剂包括生理拮抗剂和胆碱酯酶复活剂两种，二者合用效果更好。

(1)生理拮抗剂。阿托品是乙酰胆碱对抗剂，治疗中应避免超量使用。但阿托品只能缓解有机磷中毒的主要临床症状，不能从根本上解毒。此外，在使用中应防止用量过大出现“阿托品化”中毒。在使用阿托品解毒时，常采用多次用药，直至不再出现大量流涎或停止流涎，瞳孔恢复正常或稍大为止。牛 0.15～0.5 mg/kg 体重，羊一次总量 5～10 mg，首次静脉注射，经 30 min 后仍未出现瞳孔散大、口干、皮肤干燥、心率加快、肺湿啰音消失等“阿托品化”表现时，应重复用药，给药途径可改为皮下或肌内注射，直至出现明显的“阿托品化”表现为止，以后减少用药次数和剂量，以巩固疗效。当有机磷杀虫剂中毒的症状不再反复，经观察 10 h 左右病情仍无恶化者，方可考虑停药。

阿托品不能解除乙酰胆碱对横纹肌的作用，也不能恢复胆碱酯酶的活性，对轻度的有机磷中毒，单独应用阿托品可收到满意的效果，但对中毒严重的，必须配合应用胆碱酯酶复活剂方能有效。

(2)胆碱酯酶复活剂。常用的有解磷定、氯解磷定、双复磷。这类解毒剂的特点是能使磷酰化胆碱酯酶迅速恢复为胆碱酯酶从而发挥其生理活性作用。胆碱酯酶复活剂对解除烟碱样症状作用较为明显，但胆碱酯酶复活剂对已老化的胆碱酯酶无复活作用，因此对慢性中毒的疗效不理想。对胆碱酯酶疗效不好的病牛，应以阿托品治疗为主或二者合用。

①解磷定 20～50 mg/kg 体重，溶于葡萄糖溶液或生理盐水中，静脉注射或皮下注射。对于严重中毒的病例，应适当加大剂量。解磷定在碱性溶液中易水解成剧毒的氰化物，忌与碱性药物配伍应用。解磷定作用快速，持续时间短，1.5～2 h，临床治疗时应反复用药。对内吸磷、对硫磷、甲基内吸磷等大部分有机磷农药中毒的解毒效果确实，但对敌百虫、乐果、敌敌畏、马拉硫磷等小部分制剂的解毒作用较差。

②氯解磷定可做肌内注射或静脉注射，剂量同解磷定。氯解磷定的毒性小于解磷定，对乐果中毒的疗效差，且对敌百虫、敌敌畏、对硫磷、内吸磷等中毒经 48～72 h 后的病例无效。

③双复磷的作用强而持久，能通过血脑屏障，对中枢神经系统有明显的缓解作用，对有机磷杀虫剂中毒引起的烟碱样症状、毒蕈碱样症状及中枢神经系统症状均有效。对急性内吸磷、对硫磷、甲拌磷、敌敌畏中毒的疗效良好，对慢性中毒效果不佳。剂量为 40～60 mg/kg 体重，皮下、肌内或静脉注射。

3. 对症治疗

有机磷杀虫剂中毒的主要死亡原因是肺水肿、呼吸肌麻痹、呼吸中枢衰竭、休克、脑水肿和心脏损伤。在应用特效解毒剂的同时，配合以对症治疗和辅助治疗，有利于病情的稳定和疾病的恢复。

(1)输液疗法。常用高渗葡萄糖溶液和维生素 C 静脉注射，可加强肝脏解毒功能和改善肺水肿状况。中毒初期或严重脱水时，用大量高渗葡萄糖生理盐水缓慢静脉注射，既可以稀释毒物使其有利于排出，又可保持水盐代谢平衡。但发生肺水肿时，不可大量补液。

(2)镇静解痉。当病畜狂暴不安、痉挛抽搐时，应用苯巴比妥类镇静解痉药物，但禁用吗啡、氯丙嗪等安定药，因前者可造成呼吸麻痹，而后者会加重胆碱酯酶的抑制。

(3)强心和兴奋呼吸。为了维护心脏功能和防治呼吸困难，应用 10%樟脑磺酸钠注射液、25%尼可刹米，但禁用洋地黄、肾上腺素。

(4)防治肺水肿。若出现肺水肿症状，可应用地塞米松等肾上腺皮质激素治疗，也可用高渗葡萄糖、山梨醇或甘露醇溶液等。

(5)其他治疗。为防止继发肺炎，可配合抗生素治疗。

[预防]

(1)加强农药使用与保管，严格按照“剧毒药物安全使用规程”进行操作和使用。妥善保管配制及喷洒农药的器具，农药不可乱放。

(2)应用有机磷杀虫剂驱除体内外寄生虫时，不得滥用或过量使用。当发现动物中毒时，应脱离毒源，及时用特效解毒药(如阿托品和解磷定、双复磷等)进行治疗，同时还应进行补液利尿及其他对症治疗。

(3)研制生产高效、低毒、低残留的新型有机磷农药，限制生产和使用高效、高毒、高残留的有机磷农药。

任务五十五　犊牛水中毒

犊牛水中毒是由于各种原因引起体内水过多而引发血浆渗透压下降、红细胞溶解、血红蛋白尿和神经功能紊乱为特征的疾病，也称为犊牛血红蛋白尿症或阵发性血红蛋白尿症。多发生在幼龄犊牛，特别是断奶期犊牛，年龄较大(6 月龄以上)的犊牛也可发病，但发病少，病情轻。

[病因]

1. 过量饮水

因炎热环境、剧烈运动或长途运输等使动物体内水和盐大量丧失，在长时间得不到饮水的情况下，供水充足时突然大量的暴饮而发病。一般来说，犊牛一次饮水超过 10 kg，就有可能发生水中毒；100 kg 以下的犊牛一次饮水超过 20 kg，发病率可达 90%。犊牛也见于以牛乳掺水代替全乳饲喂，如牛乳和水按 1∶3自由饮用，2 次/d，当天即可出现程度不同的水中毒症状，第 8 天出现血红蛋白尿。

2. 治疗不当

在临床上，洗胃、灌肠，或一些不法商贩出售动物前，灌注过量水而超过机体正常调节水代谢能力，可引起急性水中毒。静脉输入含盐少或不含盐的液体过多过快，超过肾脏的排泄能力也可发生水中毒。

[症状]

犊牛一次性暴饮大量水后，可使瘤胃迅速膨胀，1 h 左右，最短的 15 min 左右，即可出现程度不同的红尿。若此时限制饮水，犊牛可逐渐恢复。

病情较为严重的犊牛，尿液的颜色变深，可呈咖啡色或酱油色，瘤胃膨胀，表现腹痛症状，如回头顾腹，后肢踢腹，出汗，站立不安。有的犊牛口吐白沫，呼吸困难，鼻孔流出淡红色泡沫状鼻液，肺部听诊有湿啰音。频频排尿，可视黏膜苍白、黄染，心率加快(可达 110 次/min)。病犊体温始终不高，甚至偏低。严重者共济失调，阵发性或强直性痉挛，最后陷入昏迷，严重的可死亡。

实验室尿液检查，尿蛋白呈阳性反应，尿沉渣镜检仅有极少量红细胞或无红细胞，其他尿检指标无明显变化。

剖检可见肾淤血，呈暗红色，膀胱膨胀，充满红色尿液，气管、支气管及肺切面有红色泡沫样液体。

[诊断]

根据限制饮水后突然大量暴饮的病史，结合血红蛋白尿和神经症状，可初步诊断。本病的血红蛋白尿应与泌尿系统出血、产后血红蛋白尿病、钩端螺旋体病、牛焦虫病、磺胺类药物中毒、铜中毒等引起的红色尿进行鉴别诊断。

[治疗]

本病的治疗原则是提高血浆渗透压，维持细胞的完整性，缓解脑水肿。病轻的犊牛，只要不再暴饮，可逐渐恢复，无需治疗。对有神经症状或肺水肿的病重犊牛，可给予 20%甘露醇或山梨醇溶液静脉注射。增加血浆渗透压，减轻溶血可用 10%氯化钠溶液或 25%葡萄糖溶液静脉注射，每次 200～300 mL。为防止继发感染，可用青霉素、链霉素等肌内注射。同时，强心、利尿，配合维生素 C 可提高疗效。

[预防]

主要是防止犊牛暴饮，应在水槽内备足清水，任犊牛自由饮水。在炎热的季节、长途运输和剧烈运动后，应限制自由暴饮，采取少量多次饮水，或在饮水中适当加盐。

知识拓展

氢氰酸中毒

氢氰酸中毒是由于采食富含氰苷的饲料，在胃内由于酶和盐酸的作用，产生游离的氢氰酸而发生的一种中毒病。其主要特征是呼吸困难，肌肉震颤，全身惊厥和突然死亡。本病主要见于牛、羊。

[病因]

主要因采食或误食富含氰苷或可产牛氰苷的饲料而中毒。

(1)木薯:含很高的淀粉和其他营养成分,干木薯片是良好的饲料,木薯叶也可作为猪饲料,但木薯中含有较多氰苷,各个部分的含量不同,幼嫩叶7.14%,壮叶6.0%,老叶0.21%,块根皮59.4%,块根肉2.0%,块根全薯19.4%。其含量还与品种、生长季节及加工方法有关,如干旱少雨季节含量较高。木薯皮和木薯叶中氰苷的含量,1—10月份较低,10月份后逐渐增多。

(2)高粱及玉米新鲜幼苗:均含有氰苷,特别是高粱及玉米的再生苗及雨涝、霜冻后的幼苗中氰苷的含量更高。

(3)亚麻籽:亚麻籽(胡麻籽)中含的氰苷主要是亚麻苦苷,其榨油后的残渣(亚麻籽饼)可作为饲料。由于其榨油方法不同,亚麻籽饼中所存余的氰苷含量也有差异。土法榨油时,一般是先将亚麻籽经过水煮处理,其残渣中氰苷含量较少,极少发生中毒,而机器榨油则相反,易引起动物中毒。

(4)蔷薇科植物:桃、李、梅、杏、枇杷、樱桃等植物的叶子和种子中含有氰苷,主要是苦杏仁苷,当采食过多时可引起动物中毒。此外还有报道,羊因服中药桃仁、杏仁、李仁等中药过量而发生中毒。

(5)豆类:海南刀豆、狗爪豆等都含有氰苷。

另外,动物误饮冶金、电镀、化纤、染料、塑料等工业排放的废水,也可引起氰化物中毒。

氢氰酸中的氰离子(CN^-)能抑制组织内许多酶的活性,其中最显著的是细胞色素氧化酶。氰离子(CN^-)能迅速与氧化型细胞色素酶的三价铁(Fe^{3+})结合,难以被细胞色素还原为还原型细胞色素酶(Fe^{2+}),结果失去了传递电子、激活分子氧的作用,抑制了组织细胞内的生物氧化过程,呼吸链终止,阻止组织对氧的吸收作用,导致组织缺氧。在此过程中,由于组织细胞不能从毛细血管的血液中摄取氧,血液呈鲜红色。由于中枢神经系统对缺氧特别敏感,以及在一定程度上氢氰酸在类脂质内溶解度较大,中枢神经系统严重受损,发生兴奋、抑制,终因呼吸中枢麻痹而死亡。

[症状]

氢氰酸中毒发病快,病程短,最急性的突然极度不安,在短时间内惨叫后倒地死亡。通常表现先是不安,呼吸急促,肌肉震颤,腹痛。之后发生呼吸极度困难,张口伸舌,口流白色泡沫状唾液,可视黏膜鲜红色,呼出气有苦杏仁味,瘤胃有不同程度的臌气。后期站立不稳,行走摇摆,肌肉震颤,全身衰弱无力,很快卧地不起,体温正常或下降。瞳孔散大,各种反射活动降低或消失,心跳减弱,呼吸浅表,脉细弱,终因心力衰竭和呼吸麻痹而死亡。

慢性中毒的症状因动物品种和采食的植物种类不同而有差异。妊娠母羊和羔羊表现甲状腺肿大,羔羊骨骼畸形。牛和绵羊采食苏丹草可引起后躯运动失调,尿失禁,膀胱炎。

[诊断]

根据食入含氰苷或被氰化物污染的饲料或饮水的病史,发病急、快,呼吸极度困难,有时呼出气有苦杏仁味,血液和可视黏膜鲜红色,肌肉震颤等临床特征可做出初步诊断。必要时对饲料和胃内容物做氢氰酸检查。

诊断时,应注意与亚硝酸盐中毒、一氧化碳中毒、尿素中毒、急性肺气肿和肺水肿等进行鉴别诊断。

［治疗］

1. 特效解毒法

(1)亚硝酸钠和硫代硫酸钠联合使用。发病后迅速用 5%亚硝酸钠溶液，牛羊按 10～20 mg/kg 体重，缓慢静脉注射，然后再静脉注射 5%～10%硫代硫酸钠溶液，按 30～40 mg/kg 体重，加入 10%葡萄糖中缓慢静脉注射。

也可静脉注射 1%亚甲蓝和硫代硫酸钠，但疗效不及亚硝酸钠。

亚硝酸钠或大剂量的亚甲蓝进入体内后，能使血红蛋白迅速地转化为高铁血红蛋白，而高铁血红蛋白的三价铁离子(Fe^{3+})能与氰离子迅速结合成氰化高铁血红蛋白，从而夺取已与细胞色素氧化酶结合的氰离子，减少氰离子与组织中细胞色素氧化酶的结合，使细胞色素氧化酶恢复活性。但氰离子对细胞色素氧化酶的亲和力稍小于它与高铁血红蛋白的亲和力，因此亚硝酸钠的剂量不宜太小，应当使病畜有相当量的高铁血红蛋白(结膜稍呈青紫)以充分与氰离子结合。体内氰化高铁血红蛋白是不稳定的，以后可再分解出氰离子再次对机体产生毒害。因此必须接着注射硫代硫酸钠，在体内硫氰酸酶的作用下，使游离的和已与高铁血红蛋白结合的氰离子转变为无毒的硫氰酸盐，经肾脏排出体外。

(2)4-二甲氨基苯酚(4-DMAP)。是一种高效的高铁血红蛋白形成剂，它能将氰化血红蛋白转化为高铁血红蛋白，后者与细胞色素氧化酶竞争氰离子，形成氰化高铁血红蛋白，从而恢复氧化酶的活性，解除氰化物的急性中毒症状。10%的 4-二甲氨基苯酚剂量按 10 mg/kg 体重，静脉注射或肌内注射，1 h 左右再静脉注射硫代硫酸钠。

2. 其他治疗

小部分氰化物在体内可与葡萄糖结合成无毒的腈类，由尿液、唾液排出，所以临床上选用 50%葡萄糖溶液静脉注射。小部分氰化物在体内可与胱氨酸结合成 2-亚氨基-噻唑烷-4-羟酸，经尿排出，因此牛还可选用胱氨酸 50～100 mg，肌内注射。

在中毒早期，为阻止胃肠道中氢氰酸继续被吸收，可用 10%硫代硫酸钠溶液内服，使其与 CN^- 形成低毒的硫氰化物；也可内服 1%硫酸亚铁溶液，使其与 CN^- 结合成低毒的亚铁氰化物；此外，还可使用 0.1%～0.5%高锰酸钾溶液或 3%过氧化氢溶液洗胃或内服。

在恢复期为了治疗高铁血红蛋白症，必要时可应用大剂量维生素 C 及小剂量亚甲蓝静脉注射。

3. 对症治疗

可根据病情进行治疗，如应用尼可刹米兴奋呼吸中枢，樟脑磺酸钠强心，盐酸氯丙嗪镇静解痉等。

［预防］

禁止牛羊采食高粱幼苗和玉米幼苗(特别是再生幼苗)等富含氰苷类植物。如用含氰苷高的植物饲喂动物必须经过减毒处理，如用亚麻籽饼作为饲料时，必须彻底煮沸或切碎在水中浸泡后饲喂，且喂量不宜过多，同时搭配其他饲料。

考核评价

一、选择题

1. 棉籽饼去毒的无效方法是(　　)。

A. 热炒　　B. 加入石灰水　　C. 添加硫酸亚铁

D. 微生物发酵　　E. 加入食醋

2. 病畜全身出血,消化功能紊乱,腹腔积液,神经症状,皮肤和可视黏膜黄染等临床特征的疾病是(　　)。

A. 黄曲霉毒素中毒　　B. 亚硝酸盐中毒　　C. 青杠叶中毒

D. 氢氰酸中毒　　E. 有机磷农药中毒

3. 绵羊中毒时可视黏膜呈现鲜红色,这种中毒病可能是(　　)。

A. 亚硝酸盐中毒　　B. 有机磷农药中毒　　C. 食盐中毒

D. 黄曲霉毒素中毒　　E. 氢氰酸中毒

4. 敌百虫中毒时,禁用(　　)洗胃。

A. 生理盐水　　B. 肥皂水　　C. 高锰酸钾

D. 食盐水　　E. 常水

5. 有机磷农药中毒的特效解毒药是(　　)。

A. 硫代硫酸钠　　B. 亚甲蓝　　C. 二巯丙醇

D. 解磷定　　E. 碳酸氢钠

6. 下列动物中对黄曲霉毒素最敏感的是(　　)。

A. 成年牛　　B. 马　　C. 育肥猪

D. 犊牛　　E. 绵羊

(7~8 题共用题干)

5 头黄牛,田间放牧时突然发病,精神沉郁,流涎,磨牙,后肢踢腹,腹泻,骨骼肌震颤,严重者瞳孔缩小,死亡 2 头。

7. 该病最可能的诊断是(　　)。

A. 尿素中毒　　B. 有机磷中毒　　C. 有机氟中毒

D. 抗凝血灭鼠药中毒　　E. 氨中毒

8. 治疗该病的措施是(　　)。

A. 灌服食醋、肌内注射苯巴比妥　　B. 肌内注射维生素 K_1

C. 肌内注射乙酰胺　　D. 肌内注射阿托品和解磷定

E. 静脉注射葡萄糖酸钙

(9~11 题共用题干)

牛群,采食后陆续出现呕吐,呼吸困难,口吐白沫,站立不稳等症状,临床检查见可视黏膜发绀,末梢部位冰冷,体温 36.5 ℃。调查发现,病牛发病前曾采食堆积放置多天的菜叶。

9. 该病因主要作用于(　　)。

A. 单核细胞　　B. 红细胞　　C. 血小板

D. 淋巴细胞　　E. 巨噬细胞

10. 治疗该病的特效药物是(　　)。

A. 亚甲蓝　B. 乙醛　C. 阿托品

D. 亚硝酸钠　E. 二巯基丙硫酸钠

11. 用特效药治疗该病时,应采用的给药方式是(　　)。

A. 低浓度静脉注射　B. 高浓度静脉注射　C. 低浓度肌内注射

D. 高浓度肌内注射　E. 低浓度口服

(12～13 题共用题干)

哺乳犊牛,食欲减退,渐进性消瘦。走路不稳,不避障碍,尤其是在昏暗处更为明显。体温 38.2 ℃。尿频,尿液带红色。母牛体温正常,产奶量下降,弓背,尿频,尿液色红,有长期饲喂饼粕类饲料史。

12. 犊牛发病最可能的原因是(　　)。

A. 维生素 A 缺乏　B. B 族维生素缺乏　C. 维生素 D 缺乏

D. 钙缺乏　E. 碘缺乏

13. 该病因长期作用可导致公牛(　　)。

A. 酮病　B. 骨软化症　C. 繁殖能力降低

D. 真胃变位　E. 阴道脱

(14～17 题共用题干)

某养殖户养殖的 11 头肉牛(体重 200 kg 左右),听人说尿素喂牛效果好,就在精料中添加了 1 kg 尿素,饲喂后肉牛陆续发病,轻症病牛出现不安,颤抖、呻吟症状;严重病牛站立不稳,躺卧,发生强直性痉挛,反射功能亢进,呼吸困难,心率加快,心音浑浊,口流泡沫,肛门松弛,可见胸背部出汗,皮温不均。经抢救,10 头治愈,死亡 1 头。

14. 你认为该牛群发生中毒的主要原因是(　　)。

A. 尿素喂量严重超标　B. 肉牛对尿素敏感　C. 牛体重太低

D. 饮水不足　E. 没给牛一个尿素适应过程

15. 补喂尿素时,同时饲喂大豆饼粕可以增加中毒的危险性,原因是大豆饼粕中(　　)。

A. 富含蛋白质　B. 富含脲酶　C. 含植酸

D. 含胰蛋白酶抑制剂　E. 含脂肪氧化酶

16. 生化检查对诊断有重要意义的指标是(　　)。

A. 血液 pH　B. 血钾浓度　C. 血氧浓度

D. 血液胆碱酯酶活性　E. 血磷浓度

17. 对尿素的中毒,可灌服(　　)治疗。

A. 葡萄糖　B. 碳酸氢钠　C. 硫酸镁

D. 食盐　E. 醋酸

(18～20 题共用题干)

犊牛,长期饲喂含棉籽饼粕饲料,表现为视物不清,运动蹒跚,眼球前凸,瞳孔散大,对光反射迟钝。

18. 该病最可能的诊断是(　　)。

A. 角膜炎　B. 结膜炎　C. 白内障　D. 青光眼　E. 玻璃体浑浊

19. 患牛眼压可能是(　　)。

A. 降低　　B. 正常　　C. 升高　　D. 忽高忽低　　E. 持续降低

20. 本病例的病因最可能是(　　)。

A. 眼外伤　　B. 维生素缺乏　　C. 近亲繁殖

D. 内分泌紊乱　　E. 棉籽饼中毒

二、病例分析：根据病史和临床检查的结果，提出初步诊断，制订治疗措施(开出处方)

1. 患牛，体重约 400 kg，不安，肌肉震颤，呼吸困难，眼黏膜、鼻镜发绀，体温 38.1 ℃，流涎，腹痛，腹泻；颈静脉采血，血液颜色加深。据畜主讲，发病前曾用废弃的堆积放置的白菜叶喂牛。

2. 牛群放牧回来后不久发病，表现不安，反刍停止，口吐白沫，肠音亢进，粪便稀软。个别牛症状严重，表现瞳孔明显缩小，腹痛明显，腹泻，肌肉痉挛、震颤。

3. 主诉：该牛突然发病，咳嗽，近 1 个月饲喂棉籽饼粕过多(日喂 10 kg 以上)后发病。临床检查：精神沉郁，食欲废绝，体温 38.9 ℃，呼吸数 41 次/min，肌肉震颤，步态不稳，喜卧地，反刍减少，粪便稀软且混有黏液。颈下和胸前出现水肿。

二维码 8-3　项目八考核评价参考答案

项目九
外科疾病

学习目标

◆ 掌握外科疾病的概念、分类及治疗方法。

◆ 了解脓肿、外伤性腹壁疝、脐疝、蹄叶炎、腐蹄病等的概念，掌握其病因、症状、诊断、治疗及预防。

思政目标

◆ 培养理想信念、职业道德和职业素养，引导关爱动物和尊重生命。

◆ 培养爱岗敬业、吃苦耐劳、勇于创新、精益求精的工匠精神和劳动意识。

◆ 从专业的角度引导如何做人、如何做事、如何成才。

任务五十六 脓　　肿

脓肿是指在任何组织或器官内形成外有脓肿膜包裹，内有脓汁潴留的局限性肿胀。如果解剖腔（子宫、胸膜腔及关节腔等）内有脓汁滞留时称为蓄脓。根据脓肿发生部位的深度不同，分为浅在性脓肿和深在性脓肿。

[病因]

1. 感染

主要病原菌是葡萄球菌、链球菌、大肠埃希菌、绿脓杆菌及腐败性菌，其经受损伤的皮肤或黏膜进入机体，在其局部生长、繁殖，最后形成脓肿。它是致病菌感染后所引起的局限性炎症过程。

2. 化学药物的刺激

注射刺激性较强的药物如氯化钙、高渗盐水、水合氯醛等，因操作不当，将其漏注到静脉外，可引起无菌性脓肿。

[症状]

1. 浅在性脓肿

常发生在皮下、筋膜下及表层肌肉组织内。病初出现急性炎症，患部肿胀，无明显界线，质地坚实，局部温度增高，皮肤潮红，剧痛；继而局部化脓，病灶中央软化有波动感，皮肤变薄，被毛脱落以致化脓，病灶皮肤破溃，排出脓汁，这时脓肿症状缓和。牛皮较厚，脓肿不易破溃(图 9-1)。

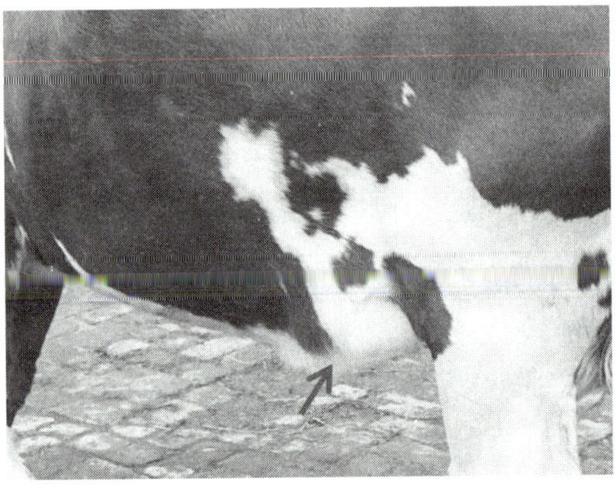

图 9-1　牛腹侧后下部脓肿

2. 深在性脓肿

多发生在深层肌肉、肌间、骨膜下、腹膜下及内脏器官。局部症状不太明显，患部皮下组织有轻微的炎性水肿，指压留痕，疼痛，病灶中央无波动感。如不及时治疗，脓肿膜破溃，脓汁溢出向深部蔓延扩散，呈现较明显的全身症状，严重时还可引起败血症。

[诊断]

(1)局部出现局限性热痛性肿胀。

(2)在肿胀最明显处穿刺抽出脓汁而确诊。

(3)对于深在性的脓肿，可根据病畜体温升高、白细胞数增多、X 线检查、B 超检查、手术探查或穿刺吸出脓汁等才能确诊。

[治疗]

1. 治疗原则

消除病因，消炎、止痛及促进炎性产物消散吸收，增强机体抵抗力。

2. 治疗方法

(1)消炎、止痛及促进炎症产物消散吸收。早期制止渗出，冷敷；中后期促进吸收，可温敷或用刺激药。当局部肿胀正处于急性炎性细胞浸润阶段可局部涂擦樟脑软膏，或用冷疗法(如复方醋酸铅溶液冷敷，鱼石脂酒精、栀子酒精冷敷)；或在局部肿胀周围进行普鲁卡因青霉素封闭。当炎性渗出停止后，可用温热疗法、短波透热疗法等以促进炎症产物的消散吸收。局部治疗的同时，可根据病畜的情况配合应用抗生素、磺胺类药物，并采用对症疗法。

(2)促进脓肿成熟。在脓肿形成过程中，患部可用鱼石脂软膏、鱼石脂樟脑软膏、超短波疗法、温热疗法等促进脓肿的成熟。待局部出现明显的波动时，应立即进行手术治疗。

(3)手术疗法。脓肿成熟以后应及时施行手术疗法。手术治疗，依据病情可采取以下 3 种方法。

①脓肿切开法。切口应选择波动最明显部位的下部，并注意切口的方向和长度，必要时做辅助切口，以利于排出脓汁、坏死组织和异物；切开时，防止损伤对侧脓肿膜，以免脓汁扩散；切开后，用 0.1%高锰酸钾溶液、3%过氧化氢溶液、0.1%雷夫奴尔溶液清洗脓腔，用纱布吸净脓肿腔内残留药液，向脓肿腔内注入抗生素溶液。

二维码 9-1　脐部脓肿

二维码 9-2　脐部排脓

二维码 9-3　脐部排出的脓汁

二维码 9-4　脐部排出大量脓汁视频

②脓汁抽出法。适用于关节部不宜切开的小脓肿或浅层的小脓肿。用注射器将脓汁吸出，然后用生理盐水反复冲洗脓腔，直至脓腔内吸出的冲洗液清亮为止，抽净脓腔内的冲洗液，最后注入抗菌消炎药物。

③脓肿摘除法。适用于脓肿膜完整的浅在性小脓肿。摘除时不切开脓肿膜，在脓肿膜外分离组织，完整取出脓肿，然后按新鲜手术创处理。

任务五十七　疝

一、疝的概述

疝是指腹腔内的组织器官从异常扩大的自然孔道或病理性破裂孔脱出于皮下或其他解剖腔的一种常见疾病，又称为赫尔尼亚。各种家畜均可发生，但以猪、马、牛、羊较多见，犬、猫也常发。疝可分为先天性和后天性两类。先天性疝多发生于初生幼畜，如某些解剖孔（脐孔、腹股沟环等）的扩大、膈肌发育不全等是常见原因。后天性疝则见于各种年龄的家畜，常因机械性外伤、腹压增大、小母猪阉割不当等原因而发生。

［疝的组成］

疝由疝孔（也称为疝轮、疝环、疝口）、疝囊和疝内容物组成（图 9-2）。

（1）疝孔是指自然孔的异常扩大或腹壁上的病理性破裂孔，内脏可由此脱出。疝孔可呈圆形、卵圆形或不规则的狭窄通道。解剖部位的不同和病理过程的时间长短不一，疝孔的结构也不一样，初发的新疝孔，多因断裂的肌纤维收缩，使疝孔变薄，且常被血液浸润；陈旧的疝多因局部结缔组织增生，疝孔增厚，边缘变钝。

（2）疝囊是指包围疝内容物的外囊，由腹膜、腹壁的筋膜、皮肤等构成。疝囊的大小及形状取决于发生部位的局部解剖结构，小的疝囊可呈鸡蛋形、扁平形或圆球形，大的疝囊可达排球大小甚至更大。

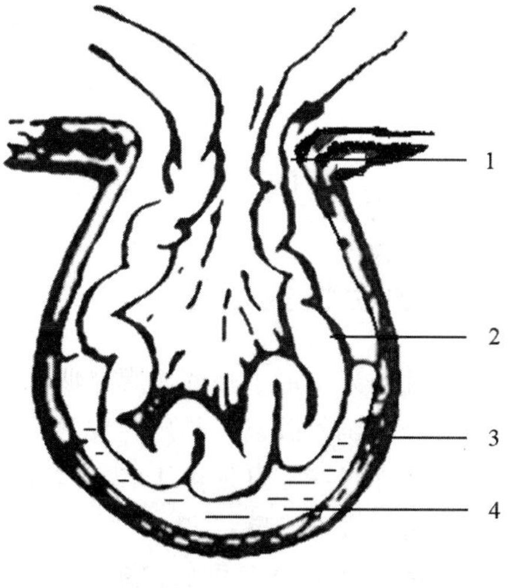

1. 疝孔　2. 疝内容物　3. 疝囊　4. 疝液

图 9-2　疝模式图

（3）疝内容物是指通过疝孔脱出到疝囊内的组织器官及少量疝液。几乎所有的疝内容物中都含有的数量不等的液体，即疝液。疝液常在腹腔与疝囊之间互相流通。一般正常疝液为透明、微黄色的浆液性液体。当发生嵌闭性疝时，由于血液循环受阻，血管通透性增强，疝液增多并逐渐变浑浊，呈淡紫红色，严重时有恶臭腐败气味。

［疝的分类］

（1）按疝是否凸出于体表可分为外疝和内疝。凡疝囊凸出于体表者称为外疝，如脐疝；凡疝囊不凸出于体表者称为内疝，如膈疝。

（2）按解剖部位可分为脐疝、腹股沟阴囊疝、腹壁疝、会阴疝、膈疝等。

(3)按发病原因分为先天性疝和后天性疝。

(4)按疝内容物的活动性的不同,可分为可复性疝和不可复性疝。可复性疝是指当改变动物体位或压挤疝囊时,疝内容物可以通过疝孔还纳腹腔的疝;不可复性疝是指无论是改变体位还是压挤疝囊,疝内容物都不能还纳到腹腔的疝。根据病理变化将不可复性疝又分为粘连性疝和嵌闭性疝。粘连性疝是指疝内容物与疝囊壁发生粘连、肠管与肠管之间发生粘连、肠管与网膜之间发生粘连等;当疝内容物嵌闭在疝孔内,脏器受到压迫,血液循环受阻而发生淤血、炎症,甚至坏死时,此类疝统称为嵌闭性疝。嵌闭性疝可使肠壁血管受到压迫而引起血液循环障碍、淤血,甚至引起肠管坏死。

[症状]

先天性外疝如脐疝、腹股沟阴囊疝、会阴疝等的发病都有固定的解剖部位。可复性疝一般不引起动物任何全身性障碍,只是在局部突然出现一处或多处隆起,隆起部呈球状或半球状,触诊柔软。当改变动物体位或用力挤压时,隆起部可能缩小或消失,可以触摸到疝孔。当患病动物强烈努责、腹腔内压增高或哞叫挣扎时,隆起部会变得更大,表明疝内容物可随时增大。外伤性腹壁疝随着腹壁组织受伤的程度而异,在破裂口的四周往往有不同程度的炎性渗出和肿胀,严重的逐渐向下、向前后蔓延,压之有指痕,很容易发展成粘连性疝。嵌闭性疝则突然出现剧烈的疼痛,局部肿胀增大、变硬、紧张,排粪、排尿受到影响或继发胃肠臌气。

[诊断]

(1)外疝。外疝比较容易诊断,可以从发病史、全身症状、局部症状等方面加以分析,同时应注意与腹壁的血肿、脓肿、淋巴外渗、蜂窝织炎及肿瘤等进行鉴别诊断。主要从发病部位,有无疝孔,是否可以还纳,有无胃肠蠕动音,穿刺液的性质等进行鉴别诊断。

(2)内疝。内疝诊断比较困难,除一般临床诊断外,必要时需做实验室诊断或剖腹探查。

二、外伤性腹壁疝

钝性外力作用于腹壁使腹壁肌肉、腱膜甚至腹膜发生破裂,而皮肤仍保持完整性,腹腔内的脏器经腹肌的破裂孔脱出至皮下形成外伤性腹壁疝。

外伤性腹壁疝可发生于各种动物,腹壁疝在马、骡多发生于膝褶前方下腹壁;牛常见于左侧腹壁的瘤胃疝(图 9-3)及右侧剑软骨部的真胃疝;猪多发生于腹侧阉割部位;犬、羊腹壁疝多见于肋弓后方的下腹壁。

图 9-3 牛左侧腹壁瘤胃疝

[病因]

一般由强大钝性外力作用于腹壁而引发本病。在强大钝性外力的作用下,皮肤仍能保持其完整性(由于皮肤的韧性及弹性较大),但皮下的腹肌及腹膜很容易被钝性外力造成损伤而破裂。如牛角顶撞、马踢腹部、木桩冲撞等。犬则多见于相互斗咬或车祸,鹿、山羊常发生于顶角争斗之后。

[症状]

腹壁受伤后局部突然出现一个局限性、柔软的肿胀(图 9-4),大小不等,触诊有热、痛。常为可复性,有压缩性,

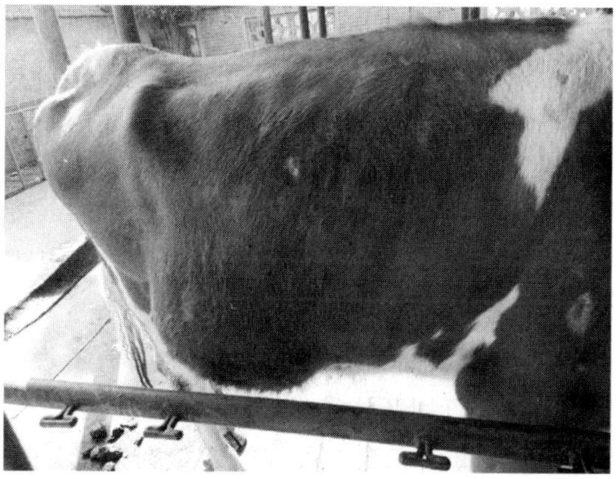

图 9-4　外伤性腹壁疝

能触到疝轮，触压能把脱出的内容物还纳腹腔。

发病后 2～3 d，患部出现炎性肿胀致使疝轮、疝内容物的特征不明显，形成越来越大的扁平肿胀并逐渐向下、向前蔓延。外伤性腹壁疝可伴发淋巴管断裂，导致淋巴液流出；腹壁受伤后腹膜发炎产生大量腹水，也可经破裂的腹膜流至肌间或皮下疏松结缔组织中而形成腹下水肿，此时原发部位变得稍硬。发病 2 周内常因大面积炎症反应而不易摸清疝轮。

一般情况下，疝囊的大小与疝轮的大小有密切关系，即疝轮越大则脱出的内容物也越多，疝囊也越大。但也有疝轮很小而脱出大量小肠的，此种情况多因腹内压过大所致。

嵌闭性腹壁疝虽发病比例不高，但一旦发生将出现程度不一的腹痛。患畜表现为不安，前肢刨地，间或起卧等，常因未得到及时的救治而继发肠坏死，剧烈疼痛，休克死亡。

二维码 9-5　母牛误踩犊牛腹底部而形成疝气

二维码 9-6　腹底部疝

［诊断］

一般根据发病史，腹部受到强大的钝性外力作用而发病，腹壁突发肿胀，肿胀柔软、富有弹性及压缩性。触诊可摸到疝轮，听诊有肠蠕动音，可以初步诊断为外伤性腹壁疝。

外部触诊有困难时，可通过直肠检查确诊。

发病初期，局部发炎而肿胀，而疝孔不明显时，要注意与水肿、血肿、淋巴外渗、脓肿及肿瘤等相鉴别。

［治疗］

1. 治疗原则

还纳内容物，封闭破裂孔，消炎镇痛，防止发生腹膜炎或再次裂开。

2. 治疗方法

（1）保守疗法。适用于刚发生的外伤性腹壁疝，凡疝孔位置高于腹侧壁 1/2 以上的，而且疝孔小、经按压能还纳腹腔、无粘连等，可做保守疗法。将疝内容物还纳腹腔，在患部涂擦消炎剂，在疝轮部位放上适量的脱脂棉，随即将压迫绷带对正患部，紧紧压实，同时系牢固定。一般随着炎症及水肿的消退，疝轮可自行修复愈合。经过 15 d 左右即可解除压迫绷带。缺点是压迫的部位有时不很确实，绷带移动时会影响疗效。

（2）手术疗法为本病的根治方法。术前应做好确诊和手术准备。对疝轮较大的病例，术前要充分禁食，便于修补裂口，手术越早越好，一般应在发病后立即进行。其方法如下。

①保定与麻醉：牛可站立保定或侧卧保定，用2%～3%盐酸普鲁卡因溶液做局部浸润麻醉或腰旁神经干传导麻醉，同时配合静松灵等药物进行全身浅麻醉。

②手术径路：在病初尚未发生粘连时，可在疝轮附近做切口；如已发生粘连则必须在疝囊处做一皮肤梭形切口，钝性分离皮下组织，将内容物还纳入腹腔，缝合疝轮，闭合切口。

③疝修补术：外伤性腹壁疝的修补方法甚多，需依具体病情而定。

a)新腹壁疝。当疝轮小，腹壁张力不大，如腹膜已经破裂时，可用肠线缝合腹膜，用丝线结节缝合法或内翻缝合法闭合疝轮；当疝轮较大，腹壁张力大，缝合过程患畜挣扎可能发生扯裂时，可采用双纽孔状缝合法缝合(图9-5)。

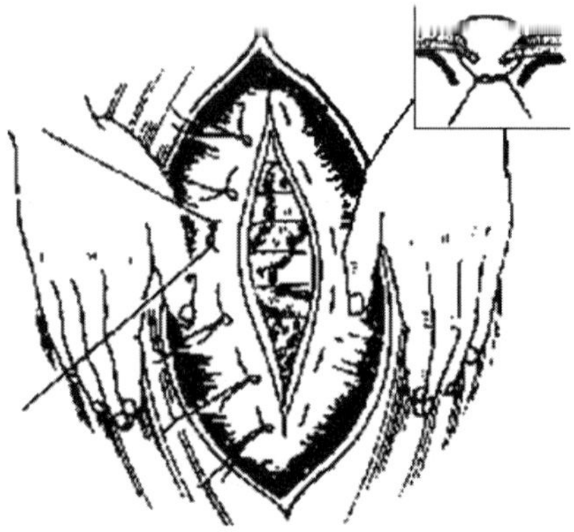

图9-5 疝孔缝合法

b)陈旧性腹壁疝。因腹壁疝急性期错过手术治疗的机会，或因其他原因造成疝轮大部分已瘢痕化，肥厚而硬固的疝，称为陈旧性腹壁疝。对陈旧性腹壁疝必须做修正手术，将瘢痕化的结缔组织用手术刀切成新鲜创面，如果疝轮过大还需要将邻近的纤维组织或筋膜做成修补瓣以填补疝孔。切开皮肤后用手术刀先将疝囊的皮下纤维组织与皮肤囊分离，然后切开疝，将一侧的纤维组织瓣用纽孔缝合法缝合在对侧的疝轮组织上，根据疝轮的大小做若干个纽孔缝合；再将另一侧的组织瓣用纽孔缝合法覆盖在其上面，最后用减张缝合法闭合皮肤创口。

[术后护理]

(1)保持术部清洁、干燥，防止摔跌。

(2)每日定时检测体温、脉搏，饲喂青绿饲料及富含蛋白质的饲料。

(3)注意术后是否发生疝痛或不安。若疝内容物整复不确实、手术缝合粗糙刺激内脏或术后粘连等均可引起疝痛，此时要及时采取必要的措施，甚至重新手术。

(4)腹壁疝手术部位易伤及膝褶前的淋巴管，常在术后1～3 d出现高度水肿，并逐渐向下蔓延，应与局部感染所引起的炎症相鉴别，并采取相应措施。

(5)嵌闭性疝的术后护理：防止摔倒，每日检查患畜有无异常状况，对已出现水、电解质代谢紊乱和代谢性酸中毒的患畜，应静脉注射葡萄糖和电解质溶液，并静脉注射5%碳酸氢钠溶液；术后早期应牵遛，以帮助恢复胃肠功能；术后禁食2～3 d，当患畜排粪、排尿、肠音恢复且有明显食欲时，方可少量饲喂优质易消化的饲料，以后逐渐恢复到正常的饮食量。

(6)为了防止切口感染及腹膜炎的发生，术后3～5 d需抗菌消炎。

三、脐疝

脐疝是指腹腔脏器经扩大的脐孔脱出于皮下的一种疾病。各种动物均可发生，但以仔猪、犊牛较多见。临床上分为先天性脐疝和后天性脐疝两种，以先天性脐疝多见。

[病因]

先天性脐疝多因脐孔发育闭锁不全或没有闭锁，脐孔异常扩大，同时因腹压增加以及内脏本身的重力等因素导致发病。后天性脐疝多因出生后脐孔闭锁不全，断脐时过度牵引，脐部化脓，以及因腹内压增大，如便秘时的努责，肠臌气或用力过猛的跳跃等均可导致脐疝的发生。

［症状］

脐部呈现局限性球形肿胀(图 9-6)，犊牛脐疝一般可由拳头大小发展到排球大甚至更大，质地柔软，但有的紧张，缺乏红、肿、热、痛等炎性反应。病初多数能在挤压疝囊或改变体位时将疝内容物还纳腹腔，并可摸到疝轮，局限性肿胀处可听到肠蠕动音。后期由于结缔组织增生和腹压增大，往往摸不到疝轮。脱出的网膜常与疝轮粘连，或肠壁与疝囊粘连，也有疝囊与皮肤发生粘连的。

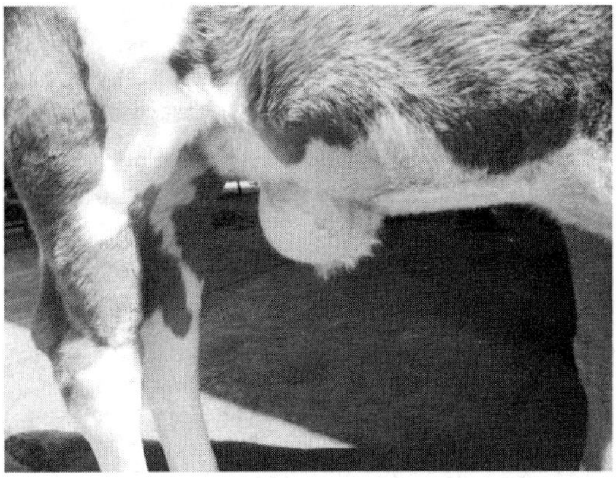

图 9-6　犊牛脐疝

嵌闭性脐疝较少，若发生则可见到明显的全身症状，患病动物极度不安，出现不同程度的疝痛，食欲废绝。可很快发生腹膜炎，体温升高，脉搏加快。如不及时进行手术治疗常可引起死亡。

［诊断］

脐孔部出现局限性半圆形柔软的肿胀，无热无痛，可摸到脐孔，能听到肠音。但应注意与脐部脓肿相鉴别，必要时可做穿刺鉴别诊断。

［治疗］

1. 保守疗法

较小的脐疝可用绷带压迫患部，使疝轮缩小，组织增生而治愈。也可局部用强刺激剂等以促进局部炎性增生而闭合疝轮。如 95％的酒精或 10％氯化钠溶液在疝轮周围分点注射，每点 3～5 mL，有一定疗效。但强刺激剂有可能使炎症扩散至疝囊壁及其中的肠管，导致发生粘连性腹膜炎。

2. 手术疗法

(1)可复性脐疝。病畜仰卧保定，局部常规处理。局部麻醉后，在疝囊基部靠近脐孔处纵向切开皮肤，分离并切开疝囊(根据需要)。特别要注意剥离肠管的粘连部分。若无粘连即可将疝内容物直接还纳(一般做仰卧保定或半仰卧保定时，疝内容物可自然还纳腹腔)，对疝轮做纽孔状缝合法缝合或袋口缝合，切除多余皮肤并结节缝合；涂碘酊，装保护绷带。对病程稍长，疝轮较厚、光滑而肥大的脐疝，在闭锁疝轮时，将疝轮削薄成为一新鲜创面再缝合。

(2)嵌闭性脐疝。先在患部皮肤上切一小口(勿伤及疝内容物)，手指探查内容物种类及粘连、坏死等病变，用手术剪按所需长度剪开疝轮，暴露疝内容物，剥离黏性物；若有肠管坏死则需切除坏死段肠管并行吻合术，然后在肠管内注入适量抗生素并将肠管送回腹腔；用袋口缝合法或纽孔状缝合法缝合疝轮，结节缝合皮肤，装压迫绷带。

［术后护理］

术后不宜喂得过饱，限制剧烈活动，防止腹压增高。术部包扎绷带，保持 7～10 d，可减少复发。

任务五十八　蹄叶炎

蹄壁真皮的局限性或弥漫性的无菌性炎症称为蹄叶炎。此病多发生于马、骡的两前蹄，有时也可能四蹄同发。牛则多发生于两后蹄。羊也有发生。

[病因]

到目前为止本病病因尚不十分清楚，但与下列因素有关。

(1)饲养不当。长期饲喂过量精料或饲料突然改变而缺乏运动时，可引起消化障碍，产生有毒物质，肠道吸收有毒物质后造成血液循环紊乱，蹄真皮淤血发炎。

(2)运动不当。如在坚硬的地面上或不平道路上过度运动或持续性运动、长期休闲突然服重役或剧烈运动等，均可导致机体组织中产生大量的乳酸和二氧化碳，吸收后使末梢血管淤血，引起蹄真皮发炎。

(3)蹄形不正或削蹄不均。蹄形不正(如高蹄、低蹄、过长蹄、狭窄蹄)或削蹄不均等均可使蹄部功能发生障碍，影响其血液循环，而易诱发蹄叶炎。

(4)继发于某些疾病。如瘤胃酸中毒、胃肠炎、中毒、难产、胎衣不下、子宫内膜炎、酮病等疾病过程中，产生的大量有毒物质被吸收，可继发蹄叶炎。

在上述因素的作用下，蹄壁真皮毛细血管扩张、充血，血液循环停滞，血管通透性增强，炎性渗出物积聚于真皮小叶与角质小叶之间压迫真皮而引起剧痛。随着炎症的发展，渗出液大量积聚压迫蹄骨，破坏真皮小叶与角质小叶的结合，造成蹄骨变形下沉甚至蹄底穿孔，蹄前壁凹陷，蹄轮密集，蹄尖跷起，蹄匣变形而形成芜蹄。

二维码 9-7　蹄叶炎，站立姿势异常

[症状]

1. 急性蹄叶炎

突然发病，精神沉郁，食欲减退，不愿站立和运动，站立时姿势异常。

若两前蹄患病，则两前肢前伸，以蹄踵负重，蹄尖跷起，头颈高抬，两后肢伸入腹下，呈蹲坐姿势。如站立过久，常想卧地。

两后蹄患病时，则病畜头颈低下，两前肢后踏，两后肢诸关节屈曲稍前伸，以蹄踵负重，腹部蜷缩。

四蹄同时患病，初期四肢前伸，而后四肢频频交替负重，肢势常不一定，终因站立困难而卧倒。强迫运动时，均为紧张步态。

蹄部变化可见病蹄指(趾)动脉搏动亢进，蹄温增高，敲打或钳压蹄壁，有明显疼痛反应，特别蹄尖壁疼痛更为明显。

严重病例，由于疼痛剧烈，常引起肌肉颤抖、出汗、体温升高、脉搏增数、呼吸促迫、食欲减退、反刍停止等症状。如因其他疾病引起的，还具有原发病的症状。

2. 慢性蹄叶炎

病蹄热痛症状较轻，呈轻度跛行。病程长者形成芜蹄，病畜消瘦，生产性能降低或丧失。

[诊断]

急性蹄叶炎时，患蹄增温、疼痛，站立时蹄踵负重，蹄尖跷起，不愿运动，强迫运动时呈紧张步样。

慢性蹄叶炎时，病蹄热痛不明显，轻度跛行，病久呈芜蹄。X 线检查有时可见蹄骨变形及骨质疏松。

[治疗]

本病的治疗原则是除去病因，减少渗出，消炎镇痛，改善循环，促进吸收，防止蹄骨变形。

1. 放血疗法

为了改善血液循环，发病后及早放血，一种方法是于蹄头放血 50～100 mL，以减轻蹄部淤血状态并排出毒物，效果较好；另一种方法是在病后 36～48 h，静脉放血 1 000～2 000 mL（体弱者禁用），然后静脉注入等量糖盐水，内加 0.1％盐酸肾上腺素溶液 1～2 mL 或 5％氯化钙注射液 200～300 mL，效果更好。

2. 冷敷及温敷疗法

为制止渗出，病初（2～3 d 内）可进行冷敷、冷蹄浴或浇注冷水，每次 30～60 min，2～3 次/d。以后改为温敷或温蹄浴，促进炎性渗出物吸收。

3. 封闭疗法

用 0.5％盐酸普鲁卡因溶液 30～60 mL 分别注入系部皮下指（趾）深屈肌腱内外侧，隔日 1 次，连用 3～4 d。也可进行静脉或患肢上方穴位封闭。

4. 镇痛及脱敏疗法

发病初期应用乙酰丙嗪有一定疗效，具有降低血压和解除疼痛作用。或内服盐酸苯海拉明 0.5～1 g，1～2 次/d；或氟尼辛葡甲胺，2.2 mg/kg 体重，肌内或静脉注射；或皮下注射 0.1％ 盐酸肾上腺素溶液 3～5 mL，1 次/d。

此外，静脉注射高渗氯化钠、高渗葡萄糖溶液 300～500 mL，或皮下注射盐酸毛果芸香碱等均有较好作用。为了清理肠道和排除毒物，可应用缓泻剂。静脉注射 5％碳酸氢钠溶液，也可获得满意效果。应用激素类药物治疗蹄叶炎效果良好。体温过高或为了防止感染，可用抗生素疗法。

慢性蹄叶炎无特效疗法，应着重于护蹄，矫正蹄形，防止芜蹄的发生。

任务五十九　腐蹄病

腐蹄病是指反刍动物的指（趾）间皮肤及皮下组织的炎症，又称蹄间腐烂或趾间腐烂，其特征是蹄间局部组织发炎、坏死。腐蹄病为牛的常见蹄病，有多种，其中以坏死杆菌引起的最为常见。

[病因]

饲养管理不当，蹄部经常浸泡于粪尿或污水中（图 9-7）；低洼沼泽处放牧；蹄角质或趾间皮肤的外伤；护蹄不当，长期舍饲，缺乏运动；饲料中钙磷缺乏或比例不当，饲料中蛋白质、维生素含量不足等。这些因素使指（趾）间抵抗力降低，而被坏死杆菌等厌氧菌感染而致病。

图 9-7 蹄部长期浸泡在粪尿中易致腐蹄病

[症状]

发病初期，患畜精神沉郁，食欲减退，患肢出现跛行，指(趾)间潮红，发热、肿胀，疼痛明显，叩诊患肢敏感。随着疾病的发展，炎症逐渐蔓延至蹄冠、蹄后部和系部，有的还可侵害腱、韧带、关节等，跛行严重，严重的化脓并形成溃疡、腐烂，伴有恶臭脓性液体，体温升高。有时蹄底溃烂，形成小孔或大洞，洞内充满污灰色或黑褐色的坏死组织及恶臭的脓汁，甚至蹄壳脱落。

[诊断]

患肢出现跛行，蹄间皮肤出现红、肿、热、痛。严重时，发生化脓、溃疡、腐烂，有恶臭脓性液体等，可做出诊断。

[治疗]

1. 蹄部消毒

先用清水将患蹄清洗干净，用饱和硫酸铜或高锰酸钾溶液消毒，将多余的蹄角质层削掉，蹄底削平。然后将蹄底腔洞内的坏死组织彻底除去，直到见血。群发时，可设消毒槽进行蹄浴，槽中放入 3%～5%硫酸铜溶液，使病畜每日通过 2～3 次。同时对病畜要进行隔离饲养，对原污染圈舍要进行严格消毒。

2. 患部用药

患部消毒后，再撒布高锰酸钾粉、土霉素粉或磺胺粉。深部腐烂可用福尔马林松馏油纱布填塞，而后包扎蹄绷带，将患牛拴系在干燥、清洁的土质地面，必要时铺垫干草。隔 2～3 d 换药 1 次。

3. 全身治疗

当患畜出现全身症状时，可使用青霉素、头孢噻呋钠或磺胺类药物等进行治疗。

知识拓展

规模化牛场蹄浴管理

一、蹄浴池要求

(1)在挤奶厅回牛舍通道设置固定式蹄浴池。清水池在前，药浴池在后。两池间隔 1.5～2 m。

(2)蹄浴池长 3 m，宽 80～120 cm，深 15 cm。

(3)蹄浴液深度保证在 10～12 cm。

(4)要求每批牛的蹄浴结束，两个蹄浴池都要进行彻底清洗，保证干净。

二、蹄浴药物

蹄浴采用 5%硫酸铜溶液或 5%甲醛溶液，两种蹄浴药可交替使用。每 500 头牛更换一次新的蹄浴液，以保证蹄浴效果。要注意蹄浴液的有效浓度和有效期，配制浓度要准确，并注意掌握更换药液的时间。

二维码 9-8　用 5%硫酸铜溶液进行蹄浴

二维码 9-9　蹄浴后的奶牛

三、蹄浴频次

(1)蹄浴频率为每周 2 次。

(2)蹄浴时，必须先洗净牛蹄上粪污后，再蹄浴。

(3)根据季节、环境、蹄部卫生等情况，可适当调整蹄浴次数。

(4)蹄病高发牛场，泌乳牛每周 3～5 次蹄浴。

规模化牛场保健修蹄

一、修蹄计划

(1)成年母牛保证每年至少 2 次保健修蹄，即产后 120 d 左右 1 次，干奶前 1 次。

(2)青年牛预产前 2 个月，通过步态评分检查，对评估 2 分以上牛只及时修蹄。

二、准备工作

1. 人员配置

存栏 4 000～6 000 头的规模化牛场，配置专职修蹄兽医 1 人，助手 1 人(可兼职牛场消毒及其他辅助工作)。

2. 工具准备

立式修蹄车、保定绳子、修蹄刀(直刀或 L 形)、勾刀、修蹄钳、检蹄钳、注射器、绷带(弹力、普通)、修蹄尺、刷子、角磨机、蹄刷、磨刀器、脱脂棉、手术刀、手术剪、止血钳。

3. 药物准备

松馏油、高锰酸钾、硫酸铜、5%碘酊、生理盐水、过氧化氢、抗生素、普鲁卡因、新洁尔灭、外用蹄病药物。

4. 牛只准备

(1)成年母牛：产后 120 d 及临近干奶期的牛只。

(2)牛群巡查所见跛行牛只(每月 1 次全群巡查，对跛行牛只做好标记并记录)。

(3)经过治疗需要复查牛只(治疗包扎 3 d 后牛只、蹄病治疗 30 d 后牛只)。

三、牛只保定

将修蹄架的台面放置到竖立垂直状态→将牛只赶到修蹄台架内→迅速关闭修蹄台颈夹→固定胸部、腹部保定带→固定蹄部。

四、清理蹄部

以清水将蹄部粪便等污物去除，重点刷拭蹄底、蹄踵和指(趾)间皮肤，观察有无蹄病发生。

五、修整蹄尖

根据牛蹄的变形程度用修蹄钳剪去蹄尖过长部分，约四指宽(前蹄蹄前壁长度约 7.5 cm，后蹄蹄前壁长约 8 cm)。

二维码 9-10　修蹄以降低腐蹄病的发病率

六、修整蹄底

用角磨机打磨，或用 L 形修蹄刀修平蹄底，后蹄先修内侧蹄，前蹄先修外侧蹄。标准蹄底厚度约 5 mm，前蹄：蹄前壁与蹄踵壁的比约为 4∶3，蹄角度为 47°～48°；后蹄：蹄前壁与蹄踵壁的比约为 2∶1，蹄角度为 43°～47°。

七、修整蹄弓

保留蹄尖部的三角区范围不动，用修蹄刀在牛蹄底面做出一个桃心形的蹄弓，将蹄底修成凹面，占蹄底面积的 1/3。修蹄弓时，要求内侧光滑无棱角，保留适当的负重面(负重面宽度不能小于 1.5 cm)。逐个修好 4 个牛蹄。

八、解除保定

解除蹄部保定绳→放开胸部、腹部保定带→打开修蹄台颈夹→放开牛只→送回指定牛舍。

九、异常情况处理

蹄病牛只按蹄病治疗程序处理。

十、填写修蹄记录

每日修蹄结束，认真准确填写修蹄记录。每周、每月做分析总结。当蹄变形严重、蹄病发生率＞2%时，应视为群发性问题，要分析原因，采取相应的防制措施。

考核评价

一、选择题

1. 犊牛，脐部有一拳头大小肿胀，触诊柔软，按压肿胀可变小，则该病最可能是(　　)。

A. 肿瘤　　B. 脓肿　　C. 血肿　　D. 疝　　E. 淋巴外渗

2. 治疗关节部脓肿膜形成良好的小脓肿，应选用的方法是(　　)。

A. 脓汁抽出法　　B. 脓肿切开法　　C. 脓肿摘除法

D. 冷疗法　　E. 温热疗法

3. 下列关于疝的描述，正确的是(　　)。

A. 疝由疝孔、疝囊和疝内容物组成

B. 按疝内容物活动性的不同，可分为可复性疝和不可复性疝

C. 犊牛容易发生疝

D. 腹部受到强大的钝性外力作用可引起腹壁疝

E. 以上都对

4. 奶牛患腐蹄病时,可用(　　)溶液进行蹄浴。

A. 75%酒精　B. 0.1%新洁尔灭　C. 5%硫酸铜

D. 生理盐水　E. 20%硫酸钠

5. 下列哪些因素可导致犊牛脐疝(　　)。

A. 过度努责　B. 肠臌气　C. 脐孔发育闭锁不全

D. 过猛的跳跃　E. 以上都对

6. 引起奶牛腐蹄病的病原菌主要是(　　)。

A. 葡萄球菌　B. 链球菌　C. 大肠杆菌

D. 绿脓杆菌　E. 坏死杆菌

7. 脓肿治疗中,当脓肿出现明显波动时,应给予的治疗是(　　)。

A. 抗生素治疗　B. 温热疗法　C. 手术切开

D. 涂擦樟脑软膏　E. 红外线疗法

8. 脐疝多发生于(　　)。

A. 老年牛　B. 青年牛　C. 犊牛　D. 老年犬　E. 幼驹

9. 奶牛,跛行,精神沉郁,体温 40.5 ℃。左后肢蹄部肿胀,触诊有热痛,蹄底有窦道,趾间皮肤有溃疡,并覆盖有恶臭坏死物。最有效的治疗方法是(　　)。

A. 冷敷　B. 热敷　C. 手术疗法

D. 激素疗法　E. 输液疗法

10. 奶牛,妊娠已 265 d,食欲减退,频频努责,可见一近似排球大小的囊状物垂于阴门之外,表面呈暗红色,水肿严重,针对该病,整复脱出物前的处置方法是(　　)。

A. 酒精消毒　B. 温热生理盐水冲洗　C. 3%明矾水冷敷、压迫

D. 0.1%高锰酸钾热敷　E. 3%过氧化氢冲洗

(11～13 题共用题干)

一奶牛,产后瘫痪,右侧颈静脉注射氯化钙后症状明显改善。2 d 后右侧颈部出现明显渐进性肿胀,热痛反应明显。病牛精神尚可,全身症状不明显。

11. 根据以上描述,该牛最可能患(　　)。

A. 颈部脓肿　B. 颈静脉炎　C. 颈部蜂窝织炎

D. 颈部挫伤　E. 痈

12. 关于该病的治疗错误的是(　　)。

A. 在隆起部下缘切开皮肤、排液

B. 向患部注射 10%～20%硫酸钠

C. 继续使用氯化钙制止渗出

D. 全身应用抗生素

E. 向隆起皮下注射生理盐水 40～50 mL

13. 若随着病程发展,病牛精神不振,体温升高,颈部多处破溃,不断流出脓液,突然流出大量血液。则该病治疗首先应考虑(　　)。

A. 控制炎症　B. 全身止血　C. 颈静脉部分切除

D. 控制体温　E. 调整酸碱、电解质平衡

（14～16 题共用题干）

奶牛，5 岁，日产奶量 20 kg，肥胖，喜躺卧，站立时两后肢向前伸至腹下。触诊趾动脉搏动明显，蹄壁增温。轻叩蹄壁时病牛迅速躲闪。粪便气味酸臭，有少许未消化的精料。

14. 该牛最可能患的疾病是（　　）。

A. 蹄叶炎　　B. 腐蹄病　　C. 消化不良

D. 急性瘤胃酸中毒　　E. 酮病

15. 本病常见的病因是（　　）。

A. 碳水化合物精料过多　　B. 消化功能低下　　C. 蹄部发育异常

D. 蹄变形　　E. 碳水化合物精料不足

16.【假设信息】若该牛在 2 个月后出现消瘦，蹄延长呈靴状，蹄前壁与蹄底形成锐角，蹄轮不规则，此时的主要治疗措施是（　　）。

A. 修蹄　　B. 注射小苏打　　C. 注射苯海拉明

D. 注射替泊沙林　　E. 注射 50%葡萄糖

（17～20 题共用题干）

一黄牛，颈部肌内注射药物，1 周后颈部注射部位发现肿胀，病牛精神、食欲、排粪、排尿均正常。

17. 若触诊，初期肿胀局部温度增高、坚实，后期有波动感，则如何确诊该病（　　）。

A. 血常规检查　　B. X 线检查　　C. 穿刺检查

D. 血液生化检查　　E. 叩诊检查

18. 若该病为脓肿且边界已明显，则下列治疗错误的是（　　）。

A. 复方醋酸铅溶液冷敷　　B. 鱼石脂软膏涂擦　　C. 温热疗法

D. 超短波疗法　　E. 抗生素治疗

19. 切开排脓，清洗创口时，首选的药物是（　　）。

A. 30%过氧化氢　　B. 3%过氧化氢　　C. 5%碘酊

D. 生理盐水　　E. 灭菌水

20. 排脓引流时，引流条引出的位置应在（　　）。

A. 脓肿的中央　　B. 脓肿的最高点　　C. 脓肿的最低点

D. 脓肿的任何位置　　E. 脓液最多的位置

二、病例分析：根据病史和临床检查的结果，提出初步诊断，制订治疗措施（开出处方）

主诉症状：最近几天发现奶牛跛行，食欲减退，产奶量下降，蹄部肿大，拒绝检查。

临床检查：患牛体重约 600 kg，体温 39.8 ℃，呼吸、脉搏均无异常。右后肢频频提举，运动呈现跛行。蹄部检查，蹄底有一小洞，流出腐败恶臭的液体。蹄球上方肿胀，触诊有热痛。

二维码 9-11　项目九考核评价参考答案

项目十
产科疾病

学习目标

◆ 熟悉常见产科疾病的诊疗方法。

◆ 了解难产的发病原因，掌握常见难产的助产方法。

◆ 了解流产、阴道脱、生产瘫痪、子宫内翻及脱出、胎衣不下、子宫内膜炎、卵巢囊肿、乳房炎、新生犊牛窒息、胎粪停滞、脐炎等的概念，掌握其病因、症状、诊断、治疗及预防。

思政目标

◆ 培养科学精神，注重理论与实践相结合，培养分析问题和解决问题的能力。

◆ 诠释生命的伟大和脆弱，敬畏生命、热爱生命、尊重生命，树立以救护生命为使命的崇高理想。

◆ 激发对传统中医（兽）学和传统文化的热爱，培养对兽医专业的热爱，以及家国情怀、感恩、社会责任和担当。

任务六十　流　　产

流产又称妊娠中断，是指由于胎儿或母体异常引发妊娠生理过程紊乱，或它们之间的正常关系遭到破坏而引发的妊娠中断。它可以发生在妊娠的各个阶段，但以妊娠早期较为多见。母体可以排出死亡的孕体，也可以排出存活但不能正常生存的胎儿。如果母体在怀孕期满前排出成活的未成熟胎儿，称为早产；如果在分娩时排出死亡的胎儿，则称为死产。各种家畜均能发生流产，乳牛流产的发病率在10%左右，即使在无布鲁氏菌病流行的地区，发病率也常达2%～5%。流产造成的经济损失是严重的，它不仅能使胎儿夭折或发育受到影响，而且还会影响母畜的生产性能和繁殖性能。

［病因］

流产的原因极为复杂，大致可归纳为三类，即一般性流产（非传染性流产）、传染性流产和寄生虫性流产。每类流产又可分为自发性流产和症状性流产。前者是胎儿及胎盘发生反常或直接受到影响而发生的流产；后者是孕畜某些疾病的一种症状，或者是饲养管理不当导致的结果。

1. 一般性流产(非传染性流产)

一般性流产(非传染性流产)的原因可以大致归纳为以下几种。

(1)胎膜及胎盘异常:胎盘及胎膜是维持胎儿发育的重要的暂时性器官,如果胎膜发生反常,胎儿与母体之间的联系及物质交换就会受到限制,胎儿就不能正常发育,最后导致胎儿死亡。先天性因素可以导致胎膜异常,如子宫发育不全、胎膜绒毛发育不全,这些先天性因素所引起的病理变化,可导致胎盘结构异常或胎盘数量不足。后天性的子宫黏膜发炎变性,也可导致胎盘异常。

(2)胚胎过多:牛、羊怀双胎,特别是两胎儿在同一子宫角内,流产比怀单胎时概率大。这些情况都可以看作自发性流产的一种。

(3)胚胎发育停滞:在妊娠早期的流产中,胚胎发育停滞是胚胎死亡的一个重要组成部分。发育停滞可能是因为卵子或精子有缺陷;也可能是因为染色体异常或由于配种过迟、卵子老化而产生的异倍体;还可能是由于近亲繁殖,受精卵的活力降低。因而,囊胚不能发生附植,或附植后不久死亡。有的畸形胎儿在发育中途死亡,但也有很多胎儿能够发育到足月。

(4)生殖器官疾病:如在患局限性慢性子宫内膜炎时,有的交配可以受孕,但在妊娠期间如果炎症发展,则胎盘受到侵害,胎儿死亡。在患阴道脱出及阴道炎时,炎症可以破坏子宫颈黏液塞,侵入子宫,引起胎膜炎,危害胎儿。此外,先天性子宫发育不全、子宫粘连等,也能妨碍胎儿的发育,妊娠至一定阶段即不能继续下去。胎水过多、胎膜水肿等偶尔也能引起流产。

妊娠期激素失调,也会导致胚胎死亡及流产,其中直接有关的是孕酮、雌激素和前列腺素。母牛生殖道的功能状况,在时间上应和受精卵由输卵管进入子宫及其在子宫内的附植处于精确的同步阶段。激素作用紊乱,子宫环境不能适应胚胎发育的需要而发生早期胚胎死亡,以后若孕酮不足,也能使子宫不能维持胎儿的发育。

非传染性全身疾病,如牛的瘤胃臌气等,可能因反射性地引起子宫收缩或不断起卧,引起流产。顽固性前胃弛缓及真胃阻塞,拖延时间长的,也能够导致流产。此外,能引起体温升高、呼吸困难、高度贫血的疾病,都有可能引发流产。

(5)饲养性流产:饲料严重不足,矿物质缺乏,饲料品质差,维生素 A、维生素 E 及微量元素硒等缺乏,饲喂霉变、腐败的饲料等,均可能引起流产。

(6)中毒性流产:饲喂发霉和腐败饲料,棉籽饼中毒,含有亚硝酸盐、农药或有毒植物的饲料等,均可使孕畜中毒而流产。某些重金属可导致流产,如镉中毒、铅中毒等。细菌内毒素也能引起流产。

(7)管理不当:主要由于管理及使用不当,子宫和胎儿受到直接或间接的机械性损伤,或孕畜遭受各种逆境的剧烈危害,引起子宫反射性收缩而发生散发性流产。腹壁的碰伤、踢伤,母牛在泥泞、结冰、光滑或高低不平的地方摔倒,抢食以及出入圈舍时过度拥挤均可造成流产。剧烈的运动、跳越障碍及沟渠、上下陡坡等,都会使胎儿受到振动而流产。精神性损伤(如惊吓、粗暴地鞭打头和腹部、惊群、打架)可使母牛精神紧张,肾上腺素分泌过多,反射性地引起子宫收缩。

(8)医疗错误:全身麻醉,大量失血,手术,服用大量泻剂、驱虫药、利尿药,注射某些能引起子宫收缩的胆碱类、麦角类、肾上腺皮质激素类药物,注射疫苗,误用大量的雌激素、前列腺素,误用忌服的乌头、附子、红花等中药,均有可能引起流产。

给孕畜服用刺激发情的制剂,会导致流产。粗鲁地进行直肠、阴道检查等也可引起流产。

2. 传染性流产

很多病原微生物都能引起流产，如布鲁氏菌病、钩端螺旋体、牛病毒性腹泻病毒、支原体、李氏杆菌等。

3. 寄生虫性流产

由寄生虫寄生引起的流产，如新孢子虫病、毛滴虫病、羊弓形虫病等。

[症状]

由于流产的原因、时期及孕畜机体反应能力的不同，流产所表现的症状及结果也有差别。

1. 隐性流产

胚胎在子宫内被吸收，故称为胚胎消失或隐性流产。母牛配种后，经检查已怀孕，但经过一段时间怀孕现象消失，且无明显临床症状，而怀孕中断，不久又再次发情，从阴门中流出较多的分泌物。

2. 小产

小产又称死产，即排出死亡的胎儿，是最常见的一种流产。胎儿已成形，多数母牛无临床症状，只有当流产胎儿较大，或胎儿排出受阻时，母牛表现出乳房增大，站立不安，检查阴道见子宫颈口稍开张，子宫内混有褐色不洁的黏液。

3. 早产

有与正常分娩类似的征兆和过程，排出不足月的胎儿，称为早产。一般在流产前 2～3 d，乳房胀大，阴唇肿胀，乳房可挤出清亮的液体。腹痛、努责、从阴门流出分泌物或血液。流产胎儿体小、软弱，有的会吸吮，有的无吸吮能力。会吸吮、能吃奶者通过精心护理，仍有成活的可能。

4. 延期流产

胎儿死亡后，由于卵巢上的黄体功能仍然正常，子宫收缩轻微，死亡胎儿长期停留于子宫内，这种流产称为延期流产，也称为死胎停滞。其表现形式有两种，即胎儿干尸化和胎儿浸溶。

二维码 10-1　干尸化胎儿

(1)胎儿干尸化。胎儿死亡后停留于子宫内，未被排出，其组织中的水分及胎水被母体吸收，体积缩小，变为棕黑色，好像干尸，故称为胎儿干尸化，又称为死胎、木乃伊胎(图 10-1)。一般来说，胎儿死后不久，母体就把它排出体外。但如果黄体不萎缩，仍保持其功能，则子宫并不强烈收缩，子宫颈也不开放，胎儿仍可留于子宫中。因为子宫腔与外界隔绝，阴道中的细菌不能侵入，如果细菌也未通过血液进入子宫，胎儿就不腐败分解。以后，胎水及胎儿组织中的水分逐渐被吸收，胎儿变干，体积缩小，头及四肢缩在一起，这就是胎儿干尸化。

干尸化胎儿可在子宫内停留相当长的时期。母牛一般是在妊娠期满后数周内，黄体的作用消失而再发情时，才将胎儿排出。排出胎儿有时也可发生在妊娠期满以前，个别的干尸化胎儿则长久停留在子宫内而不能排出。

胎儿排出前，母牛不出现明显的临床症状，所以不易发现。但如果经常注意母牛的全身状况，则可发现母牛妊娠至某一时期后，妊娠的外表现象不再继续发展。直肠检查感到子宫呈圆球状，其大小依胎儿死亡时间的不同而异，且较妊娠月份应有的体积小得多。一般大如人头，但也有较大或较小的。内容物很硬，无弹性，这就是胎儿。子宫壁紧包着胎儿，摸不到胎动、胎水及子叶，有时子宫与周围组织发生粘连。卵巢上有黄体。摸不到妊娠脉搏。

(2)胎儿浸溶。妊娠中断后，死亡胎儿的软组织分解，变为暗褐色的黏稠液体流出，而骨骼则留在子宫内，称为胎儿浸溶。牛胎儿浸溶时，细菌引起子宫炎，因而可使母牛表现败血症及腹膜炎的全身症状。病牛精神沉郁，体温升高，食欲减退或废绝，并常伴有腹泻，消瘦。努责，从阴门流出红褐色或棕黑色黏稠液体，具腐臭味，内含碎小骨片，最后仅排出脓液，黏附于尾根及坐骨结节上。阴道检查见子宫颈开张，阴道黏膜呈暗红色，内积有褐红色黏液或脓液。在子宫颈内或阴道中可以摸到胎骨。在直肠检查时，子宫颈粗大，子宫壁增厚，可触摸到潴留在子宫内的骨片，捏挤可感觉到骨片摩擦音(图 10-2)。

胎儿死亡后，究竟是发生胎儿浸溶还是胎儿干尸化，关键在于黄体是否萎缩及子宫颈是否开放。如果黄体萎缩，子宫颈就开放，微生物即沿阴道侵入子宫，胎儿软组织先是气肿，2 d 后开始液化分解而逐渐排出，骨骼则因子宫颈开放不够大，排不出来。

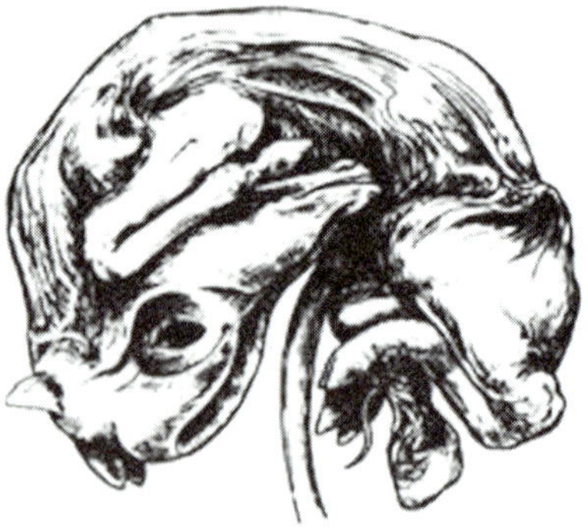

图 10-1 牛胎儿干尸化

图 10-2 浸溶胎儿的骨片

[诊断]

(1)母畜配种后已确认怀孕，但过一段时间再次发情。

(2)妊娠期未满，孕畜腹痛、弓腰、努责，从阴门流出分泌物或血液，进而排出死胎或不足月的胎儿。

(3)怀孕后期，腹围不再增大而逐渐变小，有时从阴门排出污秽恶臭的液体，并含有胎儿组织碎片。

[治疗]

1.保胎、安胎

若孕畜出现腹痛不安、呼吸和脉搏加快等临床症状，即可能发生流产。经检查子宫颈紧闭，胎儿尚活着的牛只，应进行安胎、保胎。禁止阴道检查，控制直肠检查次数以免刺激母畜。可进行牵遛，以抑制努责。为了制止阵缩和努责，可肌内注射孕酮，牛 50～100 mg，羊 10～30 mg，每日或隔日 1 次，连用数次；为了防止习惯性流产，也可在妊娠的一定时间后使用孕酮。也可肌内注射盐酸氯丙嗪注射液，1～2 mg/kg 体重，或皮下注射 1%硫酸阿托品等。

2.促使胎儿排出

先兆流产经上述处理，病情仍未稳定下来，阴道排出物继续增多，起卧不安加剧；阴道检查，子宫颈口已经开放，胎囊已进入阴道或已破水，流产已在所难免，应尽快促使子宫内容物排出，以免胎儿死亡腐败引起子宫内膜炎，影响以后受孕。牛可肌内注射垂体后叶激素 50～80 IU，促使胎儿排出；或按助产原则引出胎儿。若引出困难时，可行截胎术，引出胎儿后应进行子宫洗涤，并向子宫内注入抗生素。

3. 对延期流产的治疗

对于胎儿发生干尸化或浸溶者，可用前列腺素制剂，继之或同时应用雌激素，溶解黄体并促使子宫颈口开张。然后用 0.2%高锰酸钾溶液灌入产道内，并灌入温肥皂水或液状石蜡，用绳拴于胎儿前置部位向外牵引。如胎儿因气肿牵引困难，可以采用切开皮肤放气，再牵引出胎儿。必要时可采取截胎术。胎儿牵出后，用 0.2%高锰酸钾溶液反复冲洗子宫，肌内注射催产素，在子宫内放入抗生素，并重视全身对症治疗。

任务六十一　阴道脱

阴道壁的一部分形成皱襞，凸出于阴门之外，或者整个阴道翻转脱垂于阴门之外，称为阴道脱。常发生于妊娠末期，但也可发生于妊娠 3 个月后的各个阶段以及产后期。本病多发生于牛，其次是羊、猪。

[病因]

阴道脱主要是由于固定阴道的组织弛缓、腹内压增高及强烈努责而引起的。

(1)孕畜老年经产、日粮中矿物质缺乏、年老体弱及运动不足等，易使固定阴道的组织弛缓无力。

(2)孕畜长期卧于前高后低的地面上，或胎儿过大、胎水过多、单胎动物怀双胎等，使韧带持续伸张，易发生本病。

(3)孕畜由于腹内压持续增高，如瘤胃臌气、便秘、腹泻、阴道炎、分娩以及难产时的强烈努责等，压迫松弛的阴道壁，也可引起本病。

(4)当难产、不正确地引产以及胎衣不下时，强力牵拉常会导致本病的发生。

[症状]

根据阴道脱出程度可分为部分阴道脱和完全阴道脱。

1. 部分阴道脱

病初孕畜卧下时，在阴门开张处，见到形如鹅卵至拳头大或更大的红色或暗红色的半球状凸出物(图 10-3)，站立时缓慢缩回。如此长期反复脱出，阴道壁组织逐渐松弛，站立后也难以回缩，且逐渐增大，黏膜红肿、干燥。

2. 完全阴道脱

多由部分阴道脱发展而来，可见形似排球大的球状物凸出于阴门外(图 10-4)，表面光滑，病畜站立也不能缩回。其末端有子宫颈外口，尿道外口常被压在脱出阴道部分的底部，故虽能排尿但不流畅。脱出的阴道，初呈粉红色，后因淤血水肿，渐呈紫红色，表面常有污染的粪便，进而出血、干裂、结痂、糜烂等。个别伴有膀胱脱出。

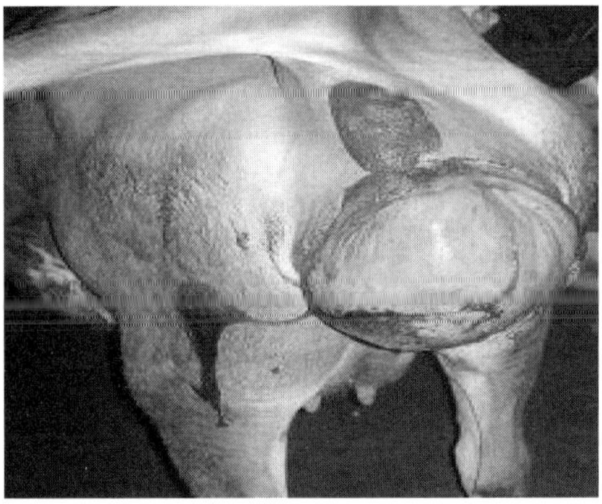

图 10-3　阴道部分脱出

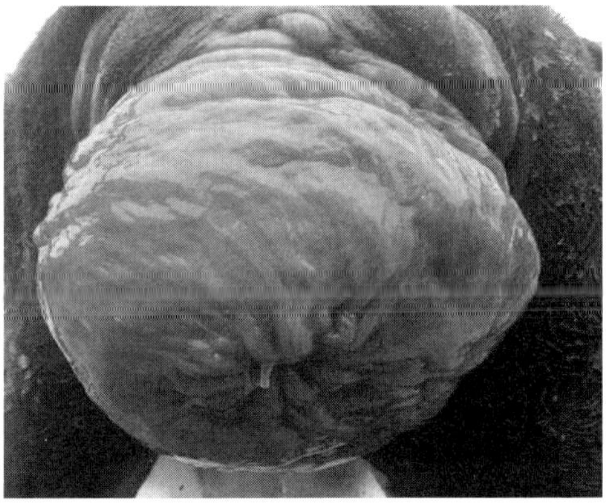

图 10-4　阴道全部脱出

[防治]

因阴道脱出的程度不同，而采取不同的治疗措施。

1. 部分脱出

站立时能自行缩回的，一般不需整复和固定。在加强运动、增强营养、减少卧地，并使其保持前低后高的基础上，灌服具有“补虚益气”功效的中药方剂，多能治愈。当站立时不能自行缩回的，则应进行整复固定，并配以药物治疗。

2. 完全脱出

应行整复固定，并配以药物治疗。整复时，将病畜保定在前低后高的地方，裹扎尾巴并拉向体侧，选用 2%明矾水、1%食盐水、0.1%高锰酸钾溶液等，清洗局部及其周围。水肿严重时，热敷挤揉或刺破以使水肿液流出，然后用消毒的湿纱布或涂有抗菌药物的油纱布把脱出的阴道包裹，趁家畜不甚努责的时候用手将脱出的阴道还纳后，取出纱布，或在两侧阴唇黏膜下组织内注入 70%酒精 20～30 mL，用消毒的粗缝线将阴门上 2/3 做减张缝合或纽孔状缝合。当病畜剧烈努责而影响整复时，可做硬膜外腔麻醉。脱出的阴道有严重感染和坏死时，应施以全身疗法，必要时可行阴道部分切除术。

3. 预防措施

加强饲养管理，给予营养全面且足够的日粮，加强运动，防止过度劳役和损伤阴道，预防和及时治疗腹压增高的各种疾病。

任务六十二　助产与难产处理技术

分娩时，由于各种原因引起胎儿不能由产道顺利娩出称为难产。难产如果处理不当，不仅会危及母体及胎儿的生命，而且还会引起母牛生殖道疾病，影响以后的繁殖力。因此，积极防治及正确处理难产，是兽医产科工作者一项极为重要的任务。

一、难产

(一)难产的原因

难产的发病原因比较复杂,分娩的正常与否主要取决于产力、产道及胎儿三个方面。正常情况下,三者总是相互协调的,从而使分娩能顺利地进行。如果其中任何一种因素发生异常,不能将胎儿顺利排出,就会使胎儿的产出过程延迟或受阻,造成难产。因此难产按其直接原因可以分为产力性难产、产道性难产及胎儿性难产三类,其中前两类又可合称为母体性难产。

(1)产力异常。包括阵缩及努责微弱。主要是由于母体营养不良、过度肥胖、缺乏运动、年老体弱、疾病、疲劳及分娩时外界因素的干扰等,孕畜产力减弱或不足。此外,不适当地给予子宫收缩剂,也可引起产力异常。

(2)产道异常。如骨盆畸形,骨折,子宫颈、阴道及阴门的瘢痕、粘连和肿瘤,以及母牛在生产期发育不良,都可造成产道的狭窄和变形而导致难产。

(3)胎儿异常。胎儿活力不足,胎儿畸形,胎儿过大,胎位、胎势以及胎向的异常,都可导致胎儿难以通过产道。

(二)难产的检查

1. 产道检查

将牛妥善保定,尾巴固定在牛只身体一侧,用温水和消毒液彻底清洗和消毒母牛的外阴部及检查者的手臂,然后手臂涂抹液状石蜡后伸入产道,检查产道、骨盆腔是否狭窄,子宫颈是否完全开张,产道是否干燥以及有无水肿和损伤,判断胎儿是否可以通过等。

2. 胎儿检查

发现分娩异常时,检查者宜将手伸入胎膜内进行,应仔细检查胎儿进入产道的程度、胎位、胎向、胎势、是否双胎以及胎儿的死活等情况,通过全面检查并评估,确定最终的助产方案。

(1)胎向。胎向即胎儿的方向。它表示胎儿身体纵轴与母体纵轴的关系。胎向有 3 种。

①纵向。胎儿的身体纵轴与母体的身体纵轴互相平行时称为纵向。习惯上又将纵向分为两种,即正生和倒生(图 10-5),正生是胎儿的方向和母体的方向相反,即头和前腿先进入产道,倒生是胎儿的方向和母体的方向相同,即后腿或臀部先进入产道。一般分娩时多为正生,倒生极少,但两者都是正常现象。

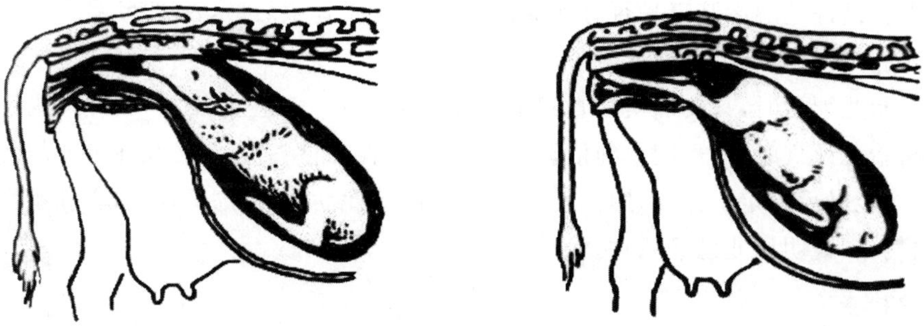

A.正生　　B.倒生

图 10-5　分娩时胎儿的方向

②横向。胎儿横卧于子宫内，胎儿的身体纵轴与母体的身体纵轴呈水平垂直时称为横向。胎儿背部向着产道的，称为背部前置的横向（背横向）；腹壁向着产道（四肢伸入产道），称为腹部前置的横向（腹横向）。

③竖向。胎儿的身体纵轴向上与母体的身体纵轴垂直时称为竖向。有的背部向着产道，称为背竖向；有的腹部向着产道，称为腹竖向。

纵向是正常的胎向，横向及竖向是异常的胎向。严格的横向及竖向通常是没有的，只是程度不同地倾向于横向或竖向。

（2）胎位。胎位即胎儿的位置。表示胎儿的背部和母体的背部或腹部的关系。胎位有3种。

①上位（背荐位）。胎儿伏卧在子宫内，背部在上，靠近母体的背部及荐部。

②下位（背耻位）。胎儿仰卧在子宫内，背部在下，向着母体的腹部及耻骨。

③侧位（背髂位）。胎儿侧卧在子宫内，背部位于一侧，靠近母体左或右侧腹壁及髂骨。

上位是正常的胎位，下位和侧位是异常的胎位。侧位如果倾斜不大，称为轻度侧位，仍可视为正常。

（3）胎势。胎势即胎儿的姿势，胎儿在子宫内头颈、躯干、四肢伸展或屈曲的状态。正生时胎头及两前肢或倒生时两后肢的姿势，伸直进入产道的是正常胎势，如果进入产道的头颈或四肢是弯曲的，就是异常胎势。

（4）前置。前置又称为先露，是指胎儿最先进入产道的部分。哪部分向着产道，就称为哪一部分前置。在胎儿性难产时，常用“前置”这一术语来说明胎儿的异常情况。例如，前肢的腕部是屈曲的，没有伸直，腕部向着产道，称为腕部前置；后肢的髋关节是屈曲的，后肢位于胎儿自身之下，坐骨向着产道，称为坐骨前置。

（5）胎儿死活的判定。胎儿的死活，对于助产方法的选择是有决定性意义的。若胎儿活着，应采取积极措施，挽救母仔生命；若胎儿已经死亡，在保证产道不受损的情况下，对胎儿可采取各种措施。一般情况来说，挽救的对象首先应当是母牛。可根据以下检查内容来判断胎儿的死活。

①正生。术者可将手指伸入胎儿口腔，注意有无吸吮动作。轻拉舌头，注意是否收缩。以手指轻压眼球，注意有无反应。牵拉或刺激前肢，注意有无向相反方向退缩。触诊颈动脉或心区，检查有无搏动。

②倒生。最好是触诊脐带是否有动脉搏动。牵拉或刺激后肢，注意有无反射活动。将食指轻轻伸入肛门，检查有无收缩反射。

在判定胎儿死活时，只要确实检查到了上述各项中某一项生理性活动，即可确定是活的胎儿。但判断胎儿死亡时，却不能单纯依据某一种生理活动的消失，而必须在可查的各种活动全部消失时，方能最后确定。此外，胎儿发生皮下气肿，触诊皮肤有捻发音，胎衣和胎水的颜色污秽，有腐败气味，说明胎儿已经死亡。

3.全身检查

对待难产母牛，除重点检查产道、胎儿外，还要检查母牛的精神、体温、脉搏、呼吸、眼结膜以及阵缩、努责强弱等全身状态，注意有无并发症。在充分掌握难产母牛病情的情况下，确定正确的助产方法和步骤。

(三)难产助产前的准备

1. 术前检查

(1)询问病史。查清妊娠的时间及胎次,怀孕是否足月或超过预产期,分娩开始前及分娩时产畜的表现,胎膜是否破裂,羊水是否排出,做过何种处理,处理后的效果如何等。

(2)临床检查。产畜全身状况的检查,尤其应注意精神状况、体温、脉搏、呼吸、眼结膜、努责程度及能否站立等。产畜外阴部的检查,应检查阴门、尾根两旁及荐坐韧带后缘是否松弛,能否从乳头中挤出初乳等,以推断妊娠是否足月,骨盆及阴门是否扩张。产道及胎儿的检查,先以消毒手臂伸入产道,检查阴道黏膜的松软及润滑程度、子宫颈的扩张程度和骨盆的大小等,进而判定胎儿的死活、胎位、胎向及胎势,以便决定助产的方法。

2. 术前准备

(1)场地的选择和消毒。助产最好在宽敞而平坦、明亮和温暖的室内进行,也可在避风、清洁的室外进行。助产场地要用消毒液喷洒消毒,以防尘埃污染。

(2)产畜的保定。难产时,对母畜保定的好坏,是手术助产能否顺利进行的关键。最好使母畜取前低后高的站立姿势。当母畜不能站立时,可取前低后高的侧卧姿势,并予以适当保定,至于侧卧哪一侧,主要以便于操作为原则。若产畜努责剧烈而不利于助产时,可行硬膜外腔麻醉。

(3)术部及术者手臂的消毒。为了预防感染,助产时必须对产房、场地、产畜外阴部、胎儿外露部分、所用助产器械和术者手臂进行严格消毒,其消毒方法,按外科手术常规消毒方法进行。

(4)润滑产道。为了便于推回、矫正和拉出胎儿,尤其当胎水流尽,产道干燥,胎衣、子宫壁紧包着胎儿时,必须向产道及子宫内灌注温肥皂水或润滑油。如果一味地强行推、拉矫正,极可能造成子宫脱出或产道破裂。

(四)难产助产的原则

难产助产的目的是保全母体和胎儿生命,避免产畜生殖器官与胎儿的损伤和感染。当有困难时,要根据情况保全二者之一(多保全母牛)。难产助产应遵守以下原则。

难产助产要严格遵守操作规程。矫正胎儿的异常部分,应尽可能把胎儿推回子宫内进行。拉出胎儿时,为使胎儿易于通过母体骨盆,除按照骨盆轴方向矫正外,应使胎儿肩部(正生)成斜位或臀部(倒生)成侧位,并要随产畜努责徐徐持续地进行。

助产手术一般先用手进行,必要时配合产科器械。使用产科器械时,要注意保护锐利部以防损伤产道。

产道干燥时,用灭菌的液状石蜡或植物油灌注于产道内。

产畜的外阴部、术者手臂和所用器械,均须严格消毒。

为了预防术后感染,术后应用0.1%高锰酸钾溶液冲洗产道及子宫,排出冲洗液后,放入抗生素或磺胺类药物。

二、常见的难产及助产

产力性难产

产力性难产是指由于子宫肌、腹肌和膈肌的节律性收缩功能异常而引起的难产。多见于子宫弛缓、子宫痉挛、阵缩微弱、破水过早、神经性产力不足等。

(一)子宫弛缓

子宫弛缓是指在分娩的开口期及胎儿排出期,子宫肌层的收缩频率、持续期及强度不足,以致胎儿不能排出。子宫弛缓主要见于牛、猪和羊,发病率随着胎次和年龄的增长而升高,且多胎动物的发病率较高。奶牛由于母体异常造成的难产中,该病是最常见的一种。

[病因]

子宫弛缓可分为原发性子宫弛缓和继发性子宫弛缓两种。原发性子宫弛缓是指分娩一开始子宫肌层收缩力就不足;继发性子宫弛缓是指分娩开始时子宫肌层收缩力正常,以后由于排出胎儿受阻,子宫肌疲劳,收缩力量减弱。

二维码 10-2 牛胎水过多

原发性子宫弛缓的病因很多,但其发病率较继发性低。在母牛妊娠后期,特别是分娩前,孕畜体内激素平衡失调,如雌激素、前列腺素或催产素的分泌不足;在妊娠期间营养不良,体质乏弱,缺乏青绿饲料及矿物质,运动不足,老年,过于肥胖;怀双胎或多胎,胎儿过大或胎水过多使子宫肌纤维过度伸张,子宫肌变薄,紧张性降低;子宫与周围脏器粘连等,均可引起子宫弛缓。

继发性子宫弛缓通常是继发于难产之后,一般孕畜分娩开始时阵缩和努责正常,但由于长时间不能排出胎儿,最终因子宫肌和腹肌持续收缩而过度疲劳,阵缩和努责无力或完全停止。

[症状]

原发性子宫弛缓时,母畜妊娠期满,部分分娩预兆已经出现,但长时间不能排出胎儿或无努责。产道检查时,胎儿的胎向、胎位及胎势均可能正常,子宫颈松软开张,但有时开张不全,可摸到子宫颈的痕迹,胎儿及胎膜囊尚未进入子宫颈及产道。如果时间较久,可能导致胎儿死亡。

继发性子宫弛缓,母畜分娩开始阵缩及努责正常,并且逐渐增强,但不见胎儿产出,以后由于母畜过度疲劳,而引发阵缩及努责逐渐变弱或停止。产道检查,子宫颈开张,胎儿停留在子宫或产道内,并可能发现胎儿姿势或产道异常。

[助产]

1. 牵引术

对于牛羊原发性子宫弛缓,在确认子宫颈口已全部开张,胎势无异常,胎水已排出,可按胎儿牵引术(图 10-6)迅速拉出胎儿。胎囊未破的人工破水,胎势异常的经矫正后拉出胎儿。

2. 截胎术或剖腹产术

对于复杂的难产,如伴有胎位、胎势的异常,矫正后不易拉出或不易矫正的病例,宜尽早采用剖腹产术取出胎儿(图 10-7)。如胎儿已经死亡,可用截胎术。对于难产时间较长,子宫颈口已经缩小的病例,宜尽早施行剖腹产术。助产后于子宫内或全身应用抗生素预防母牛子宫感染。

图 10-6　胎儿牵引术

图 10-7　剖腹产术取出的胎儿

(二)子宫痉挛

子宫痉挛是指母畜在分娩时子宫收缩时间长、间隙短、力量强烈,或子宫肌出现痉挛性的不协调收缩,形成了狭窄环。子宫肌强烈的收缩可导致胎膜过早破裂,出现胎水流失。

[病因]

胎位、胎向、胎势异常;产道狭窄,胎儿不能顺利排出;临产前受到惊吓,环境突然改变或空腹饮用冷水等刺激子宫反射性痉挛性收缩;或过量使用子宫收缩药物等,均可造成母畜努责过强和子宫痉挛。

[症状]

母畜努责强烈而频繁,两次努责的间隔时间较短。这时如果胎儿与产道正常,则可见胎儿迅速排出,如果胎儿与产道存在异常,往往可能导致胎膜囊过早破裂引起难产,甚至可能导致子宫破裂。子宫长时间地持续收缩,可使子宫和胎盘的血管受到压迫,引起胎儿窒息死亡。胎儿排出后,子宫肌持续而强烈地收缩可引起胎衣不下。

[助产]

在子宫肌持续强烈收缩时,用手指掐压母畜的背部皮肤,以减缓努责。如果子宫颈完全松软开放,胎膜囊已破,可及时矫正异常的胎位与胎势,然后牵拉出胎儿。如果子宫颈未完全松软开放,胎膜囊尚未破裂,可注射镇静药物,缓解子宫的收缩和痉挛。如果胎儿已经死亡,并且矫正、牵引无效时,施行截胎术或剖腹产术。

产道性难产

产道性难产是指由于母体的软产道或硬产道异常而引起的难产。常见的软产道异常有子宫颈开张不全,阴道、阴门及前庭狭窄,子宫捻转等;硬产道异常主要是骨盆狭窄。

(一)子宫颈开张不全

子宫颈开张不全是指子宫颈不能充分软化松弛,造成子宫颈狭窄,不能使胎儿顺利通过子宫颈而发生难产,是软产道狭窄中较为常见的一种。

[病因]

子宫颈开张不全主要发生于牛和羊,因牛羊子宫颈肌层较厚,需要较长时间才能软化松弛,如阵缩过早或早产，就可能引起子宫颈开张不全。在分娩过程中，如果母牛受到惊吓或不良环境的干扰，也可使子宫颈发生痉挛性收缩，导致子宫颈口不易开张或开张不充分。另外，原发性子宫弛缓、子宫捻转、胎儿死亡或干尸化、胎膜水肿、胎水过多、子宫炎等均可导致子宫颈开张不全。

[症状]

母畜已经具备了分娩的全部预兆，阵缩及努责也正常，但长久不见胎儿排出，有时也不见胎水与胎膜。产道检查发现阴道柔软而有弹性，但子宫颈管轮廓明显，子宫颈完全闭锁，或子宫颈稍开张，仅能伸进几个手指或一拳，子宫颈松软度不够。

[助产]

对子宫颈开张不全应稍等待，等子宫颈自行开张后，再慢慢拉出胎儿，但须时时检查子宫颈开张的程度，以便决定拉出胎儿的时机。必要时可先用 45 ℃温水灌注子宫颈，并热敷荐部，然后术者用一二手指乃至全部手指逐次扩大子宫颈口，当扩大到一定程度时，再缓慢地强行拉出胎儿。如颈口开张很小，扩张困难或宫颈闭锁，应及早施行剖腹产术。

(二)阴道、阴门及前庭狭窄

阴道、阴门及前庭狭窄所引起的难产可发生于各种动物，但以牛、羊、猪最为多见，尤其多发于青年母牛。

[病因]

导致阴道、阴门及前庭狭窄的原因主要有以下几个方面。

(1)幼稚性狭窄。主要见于配种过早，营养不良的青年母牛。狭窄部位多在阴道与前庭交接处。

(2)胎膜囊过早破裂，影响阴门及阴道的扩大。

(3)分娩过程延滞，母牛久卧，或助产时手在阴道中操作时间过长，可使产道黏膜水肿，引起继发性阴道狭窄。

(4)阴道及阴门损伤及感染后，形成的瘢痕、血肿或纤维组织增生。

(5)骨盆软组织脓肿、阴道周围脂肪组织沉积对阴道的压迫也可引起狭窄。

(6)流产及早产的母牛，有时也出现狭窄。

[症状]

在母牛阵缩和努责正常的情况下，胎儿长久排不出来。阴道检查时，发现阴道内某些部位有狭窄，在狭窄部位之前，可以触摸到胎儿的前置部分。如果助产不及时，胎儿会发生死亡。

阴门及前庭狭窄时，随着母牛的阵缩和努责，胎儿的前置部分或一部分胎膜可至阴门外，胎头或两前蹄可抵在会阴壁上使会阴部隆凸，在阵缩间歇期间，会阴部又恢复原状。

[助产]

如果为轻度狭窄，阴道及阴门还可能开张，应在阴道内和胎儿体表涂以润滑剂，然后缓慢牵拉胎儿，在胎儿通过阴门时，可用手将阴唇上部向前推，以帮助胎儿顺利通过，避免撕裂阴唇。如果在阴道狭窄时牵拉胎儿用力过大，易引起阴道破裂。

如果胎头已经露出阴门，牵拉胎儿有可能导致阴门撕裂或牵拉不易成功时，可行阴门切开术，方法是在阴唇背侧做全层切开，拉出胎儿，然后清创处理伤口，间断缝合阴唇。如果狭窄严重，不能通过产道拉出胎儿，或者强行拉出对胎儿及母牛有生命危险，应行剖腹产术。

(三)骨盆狭窄

骨盆狭窄是指骨盆腔的大小和形态异常,胎儿不能产出而引起的难产。

[病因]

体成熟前过早配种,至分娩时母畜骨盆尚未发育完全;骨盆先天性发育不良或患有佝偻畸形;骨折引起盆骨变形或骨质异常增生等。

[症状]

母畜分娩阵缩和努责正常,但长时间不见胎儿产出。产道检查时,软产道无异常,胎位正常,胎儿也不过大,只是感到骨盆腔狭小或变形。

[助产]

对于轻度骨盆狭窄的母畜,可先在产道内灌注大量润滑剂,然后配合母畜的努责,试用牵引术拉出胎儿。对不能拉出胎儿或骨盆腔过度狭窄的母畜,应及早行剖腹产术。

胎儿性难产

胎儿性难产是指由于胎位、胎向、胎势异常,或由于胎儿过大、胎儿畸形,或由于两个胎儿同时楔入产道等而引起的难产。

(一)胎儿过大

胎儿过大是指母畜的骨盆及软产道正常,胎位、胎向及胎势也正常,由于胎儿发育相对过大,不能顺利通过产道而引起的难产。

[症状]

分娩开始时母畜的阵缩和努责均正常,有时可见到两蹄尖露出阴门外,但排不出来胎儿。母畜产道无狭窄,胎位、胎向、胎势均正常,只是胎儿体躯过大与产道不相适应。

[助产]

实施胎儿牵引术并进行人工助产。强行拉出时必须注意,尽可能等到子宫颈完全开张后进行;必须配合母畜努责,用力要缓和,通过边拉边扩张产道,边拉边上下左右摆动或略微旋转胎儿。在助手配合下交替牵拉前肢,使胎儿肩部、骨盆倾斜着通过骨盆腔狭窄处。如果经牵引术难以拉出胎儿且胎儿还活着,应施行剖腹产术;如果已经死亡,则可施行截胎术。

(二)双胎难产

双胎难产(图 10-8)是指在分娩时,两个胎儿同时楔入产道,都不能产出而引起的难产。

[症状]

两个胎儿多数是一个正生、一个倒生,产道检查可能发现正生胎儿的头和两前肢及另一个胎儿的两后肢,或一个胎头和一前肢及另一个胎儿的两后肢等多种情况;如果两个胎儿均为正生,产道内可发现两个胎头和四条前腿;如果两个胎儿均为倒生,只是四条后腿。

如果检查时发现两个胎头或三条以上的腿时,就

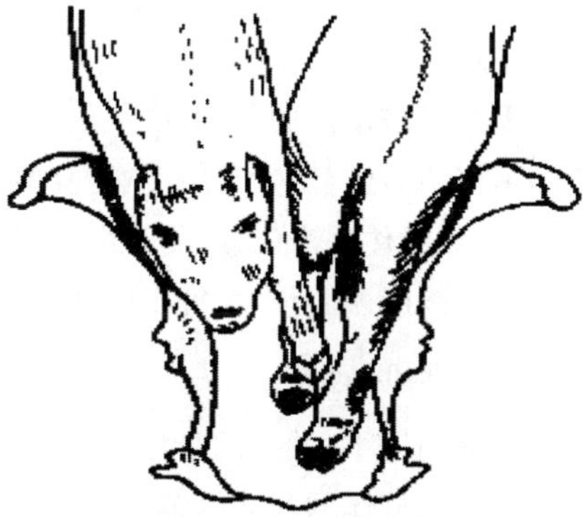

图 10-8　双胎难产

应考虑双胎难产，并区别是两个胎儿同时楔入产道，还是一个胎儿的四肢楔入产道。同时，也要注意和腹部前置的竖向及横向、连体畸形等区别开来。

[助产]

原则上是先推回一个胎儿，拉出另一个胎儿，然后再将推回的胎儿拉出。助产时，首先要分清肢体属于哪个胎儿的，并用附有不同标记的产科绳分别缚好两个胎儿的肢体，以免推拉时发生错误。然后术者用手推回里边的或下面的胎儿，助手配合术者趁势拉出就近的或上边的胎儿，拉出一个胎儿后，再拉另一个胎儿。如伴有胎势不正，影响推回或拉出时，须先行矫正再行推回或拉出。如果产程已经很长，矫正及牵引均很困难，应施行剖腹产术或截胎术。

(三)胎位异常

正常分娩时应为上胎位，引起难产的异常胎位有侧胎位和下胎位。

[症状]

侧胎位分为正生与倒生两种。即进入产道的两蹄底朝向左侧或右侧。正生侧胎位时，两前肢以上下的位置伸出于阴门外，产道检查，可摸到侧胎位的头和颈(图 10-9)；倒生侧胎位时，则两后肢以上下的位置伸出于阴门外，产道检查，可摸到胎儿的臀部、肛门及尾部。

下胎位时，可发现胎儿仰卧于子宫及产道内，也分为正生与倒生两种。正生下胎位时两前蹄蹄底向上，产道检查可摸到腕关节、口、唇及颈部；倒生下胎位时两后蹄蹄底向下，产道检查可摸到胎儿的跗关节、尾巴、肛门，甚至脐带(图 10-10)。

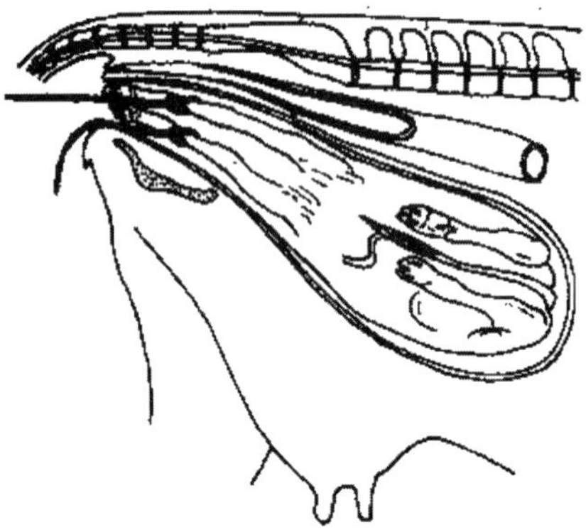

图 10-9 正生侧胎位

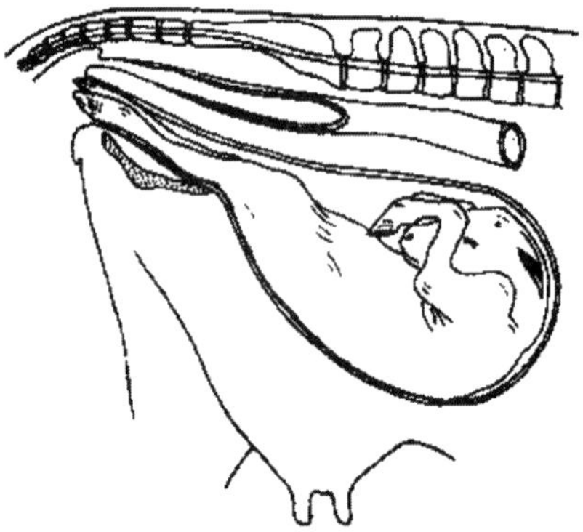

图 10-10 倒生下胎位

[助产]

胎位异常助产的原则，必须把胎儿翻转成上胎位或轻度侧胎位，方能拉出胎儿。正生时用产科绳缚好两前肢，倒生时用产科绳缚好两后肢，术者用手拉住胎儿的下颌(下胎位时要将胎儿推回子宫)或握住适当位置，同时由两名助手向一方向翻转两前肢或两后肢，三人配合，使胎儿转为上胎位或轻度侧胎位，再拉出胎儿。

(四)胎向异常

正常情况下，胎儿的身体纵轴大体与母体的身体纵轴平行(纵胎向)。胎向异常是指胎儿的身体纵轴与母体的身体纵轴不呈平行状态。引起难产的异常胎向有竖向[背竖向(图 10-11)、腹竖向]和横向[背横向(图 10-12)、腹横向]。

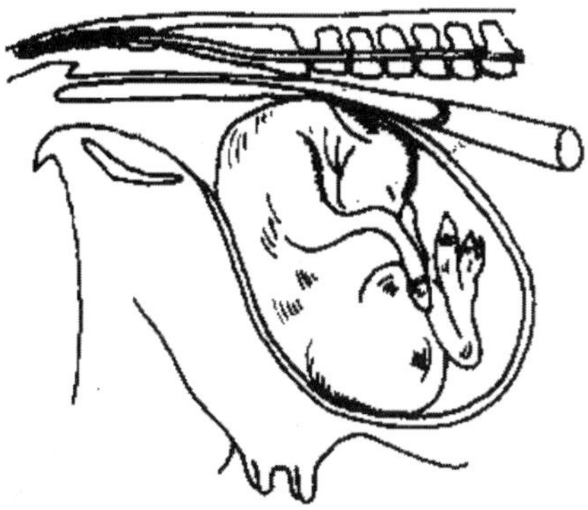

图 10-11　背竖向

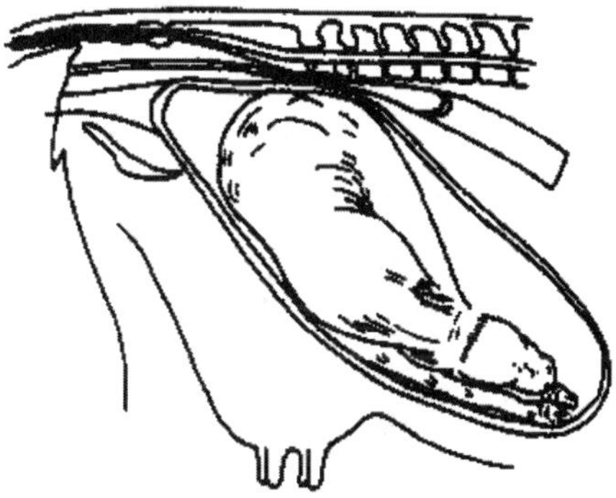

图 10-12　背横向

[症状]

胎向异常必然会导致难产。腹横向和腹竖向都是胎儿腹部对着产道。腹横向是胎儿横卧于子宫内，四肢同时挤入产道；腹竖向是胎儿"犬坐"于子宫内，胎头与四肢同时挤入产道。背横向和背竖向都是胎儿背部对着产道，腹部及四肢朝向母畜头部，胎儿在子宫内呈横卧或犬坐姿势。

[助产]

胎向异常一般较少发生，一旦发生矫正和助产也比较困难，往往由于助产时间过长，造成胎儿死亡，应及早考虑施行剖腹产术。如果胎儿已经死亡，也可施行截胎术。

(五)胎势异常

胎势异常可能单独发生，也可能与胎位、胎向异常同时发生。根据发生的部位可分为头颈姿势异常、前肢姿势异常及后肢姿势异常。

1. 头颈姿势异常

头颈姿势异常主要有头颈侧弯、胎头下弯、胎头后仰和头颈扭转等，以头颈侧弯、胎头下弯最为多见。

头颈姿势异常的主要原因是在分娩开口期胎儿的活力不够旺盛，在分娩过程中缺乏应有的反应，头颈姿势未能转正；或子宫急剧收缩，胎膜过早破裂，胎水流失，子宫壁直接裹住胎儿，胎头未能以正常姿势伸入骨盆腔内；或阵缩微弱无力，胎头未能以正常姿势进入产道；或者当胎儿的头颈部分挡在骨盆前缘后，缺乏应有的反应，头颈未能伸直；或助产错误，在头部未进入产道之前，过早牵拉一侧前腿，导致头部姿势发生异常。

(1)头颈侧弯。

[症状]

从阴门伸出一长一短的两前肢，不见胎头露出(图 10-13)。产道检查，可在盆腔前缘摸到转向一侧的胎头或颈部，通常头是转向伸出较短前肢的一侧。

[助产]

根据头颈侧弯程度的不同，可采用以下助产方法。

①器械矫正法：术者用右手中间三指套上单绳套带入子宫内，将绳套套在胎儿的下颌拉紧(图 10-14)，然后术者用拇指和中指捏住唇部向对侧压迫胎头，在推动胎儿的同时，助手拉产科绳，两人配合，即可拉正胎头拉出胎儿。当胎儿死亡时，可用产科钩钩住胎儿眼眶或耳道，术者用

手保护住，在推进胎儿的同时，由助手协助拉正胎头，然后缓慢拉出胎儿。

②徒手矫正法：术者把手伸入产道，握住胎儿嘴唇或眼眶，把头板正。也可用手推胎儿的颈部使产道腾出一些空间后，趁势立即握住胎儿嘴唇或眼眶，拉正胎头，然后牵引两前肢缓慢拉出胎儿(图 10-15、图 10-16)。

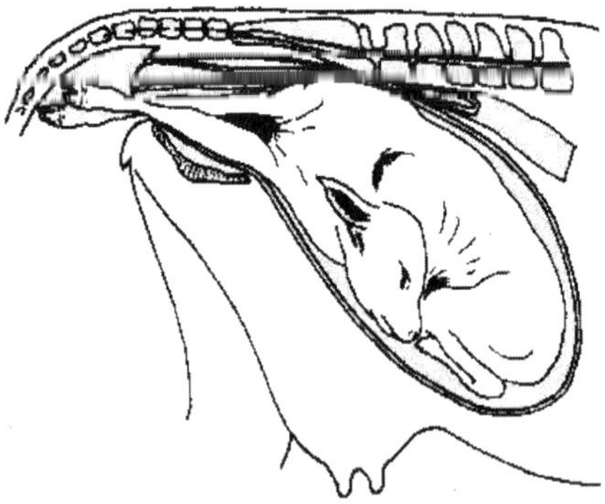

图 10-13 头颈侧弯

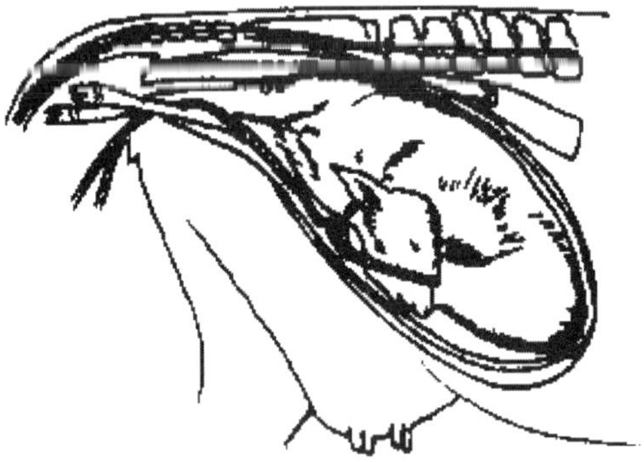

图 10-14 产科绳矫正

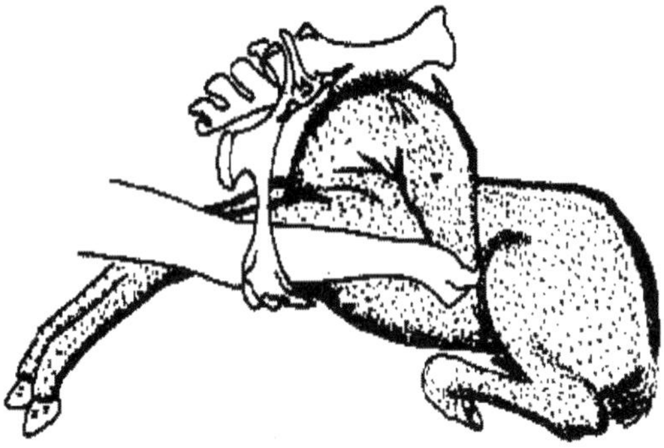

图 10-15 徒手矫正术(一)

图 10-16 徒手矫正术(二)

(2)胎头下弯。

[症状]

在阴门附近露出两个蹄尖，在盆腔前缘胎头向下弯曲于两前肢之间，可摸到下弯的额部或下弯的颈部(图 10-17)。

[助产]

根据胎头下弯程度的不同，可采用以下助产方法。

①徒手矫正法：胎头下弯时，先用产科绳缚捆好两前肢，然后用手握住胎儿下颌向上提并向外拉，即可将胎儿唇部拉入骨盆入口。

②器械矫正法：胎头下弯严重的用单绳套套住下颌，术者用手握住胎儿两眼眶或耳朵，在用力推压胎头的同时，助手用力牵拉产科绳，即可拉正胎头。

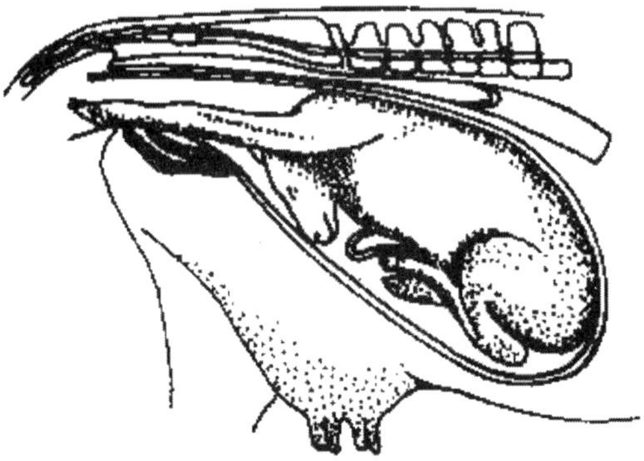

图 10-17 胎头下弯

2. 前肢姿势异常

前肢姿势异常主要有腕关节屈曲、肩关节屈曲、肘关节屈曲等，以腕关节屈曲较为多见。

(1)腕关节屈曲。

[症状]

一侧腕关节屈曲时(图 10-18)，在阴门可看到一前蹄；两侧腕关节屈曲时，两前肢均不见伸出产道。产道检查，可摸到正常的胎头和弯曲的腕关节。

图 10-18　一侧腕关节屈曲

[助产]

根据腕关节屈曲的情况，可采用以下助产方法。

①腕关节屈曲时，先将胎儿推回子宫，推的同时术者用手握住屈曲的肢体的掌部，一边尽力往里推，一边往上抬，再趁势下滑握住蹄部。在趁势上抬的同时，将蹄部拉入产道(图 10-19)。

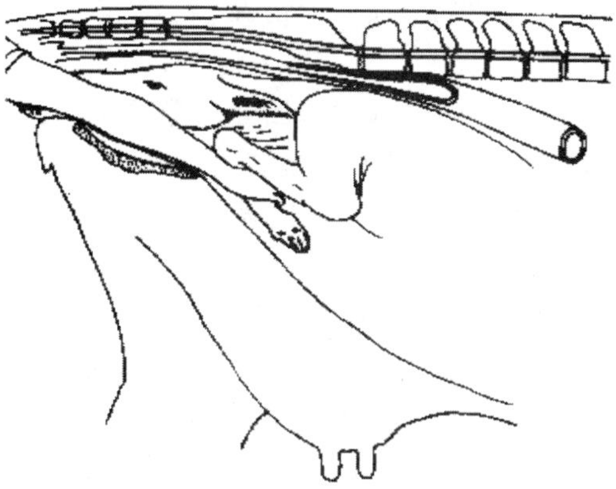

图 10-19　腕关节屈曲

②也可用产科绳捆住屈曲前肢的系部，再用手握住掌部。在向内推的同时，由助手牵拉产科绳，拉至一定程度，术者转手拉蹄子，协助矫正拉出。如果胎儿已死亡，可实施腕关节截断术。

(2)肘关节屈曲。

[症状]

胎儿前肢未充分伸直，肘关节呈屈曲状态，肩关节也因此而屈曲，致使胸部体积增大产出困难。可发现一前蹄或两前蹄位于胎儿颌下，未伸至唇部之前，并可摸到屈曲肘关节位于肩关节之下或后方。

[助产]

用产科绳缚好屈曲的系部，术者用手推肩关节，或用产科梃抵在肩端与胸壁之间，在用力推动胎儿的同时，由助手往外牵拉绳子，即可将屈曲前肢拉直。

(3)肩关节屈曲。

[症状]

屈曲肢位于胎儿腹侧或腹下，产道内可摸到胎头及一前肢或两前肢屈曲的肩关节(图 10-20)。有时胎头进入产道或露出于阴门，而不见前肢。

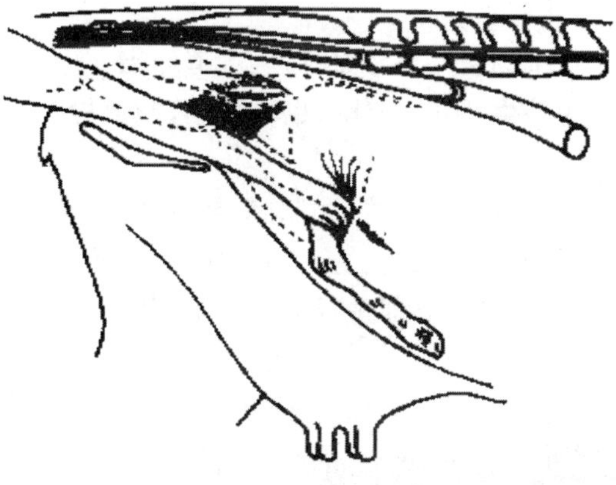

图 10-20　肩关节屈曲

[助产]

肩关节屈曲，有时不进行矫正也可以拉出，如果拉出有困难，可先拉前肢下端，尽力上抬，使其变成腕关节屈曲，然后再按腕关节屈曲的方法进行矫正。如仍无法拉出，且胎儿已死亡，可实施一前肢截除术，再拉出胎儿。

3.后肢姿势异常

在倒生时，后肢姿势异常主要有跗关节屈曲和髋关节屈曲。临床上以一后肢或两后肢的跗关节屈曲较为多见。

(1)跗关节屈曲。

[症状]

单侧跗关节屈曲时，从产道伸出一蹄底向上的后肢，产道检查，可摸到尾巴、肛门及屈曲的跗关节；双侧跗关节屈曲时，阴门处什么也看不到，产道检查，可摸到尾巴、肛门及屈曲的两侧跗关节。

[助产]

根据跗关节屈曲的情况，可采用以下助产方法。

①先用产科绳缚住胎儿后肢系部，再用产科梃抵在胎儿尾根与坐骨弓之间，往里推胎儿，助手用力向上向外拉绳子，术者借此时机顺次握住跖部及蹄部，尽力向上举，将屈曲肢拉入产道，最后拉出胎儿(图 10-21)。

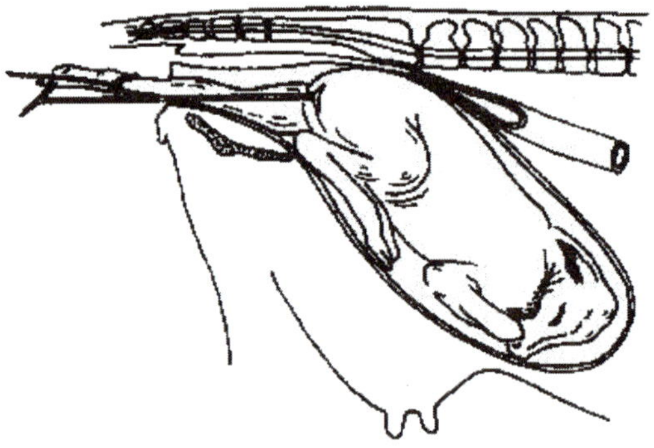

图 10-21 跗关节屈曲

②如跗关节挤入产道较深，且胎儿又不大，可把跗关节推回子宫内，使其成为髋关节屈曲，再用产科绳分别套绕在两后肢的基部，强行拉出胎儿。

③如胎儿已经死亡，其他方法又不能拉出胎儿时，可施行截胎术，然后分别拉出。

(2)髋关节屈曲。

[症状]

单侧髋关节屈曲时，从产道伸出一后肢，产道检查，可摸到尾巴、肛门；双侧髋关节屈曲时，称为坐生，阴门处什么也看不到，产道检查，可摸到尾巴、肛门。

[助产]

用产科梃抵在尾根与坐骨弓之间，术者用手握住胫骨下端，在助手向前推动胎儿的同时，术者用手向前、向上抬起的同时后拉胎儿，拉成跗部前置，然后再继续矫正拉直。若矫正困难，胎儿还活着，立即进行剖腹产术；若胎儿已经死亡，用截胎术截除弯曲的后肢，再用产科钩钩住胎儿的耻骨前缘拉出胎儿。

三、难产的预防

难产一旦发生，若助产不当，一是易引起仔畜死亡，二是容易引起母畜子宫和产道损伤及感染，轻则该母畜的生产性能下降或不孕，严重时可危及母畜生命。因此，积极预防难产的发生，对于保障畜牧业的健康发展具有十分重要的意义。

1.青年母畜配种不可过早

青年母畜配种不可过早，否则母畜尚未发育成熟，容易发生骨盆狭窄，造成难产。因此，必须使青年母畜体重达到成年母畜体重的70%以上才可配种，母牛的配种不应早于12月龄。

2.及时治疗母畜各种疾病

对于母畜的疾病要进行及时而有效的治疗，以促使早日康复，可保持分娩时有充足的产力，尤其应注意对子宫及生殖道疾病的治疗，以防产道性难产的发生。

3.加强对妊娠母畜的饲养管理

保证青年母畜生长发育的营养需要，以免其生长发育受阻而引起难产。

妊娠期间，胎儿的生长发育，母畜所需要的营养物质大大增加。因此，对母畜进行合理的饲养，供给充足的含有维生素、矿物质和蛋白质的青绿饲料，不但可以保证胎儿生长发育的需要，而且能够维护母畜的全身健康和子宫肌的紧张度，降低难产的发病率。但不可使母畜过于肥胖，膘情太好，会增加饲养成本，造成经济效益相对下降，同时母畜过肥，影响全身肌肉的紧张性，增加了难产的概率。在妊娠末期，应适当减少蛋白质饲料，以免胎儿过大，尤其是肉牛更应如此。

妊娠母畜要有适当的运动。产前2个月要进行牵遛或自由运动。运动可提高母畜对营养物质的利用，使胎儿活力旺盛，同时也可使全身及子宫的紧张性提高，从而降低难产、胎衣不下及子宫复旧不全等的发病率。分娩时，胎儿活力强和子宫收缩力的正常，有利于胎儿转变为正常分娩的胎位、胎势及顺利分娩。

接近预产期的母牛，应在产前1～2周送入产房，适应环境，以避免环境改变造成的惊恐和不适。在分娩过程中，要保持环境的安静，并配备专人护理和接产。接产人员不要过多干扰和高声喧哗，对于分娩过程中出现的异常要留心观察，并注意进行临产检查，以免使比较简单的难产变得复杂。

4.做好临产检查

临产前进行产道检查，对分娩的正常与否做出早期诊断，以便及早对各种异常引起的难产进行救治。

检查时间，牛是从胎膜露出至胎水排出这一段时间。这一时期正是胎儿的前置部分刚进入骨盆腔的时间。

检查的方法，是将手臂及母牛外阴部消毒后，把手伸入阴门，进行触诊。触诊的内容包括胎儿及产道，如胎儿及产道均正常，可等待它自然分娩；如果胎儿异常，应立即进行矫正，因为这时胎儿前置部分尚未进入骨盆腔，异常程度不大，胎水流失不多，产道及子宫润滑，比较容易矫正；如果产道异常，有发生难产的可能性时，应及时做好助产准备。

进行产道检查时，除检查胎儿外，还可检查母畜的骨盆有无异常，阴门、阴道和子宫颈等软产道的松弛、润滑及开发程度，以帮助诊断有无可能发生难产，从而及时做好助产的准备工作。

对于胎位异常，也能通过临产检查及早发现，及早矫正，从而防止难产的发生。

知识拓展

难产助产

一、难产牛阴道检查

(1)准备一桶温水、消毒剂、润滑剂、助产链(或产科绳)、细绳、长臂手套。

(2)将牛保定于颈枷上,尾巴固定在牛只身体一侧。

(3)用温水和消毒液彻底清洗外阴及其周围。

(4)检查犊牛生命体征:如果是正生,将手指塞入胎儿口内,检查有无吸吮动作;牵拉前肢,感觉有无回缩反应;压迫眼球,注意眼球有无转动。如果头部异常,摸不到时,触诊心区及颈动脉,感觉有无搏动。

(5)检查胎儿姿势、方向、位置、大小、是否双胎。

(6)触摸子宫颈确定子宫颈是否完全开张,检查软、硬产道开张情况,判断犊牛是否可以通过。

(7)全面检查并评估,确定最终助产方案。

二、助产链(或产科绳)使用

1. 助产链安置

(1)将助产链的一端穿入另一端的金属环中形成一个助产链环。

(2)将胎儿一蹄穿过这个助产链环,并将助产链固定于悬蹄上方。

(3)通过将助产链自身扭转形成第二个环。

(4)将该犊牛蹄再次穿入第二个助产链环中,并固定于悬蹄下方(图 10-22)。

(5)在另一蹄重复上述操作。

注意:安置助产链时,确保助产链没有夹到周围的阴道组织。

图 10-22 助产链

2. 助产牵拉方向

(1)正生时:用力方向,正后方偏上 15°角。鼻子露出后,后下方 45°角。臀部产出前,将胎儿扭转 90°,使身体侧向并保持 30°～45°角,配合母牛努责拉出胎儿。

(2)倒生时:将胎儿扭转 90°角,使身体侧向并保持 15°角牵拉,臀部已经露出后以 30°～45°角牵拉。

注意:助产全过程都要使用润滑剂;卫生消毒,避免发生感染;助产时要时刻关注母牛状态。

三、奶牛常见难产类型及助产操作规范

1. 常见难产类型一及处理

胎位正常,胎儿相对过大、产道相对过窄、产力不足等。胎儿卡在产道,无法正常产出。

助产:每个前腿拴上助产链或助产绳,伴随母牛努责左右交替牵拉,使犊牛肩部通过骨盆腔狭窄部。

2. 常见难产类型二及处理

胎儿正生，一只牛蹄露出，一只牛蹄卡在产道。

助产：一手握住屈曲前肢的蹄部，另一手配合前推屈曲的腕关节，两手配合，在母牛努责间歇时拉直屈曲的前肢。

注意：握住蹄部的一手，要始终保持蹄尖在手心中，防止划伤母牛阴道。

3. 常见难产类型三及处理

胎儿正生，两蹄露出，但头部向一侧弯曲在产道内。

助产：先用助产链（产科绳）拴系两前肢蹄部；一手握住犊牛口鼻，或用拇指、食指扣住眼窝，在母牛努责的间隙向外拉动；将胎儿头部调整到正常位置后拉出。

4. 常见难产类型四及处理

胎儿倒生，一后肢或两后肢屈曲卡在产道或子宫内。

助产：左手向前推动胎儿臀部，右手沿着后肢方向握住飞节，两手配合进行，向后拉屈曲后肢的飞节；待空间足够大时，右手继续向前握住屈曲后肢的蹄部。左手向前推动屈曲后肢的飞节，右手握住蹄部后拉（在母牛努责的间隙、两手配合进行）小心地将屈曲的后肢姿势矫正，使其伸展；同法矫正另一后肢；若尾部翘起，将其捋顺，拉直；之后按照倒生助产方向牵拉助产。

5. 常见难产类型五及处理

胎儿正生、仰面胎位（下胎位）；胎儿倒生、仰面胎位（下胎位）。

6. 助产

胎儿正生，将胎儿两只前肢交叉，旋转至正常胎位后常规助产。胎儿倒生，将胎儿两后肢交叉，旋转至正常胎向，保持胎儿两后肢与母牛后肢呈 90°夹角的方向，配合母牛努责小心拉出胎儿。

注意：助产操作时必须充分润滑（使用干粉润滑剂）。难产情况及处理方案如表 10-1 所示。

表 10-1　难产情况及处理方案

异常情况	检查及判断可能的情况	参考处理方案
子宫开口期后 3 h 无进展	子宫扭转或子宫颈口开张不全	若子宫扭转进行滚转整复；若子宫颈口开张不全，用 2% 普鲁卡因溶液 100 mL 子宫颈环形分点注射，15 min 后再次检查子宫颈口开张情况；上述两种情况处置无效的，及时实施剖腹产术
看到胎膜后 1 h 无进展	母牛产力不足或胎儿已死亡	若检查子宫颈开张良好且无胎位胎势异常，可肌内注射缩宫素 30～50 U；若已判断死胎，考虑助产
经产母牛努责 1 h，青年母牛努责 1.5 h 仍无进展。不见蹄部外露	胎儿过大、产道狭窄或倒生	检查、助产
破水时胎水呈棕黄色	胎粪污染羊水，胎儿可能已经缺氧	检查、助产

续表 10-1

异常情况	检查及判断 可能的情况	参考处理方案
产道狭窄，胎儿特大（胎儿蹄部粗大）	检查判断软产道、硬产道开张情况	按照难产类型一及时处理、助产
破水后只露一蹄和唇部	一条前腿屈曲，卡在产道	按照难产类型二及时处理、助产
破水后只露一蹄或两蹄，不见胎儿唇部	胎儿颈部屈曲，头向一侧弯曲在产道内	按照难产类型三及时处理、助产
两只牛蹄露出产道，但蹄底朝上	可能倒生	按照难产类型四及时处理、助产
看见三或四条腿	双胎	考虑助产：向前推里面的胎儿；向外拉出外边的胎儿
唇部已经露出而看不见一或两条腿	一或两条前腿屈曲，卡在产道里	按照难产类型二及时处理、助产
停止努责超过 20 min	母牛产力不足、胎儿已死亡、环境干扰	异常情况及时处理，考虑助产；若检查正常，必须保证母牛环境安静、舒适；继续监控，每 20 min 观察一次
胎儿舌头紫色、口鼻部肿大严重。	胎儿相对过大、产道相对过小	立即助产

分娩与接产

妊娠期满，胎儿发育成熟，母体将胎儿及其附属物从子宫内排出体外，这一生理过程称为分娩。

一、分娩预兆

（一）一般预兆

随着胎儿发育成熟和分娩期逐渐接近，母畜的精神状态、全身状况、生殖器官及骨盆部发生一系列变化，以适应排出胎儿和哺育仔畜的需要。通常把这些变化称为分娩预兆。从这些预兆可以预测分娩时间，以便做好接产的准备工作。

1. 乳房

乳房在分娩前迅速发育，腺体充实。有的在乳房底部出现浮肿。临近分娩时，可从乳头中挤出少量清亮胶状液体或初乳，有的出现漏乳现象。乳头的变化对估计分娩时间也比较可靠，分娩前数天，乳头增大变粗。但对于营养状况不良的母畜，乳头变化不很明显。

2. 外阴部

临近分娩前数天，阴唇逐渐柔软、肿胀、增大，阴唇皮肤上的皱襞展平，皮肤稍变红。阴道黏膜潮红，黏液由浓厚黏稠变为稀薄滑润。由于封闭子宫颈管的黏液塞软化，流入阴道而排出阴门外，呈透明、能够拉长的条状黏液。子宫颈在分娩前数天开始松软肿胀。

3. 骨盆韧带

骨盆韧带在临近分娩前数天，变得柔软松弛，特别明显的是位于尾根两侧的荐坐韧带后缘由硬变得松软，因此荐骨的活动性增大。当用手握住尾根上下活动时，能够明显感觉到荐骨后端容易上下移动。由于骨盆韧带的松弛，臀部肌肉出现明显的塌陷现象。

4. 行为

行为方面也有明显改变，分娩前数天，多数家畜出现食欲减退，行动谨慎小心，喜好僻静地方，群牧时有离群现象。

(二)牛羊分娩预兆的特点

牛的乳房在分娩前变化较明显。特别是初产牛，乳房在妊娠后 4 个月开始增大，到妊娠后期胀大更快。乳头表面呈蜡状的光泽，分娩前数天可从乳头中挤出少量清亮胶样的液体，至产前 2 d 乳头中充满初乳。乳牛的体温变化也可以作为判断分娩时间的依据。母牛妊娠 7 个月开始，体温逐渐上升，可达 39 ℃。至产前 12 h 左右，体温下降 0.4～0.8 ℃。

羊临近分娩时，骨盆韧带和子宫颈松弛，同时子宫的敏感性和胎儿的活动性都有所增加。大约在分娩前 12 h 子宫内压开始增高，压力波随接近分娩而增强。子宫颈最先是缓慢地扩张，到分娩前 1 h 时快速扩张。羊在分娩前数小时，出现精神不安，用蹄刨地，频频转动或起卧，并喜接近其他母羊的羔羊。

二、分娩的过程

分娩过程是指从子宫开始出现阵缩到胎儿及其附属物完全排出的整个过程。为叙述方便将其划分为 3 个阶段，即子宫开口期、胎儿产出期和胎衣排出期。

(一)子宫开口期

子宫开口期又称为宫颈开张期，是从子宫开始阵缩算起，至子宫颈充分开大为止。这一时期子宫颈变软扩张，一般仅有阵缩，没有努责。

子宫开口期的产畜往往寻找僻静的地方等待分娩，其表现是食欲减退，轻微不安，时起时卧，尾根抬起，常呈排尿姿势，并不时排出少量粪尿。呼吸、脉搏加快，体温略有降低。子宫开口期的中期阵缩为每 15 min 一次，每次持续 15～30 s；随后阵缩的频率增高，可达每 3 min 一次；至子宫开口期的末期，阵缩每小时达 24 次，产出胎儿之前可达 24～48 次。

经产母畜一般较为安静，甚至看不出什么明显的表现。

牛、羊在子宫开口期的末期，胎膜囊露出于阴门之外。通常先露出尿囊绒毛膜，其中的尿水是褐色。有时则是羊膜绒毛膜囊露出阴门外。

(二)胎儿产出期

胎儿产出期，简称产出期，是从子宫颈充分开大，胎囊及胎儿的前置部分楔入阴道，母畜开始努责，到胎儿排出或完全排出(双胎及多胎)为止。这一时期，阵缩和努责共同发生作用。

在产出期母畜的表现是极度不安，起先时常起卧，前蹄刨地，有时后蹄踢腹，回顾腹部，嗳气，弓背努责。继而，在胎头进入并通过盆腔及其出口时，由于骨盆反射而引起强烈努责。这时一般均侧卧，四肢伸直，腹肌强烈收缩。努责数次后，休息片刻，然后继续努责。

分娩时母畜多采取侧卧努责且后肢挺直的姿势，这是因为在卧地时有利于分娩，胎儿接近并容易进入骨盆腔；腹壁不负担内脏器官及胎儿的重量，使腹壁的收缩更为有力；有利于骨盆腔的扩张。

努责开始后，母畜卧下，也可能时起时卧，至胎头通过骨盆坐骨上棘之间的狭窄部时才卧下，有的头胎母牛甚至在胎头通过阴门时才卧下。母牛每 15 min 阵缩 7 次，每次约 1 min，几乎是连续不断；阵缩数次后间歇片刻，整个产出期阵缩可达 60 多次或更多。努责一般比较剧烈，每次努责的时间长。有些母牛在胎头露出后，还可能站起来，然后再卧下努责。胎儿的头胸部通过骨盆较慢。

母牛胎膜大多数是尿囊绒毛膜先到阴门之外，其中的尿水为褐色。此囊破裂、排出第一胎水后，尿膜羊膜囊才凸出阴门之外，膜的颜色淡白或微黄、半透明，上有少数细而直的血管，囊内有胎儿及羊水。努责及阵缩加强时，胎儿向产道的推力加大，羊膜绒毛膜囊在阴门外或阴门口处破裂，流出淡白色或微黄色的黏稠羊水。有时羊膜绒毛膜先在阴门口内破裂，露出不多，然后尿膜绒毛膜囊在胎儿产出过程中破裂。偶尔也有胎囊同时露出阴门外的情况。无论哪一个胎囊先破裂，牛羊胎儿排出来时，身上都不会包被完整的羊膜，故无窒息之虞。

牛产出期胎儿及其附属物排出顺序：露出尿膜囊→尿囊破裂→露出羊膜囊→羊膜囊破裂→露出两个蹄尖→露出两个前蹄→露出两前肢球节，并可见犊牛舌头、口鼻→头部及两前肢娩出→犊牛胸腹部、臀部、后腿完全产出。

(三)胎衣排出期

胎衣是胎膜的总称。胎衣排出期是从胎儿排出后算起，到胎衣完全排出为止。

胎儿排出之后，产畜即安静下来。经过几分钟以后，子宫再次出现阵缩，这时不再努责或偶有轻微努责。阵缩的持续时间长，力量减弱，阵缩的间歇期长。子宫的收缩促使胎衣排出。如母牛每次阵缩 100～130 s，间歇 1～2 min。牛的胎衣排出期时间较长，一般为 2～8 h，长的可达 12 h。羊为 4 h。

牛的胎盘属于上皮绒毛膜与结缔组织绒毛膜混合型，母、子的胎盘结合比较紧密，同时子叶呈特殊的蘑菇状结构，子宫收缩不易影响腺窝。只有当母体胎盘组织的张力减轻时，胎儿胎盘的绒毛才能脱落下来，所以历时较久，发生胎衣不下者也较多。

在胎衣排出期中，腹壁不再收缩(偶尔仍有收缩)，子宫肌仍继续收缩数小时，然后收缩次数及持续时间才减少。母牛在胎衣排出之前，子宫的收缩每半小时 8～10 次，每次 100～130 s。单胎家畜的子宫收缩是由子宫角尖端开始的，所以胎衣也是先从子宫角尖端开始脱离子宫黏膜，形成内翻，脱到阴门之外，然后逐渐翻着排出来，因而尿囊绒毛膜的内层总是先翻在外面。在难产或胎衣排出延迟时，偶尔也有不是翻着排出来的，这是由于胎儿胎盘和母体胎盘先完全脱离，而后再排出来的结果。牛羊怀双胎时，胎衣在两个胎儿出生后排出来。

牛羊分娩各期时间见表 10-2。

表 10-2 牛羊分娩各期时间

畜别	子宫开口期	胎儿产出期	双胎间隔时间	胎衣排出期
牛	2～8 h(0.5～24 h)	3～4 h(0.5～6 h)	20～120 min	4～6 h(≤12 h)
水牛	1 h(0.5～2 h)	19 min		4～5 h
绵羊	4～5 h	1.5 h(15 min 至 25 h)	15 min(5～60 min)	0.5～2 h
山羊	6～7 h(4～8 h)	3 h(0.5～4 h)	5～15 min	0.5～2 h

三、接产

在自然状态下，动物往往自己寻找安静地方，将胎儿产出，舔干胎儿身上的胎水，并让它吮乳。所以正常情况下对母畜的分娩无需干预。然而，动物驯养以后运动减少，生产性能增强，环境干扰增多，这些都会影响母畜的分娩过程。因此，要对分娩过程加强监视，必要时稍加帮助，以减少母畜的体力消耗，反常时则需及早助产，以免母子受到危害。应特别指出的是，一定要根据分娩的生理特点进行接产，不要过早、过多地进行干预。

（一）接产前的准备

1. 产房

接产前准备专用的产房或分娩栏。产房除要求清洁、干燥、阳光充足、通风良好、无贼风外，还应宽敞，以免因为狭窄使母畜踏伤仔畜，或妨碍助产。墙壁及饲槽要便于消毒。

根据预产期，应在产前 7～15 d 将待产母畜送入产房，以便让它熟悉环境。每天应观察母畜的健康状况并注意分娩预兆。

2. 用具及药品

在产房里，接产用具及药品（75%酒精、2%～5%碘酊、煤酚皂溶液、催产药物、注射器及针头、棉花、纱布、常用产科器械、体温表、听诊器及产科绳等）应放在固定的地方，以免临时缺此少彼，造成不便。条件许可时，最好备有一套常用的手术助产器械。常用的用品有细绳、毛巾、肥皂、脸盆、大块塑料布，助产前必须准备好热水。

3. 接产人员

接产人员应当受过接产训练，熟悉各类母畜分娩的规律，严格遵守接产的操作规程及必要的值班制度，尤其是夜间的值班制度，因为母畜常在夜间分娩。放牧的畜群，接产工作往往由放牧人员承担。

（二）接产的方法步骤

为保证胎儿顺利产出和母仔的安全，接产工作应在严格消毒的原则下进行。

(1)清洗母畜的外阴部及其周围，并用消毒药水擦洗。用绷带缠好尾根，拉向一侧系于颈部。在产出期开始时，接产人员穿好工作服、胶围裙及胶靴，消毒手臂准备做必要的检查。

(2)为了防止难产，当胎儿前置部分进入产道时，可将手臂消毒后伸入产道，进行临产检查，以确定胎向、胎位及胎势是否正常，以便对胎儿的异常做出早期诊断。及早发现、及早矫正，不但容易克服难产，甚至还能救活胎儿。

(3)当胎儿唇部或头部露出阴门外时，如果上面覆有羊膜，可把它撕破，并把胎儿鼻孔内的黏液擦干净，以利于呼吸。但也不要过早撕破羊膜，以免胎水过早流失。

(4)注意观察努责及产出过程是否正常，如果母畜努责阵缩微弱，无力排出胎儿；产道狭窄或胎儿过大，产仔滞缓；胎儿正生时，胎头通过阴门困难，迟迟没有进展；胎儿倒生时，因为脐带可能被挤压于胎儿和骨盆底之间，妨碍血液流通，均须迅速拉出。以免胎儿因氧的供应受阻，反射性地发生呼吸，吸入羊水，引起窒息。

（三）新生犊牛的护理

(1)预防吸入羊水引起窒息。胎儿产出后，应立即将其鼻腔、口腔及其周围的黏液、羊水擦干，并观察呼吸是否正常。如无呼吸或呼吸不正常，须立即抢救。

(2)处理脐带。胎儿产出时，有的脐带随母畜站立或仔畜移动而被扯断，对于大家畜最好将其剪断。但在剪断之前应将脐带内血液挤入仔畜体内。这对增进幼畜健康很有好处。并且脐带断端不宜留过长。断脐后，可将脐带断端在碘酊内浸泡片刻或在其外面涂以碘酊，并将少量碘酊倒入羊膜鞘内。断脐后如有持续出血，须加以结扎。

(3)擦干仔畜身体。仔畜身上的羊水，应让母畜舔干，这样母畜可以吃入羊水，增强了宫收缩，加速胎衣的脱落，并且还可以使母畜识仔。擦干或由母畜舔干仔畜，还可以促进仔畜的血液循环。

(4)扶助仔畜站立。大家畜的新生仔畜产出不久即试图站起，但是最初一般是站不起来的，应加以扶助，以免摔伤或骨折。

(5)辅助哺乳。新生仔畜出生后一般都能自行寻找乳头吮乳。但对于体弱者或母性不强而拒绝哺乳的母畜，应辅助仔畜找到乳头或强迫母畜哺乳，让仔畜及时吃上初乳。

如果母畜无乳或死亡，得不到哺乳的新生仔畜应找产期相近的保姆畜代哺乳。但母畜一般对非亲生仔畜排他性很强，寄养前应将仔畜身上涂以保姆畜的乳汁或尿液，使仔畜身上带有保姆畜的气味，然后才将仔畜放在保姆畜身边。尽管如此，有些保姆畜仍然怀疑而咬仔畜，故在寄养的头几天应注意监护。如果一时找不到合适的保姆畜，也可用牛奶或代乳品进行人工喂养。

(6)预防注射。在破伤风高发地区，对新生仔畜和母畜最好注射破伤风抗毒素，以防感染破伤风。

规模化牛场新生犊牛的保健护理

一、初生护理

(1)接产人员戴上干净手套，去除犊牛口鼻中的异物和黏液。

(2)用干净浴巾将犊牛身上的黏液和羊水擦拭干净，1头新生犊牛1条浴巾。

(3)犊牛转移到新生犊牛舍，运送车必须干净卫生。

(4)呼吸异常的牛只，必须先倒立用双手拍打两侧胸部，呼吸正常后再进行后续护理。

(5)产后立即母子分离，最晚不超过30 min，防止犊牛自行吮吸母牛乳头。

注意：如环境温度低于10 ℃，小于等于15日龄的犊牛需穿马甲。

二、脐带消毒

(1)距离犊牛腹部6 cm处剪断脐带。

(2)使用10%碘酊完全浸泡脐带，并以脐部为中心由内向外涂一6 cm为半径的实心圆。

(3)连续5～7 d使用10%碘酊消毒，1次/d。如自然分娩脐带长度＜5 cm，在转移犊牛的时候增加1次10%碘酊消毒。

三、称重

(1)擦干身体后在摄像头下称重，照片留底。

(2)对于荷斯坦犊牛，28 kg以下犊牛、弱犊、畸形犊牛须淘汰。

(3)对于娟姗犊牛,20 kg 以下犊牛、弱犊、畸形犊牛须淘汰。

四、打耳牌

(1)出生后称重后打电子喷码耳牌。
(2)随后将耳牌尖剪掉。
(3)使用耳号笔在耳牌正面顶部注明出生日期,如 5 月 28 日出生犊牛耳牌标识为 0528。
(4)于耳朵上下和左右 2/3 位置处,两软骨之间打耳牌。

五、信息报送

(1)填写产犊记录表信息(如犊牛母亲号、分娩日期和时间、犊牛性别、犊牛出生重、接产人、是否助产等)。
(2)拍三张照片(头部、左侧、右侧),并及时建立犊牛档案。

六、环境管理

(1)保证犊牛舍清洁干燥、通风良好、无异味、无贼风,冬季犊牛舍内温度保证在 25～28 ℃。
(2)垫料 3 d 更换 1 次,垫料厚度 20～30 cm(彻底清理、消毒、撒白灰后间隔 1 h 铺设垫料);
(3)将新生犊牛舍墙壁、围栏、地面以及犊牛经常行走接触的地方每周严格消毒 2 次。
(4)每断奶一批犊牛,犊牛舍要彻底清理消毒,至少太阳曝晒 3 d 后,重新铺设垫料方可安置下一批犊牛。

注意:①消毒剂要交叉使用,以达到良好消毒效果。②垫料要求随时保证干净、干燥,夏季使用沙子,其他季节选用秸秆类褥草,每次使用后彻底消毒。

任务六十三　生产瘫痪

生产瘫痪又称为乳热症或低血钙症,是母畜分娩前后突然发生的一种严重的代谢性疾病。其特征是低血钙,全身肌肉无力,知觉丧失及四肢瘫痪。

生产瘫痪主要发生于饲养良好的高产奶牛,而且出现于产奶量最高的胎次,多数发生于第 3～6 胎(5～9 岁),初产母牛则几乎不发生此病。羊也可发生。此病大多发生在顺产后的 3 d 之内(多发生在产后 12～48 h);少数则在分娩过程中或分娩前数小时发病。分娩后数周或妊娠末期虽有发病的报道,但极少见。本病多为散发,治愈的母牛下次分娩时可能再次发病。

[病因]

1. 低血钙

虽然所有的母牛产犊之后血钙水平都普遍降低,但患病母牛下降得更为显著。据有关资料报道,产后健康母牛的血钙浓度为 0.08～0.12 mg/mL,平均为 0.1 mg/mL;患病母牛则下降至 0.03～0.07 mg/mL,同时血磷及血镁含量也减少。目前,认为引起血钙浓度降低的主要因素有几种,但产后瘫痪可能是其中一种或几种因素共同作用的结果。

(1)分娩前后大量血钙进入初乳且动用骨钙的能力降低，是引起血钙浓度急剧下降的主要原因。干奶期母牛甲状旁腺功能降低，使甲状旁腺激素分泌减少，因而动用骨钙的能力降低。妊娠末期饲料配合不当，饲喂高钙低磷饲料，血钙浓度高，刺激甲状腺分泌的降钙素增多，同时抑制甲状旁腺激素的分泌，导致动用骨钙的能力进一步降低。分娩后大量的血钙进入初乳中，体内钙丢失的速度超过了从小肠吸收钙和动员骨骼中钙的速度，血液中流失的钙不能及时地补充，导致血钙浓度急剧下降而发病。

在分娩过程中，大脑皮层过度兴奋，其后即转为抑制状态；分娩后腹压突然下降，腹腔器官被动性充血，同时大量血液进入乳房，引起暂时性脑部贫血，使大脑皮质抑制程度加深，从而影响甲状旁腺，使其分泌激素的功能减退，以致不能维持体内钙的平衡。另外，妊娠后半期胎儿发育的消耗和骨骼吸收能力的增强，母体骨骼中贮存的钙量大大减少。因此，即使甲状旁腺功能受到的影响不大，而骨骼中能被动用的钙已不多，不能补偿产后的大量丧失。

(2)分娩前后从肠道吸收的钙量减少，也是引起血钙降低的原因之一。妊娠末期胎儿迅速增大，胎水增多，妊娠子宫占据腹腔大部分空间，胃肠器官受到挤压，影响其活动，降低消化功能，致使从消化道吸收的钙量显著减少。

2. 大脑皮质缺氧

有人认为本病为一时性贫血所致的脑皮质缺氧，脑神经兴奋性降低的神经性疾病，而血钙降低是脑缺氧的一种并发症。这种观点在临床中也可以得到验证，如有些病例在补钙后，临床症状并未见好转，而乳房送风疗法却有较好的效果。这主要是由于送风后使乳房大部分血液暂时迫离乳房，加大了其他器官的血液循环量，反射性地引起血压升高，改善了脑循环，缓解脑缺氧引起的功能丧失等症状。但乳房送风同时也可使血钙浓度升高，表明二者是有关联的。

[症状]

多数病例在产后 3 d 之内发病，个别的在生产过程中或产前数小时发病，根据临床表现可分为典型(重型)和非典型(轻型)2 种。

1. 典型病例

典型的生产瘫痪发展很快，从开始发病到出现典型症状不超过 12 h。病初通常是食欲减退或废绝，反刍停止，排粪、排尿停止，泌乳量迅速降低；精神沉郁，目光茫然，不愿走动，间或轻度不安，后肢交替踏地，站立不稳，四肢肌肉震颤，不久出现瘫痪症状。先从后肢开始，病牛挣扎而不能起立，呈一种特殊的卧地姿势，四肢屈曲于躯干之下，开始头置于地上，但很快就将一侧前后肢伸向侧方，头向一侧弯曲至胸部，并置于该侧前肢基部之上，呈犬卧状(图 10-23)。虽可将牛头强行拉直，但松手后又很快弯向胸部。病情发展很快，不久即出现意识抑制和知觉消失，闭目昏睡，瞳孔散大，对光线刺激无反应；眼睑反射微弱或消失；皮肤对疼痛刺激无反应。肛门松弛，反射消失。鼻镜干燥，心率加快，呼吸深而慢，体温下降到 35～36 ℃。临死前处于昏迷状态。

2. 非典型病例

在临床上多见，除瘫痪症状外，主要特征是头颈姿势不自然，由头部至鬐甲呈轻度的“S”状弯曲(图 10-24)。病牛精神极度沉郁，但不昏睡，食欲废绝，各种反射减弱，但不完全消失。病牛有时能勉强站立，但站立不稳，且行动困难，步态摇摆。体温一般正常或不低于 37 ℃。

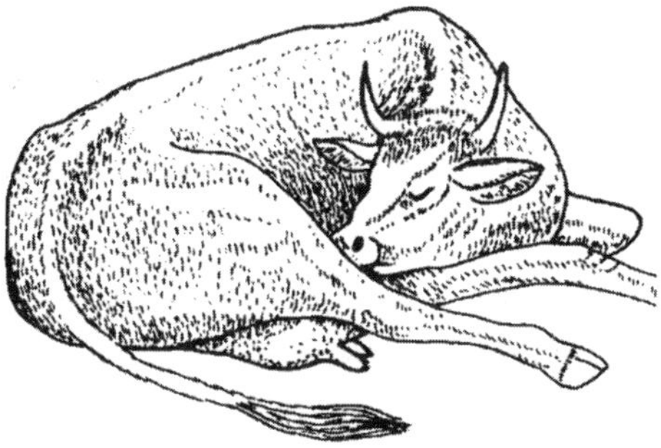

图 10-23　牛生产瘫痪时“犬卧状”姿势

图 10-24　牛生产瘫痪时头颈“S”状弯曲姿势

羊生产瘫痪多发生于产后 1 周，其症状与牛相似。

［诊断］

根据发病时间及瘫痪症状等可做出初步诊断。结合临床症状，通过血钙测定（一般在 0.08 mg/mL 以下）可对本病做出诊断。

诊断时，须注意与酮病、产后败血症相鉴别。

［治疗］

钙制剂疗法和乳房送风法是治疗本病最有效的常用方法，同时可采用补糖疗法和对症治疗。治疗越早，效果越好。

1. 钙制剂疗法

患牛可静脉注射 5%氯化钙 300～500 mL 或 10%葡萄糖酸钙溶液 400～600 mL，10%葡萄糖溶液 1 000 mL，50%葡萄糖溶液 300～500 mL。钙制剂还可用 20%～25%硼酸钙 500 mL，静脉注射。静脉补钙的同时，肌内注射维丁胶性钙 5～10 mL，有助于钙的吸收和减少复发率。注射后 6～12 h 病牛如无反应，可重复注射，最多不超过 3 次。注射钙制剂要缓慢，特别是氯化钙刺激性大，更要缓慢，氯化钙最大日剂量不超过 30 g。对钙制剂疗法反应不佳或怀疑血磷浓度及血镁浓度也降低的病例，第 2 次治疗时再加入 15%磷酸二氢钠溶液 200～300 mL 及 25%硫酸镁溶液 50～100 mL。注射磷酸二氢钠时必须缓慢，控制在 100 mL/10 min 左右。对于心脏功能衰弱的病牛，应改用小剂量多次静脉注射。

2. 乳房送风法

乳房送风法对用钙制剂疗法反应不佳或复发的病例有特效。其缺点是技术不熟练或消毒不严格时，可引起乳腺损伤和感染。乳房送风的目的是使乳房膨胀，乳房内的压力上升，因而进入乳房的血液减少，随血流进入初乳而丧失的钙也减少，血钙水平随即回升。与此同时，全身血压也升高，可以消除脑缺血和缺氧状态，使其调节血钙平衡的功能得以恢复。另外，向乳房打入空气后，乳腺的神经末梢受到刺激并传至大脑，可提高大脑的兴奋性，解除其抑制状态。

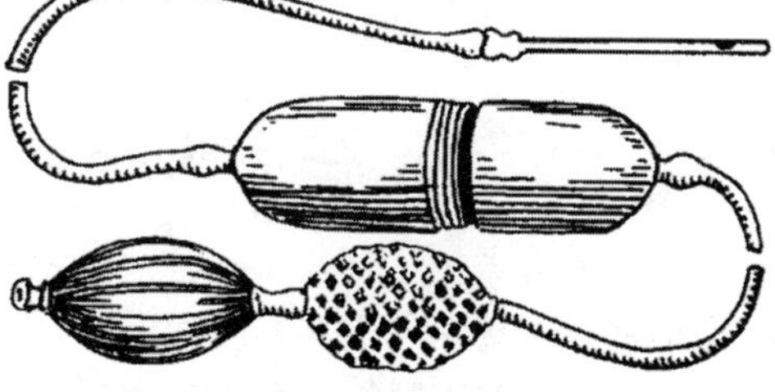

图 10-25　乳房送风器

向乳房内打入空气，需用乳房送风器（图 10-25）。使用前应将送风器的金属筒消毒并在其中放置干燥、消毒棉花，以便过滤空气，防止感染。在没有乳房送风器设备时，可利用大号连续注射器或普通打气筒，但过滤空气和防止感染较困难。送风时，使母牛侧卧，先挤尽乳房中的奶，并消毒乳头和乳头管口，然后把消毒的乳房送风器导管涂上灭菌的润滑剂，缓慢插入乳头管内。用手有节奏地把空气连续打入乳房内。4 个乳区均应打满空气，打入空气量以乳房皮肤紧张、乳腺基部的边缘清楚并且变厚，同时轻敲乳房呈现鼓音时为准。打入的空气不够，不会产生效果；打入空气过量，可使腺泡破裂，发生皮下气肿。打气之后，用宽纱布将乳头轻轻扎住，防止空气逸出。待病牛起立后，经过 1 h，将纱布条解除。如无效，乳房送风后经过 2 h 解除绷带，隔 6 h 后重复向乳房内打入空气。

[预防]

母牛产前应适当减少日粮中钙的摄入量，饲喂低钙高磷的饲料，这样可以激活甲状旁腺的功能，从而提高吸收钙和动用钙的能力。干奶期间最迟从产前 2 周开始，给母牛饲喂低钙高磷饲料，可将每头奶牛每日摄入的钙量限制在 60 g 以下，为此可以增加谷物精料的数量，减少豆科植物干草及豆饼等，而于分娩前后，立即将摄入的钙量增加到每日 125 g 以上。在临产及产后立即静脉注射钙制剂；分娩前 7 d 还可肌内注射维生素 D，临产时重复 1 次，也有一定预防作用。

此外，应加强饲养管理，产后不要立即挤奶，并且产后 3 d 之内不要将初乳完全挤净，对预防本病都有一定作用。

知识拓展

规模化牛场生产瘫痪参考处方

1. 处方一

(1)5%氯化钙注射液 500 mL 或 10%葡萄糖酸钙 800 mL、5%葡萄糖注射液 500 mL，静脉注射。

(2)输液后能够站立的奶牛，口服补钙一次，12 h 后可再口服一次。

(3)复发患牛按照同剂量进行第二次静脉补液，同时 25%硫酸镁 50 mL 加入 100 mL 5%葡萄糖注射液中静脉注射。

2. 处方二

(1)10%葡萄糖 500 mL＋10%葡萄糖酸钙 600 mL，25%硫酸镁 50 mL＋5%葡萄糖 500 mL，维生素 C 注射液 50 mL＋10%葡萄糖 500 mL，静脉注射。

(2)维生素 A、维生素 D、维生素 E 注射液 10 mL，肌内注射。

(3)青霉素钠 2 000 万 U＋0.9%氯化钠 500 mL，静脉注射。

任务六十四　子宫内翻及脱出

子宫角前端翻入子宫腔或阴道内，称为子宫内翻；子宫全部翻出于阴门之外，称为子宫脱出。二者为程度不同的一个病理过程。常在分娩后 1 d 之内子宫颈尚未缩小和胎膜还未排出时发病。

[病因]

1. 产后强烈努责

子宫脱出主要发生在胎儿排出后不久，部分胎儿胎盘已从母体胎盘分离。此时只有腹肌收缩的力量能使沉重的子宫进入骨盆腔，进而脱出。因此，母牛在分娩第三期有存在某些能刺激母牛发生强烈努责的因素，如产道及阴门的损伤、胎衣不下等，引发母牛继续强烈努责，腹压增高，子宫内翻及脱出。

2. 外力牵引

在分娩第三期，部分胎儿胎盘与母体胎盘分离后，脱落的部分悬垂于阴门之外，会牵引子宫，使之内翻，特别是当脱出的胎衣内存有胎水或尿液时，会增加胎衣对子宫的拉力。此外，难产时，产道干燥，子宫紧抱胎儿，如果未经很好处理（如注入润滑剂）就强力拉出胎儿，子宫常随胎儿翻出阴门之外。

3. 子宫弛缓

子宫弛缓可延迟子宫颈闭合时间和子宫角体积缩小速度，更易受腹壁肌收缩和胎衣牵引的影响。临床上也常发现，许多子宫脱出病例都同时伴有低钙血症，而低钙则是造成子宫弛缓的主要因素。当然，能造成子宫弛缓的因素还有很多，如母牛衰老、经产、营养不良（如单纯喂以麸皮、钙盐缺乏）、运动不足，胎儿过大等。

[症状]

1. 子宫内翻及子宫部分脱出

子宫内翻及子宫部分脱出，多发生于孕角。病牛表现不安、努责、尾根举起，阴道检查，则可发现翻入阴道的子宫角尖端。

2. 子宫完全脱出

在阴门外可看到呈不规则的长圆形囊状物体垂吊于阴门外（图 10-26），有时可达跗关节。脱出的子宫表面布满圆形或半圆形的海绵状母体胎盘（子宫阜），且分为大小两堆（大者为孕角，小者为非孕角），二者之间有一光滑的子宫体，胎盘极易出血；脱出的子宫黏膜表面常附着尚未脱落的胎膜，剥去胎膜或自行脱落后呈粉红色或红色，后因淤血而变为紫红色或深灰色。脱出时间久则子宫黏膜充血、水肿呈黑红色肉冻状，且多被粪土污染和摩擦而出血，进而结痂、干裂、糜烂、坏死等。

图 10-26　牛子宫脱

一般开始无全身症状，仅有弓腰、努责、不安等表现。久则出现全身症状，精神沉郁，体温升高，呼吸、脉搏加快；反刍减少或消失，食欲减少或废绝；产奶量下降；病牛逐渐消瘦而衰竭死亡。

[诊断]

阴门外脱垂一很大的囊状物。

[治疗]

以整复为主，整复必须及早施行，再配以药物治疗。但当子宫严重损伤、坏死及穿孔而不宜整复时，应实施子宫截除术。整复步骤如下。

(1)病畜的保定。病畜取前低后高的姿势站立保定(病畜不能起立时，取前低后高的伏卧保定，并在子宫下面垫上塑料布)。

(2)子宫的处理。用温热的淡盐水或3%明矾水或0.1%高锰酸钾溶液充分清洗脱出的子宫，以清除其表面的污物；如水肿严重，则用3%温明矾溶液浸泡或温敷，以缩小体积；如有出血的应进行结扎止血，有伤口的进行缝合，然后涂以油剂青霉素或碘甘油，进行整复。

(3)整复方法。助手用消毒布或用瓷盘将子宫托起抬高(同阴门等高或稍高于阴门)，整复可以先从靠近阴门的部分开始，将手指并拢或用拳头向阴门内压迫子宫壁。整复也可从下部开始，就是将拳头伸入子宫角的凹陷中，顶住子宫角的尖端推入阴门，先推进去一部分，然后令助手压住子宫，术者抽出手来，再向阴门压迫其余部分；全部送入后，术者手臂尽量伸入其中，将子宫深深推入腹腔内，然后向宫腔内放入抗生素，以防感染。在整复过程中，病畜努责时，应及时将送回的部分挤压住，防止再脱出来。脱出的子宫全部被推入阴门之后，为保证子宫全部复位，可向子宫内灌注9～10 L热水，然后导出。

(4)防止感染。可向子宫内放入抗生素或其他防腐抑菌药物，并注射促进子宫收缩药物，以免再次脱出。

(5)固定。整复后，为防止再脱出，阴门做几针纽孔状缝合，或用啤酒瓶等加以固定。为减轻努责，可行腰荐间隙或荐尾部硬膜外腔麻醉。

啤酒瓶固定阴门法：首先准备好一干净消毒好的啤酒瓶备用，将穿有粗缝线的针从阴门右下侧有毛与无毛交界处穿透皮肤进入阴道，拉出缝线，把啤酒瓶从瓶底方向塞入阴门，在啤酒瓶口处用猪蹄结固定，然后用同样的方法依次从左下侧出来，左上侧进入，右上侧出来，这样形成一“口”结扎口，最后将缝线两端拉紧打结即可有效地固定。

[预防]

预防本病的发生，对怀孕母牛应加强饲养管理，饲喂全价日粮，合理运动，保持圈舍地面平坦；在临近分娩时，应注意观察母牛，如有不安、努责等现象，应详细检查，及时做好接产、助产等准备。产后肌内注射缩宫素，可有效降低本病的发生。

任务六十五　胎衣不下

母牛产出胎儿后，胎衣在正常的时间内未能自行排出的现象称为胎衣不下或胎衣滞留。牛产后排出胎衣的正常时间为8～12 h，羊为4 h，胎衣不下牛发病率为最高。据报道，在非布鲁氏菌病感染区，奶牛正常分娩后胎衣不下的发病率为3%～12%；在分娩异常时或布鲁氏菌病流行区，奶牛的发病率可达20%～50%或者更高。

胎衣不下不但引起患牛奶量下降，还可引起子宫内膜炎和子宫复旧延迟，从而导致不孕，被迫提前淘汰，给奶牛业发展造成很大的经济损失。

[病因]

1. 产后子宫收缩无力

饲料单纯，缺乏钙、硒、维生素 A 及维生素 E，消瘦或肥胖，老年，运动不足和干奶期过短等都可导致子宫弛缓。奶牛怀双胎、胎水过多及胎儿过大，使子宫过度扩张都容易继发产后阵缩微弱。流产、早产、难产、生产瘫痪、子宫扭转则会造成产后子宫收缩力不够而引起胎衣不下。

2. 胎盘的炎症

怀孕期间子宫受到感染(如李氏杆菌、沙门菌、胎儿弧菌、生殖道支原体、霉菌、毛滴虫、弓形虫或病毒等造成的感染)，从而发生子宫内膜炎及胎盘炎，导致结缔组织增生，可使胎儿胎盘和母体胎盘发生粘连，导致胎衣不下。

3. 胎盘充血和水肿

在分娩过程中，子宫异常强烈收缩或脐带血管关闭太快会引起胎盘充血。由于脐带内血管充血，胎儿胎盘中毛细血管的表面积增加，绒毛箝闭在腺窝中，就会使腺窝和绒毛发生水肿，水肿可延伸到绒毛末端，结果腺窝内压力不能下降，胎盘组织之间持续紧密连结，不易分离。

4. 胎盘组织构造

奶牛属子叶型胎盘，从组织学角度看，又属上皮绒毛膜与结缔组织绒毛膜混合型，结构特殊，结合紧密，故易发生。

[症状]

胎衣不下分为胎衣全部不下和胎衣部分不下两种。胎衣全部不下，即整个胎衣未排出来，胎儿胎盘大部分仍与母体胎盘相连，仅见一部分胎膜悬吊于阴门之外；胎衣部分不下，即胎衣的大部分已经排出，只有一部分或个别胎儿胎盘残留在子宫内，露出的部分主要为尿囊绒毛膜，呈土红色，表面有许多大小不等的胎儿子叶(图 10-27)。

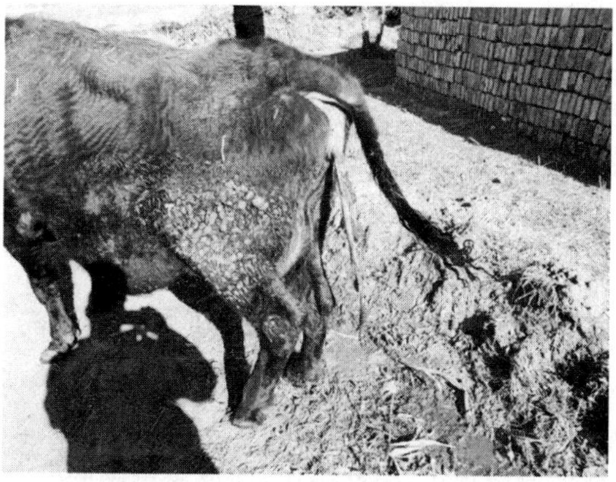

图 10-27　牛胎衣不下

母牛发生胎衣不下后，由于胎衣的刺激作用常常表现弓背和努责，一些母牛会出现里急后重，从阴道排出淡红色恶臭液体，特别是滞留的胎衣腐败分解时，腐败分解产物被吸收后则引起全身症状：体温升高，脉搏、呼吸加快，精神沉郁，食欲减退，瘤胃弛缓，腹泻，产奶量下降等。胎衣部分不下时常被忽视，当恶露排出期延长，腐败的胎衣排出时才发现，而且可并发子宫内膜炎或败血症。

[诊断]

部分胎衣脱出于阴门外。病牛弓腰，频频努责，从阴门外排出带有胎衣碎片的恶露。

[治疗]

治疗原则是尽早控制感染，促进子宫收缩，促进胎衣排出。

1. 早期阶段使用全身性抗生素进行抗菌消炎

常选用青霉素(2 万 IU/kg 体重)进行肌内注射,1 次/d。若体温升高,可加大剂量进行静脉注射,同时配合应用退烧药物,给药 1 次/d,直到胎衣排出、体温正常为止。

2. 子宫内投入抗生素

为预防胎盘腐败及感染,及早用 0.1%高锰酸钾等冲洗子宫,冲洗完毕后,向子宫内投入抗生素,如土霉素或青霉素,每日一次或隔日一次,直到胎衣排出为止。药物应放在子宫黏膜和胎衣之间。

3. 使用促进子宫收缩的药物

在分娩后 24 h 以内,肌内注射缩宫素 100 IU(注射后让母牛站立 1 h 以上,以免造成子宫脱出),2 h 后重复 1 次,同时静脉注射 10%氯化钠溶液 300～500 mL。有条件的可给母牛灌服羊水 300 mL,灌服后经一定时间胎衣即可排出,否则重复灌服一次,但灌服的羊水必须是健康母牛的。

4. 手术剥离胎衣

夏季产后 48 h,冬季产后 72 h,若胎衣仍未排出,且体温不超过 39.4 ℃,即可进行手术剥离胎衣。

(1)术前准备。母牛取前高后低站立保定,尾巴系绳,拉向自身腹部一侧。术者手伸入直肠掏尽后段粪便,先用清水清洗母牛外阴及其周围,再用 0.1%高锰酸钾溶液清洗消毒。向子宫内注入 5%～10%氯化钠溶液 2 000～3 000 mL,如果母牛努责剧烈可行硬膜外腔麻醉,术者应将指甲剪短磨光,手和臂消毒涂油。

(2)手术操作。若有胎衣悬吊于阴门之外,先将阴门之外的胎衣理顺,左手拉紧露出阴门的胎衣,右手伸入子宫黏膜与胎膜之间,找到未分离的子叶。若未见胎衣露出阴门外,右手先由阴道进入子宫,抓住游离胎衣并牵引至阴门之外,交由左手拉紧。剥离胎衣时按以下顺序进行:由近及远,由紧张到松弛,逐个螺旋前进,先剥完一个子宫角,再剥另一子宫角。剥离每个子叶的方法是:用中指和食指夹住子叶基部,用拇指推压子叶顶部,将胎儿胎盘与母体胎盘分离开来。剥离子宫角尖端的胎盘比较困难,这时可拉紧胎衣,再将手伸向前方迅速抓住尚未脱离的胎盘即可顺利地剥离(图 10-28)。在剥离时,切勿用力牵拉子叶,否则会将子叶拉断,造成子宫壁损伤,引起出血,而危及母牛的安全。

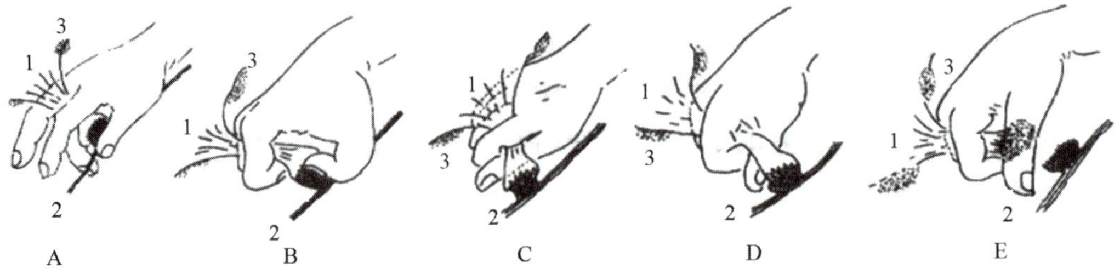

1. 绒毛膜 2. 子宫壁 3. 已剥离的胎儿胎盘

图 10-28 母牛胎衣剥离术式图(A～E 表示胎衣剥离术式的顺序)

(3)术后处理。胎衣剥离完毕后,用 0.1%高锰酸钾溶液冲洗子宫,排出胎盘碎片及污物。冲洗时,橡胶管前端握于手掌心,进入子宫角前下部,管的外端接漏斗,倒入冲洗液 1～2 L,用虹吸法使子宫内液体自行排出或刺激子宫收缩将液体排出，反复冲洗 2～3 次，直到子宫内排出的液体色泽为高锰酸钾溶液本色为止。在冲洗过程中，橡胶管前端一定要握于手掌心中，以免病畜努责时，子宫收缩而将子宫戳穿。冲洗完毕后，在子宫内放入土霉素 4～6 g，以防止感染。

任务六十六　子宫内膜炎

子宫内膜炎是子宫黏膜的炎症病变。本病是常见的母畜生殖器官疾病，是造成母畜不育的主要原因之一。可分为急性和慢性两种。急性子宫内膜炎多发生于产后，因子宫黏膜受到损伤和感染而发病，多数伴有全身症状；慢性子宫内膜炎多由急性子宫内膜炎转变而来，炎症变化一般局限于子宫黏膜，一般无全身症状。

[病因]

子宫内膜炎还可分为原发性和继发性两大类。

原发性子宫内膜炎：配种、人工授精、产道检查、分娩及难产助产时，消毒不严，操作方法不当，生殖道损伤之后，细菌侵入而引起发病；另外，饲养管理或使役不当，机体抵抗力下降时，生殖道内存在的非致病性细菌乘机大量繁殖，也可引起发病。引起子宫内膜炎的病原微生物很多，主要有大肠埃希菌、链球菌、葡萄球菌、化脓性棒状杆菌、变形杆菌、嗜血杆菌等。

继发性子宫内膜炎：常继发于产道损伤、阴道炎、子宫弛缓、胎衣不下、子宫脱出、难产、子宫复旧不全及流产。此外，结核病、布鲁氏菌病等传染病也常并发子宫内膜炎。

[症状]

1. 急性子宫内膜炎

一般发生在产后或流产后，患畜弓背、努责，从阴门排出灰白色浑浊的黏液性或黏液脓性分泌物，卧下时排出量增多。患病动物精神沉郁，食欲减少，体温升高，牛、羊反刍减少或停止，并伴有轻度瘤胃臌气。

阴道检查时，子宫颈稍开张，外口充血肿胀，常流出炎性分泌物。直肠检查时，可感到子宫角增大，疼痛，呈面团样，有时有波动感；严重时流出含有腐败分解组织碎块的恶臭液体，并有明显的全身症状。

2. 慢性子宫内膜炎

根据炎症性质可分为隐性子宫内膜炎、慢性卡他性子宫内膜炎、慢性卡他性脓性子宫内膜炎和慢性脓性子宫内膜炎 4 种。

(1)隐性子宫内膜炎。不表现临床症状，子宫无肉眼可见的变化，直肠检查及阴道检查也查不出任何异常变化，发情周期正常，但屡配不孕。发情时子宫排出的分泌物较多，有时分泌物不清亮透明，略微浑浊。

(2)慢性卡他性子宫内膜炎。病畜发情周期紊乱，有的虽然正常，但屡配不孕，卧下或发情时常从阴门排出较多浑浊带有絮状物的黏液。阴道检查时子宫颈外口黏膜充血肿胀，并有上述黏液。直肠检查时感到子宫壁肥厚。

(3)慢性卡他性脓性子宫内膜炎。病畜往往有精神不振，食欲减少，逐渐消瘦，体温略高等

二维码 10-3　子宫炎的判断标准

轻微的全身症状。发情周期不正常,阴门中经常排出带有臭味的灰白色或黄褐色的稀薄脓液或黏稠脓性分泌物。

(4)慢性脓性子宫内膜炎。阴门中经常排出脓性分泌物,在卧下时排出较多。排出物污染尾根及后躯,形成干痂。病畜可能消瘦和贫血。

有时由于子宫颈黏膜肿胀和组织增生而狭窄,脓性分泌物积聚于子宫内,称为子宫积脓。病畜常伴有精神不振,食欲减少,逐渐消瘦,体温升高等全身症状。

[诊断]

根据临床症状及阴门中排出的分泌物的性状即可做出诊断。隐性子宫内膜炎,因无明显症状,较难诊断,可用实验室检查进行确诊。

[治疗]

治疗原则是抗菌消炎,防止感染扩散,清除子宫内炎性产物并促进子宫功能恢复。

1. 子宫冲洗疗法

使用防腐剂冲洗子宫,清除子宫内的渗出物,消除炎症,是急性子宫内膜炎、慢性子宫内膜炎的有效疗法之一。

冲洗液温度最好在 35～45 ℃,能增强子宫的血液循环,冲洗液要适量,不宜过多,压力不宜过大,反复冲洗,直至排出的液体变为透明为止。冲洗后必须排净子宫内液体,以免引起子宫弛缓或感染的扩散。冲洗子宫后,全身症状即很快得到改善,但应禁止使用刺激性药物冲洗子宫。

2. 子宫内给药

一般在冲洗后,可向子宫内注入或投放抗菌药物,增强抗感染的能力。如子宫内渗出物不多,也可不进行冲洗,直接向子宫内注入抗菌药物,有良好效果。

3. 激素疗法

在患慢性子宫内膜炎时,使用 $PGF_{2\alpha}$ 及其类似物,可促进炎症产物的排出和子宫功能的恢复。在子宫内有积液时,还可使用雌激素、催产素等。

4. 全身疗法

当病畜伴有全身症状时,宜配合抗生素(如头孢噻呋钠)和磺胺疗法,并注意全身变化,进行对症治疗。

[预防]

妊娠母畜应给予营养丰富的饲料,适当运动,增强机体的抗病能力。人工授精时,必须遵守无菌操作原则。在分娩接产及难产助产时,必须注意严格消毒。患有生殖器官炎症的病畜在治愈之前,不宜配种。对分娩后母畜的栏舍,要保持清洁、干燥,预防子宫内膜炎的发生。

知识拓展

规模化牛场子宫炎参考处方

1.肌内注射处方

(1)盐酸头孢噻呋注射液 20 mL、美达佳 15 mL、肌内注射。

(2)头孢类抗生素(按照说明书用量),肌内注射。

(3)头孢类抗生素(按照说明书用量),美达佳(美洛昔康注射液)15 mL(只用一次),复合维生素 B 注射液 20 mL,肌内注射;新斯的明 20 mL,皮下注射。

备注:(1)和(2)任选其一,体温超过 39.5 ℃配合(3)治疗。

2.静脉注射处方

(1)青霉素 2 000 万 IU+0.9%氯化钠注射液 500 mL,维生素 C 50 mL+10%葡萄糖 500 mL,10%浓盐水 500 mL,碳酸氢钠 500 mL(可选),50%葡萄糖 500 mL,静脉注射,1 次/d。

(2)氨苄西林钠 10~15 g+0.9%氯化钠注射液 500 mL,维生素 C 50 mL+10%葡萄糖 500 mL,10%氯化钠 500 mL,碳酸氢钠 500 mL(可选),50%葡萄糖 500 mL,(硼)葡萄糖酸钙 500 mL,静脉注射,1 次/d。

(3)头孢类抗生素(按照说明书用量)+0.9%氯化钠注射液 500 mL,美达佳(美洛昔康注射液)20 mL+5%葡萄糖 500 mL,静脉注射。

备注:(1)、(2)和(3)任选其一。

任务六十七 卵巢囊肿

卵巢囊肿是指卵巢上有卵泡状结构,其直径超过 2.5 cm,存在的时间在 10 d 以上,同时卵巢上无正常黄体结构的一种病理状态。卵巢囊肿可分为卵泡囊肿(图 10-29、图 10-30)和黄体囊肿两种。

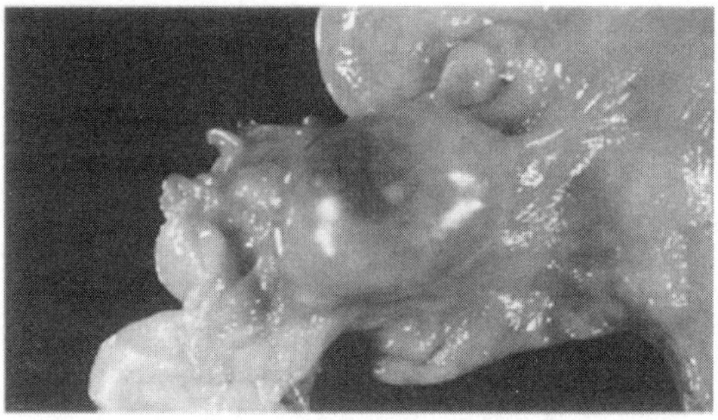

图 10-29 单侧性卵泡囊肿

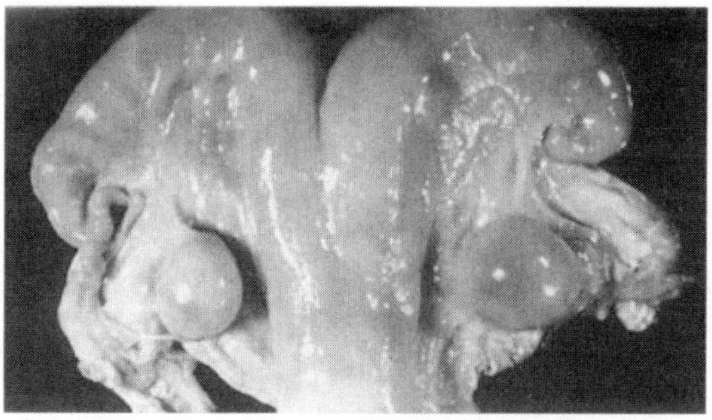

图 10-30 双侧性卵泡囊肿

卵泡囊肿是由于卵泡上皮细胞变性,卵泡壁结缔组织增生变厚,卵细胞死亡,卵泡液未被吸收或者增多而形成的。呈单个或多个存在于一侧或两侧卵巢上,壁较薄。

黄体囊肿是由未排卵的卵泡壁上皮细胞黄体化而形成的,故又称黄体化囊肿。一般多为单个，存在于一侧卵巢上，壁较厚。

卵巢囊肿常见于各种家畜，而牛、猪、马较为多见。卵巢囊肿以卵泡囊肿居多，黄体囊肿占25%左右。

[病因]

引起卵巢囊肿的原因很多，涉及的主要因素包括：①主要为奶牛患病，肉牛偶尔发生。②长期舍饲的牛在冬季发病较多。③所有年龄的牛均可发病，但以2～5胎的产后牛或者4.5～10岁的牛多发。④发病与围产期的应激因素有关，在双胎分娩、胎衣不下、子宫炎及生产瘫痪的病牛，卵巢囊肿的发病率均高。⑤产后期卵巢囊肿的发病率最高。⑥可能与遗传有关，某些品种的牛发病率较高。⑦饲养管理不当，如饲料中缺乏维生素A或者摄取含雌激素过多的饲草，如三叶草、豌豆、苜蓿等，发病率升高。⑧医源性原因，大剂量或小剂量长期应用雌激素制剂，可干扰正常的LH释放而发生卵巢囊肿。

[症状]

卵泡囊肿时，由于分泌过多的FSH，发情周期变短，发情期延长，甚至持续表现强烈的发情行为，成为慕雄狂。母牛表现高度性兴奋，哞叫不安，追逐或爬跨其他母牛，久之食欲减退，消瘦。特征症状之一是荐坐韧带松弛，尾根与坐骨结节间形成明显凹陷。虽然发情表现明显，但屡配不孕。

黄体囊肿时，由于分泌的LH不足，黄体的正常发育受到扰乱，未排卵的卵泡壁上皮细胞黄体化，长期存在于卵巢中，且能分泌孕酮，血浆中孕酮的浓度升高，故患畜长期不发情。

[诊断]

根据发情反常，无规律地频繁而持久地发情，性欲旺盛，呈慕雄狂现象，直肠检查可发现卵巢体积增大，卵巢上有一个或数个有波动的囊泡，可做出初步诊断。

通过直肠检查，根据卵巢的变化进行确诊。当发生卵泡囊肿时，可以摸到卵巢上有一个或数个泡壁紧张而有波动的囊泡，间隔2～3 d再次检查，若为正常卵泡届时消失，若为囊肿卵泡则长期存在。黄体化卵泡比正常卵泡大1～3倍，多次检查，依然存在；若超过一个发情周期，再次检查结果相同，母牛长期不发情，即可确诊。

[治疗]

治疗卵巢囊肿应查明病因，从改善饲养管理及使役制度着手，多饲喂富含矿物质、维生素的饲料，特别是青绿饲料。这样做不仅可以使囊肿自行消散，而且治愈后不易复发。舍饲高产奶牛可以增加运动量，减少挤奶量；役用母牛要减轻使役。

1.激素疗法

激素疗法包括促性腺激素、性腺激素、肾上腺皮质激素及局部激素等。常用制剂有以下几种。

(1)绒毛膜促性腺激素，1 000～5 000 IU，肌内注射，一般用药后1～3 d外表症状逐渐消失。

(2)黄体酮注射液，50～100 mg，一次肌内注射，每天或隔天1次，连用2～7次。

(3)促性腺激素释放激素，0.5～1.0 mg，肌内注射，对卵巢囊肿疗效较好。于产后第12～14天给母牛注射可预防囊肿发生。

(4)促黄体激素，100～200 IU，肌内注射。对卵泡囊肿和黄体囊肿都可应用，一般用药1周以后，症状可逐渐消失。15～30 d可恢复正常发情，如无效可稍加大剂量，再次用药。

(5)激光疗法。激光照射阴蒂部与地户穴，有一定效果。

(6)电针疗法。电针疗法对卵巢囊肿也有一定作用。

(7)糖皮质激素疗法。地塞米松磷酸钠注射液，5～20 mg，肌内注射或静脉注射。

2.手术疗法

挤破或刺破囊肿。将手伸入直肠，隔着直肠壁用中指及食指夹住卵巢系膜并固定卵巢，再用拇指压迫囊肿，将其挤破，挤破后持续压迫 5 min，即可达到止血的目的。

任务六十八　乳房炎

乳房炎又称乳腺炎，是由各种病因引起的乳房炎症，其主要特点是乳汁发生理化性质及细菌学变化，乳腺组织发生病理学变化。乳汁最重要的变化是颜色发生改变，乳汁中有乳凝块及大量白细胞。发生乳房炎时，虽然有许多病例出现乳腺肿大及疼痛，但大多数病例，用手触诊乳腺难以发现异常，肉眼检查乳汁也难以观察到病理性变化。乳房炎是母畜最常见的疾病之一，不仅影响母畜产奶量、降低奶的品质，还易延长产后发情和妊娠时间，甚至使母畜失去生产性能，使母畜过早被淘汰，造成严重的经济损失，而且危害人类健康，其防治问题已日益被人们所重视。

[病因]

1.病原微生物感染

病原微生物感染是乳房炎的主要发病原因，病原微生物的种类繁多，如金黄色葡萄球菌、无乳链球菌、停乳链球菌、大肠埃希菌、化脓性棒状杆菌、支原体、霉形体、真菌、病毒等 130 多种，较常见的有 20 多种。各种微生物的感染因地区不同而异，其中，以葡萄球菌、链球菌和大肠埃希菌为主，但各地病原感染情况不尽相同，因地理环境、卫生条件、饲养方式不同而有差异。

2.饲养管理因素

主要是管理不当和环境卫生不良。如圈舍不消毒，圈舍中粪尿不及时清除，挤奶时不严格执行挤奶操作规程，人工挤奶时不洗手、不消毒或不进行药浴，机器挤奶时乳杯不清洗、不消毒或处理不彻底，高温、高湿季节，粪尿蓄积等，均可引起乳房炎。

另外，乳房受到摩擦、挤压、碰撞、划伤等机械因素，幼畜吮乳时用力碰撞乳房，挤奶方法不当或手工挤奶技术不熟练等，均可导致乳房炎的发生。

[分类和症状]

根据病因可分为原发性乳房炎和继发性乳房炎；根据病理变化，可分为浆液性、卡他性、化脓性、出血性、纤维蛋白型乳房炎；根据临床表现可分为临床型和亚临床型乳房炎(隐性乳房炎)。

临床型乳房炎为乳房间质、实质组织的炎症。其特征是乳汁变性、乳房组织不同程度地呈现肿胀，温热和疼痛。根据病程长短和病情严重程度不同，可分为最急性、急性、亚急性和慢性乳房炎。

1. 最急性乳房炎

乳房炎发病突然，发展迅速，多发生于1个乳区，患乳区乳房明显肿大，坚硬，皮肤发紫，疼痛明显(图10-31)，健康乳区奶产量剧减，患乳区仅能挤出1～2把黄水或淡的血水。全身症状明显，精神沉郁，食欲废绝，反刍停止，体温升高至40～42 ℃，呈稽留热型，心跳增数，呼吸增数，肌肉软弱无力，不愿走动，喜卧，迅速消瘦。

图 10-31 患乳区乳房红肿热痛，皮肤发绀

2. 急性乳房炎

病情较最急性乳房炎缓和。乳房肿大，皮肤发红，疼痛明显，质地较硬，乳房内可摸到硬块，疼痛敏感，常拒绝检查。全身症状较轻，精神尚好，体温正常或稍升高，食欲减退，产奶量下降为正常时的1/3～1/2，乳汁呈灰白色，内混有大小不等的乳凝块、絮状物。

3. 亚急性乳房炎

发病缓和，患乳区乳房表现为红、肿、热，痛不明显，食欲、体温、脉搏等全身反应均正常。乳汁稍稀薄，呈灰白色，最初几把奶往往含有絮状物或乳凝块。乳中体细胞数增加，pH偏高，氯化钠含量增加。

4. 慢性乳房炎

由急性乳房炎转变而来。反复发生，病程较长，产乳量下降，药物治疗疗效低。头几把乳汁有块状物，以后又无，肉眼观察正常，重者乳汁异常，放置后见能分出乳清或内含脓汁。乳房有大小不等的硬结。

[诊断]

1. 临床型乳房炎

症状明显，根据乳汁和乳房的变化，可做出诊断。

2. 亚临床型乳房炎

乳房无临床症状，乳汁也无肉眼可见的变化，但乳汁的pH和导电率及乳汁中的体细胞(主要是白细胞)数、氯化物的含量等，均较正常高，需要通过乳汁化验，才能做出诊断。必要时可进行乳汁细菌学检查，为药物治疗提供依据。

(1)体细胞计数法(SCC)：是计算每毫升乳汁中的体细胞数，这是诊断亚临床型乳房炎的基准，也是与其他诊断方法作对照的基准。在正常生理状况下，每毫升牛奶中含有2万～20万个体细胞，其数量受年龄、胎次、泌乳期、季节、机体应激、个体特征以及挤奶操作等因素的影响。体细胞数超过20万个则为异常，因此可通过乳汁中SCC的变化来判定是不是亚临床型乳房炎。

(2)化验检验法：间接测定乳汁细胞数和乳汁pH的方法，种类较多，现在常用的是CMT法。CMT法简单，检出率高，世界各地广泛应用。

(3)物理检验法：乳房发炎时，乳汁中氯化钠含量增加，电导率上升，因此用物理学方法检验乳汁导电率的变化，可以诊断亚临床型乳房炎。

［治疗］

1.临床型乳房炎

治疗原则为杀灭病原微生物，控制炎症的发生和进展，改善母畜全身状况，提高母体自身抵抗力，防止继发感染。

（1）抗生素疗法。抗生素仍然是治疗乳房炎广泛使用的药物，常用的抗生素有青霉素、链霉素、氨苄西林、四环素、环丙沙星、恩诺沙星、头孢呋辛钠、林可霉素、多西环素等，此外，磺胺类药物也是常用抗菌药物。给药途径除常规给药外，还可将药液稀释成一定的浓度，通过乳头管直接注入乳池，可以在局部保持较高浓度，达到治疗目的。

（2）乳房基底封闭。将0.25%～0.5%盐酸普鲁卡因溶液注入乳房基底结缔组织中，通常有良好效果，如在盐酸普鲁卡因溶液中加入适量抗生素更可提高疗效。

（3）物理疗法。认真热敷，按摩乳房，增加挤奶次数，对乳房炎的治疗大多是有益的。浆液性乳房炎和乳房浮肿需由乳头基部开始，从下而上按摩，可恢复淋巴循环和消除浮肿；卡他性乳房炎为促使渗出物排出，需自上而下按摩；而对于纤维素性、化脓性和出血性乳房炎则严禁按摩，以防炎症扩散和通过血液转移。

（4）中药疗法。中药相比于抗生素毒副作用更小，且许多中药都具有抗菌、抗炎、增强机体免疫力、抗氧化和抗应激等多种药理活性。蒲公英、鱼腥草、柴胡等中草药均含有生物碱、糖苷、多糖等活性物质，具有良好的抗炎作用；当归、黄芪、益母草、川芎、丹参、三七等中草药具有清热解毒、消肿止痛、行气活血的功效；连翘、金银花、蒲公英、木通、柴胡等中草药可以清热解毒、通经下乳。如在奶牛日粮中添加蒲公英、连翘、黄芩和黄芪等中草药，或向日粮中添加蒲公英散等中药复方制剂，或双丁（蒲公英、紫花地丁）肌内注射，均对奶牛乳房炎具有明显的治疗作用。

中兽医称乳房炎为乳痈或奶黄，多为瘀血邪毒凝结于乳房而发生红、肿、热、痛的病征，治法宜清热解毒，散瘀消肿。可用牛蒡瓜蒌汤：瓜蒌60 g、牛蒡子30 g、花粉30 g、黄芩24 g、陈皮30 g、栀子24 g、连翘30 g、金银花30 g、青皮15 g、柴胡12 g、甘草30 g、蒲公英30 g。共为细末，开水冲调，候温灌服。

2.亚临床型乳房炎或隐性乳房炎

以防为主，防治结合。

（1）乳头药浴。乳头药浴是防治隐性乳房炎行之有效的方法。常用的有氯己定、次氯酸钠、新洁尔灭等。

（2）乳头保护膜。乳房炎的主要感染途径是乳头管，挤奶后将乳头管口封闭，防止病原菌侵入，也是预防乳房炎的一个途径。

［预防］

（1）加强饲养管理，保持厩舍、运动场、挤奶人员手指和挤奶用具的清洁，以创造良好的卫生条件，加强乳房炎检测，发现病畜，及时治疗。

（2）挤奶前后，乳房药浴，规范挤奶操作。挤奶前先用温水将乳房洗净并认真按摩，挤奶时用力均匀并尽量挤尽乳汁，先挤健畜后挤病畜。逐渐停乳，停乳后注意乳房的充盈度和收缩情况，发现异常及时检查处理。分娩前，乳房明显膨胀时，适当减少多汁饲料和精料的饲喂量；分娩后，控制饮水，适当增加运动和挤奶次数。有乳房炎征兆时，除采取医疗措施外，并根据情况隔离患畜。

(3)干奶期预防:主要是向乳房内注入长效抗菌药物,杀灭已侵入和以后侵入的病原体,有效期可达4～8周。

知识拓展

隐性乳房炎检测

一、准备工作

一次性橡胶手套、酒精棉球、隐性乳房炎检测液、隐性乳房炎检测盘、隐性乳房炎记录表等。

二、检测对象

(1)泌乳牛,每月至少1次检测。
(2)干奶前,必须进行检测。

三、检测流程

(1)弃前3把奶:药浴后弃掉前3把奶。
(2)取样:每个乳区挤2把奶到检测盘上,各乳区对应的区域中,始终保持检测盘把手对着牛尾的方向。
(3)弃多余奶:倒掉检测盘各区域中多余的牛奶,刚好露出检测盘上的刻度线即可。
(4)加药液:加入等量的检测液,端平旋转1 min,使充分混合。
(5)摇匀:轻轻摇匀,让药液与样品充分混匀。
(6)填写隐性乳房炎检测记录。

四、结果判定

隐性乳房炎检测结果判定情况如表10-3所示。

表10-3 隐性乳房炎检测结果判定情况

检测结果	判定符号	乳汁反应
阴性	－	体细胞数(SCC)2万～20万个/mL,混合物呈液体状,倾斜检测盘时,流动流畅,无凝块
可疑	±	体细胞数(SCC)20万～50万个/mL,混合物呈液体状,底盘有微量沉淀物,摇动时消失
弱阳性	＋	体细胞数(SCC)50万～80万个/mL,底盘出现少量黏性沉淀物,非全部形成凝胶状,摇动时,沉淀物散布于底盘,有一定的黏性
阳性	＋＋	体细胞数(SCC)80万～500万个/mL,全部呈凝胶状,有一定的黏性,回转式向心集中,不易散开
强阳性	＋＋＋	体细胞数(SCC)≥500万个/mL,混合物大部分或全部形成明显的胶状沉淀物,黏稠,几乎完全黏附于底盘,旋转摇动时,沉淀集于中心,难以散开

五、结果分析及建议

(1)对揭发的隐形乳房炎进行采样,送化验室确诊,若为传染性乳房炎需隔离(最后挤奶)。

(2)加强奶厅管理,优化干奶期治疗方案。

(3)长期体细胞数高的牛只(3个月内连续3次检测体细胞大于200万个/mL)考虑淘汰。

奶牛临床乳房炎分级诊疗方案

一、乳房炎治疗原则

临床乳房炎1级:乳房灌注。

临床乳房炎2级:乳房灌注+肌内注射。

临床乳房炎3级:乳房灌注+肌内注射+静脉注射(或灌服补液)。

二、临床乳房炎1级

1. 症状

(1)无全身症状。

(2)乳区无红、肿、热、痛症状。

(3)乳汁异常(乳汁颜色无变化、含絮状物或凝乳块等)。

2. 治疗方案

乳区用药,泌乳通(林可霉素-新霉素无菌溶液)或乳炎康(注射用头孢噻肟钠),乳头管内注射,1次/d,连用3 d;无效第4天换药,连用3～5 d。

三、临床乳房炎2级

1. 症状

(1)几乎无全身症状。

(2)乳区红肿热痛。

(3)乳汁异常(乳汁灰白色、含絮状物或凝乳块等)。

2. 治疗方案

(1)乳区用药,1次/d,连用3 d;无效第4天换药,连用3～5 d。

(2)氟尼辛葡甲胺,静脉推注或肌内注射20～25 mL/次,1次/d,连用2～3 d。或头孢类抗生素、氨苄西林钠等肌内注射。

四、临床乳房炎3级

1. 症状

(1)体温39.5 ℃以上,全身症状明显。

(2)乳区红、肿、热、痛明显。

(3)乳汁异常(乳汁灰白色、水样、含絮状物或凝乳块等)。

2.治疗方案

(1)10%氯化钠500 mL、10%葡萄糖酸钙500 mL、5%碳酸氢钠800 mL、0.9%氯化钠3 000 mL、头孢噻呋钠1～2 g,一次静脉注射。或10%葡萄糖1 500 mL、10%氯化钠1 500 mL、0.9%氯化钠500 mL、青霉素钠2 000万U或20%盐酸土霉素注射液100 mL、10%维生素C注射液50 mL,静脉注射,1次/d。

(2)氟尼辛葡甲胺20～25 mL,静脉注射或肌内注射,1次/d,连用2～3 d。

(3)健胃散500 g、人工盐100 g,1次/d,连用3～5 d。

(4)乳区用药,1次/d,连用3～5 d。无效第4天换药,连用3～5 d。

五、坏疽性乳房炎

1.症状

(1)发病乳区肿胀、疼痛,乳腺皮肤呈暗紫色,冰凉坏死。

(2)乳汁水样,有时血样或含有气体。

(3)体温40 ℃以上,全身症状明显,发病急,常导致败血症死亡。

2.治疗方案

(1)10%氯化钠500 mL、10葡萄糖酸钙500 mL、5%碳酸氢钠800 mL、0.9%氯化钠2 000 mL、头孢噻呋钠1～2 g,一次静脉注射,1次/d,连用3～5 d。

(2)氟尼辛葡甲胺20～25 mL,静脉注射或肌内注射,1次/d,连用3 d。

(3)若腹泻脱水,可灌服新产牛配方。

六、乳区用药操作流程

(1)脱杯后手工挤净患区剩余奶。

(2)酒精棉球消毒乳头及乳头孔。

(3)无菌注入药物。

(4)乳区药浴(先健区后病区)。

七、注意事项

(1)发现乳房炎患牛立即隔离治疗。

(2)治疗乳房炎患牛时,手臂严格消毒。

(3)患有乳房炎的牛只分群饲养。

(4)若3次治疗无好转,应更换治疗药物或治疗方法。

任务六十九 新生犊牛窒息

新生犊牛窒息也称为犊牛假死,是指刚出生的犊牛呈现呼吸微弱或呼吸停止,但仍保持微弱心跳。如果不及时采取抢救措施,常常会导致新生犊牛死亡。

[病因]

常因分娩时产出期延长或胎儿排出受到阻碍而引起，如早期破水、胎盘水肿、胎囊破裂过晚、奶牛分娩时受到惊扰、产道异常、胎儿畸形或过大、产道未完全开张或开张不全而过早或错误助产，均可使产程延长而引起胎儿窒息。倒生时，胎儿产出缓慢，脐带受到骨盆和胎儿的挤压，脐带缠绕，以及子宫的痉挛性收缩等，均可使胎盘血液循环减弱或停止，引起胎儿严重缺氧，体内二氧化碳含量增高到一定程度，兴奋延脑呼吸中枢，刺激胎儿过早地呼吸，吸入羊水而发生窒息。

此外，分娩前，母牛贫血或大出血，或患有某种严重的热性疾病或全身性疾病，或患有血液寄生虫病或高度营养不良，都能使胎儿缺氧和二氧化碳蓄积，刺激胎儿过早呼吸而发生窒息。

[症状]

根据其发生窒息的程度不同可分为绀色窒息和苍白窒息。

(1)绀色窒息是一种轻度窒息，由于血液中CO_2浓度过高，可视黏膜发绀，口和鼻腔内充满黏液及羊水，舌垂于口外。呼吸微弱而急促，有时张口呼吸，喉及气管有明显的湿啰音。四肢活动能力差，心跳快而弱，各种反射能力降低。

(2)苍白窒息又称重度窒息，新生犊牛呈假死状态，缺氧程度严重，黏膜苍白，休克，全身松软，卧地不动，反射消失，呼吸停止，心脏跳动微弱，脉搏不易摸到，生命力非常微弱。

[诊断]

新生犊牛呼吸微弱或停滞，活动能力微弱或休克。

[治疗]

(1)清除口鼻黏液，促使吸入的黏液或羊水排出。

(2)诱发呼吸反射。可刺激鼻腔黏膜，或用浸有氨水的棉花或纱布，放在鼻孔让其吸入，以此刺激诱发呼吸反射。

(3)人工呼吸、输氧、保温。人工呼吸时将犊牛两前肢用手握住，有节奏地做“扩胸运动”；也可有节奏地按压动物胸壁。有条件的可输氧；同时，做好保温工作对提高治愈率有十分重要的作用。

(4)药物急救。可注射尼可刹米、樟脑磺酸钠等药物进行抢救。窒息缓解后，还可用补液、补糖、静脉注射碳酸氢钠等方法进行抢救治疗，但要注意输液温度。为了防止窒息后继发肺炎，可应用抗生素。

任务七十　胎粪停滞

新生仔畜通常在出生后数小时内排出胎粪，如在出生后超过 24 h 仍不排出胎粪，称为新生仔畜胎粪停滞、便秘或胎粪秘结。

[病因]

初乳中含有较多的镁盐、钠盐及钾盐，具有轻泻作用。如母畜营养不良，导致初乳分泌不足及品质不佳，或仔畜出生后未及时哺喂初乳，都可引起新生仔畜肠道弛缓，胎粪不能及时排出而秘结于肠道。

[症状]

仔畜出生后，1～2 d 不见排出胎粪(注意是否为肛门及直肠闭锁)，逐渐表现不安，回头顾腹，常弓背努责，举尾做排粪状；有时由于粪便堵塞肛门，可继发胃肠臌气。随病情的进一步发展，精神沉郁，不吃奶，呼吸及心率加快，肠音微弱或消失。以手指直肠检查，肛门端有浓稠蜡状黄褐色胎粪或粪块。

[治疗]

一般选用以下方法多可治愈，顽固性胎粪秘结应考虑手术治疗。

(1)直肠灌注。可选用 0.1%高锰酸钾溶液、洗衣粉水或肥皂水等进行直肠灌注。

(2)内服轻泻剂。选用食用植物油或液状石蜡 200～300 mL 灌服，也有良好的疗效。投药后按摩和热敷腹部可增强肠道蠕动。

(3)如果仔畜出现全身衰弱及自体中毒现象时，必须及时采取补液、强心、解毒及抗感染等措施。

[预防]

仔畜出生后，及时哺喂初乳；母畜缺乳或无乳时，尽早治疗并寄养仔畜，加强母畜饲养管理，以提高初乳的品质和数量。注意仔畜的护理，扶助体弱瘦小的仔畜哺乳。必要时补液补糖。

任务七十一 脐 炎

脐炎是指脐血管及周围组织的炎症反应，在临床上以化脓性、坏疽性炎症较为多见。此病各种哺乳动物均可发生，但在临床上以犊牛较为多见。

[病因]

新生犊牛的脐带残端一般在出生后 5～7 d 干燥而脱落，并在脐带处形成瘢痕和上皮。在此期间，脐带断端是细菌侵入的门户和发育繁殖的良好场所。如果断脐处理时消毒不严格，或断脐处理不当，幼畜生活环境卫生状况差，脐带断端被粪尿或泥水污染，犊牛之间互相吮吸脐带等，均可导致细菌的侵入而发炎。

[症状]

脐部潮红，触摸疼痛，肿胀，犊牛弓腰，不愿行走。肿大的脐管触摸时呈硬索状，用手捏挤可流出血水、脓汁或带有臭味的液体。当病情进一步恶化，微生物沿脐血管、脐尿管向上蔓延时，可引起肝脓肿、膀胱炎、腹膜炎及败血症，犊牛表现体温升高，精神沉郁，食欲废绝，呼吸加快，心率加快，全身体况急剧恶化。

[治疗]

1. 局部处理

对脐部进行认真清洗消毒，然后涂抹 5%碘酊，2 次/d，还可在脐孔周围分点皮下注射青霉素或普鲁卡因溶液进行治疗。对脐部形成脓肿者，应手术切开排脓，用消毒液彻底冲洗脓腔，然后撒上青霉素粉或涂抹碘酊等。

2. 全身治疗

抗菌、补液、解毒及对症治疗是脐炎全身治疗的基本原则。可全身注射抗生素，也可静脉注射葡萄糖生理盐水，还可选用樟脑磺酸钠及解热镇痛药等进行治疗。

［预防］

犊牛出生后，通常情况下不提倡结扎脐带，仅在自然断脐后的脐带残段涂擦碘酊，防止感染，以促使其迅速干燥和脱落。对脐部的消毒必须严格。经常保持产房、圈舍和犊牛舍清洁干燥，勤换垫草。要防止犊牛互相吸吮脐带。要定期检查新生犊牛的脐带，并涂以碘酊，以防感染。

考核评价

一、选择题

1. 胎儿产出期，母畜的产力组合是（　　）。

A. 仅有阵缩，而无努责　　B. 阵缩强烈，努责强烈
C. 仅有努责，而无阵缩　　D. 阵缩强烈，努责微弱
E. 阵缩微弱，努责强烈

2. 行牵引术助产时，产科绳系在正生奶牛胎儿的（　　）。

A. 系节上方　　B. 系节下方　　C. 腕关节上方
D. 跗关节上方　　E. 蹄部

3. 为了有效防制动物难产的发生，临产检查是非常重要的，牛的临产检查时机应在（　　）。

A. 产前 1 d　　B. 开始出现腹痛　　C. 胎膜露出至排出胎儿期间
D. 超过产出时间不能排出　　E. 已经出现难产

4. 催产素可治疗的动物产科疾病是（　　）。

A. 产后缺钙　　B. 胎衣不下　　C. 产后瘫痪
D. 隐性乳房炎　　E. 雄性动物不育

5. 胎儿的身体纵轴与母体的身体纵轴互相平行时称为（　　）。

A. 上位　　B. 下位　　C. 纵向　　D. 横向　　E. 竖向

6. 经产奶牛由于年龄偏大，体质较弱，分娩时阵缩努责无力，子宫弛缓发生难产，检查胎儿状态和产道正常，正确的助产方法是（　　）。

A. 牵引术　　B. 矫正术　　C. 截胎术　　D. 翻转母体　　E. 剖腹取胎术

7. 奶牛子宫脱出的常见病因是（　　）。

A. 子宫收缩弛缓　　B. 努责微弱　　C. 子宫肌收缩无力
D. 胎衣紧裹胎儿　　E. 胎儿过大

8. 奶牛，产后 18 h，出现弓背、努责症状，有小部分胎膜悬吊于阴门之外。治疗本病最适宜的药物是（　　）。

A. 阿托品和催产素　　B. 雌二醇和催产素　　C. 孕酮和催产素
D. 阿托品和肾上腺素　　E. 雌二醇和孕酮

9. 胎衣不下发生率较高的动物是（　　）。

A. 马　　B. 山羊　　C. 猪　　D. 奶牛　　E. 犬

10. 引起羊乳房炎最常见的病原微生物是（　　）。

A. 结核分枝杆菌　　B. 葡萄球菌和链球菌　　C. 绿脓杆菌

D. 沙门菌　　E. 布鲁氏菌

11. 奶牛，距离分娩尚有1个月。近日，出现烦躁不安，乳房胀大，临床检查：心率90次/min，呼吸30次/min，阴门内有少量清亮黏液。最适合选用的治疗药物是（　　）。

A. 雌激素　　B. 黄体酮　　C. 前列腺素

D. 垂体后叶激素　　E. 马绒毛膜促性腺激素

12. 奶牛，6岁，生产第3胎时曾发生胎衣不下，产后发情周期正常，但屡配不孕。自阴门经常排出略为浑浊的黏液，卧地时排出量较多。最可能发生的疾病是（　　）。

A. 子宫积液　　B. 子宫积脓　　C. 隐性子宫内膜炎

D. 慢性脓性子宫内膜炎　　E. 慢性卡他性子宫内膜炎

13. 刚出生的新生仔畜呼吸道不通畅或无呼吸造成窒息，抢救时应首先进行（　　）。

A. 保温防冻　　B. 补充营养液　　C. 纠正酸中毒

D. 保持呼吸道通畅　　E. 肌内注射氟尼辛葡甲胺

14. 分娩时，胎儿头和前腿先进入产道，即胎儿的方向和母体方向相反，称为（　　）。

A. 纵向　　B. 正生　　C. 横向　　D. 引流　　E. 倒生

15. 处置奶牛乳房坏疽不宜采取的措施是（　　）。

A. 乳区注射抗生素　　B. 0.1%高锰酸钾冲洗乳房

C. 3%过氧化氢冲洗乳房　　D. 乳房热敷，按摩　　E. 肌内注射抗生素

16. 动物能顺利分娩且胎儿正常产出的状态应该是（　　）。

A. 上位、纵向，头颈四肢伸直　　B. 上位、竖向，头颈四肢伸直

C. 下位、纵向，头颈四肢伸直　　D. 下位、竖向，头颈四肢伸直

E. 以上都不对

17. 已产4胎的高产奶牛，分娩后1 d突然发生全身肌肉震颤，很快出现全身肌肉松弛无力，四肢瘫痪，头向后弯向胸侧，神志昏迷，各种感觉反射降低或丧失，体温降低，心率快、弱，病急，该病诊断最大可能是（　　）。

A. 脑膜炎　　B. 生产瘫痪　　C. 败血症　　D. 感冒　　E. 酮病

18. 母羊分娩后乳房肿大，皮肤紧张发红，触诊乳房疼痛、躲闪，泌乳量减少，乳汁中有絮状物。母羊精神沉郁，食欲下降，体温39.9 ℃，最大可能是（　　）。

A. 口蹄疫　　B. 瘤胃臌气　　C. 产后败血症

D. 乳房炎　　E. 乳房坏疽

19. 正生时，可根据以下哪项检查内容来判断胎儿的死活（　　）。

A. 术者将手指伸入胎儿口腔，注意有无吸吮动作

B. 轻拉舌头，注意是否收缩

C. 以手指轻压眼球，注意有无反应

D. 牵拉前肢，有无向相反方向收缩

E. 以上都对

20. 奶牛体况中等，3个月未发情，产奶量下降，阴道内经常排出黄白色浑浊黏液并在尾根处形成结痂，直肠检查发现子宫增大，子宫壁变厚，温度偏高，触之有波动，疼痛感，未触及子叶和妊娠脉搏，间隔一段时间检查变化不明显。诊断最大可能是（　　）。

A. 死胎　　B. 早期妊娠　　C. 子宫积脓

D. 子宫积液　　E. 子宫复旧不全

21. 在炎热的夏天，母牛产犊后 24 h 还未见胎衣排出，经注射子宫收缩药 24 h 也未见排出，应怎样处理（　　）。

A. 等待自行排出　　B. 继续用子宫收缩药　　C. 服用中药

D. 及时手术剥离　　E. 肌内注射抗菌消炎药

22. 动物发生先兆性流产时，处理的方法为（　　）。

A. 人工引产催产　　B. 剖腹取胎　　C. 注射黄体酮保胎

D. 牵引拉出胎儿　　E. 注射抗生素防腐

23. 母羊，便秘，体温、呼吸未见异常，经用药后排便很快恢复正常，但 2 d 后流产，其原因最可能是（　　）。

A. 饲养性流产　　B. 自发性流产　　C. 疾病性流产

D. 中毒性流产　　E. 医疗性流产

（24～26 题共用题干）

奶牛，四个乳区乳汁均现红色，持续 2 d 不见好转；乳房无明显肿胀，无全身症状，乳汁于试管静置后，红色部分下沉，上层乳汁无异常变化。

24. 该病最可能的诊断是（　　）。

A. 慢性乳房炎　　B. 血乳　　C. 乳房坏疽

D. 漏乳　　E. 亚临床型乳房炎

25. 适宜的处置方法是（　　）。

A. 注射抗生素　　B. 增加挤奶次数　　C. 乳房按摩，热敷

D. 注射维生素 K　　E. 补充多汁饲料

26.【假设信息】如果红色乳汁仅见于一个乳区，且该乳区表面有刺伤，可见乳汁通过创口外渗。该牛可能发生的是（　　）。

A. 血乳　　B. 出血性乳房炎　　C. 乳房轻度创伤

D. 乳房深部创伤　　E. 漏乳

（27～29 题共用题干）

奶牛，6 岁，产后 4 d，体温 38.5 ℃，阴门流出少量黏性分泌物；阴道检查未见阴道壁肿胀，子宫颈稍开张；直肠检查未见子宫内有明显的内容物，子宫壁厚，收缩反应弱。

27. 该牛最可能发生的疾病是（　　）。

A. 产后子宫内膜炎　　B. 子宫积液　　C. 子宫积脓

D. 产后败血症　　E. 增生性子宫肌炎

28. 治疗时最适宜的子宫冲洗液是（　　）。

A. 0.1%高锰酸钾　　B. 1%氯己定　　C. 1%苯扎溴铵

D. 5%碳酸氢钠　　E. 2%聚维酮碘

29. 促进子宫内容物排出，不宜选择的药物是（　　）。

A. 催产素　　B. 前列腺素　　C. 麦角新碱　　D. 卡巴胆碱　　E. 孕酮

（30～32 题共用题干）

奶牛，产后 7 d，精神沉郁、食欲废绝，卧地呻吟，体温 40.5 ℃，结膜发绀，反刍停止，从阴门流出恶臭褐色液体，白细胞数显著升高。

30. 治疗该病最不适宜的处理方法是(　　)。

A. 静脉注射头孢噻呋　　B. 0.1%高锰酸钾溶液冲洗子宫

C. 静脉注射5%葡萄糖盐水　　D. 静脉注射10%葡萄糖酸钙注射液

E. 肌内注射催产素

31. 该牛最可能发生的疾病是(　　)。

A. 产后子宫内膜炎　　B. 子宫积液　　C. 乳热症

D. 产后败血症　　E. 阴道炎

32. 治疗该病首选的方法是(　　)。

A. 局部和全身抗菌消炎　　B. 补钙　　C. 冲洗子宫

D. 促进子宫内容物排出　　E. 阴道局部抗菌消炎

(33～35 **题共用题干**)

高产奶牛,6岁。分娩后第2天出现精神沉郁。站立时后肢交替负重,后躯摇摆,继而卧地,四肢屈于躯干下,头向后弯向胸部一侧,肢体末端冰凉。知觉丧失,针刺无反应,瞳孔散大、反射微弱。

33. 对该病有效的治疗措施是静脉注射(　　)。

A. 10%葡萄糖酸钙　　B. 碳酸钙　　C. 5%碳酸氢钠

D. 10%氯化钠　　E. 林格液

34. 血清生化检查显著降低的是(　　)。

A. 钾　　B. 钠　　C. 钙　　D. 氯　　E. 锌

35. 对该病可进行治疗性诊断的方法是(　　)。

A. 灌肠　　B. 洗胃　　C. 强心提神

D. 乳房送风　　E. 灌服泻药

(36～38 **题共用题干**)

奶牛,分娩正常。产后当天出现不安、哞叫、兴奋,不久出现四肢肌肉震颤,站立不稳,精神沉郁,感觉丧失,体温37 ℃。

36. 最可能发生的疾病是(　　)。

A. 酮病　　B. 产后截瘫　　C. 生产瘫痪

D. 胎衣不下　　E. 产后败血症

37. 发病的主要原因是(　　)。

A. 低血钾　　B. 低血钙　　C. 后躯神经受损

D. 子宫收缩无力　　E. 产道及子宫感染

38. 最适宜的治疗原则是(　　)。

A. 抗菌消炎　　B. 补充钙剂　　C. 补充葡萄糖

D. 注射催产素　　E. 补充电解质

(39～40 **题共用题干**)

奶牛,已妊娠285 d,表现不安,后肢踢腹,脉搏96次/min。阴道检查发现阴道腔深部狭窄,阴道壁的前端呈顺时针螺旋状旋转,宫颈口开张不明显。

39. 该病的首选治疗方案是(　　)。

A. 右侧卧保定,然后迅速仰卧,再翻为左侧卧

B. 左侧卧保定，然后迅速仰卧，再翻为右侧卧
C. 仰卧保定，左右侧呈 45°角来回晃动 10 min
D. 仰卧保定，左右侧呈 60°角来回晃动 10 min
E. 仰卧保定，然后迅速翻转为右侧卧

40.【假设信息】如果经过几次翻转处理无效，选择手术矫正，适宜的切口部位是(　　)。

A. 腹白线右侧切口　　B. 腹白线左侧切口　　C. 右侧肋弓下斜切口
D. 左肷部中下切口　　E. 右肷部中切口

二、病例分析：根据病史和临床检查的结果，提出初步诊断，制订治疗措施(开出处方)

主诉症状：该牛平时产奶量较高，前天晚上分娩后，精神沉郁，食欲下降，后躯好像站立不稳，今天卧地不起。

临床检查：患牛体重约 500 kg，体温 37.8 ℃，瘫痪在地，头向后弯到胸部一侧，呈“犬卧式”睡姿。用手将头颈拉直，但一松手，又重新弯向胸部，眼睑反射微弱，瞳孔散大，对光照射无反应，皮肤疼痛刺激反应迟钝，肛门松弛，肛门反射消失。心音弱，呼吸深慢。

二维码 10-4　项目十考核评价参考答案

项目十一 寄生虫病

学习目标

◆ 掌握片形吸虫、棘球蚴、脑多头蚴、消化道线虫、疥螨、痒螨、皮蝇、巴贝斯虫、泰勒虫等的形态结构特点。

◆ 掌握片形吸虫、棘球蚴、脑多头蚴、消化道线虫、疥螨、痒螨、皮蝇、巴贝斯虫、泰勒虫等的发育史。

◆ 掌握片形吸虫病、棘球蚴病、脑多头蚴病、消化道线虫病、螨病、牛皮蝇蛆病、血液原虫病的诊断方法及防治措施。

◆ 了解吸虫纲、绦虫纲、线虫纲、蛛形纲、昆虫纲的通性。

思政目标

◆ 传承中华优秀传统文化，厚植家国情怀，弘扬以爱国主义为核心的民族精神和以改革创新为核心的时代精神。

◆ 注重培养"大国三农"情怀，以强农兴农为己任，"懂农业、爱农村、爱农民"，培养知农爱农创新人才，树立把论文写在祖国大地上的意识和信念，增强服务农业农村现代化、服务乡村全面振兴的使命感和责任感。

任务七十二 片形吸虫病

片形吸虫病是由片形科片形属的肝片形吸虫和大片形吸虫寄生于牛羊等多种动物和人的肝脏和胆管内所引起的一种疾病。主要感染牛羊，其次为骆驼、鹿、猪、马等家畜及野生动物。引起急性、慢性的肝炎和胆管炎，并引起全身性中毒和营养障碍，动物表现为逐渐消瘦、贫血，可视黏膜黄染，发育障碍，生产性能下降，可引起犊牛和羔羊等大批发病死亡，对畜牧业危害很大。

[病原体]

片形吸虫病的病原体主要有两种。

1. 肝片形吸虫

虫体呈背腹扁平的叶状，新鲜的虫体呈棕红色，固定后为灰白色，大小为(21～41) mm×

(9～14) mm。虫体前端呈圆锥状凸起形成头锥。头锥基部变宽，形成明显的肩部，称为“阔肩”，肩部以后逐渐变窄。口吸盘位于头锥的前端，腹吸盘在肩端水平线的中央(图 11-1A)。消化系统由口、咽、食道及左右分支的肠管组成，肠管上有许多分支。生殖系统发达，雌雄同体。雄性生殖器官由睾丸(2 个，高度分支，前后排列于虫体中后部)、输出管、输精管、贮精囊、雄茎及雄茎囊等组成。雌性生殖器官有一个鹿角状卵巢，卵模位于睾丸前方的虫体中央；子宫弯曲重叠，内含大量褐色的虫卵；子宫与卵模相通，卵模外包有梅氏腺，卵黄腺呈颗粒状，分布于虫体两侧，由许多褐色小滤泡组成；虫体后端中央有纵行的排泄管。

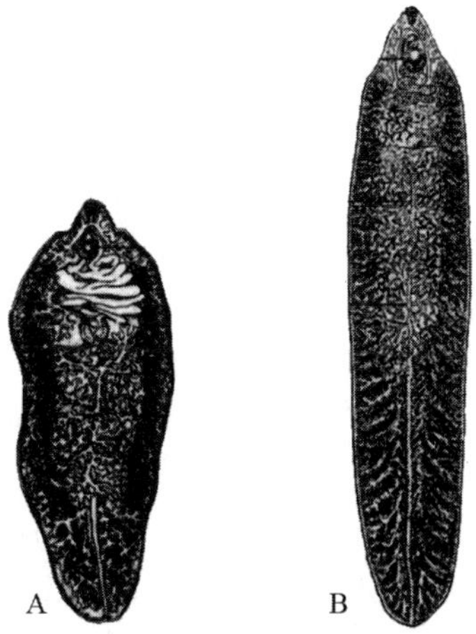

A. 肝片形吸虫　B. 大片形吸虫

图 11-1　片形吸虫成虫

虫卵呈椭圆形，黄色或黄褐色，大小为(133～157) μm×(74～91) μm。前端较窄，有 1 个不明显的卵盖，后端较钝。卵壳薄而光滑、半透明，卵内充满着卵黄细胞和 1 个胚细胞。

2. 大片形吸虫

大片形吸虫形态与肝片形吸虫基本相似，虫体呈长叶状，大小为(25～75) mm×(5～12) mm。与肝片形吸虫的区别在于，虫体前端无明显的头锥凸起，肩部不明显，虫体的两侧比较平行，前后的宽度变化较小，虫体后端钝圆(图 11-1B)。腹吸盘较口吸盘大 1.5 倍，肠管的内侧分支较多。

大片形吸虫虫卵较肝片形吸虫虫卵大，虫卵呈黄褐色、长卵圆形，大小为(150～190)μm×(75～90) μm。

二维码 11-1　肝片形吸虫　　**二维码 11-2　大片形吸虫**

[发育史]

(1)中间宿主为椎实螺，我国主要为小土蜗螺，其次为萝卜螺(图 11-2)。

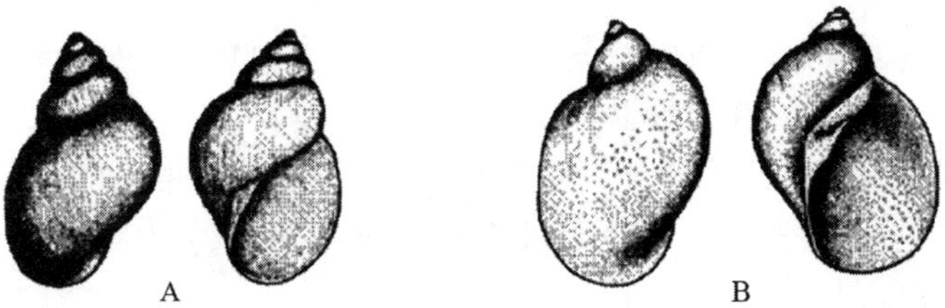

A. 小土蜗螺　B. 椭圆萝卜螺

图 11-2　肝片形吸虫中间宿主

(2)终末宿主主要为牛、羊、鹿、骆驼等反刍动物，猪、马属动物、家兔及野生动物也可感染，人也可感染，大片形吸虫主要感染牛。

(3)发育过程包括虫卵、毛蚴、胞蚴、雷蚴(包括子雷蚴)、尾蚴、囊蚴、成虫。

片形吸虫的成虫寄生于终末宿主的肝脏胆管内，产出的虫卵随胆汁进入肠腔后，随粪便排出体外，在适宜的温度(25～26 ℃)和充足的氧气、水分及光线条件下，经 11～20 d 孵出毛蚴，毛蚴在水中游动，遇到适宜的中间宿主，钻入其体内，经无性繁殖发育为胞蚴、雷蚴(或再经子雷蚴)和尾蚴，毛蚴经 35～50 d 发育为尾蚴，尾蚴逸出螺体在水中游动，黏附于水草或浮游于水中形成囊蚴，牛羊等反刍动物吞食含有囊蚴的水或草而引起感染，囊蚴进入消化道，在十二指肠内囊壁被消化，童虫脱囊而出，进入肝脏胆管发育为成虫。童虫经以下 3 条途径进入肝脏：经十二指肠胆管口进入肝脏；钻入肠壁血管，随血流进入肝脏；穿过肠壁到腹腔，后经肝包膜进入肝脏。从囊蚴发育为成虫需 3～4 个月，成虫在终末宿主体内寿命可达 3～5 年(图 11-3)。

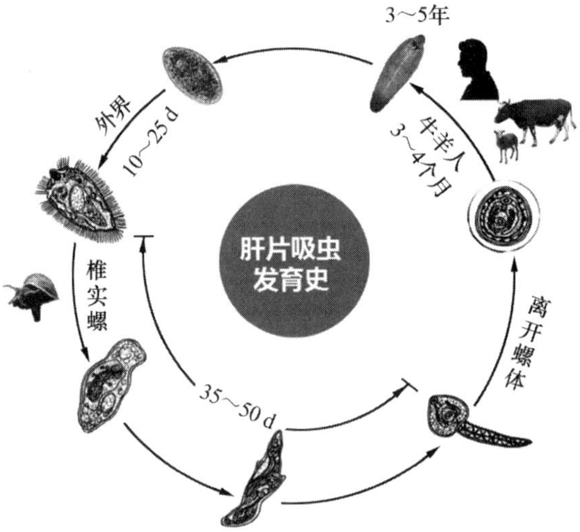

图 11-3 肝片形吸虫的发育史

[流行病学]

1. 感染来源

患病动物和带虫动物是重要的感染来源，感染来源通过粪便不断地向外界排出大量虫卵。绵羊是最重要的感染来源，每只羊每天能排 50 万～300 万个虫卵。

2. 繁殖力和虫卵的抵抗力

片形吸虫的繁殖力较强，一条成虫每昼夜产 8 000～13 000 个虫卵，幼虫在中间宿主体内进行无性繁殖，一个毛蚴可发育为数十个甚至数百个尾蚴。

虫卵对温度和干燥较敏感，低于－5 ℃和高于 40 ℃时可引起死亡，最适宜生长的温度为 25～30 ℃；在干燥条件下保持一定湿度时可维持生命力，但完全干燥条件下发育停止。对常用消毒剂抵抗力较强。

囊蚴抵抗力更强，在水中及湿草上可存活 3～5 个月，在干草上可存活 1～1.5 个月，在直射阳光及未完全干燥下经 2～4 周才能死亡，能抵抗－6～－4 ℃的低温。

3. 地理分布

肝片形吸虫在我国分布广泛，多发生于地势低洼、潮湿、多沼泽，水源丰富的放牧地区，所引起的疾病多呈地方流行性。大片形吸虫主要分布于热带或亚热带地区，在我国多见于南方地区。

4. 季节动态

在我国北方地区多发生于气候温暖、雨量较多的夏秋季节。而在南方地区，由于雨水充沛、温暖季节较长，不仅在夏秋季节，在冬季也可感染。感染季节决定发病季节，幼虫引起的发病多在秋末冬初，成虫引起的发病多在冬末春初。

［临床症状］

轻度感染往往不呈现症状，感染数量多时（牛约 250 条成虫，羊约 50 条成虫）则表现症状，幼龄动物即使轻度感染也可能表现症状。根据病程可分为急性型和慢性型。

(1)急性型（童虫移行期）：发生于绵羊和犊牛，见于秋末冬初，是由于短期内吞食大量囊蚴（2 000 个以上）所致的。发病后表现体温升高，精神沉郁，食欲减退，有时腹泻，叩诊肝区半浊音扩大，敏感性增高，迅速贫血，结膜由潮红、黄染转为苍白、黄染。呼吸急促、浅表，脉搏加快，迅速消瘦，5～10 d 死亡或转为慢性型。

(2)慢性型（成虫寄生期）：最常见，见于冬末春初，是由寄生在胆管内的成虫引起的。一般在吞食中等量囊蚴后 4～5 个月时发病。表现精神沉郁，渐进性消瘦，结膜苍白。绵羊下颌部及牛颈部下方水肿，早晨明显，运动后减轻或消失。间歇性瘤胃臌气和前胃迟缓，腹泻，或腹泻与便秘交替出现。妊娠动物易出现早产、流产、死胎或弱胎等。绵羊产毛量下降，奶牛产奶量下降。有时可拖至次年天气转暖，饲料改善后逐步恢复。

［病理变化］

(1)急性型病例，可见幼虫移行时引起的肠壁、肝组织及其他组织器官损伤和出血。肝脏肿大，质软，表面可见浅红色纤维素沉着及 2～5 mm 长的暗红色虫道。挤压肝脏，可从胆管内流出黏稠污黄色胆汁及幼小的成虫。

(2)慢性型病例，可见尸体消瘦，皮下及脂肪沉积处（如心冠、肠系膜）水肿，呈胶冻样。肝实质萎缩变硬，呈土黄色。胆管肥厚、扩张，呈绳索样凸出于肝表面。管壁硬而厚，黏膜表面粗糙，挤压可流出污秽的棕绿色胆汁和虫体，用刀切断时有切软骨的感觉。

［诊断］

根据是否存在中间宿主等流行病学资料，结合临床症状、剖检变化及粪便检查结果进行综合性的分析。粪便检查常用反复水洗沉淀法和尼龙筛集卵法。

近年来，使用皮内变态反应、IFA、ELISA 等免疫学诊断方法，对于急性型病例的早期诊断具有重要的意义。

［防治］

1. 预防

(1)定期驱虫。驱虫的时间和次数可根据当地的流行情况而定。北方全年可进行 2 次驱虫，第一次在冬末春初（3—4 月份），由舍饲转为轮牧之前进行，第二次在秋末冬初（11—12 月份），由轮牧转为舍饲之前进行。南方终年放牧，每年可进行 3 次驱虫。

(2)加强饲养管理。饮用井水、自来水或流动的河水，避免饮用地表的非流动水。在洼地收割的牧草，晒干后存放2～3个月再饲喂。在冬春季节补充精饲料。

(3)科学轮牧。在感染季节，应每隔1.5～2个月轮换一块草地放牧。

(4)粪便处理。将粪便堆积进行生物热发酵处理。

(5)消灭中间宿主。灭螺是预防片形吸虫病的主要措施之一。可用农田水利建设、草场改良、饲养水禽、填平无用的低洼水塘等措施，以改变螺的滋生条件，还可用化学药物灭螺。

(6)肝脏处理。废弃的病畜肝脏须经高温处理。

2. 治疗

(1)硝氯酚：3～4 mg/kg 体重，一次口服；或牛 0.5～1 mg/kg 体重，肌内注射。该药只对成虫有效。

(2)三氯苯唑(肝蛭净)：12 mg/kg 体重，一次口服，对成虫和童虫均有杀灭作用。患畜治疗后 14 d 其肉才能食用，乳 10 d 后才能食用。

(3)溴酚磷(蛭得净)：12 mg/kg 体重，一次口服。对成虫和童虫均有杀灭作用。

(4)碘醚柳胺(重碘柳胺)：10 mg/kg 体重，一次口服。对成虫和 6～12 周龄的童虫都有效。

二维码 11-3 片形吸虫病 PPT

(5)氯氰碘柳胺钠：2.5～5 mg/kg 体重，皮下或肌内注射。5%氯氰碘柳胺钠悬浮液：5 mg/kg 体重，内服。氯氰碘柳胺钠片(0.5 g/片)内服，剂量同悬浮液。

(6)碘硝酚腈：20 mg/kg 体重，一次口服，或 10 mg/kg 体重，皮下注射。对成虫和童虫均有较好的杀灭作用，但药物在体内的残留时间较长，患畜用药1个月后肉、乳才能食用。

知识拓展

动物寄生虫病概述

一、寄生虫、宿主、生活史

1. 寄生生活

在自然界中，两种生物生活在一起的现象是较为常见的。根据共生双方之间的相互关系不同，可将其分为以下3种类型。

(1)互利共生。共生生活的双方相互利用，彼此受益。如寄生于反刍动物瘤胃中的纤毛虫，帮助其分解植物纤维，有利于反刍动物的消化；而瘤胃则为其提供了生存、繁殖所需的环境条件及营养。

(2)偏利共生。共生生活的双方一方受益，而另一方既不受益，也不受害。如人与其口腔内生活的阿米巴原虫。人在吃食物过程中，残留在口腔中的食物残渣为阿米巴原虫提供了营养来源；齿龈内的阿米巴原虫吞食食物颗粒等，但并不侵入人的口腔组织。对人来说，其存在与否都没有关系。

(3)寄生。共生生活的双方一方受益，而另一方受害。寄生生活是指两种生物共同生活在一起，一方从另一方夺取营养，而且对另一方还有毒害作用的生活方式。

2.寄生虫及其分类

寄生虫是指营寄生生活的动物。寄生虫按不同的分类标准,可分为不同的类型。

(1)内寄生虫与外寄生虫。按寄生虫的寄生部位来分。凡是寄生在宿主体内的寄生虫称为内寄生虫,如吸虫、绦虫、线虫等;凡是寄生在宿主体表或与体表相通的窦腔内的寄生虫称为外寄生虫,如蜱、螨、虱子等。

(2)暂时性寄生虫与固定性寄生虫。按寄生生活的时间长短来分。在整个生存期中,只短期侵袭宿主,以获得营养,解除饥饿的寄生虫称为暂时性寄生虫,如侵袭人畜的雌蚊。必须在宿主体内或体表经过一定发育期的寄生虫称为固定性寄生虫,它又分为永久性寄生虫和周期性寄生虫。前者是指在宿主体表或体内度过一生的寄生虫,如螨类;后者是指一生中只有部分发育阶段在宿主体内或体表完成的寄生虫,如肝片形吸虫。

(3)单宿主寄生虫与多宿主寄生虫。按寄生虫发育过程所需宿主的多少来分。凡是发育过程中仅需要一个宿主的寄生虫称为单宿主寄生虫,也称为土源性寄生虫,如蛔虫、钩虫等;凡是发育过程中需要多个宿主的寄生虫称为多宿主寄生虫,也称为生物源性寄生虫,如吸虫、绦虫等。

(4)专性寄生虫与兼性寄生虫。按寄生虫对宿主的依赖性来分。寄生虫生活史中必须有寄生生活阶段,否则,生活史就不能完成,这种寄生虫称为专性寄生虫,如吸虫、绦虫等;既可营寄生生活,也能营自由生活的寄生虫称为兼性寄生虫,如丝虫、血吸虫等。

3.宿主及其分类

宿主是指被寄生虫寄生的动物,可分为终末宿主、中间宿主、补充宿主和贮藏宿主。

(1)终末宿主。终末宿主是指寄生虫成虫(性成熟阶段)或有性生殖阶段寄生的宿主。例如,人是猪带绦虫的终末宿主。某些种类的寄生虫有性生殖阶段表现不明显,如阿米巴原虫、锥虫,在这种情况下,我们主观认为对人最重要的宿主是终末宿主。

(2)中间宿主。中间宿主是指寄生虫的幼虫期或无性生殖阶段寄生的宿主,如猪是猪带绦虫的中间宿主。

(3)补充宿主。某些种类的寄生虫在发育过程中需要两个中间宿主,第二个中间宿主称为补充宿主,如双腔吸虫的补充宿主是蚂蚁。

(4)贮藏宿主。贮藏宿主是指某些寄生虫的虫卵或幼虫可进入某些动物体内,在其体内保持生命力和感染力,但不能继续发育。该动物被称为贮藏宿主,又称转续宿主或转运宿主,如蚯蚓是鸡蛔虫的贮藏宿主。

4.生活史

生活史又称发育史,是指寄生虫的生长、发育和繁殖的全过程。寄生虫的种类繁多,生活史也极其复杂,依据是否需要中间宿主,可大致分为以下两种类型。

(1)直接发育型。寄生虫完成生活史不需要中间宿主,虫卵或幼虫在外界发育到感染期后直接感染动物或人,此类寄生虫称为土源性寄生虫,如蛔虫、牛羊消化道线虫等。

(2)间接发育型。寄生虫完成生活史需要中间宿主,幼虫在中间宿主体内发育到感染期后再感染动物或人,此类寄生虫称为生物源性寄生虫,如旋毛虫、猪带绦虫等。

二、动物寄生虫病的发生

寄生虫病发生的3个条件：有致病力的寄生虫、易感性的宿主、外界环境条件的影响。

1. 寄生虫的致病作用

机械损伤作用包括固着、移行、压迫、阻塞、破坏；夺取营养作用包括两种方式，有消化器官的寄生虫用口摄取宿主的血液、体液、组织和食糜等进行消化和吸收，无消化器官的寄生虫通过体表摄取营养物质；毒素作用包括分泌物、代谢产物及死亡虫体的分解产物对宿主机体都有毒害作用，可引起发热、红细胞溶解、变态反应发生、神经紊乱等；接种和激活病原微生物。

2. 宿主及其易感性

宿主被某种寄生虫感染，并对其具有易感性是寄生虫病发生的基本条件。

3. 外界环境的影响

主要包括外界环境对寄生虫的影响、外界环境对中间宿主和传播媒介的影响、外界环境对宿主的影响。

三、动物寄生虫病的流行

1. 感染来源

感染来源主要包括患某种寄生虫病的动物和带虫动物，也包括中间宿主、补充宿主、贮藏宿主和传播者。

2. 感染途径

感染途径主要包括经口感染、经皮肤感染、经接触感染、经生物媒介感染、经胎盘感染、经自身感染等。

3. 病程和流行形式

大多数呈慢性经过，部分呈急性经过；大多数呈地方流行性，部分呈散发性和流行性。

四、动物寄生虫病的诊断与防制

1. 动物寄生虫病的诊断

动物寄生虫病的正确诊断，是有效地防制动物寄生虫病的前提。动物寄生虫病的诊断包括以下几个方面。

(1)流行病学调查。流行病学调查可为寄生虫病的诊断提供重要依据。流行病学调查包括当地的自然条件、畜禽的饲养管理情况、畜禽的生产性能及发病率和死亡率、中间宿主及传播媒介的存在和分布、人兽共患寄生虫病应了解居民的饮食卫生习惯和健康状况及发病情况等。

(2)临床检查。临床检查主要是检查动物的营养状况、临床表现和疾病的危害程度，为寄生虫病的诊断奠定基础。

(3)药物诊断。药物诊断是对寄生虫病的可疑病畜，用对该寄生虫病特效药物进行驱虫或治疗确定诊断的方法，包括驱虫诊断和治疗诊断。

(4)寄生虫学剖检诊断。动物寄生虫学剖检诊断是确诊寄生虫感染最可靠确实的方法。

既要检查各器官的病理变化，又要检查各器官的寄生虫，确定寄生虫的种类、感染强度及寄生虫对宿主危害的严重程度。还用于寄生虫的区系检查和动物驱虫效果的评定。

（5）实验室诊断。包括病原学诊断（如虫体、虫卵、幼虫、卵囊、包囊）、免疫学诊断（如酶联免疫吸附试验、沉淀实验、凝集试验、补体结合试验）、分子生物学诊断和其他常规检查。

2.动物寄生虫病的防制措施

动物寄生虫病的防制必须贯彻“预防为主”的方针，采取综合防制措施，包括控制或清除感染来源、切断传播途径、提高动物机体的抵抗力。

（1）控制或清除感染来源。

①动物驱虫。通过驱虫药物杀灭或驱除动物体表或体内的寄生虫。根据驱虫目的的不同分为预防性驱虫和治疗性驱虫。预防性驱虫是指为了防止动物寄生虫病的发生而进行的有计划的驱虫，通常分为成虫期前驱虫和成虫期驱虫，其中成虫期前驱虫意义更大。治疗性驱虫是指用驱虫药物对患病动物进行治疗，使其恢复健康。

②清除感染来源。消灭补充宿主、贮藏宿主等没有利用价值的感染来源。

（2）切断传播途径。包括粪便的生物热除虫、科学放牧（轮牧）、消灭中间宿主和传播媒介、合理处理患病动物的胴体和脏器。

（3）增强动物机体的抵抗力。饲喂全价饲料；注意圈舍、饲草、饮水卫生；幼畜提倡吃初乳；免疫接种。

吸虫概述

一、形态结构

二维码 11-4　前后盘吸虫、双腔吸虫

（1）外部形态。虫体多呈背腹扁平的叶状或舌状，少数呈圆柱状或线状（分体吸虫）。虫体大小不一，长度范围在0.1～75 mm。新鲜虫体的颜色为淡红色或棕红色，固定后为灰白色。体表光滑或有小刺、小棘等。虫体前部有口吸盘，腹面有腹吸盘，有的腹吸盘在后端，称为后吸盘，有的无腹吸盘。

（2）体壁。由皮层和肌层构成，又称皮肌囊，无体腔，囊内为大量网状实质，内部各器官系统均包埋在柔软的实质内。

（3）消化系统。由前咽（有的缺失）、咽、食道和肠管组成。肠管有两条，位于虫体两侧，延伸至虫体后部，有的末端连成环状；有的又合成一条；有的肠管分支。吸虫以上皮细胞、黏液、分泌物等为食，食物残渣经口孔排出。

（4）排泄系统。由焰细胞、毛细管、前后集合管、排泄总管、排泄囊及排泄孔等组成。

（5）神经系统。位于咽部的两个神经节向前后各发出3条神经干，分别位于虫体的背、腹及两侧，神经干发出末梢分布于口、腹吸盘、咽等感觉器官。

（6）生殖系统。较发达，除分体吸虫外，均为雌雄同体。

雄性生殖器官由睾丸、输出管、输精管、贮精囊、射精管、雄茎、雄茎囊和前列腺等组成。有两个睾丸，各有一条输出管汇合成输精管，其远端膨大成贮精囊，贮精囊末端为雄茎。贮精囊与雄茎之间有前列腺，雄茎囊包围着贮精囊、前列腺和雄茎，交配时雄茎伸出体外，与雌性生殖器官相交接。

雌性生殖器官由卵巢、输卵管、受精囊、卵膜、梅氏腺、卵黄腺和子宫等组成。卵巢发出的输卵管与受精囊、卵黄管相接，汇合伸向卵模，卵模周围有梅氏腺。虫体两侧有许多的卵黄滤泡组成的卵黄腺，左右两条卵黄管汇合为卵黄总管。卵由卵巢产出，与受精囊中的精子相遇受精，并向前移入卵膜。卵黄腺分泌的卵黄颗粒与梅氏腺的分泌物进入卵膜形成卵壳。虫卵由卵膜进入与此相连的子宫，成熟后经生殖孔排出（图 11-4）。

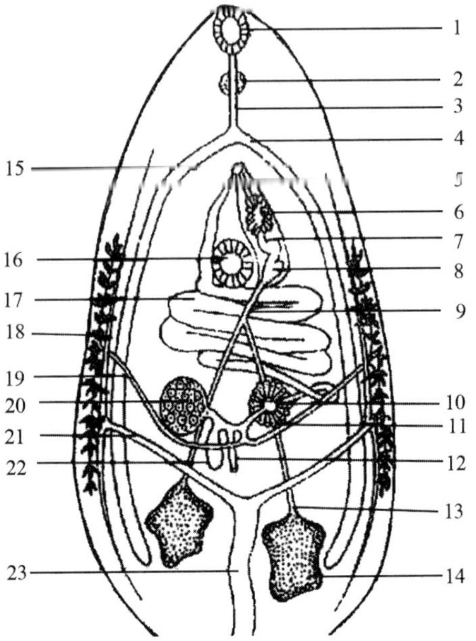

1. 口吸盘 2. 咽 3. 食道 4. 肠 5. 雄茎 6. 前列腺 7. 雄茎囊 8. 贮精囊 9. 输精管 10. 卵模 11. 梅氏腺 12. 劳氏管 13. 输出管 14. 睾丸 15. 生殖孔 16. 腹吸盘 17. 子宫 18. 卵黄腺 19. 卵黄管 20. 卵巢 21. 排泄管 22. 受精囊 23. 排泄囊 24. 排泄孔

图 11-4 吸虫构造图

二、发育史

吸虫在发育过程中均需要中间宿主，有的还需要补充宿主。中间宿主为淡水螺或陆地螺；补充宿主为鱼类、蛙、螺或昆虫等。其发育过程有虫卵、毛蚴、胞蚴、雷蚴、尾蚴、囊蚴及成虫各期。

(1) 虫卵：多呈椭圆形或卵圆形，除分体吸虫外都有卵盖，为灰白、淡黄至棕色。有的虫卵在产出时，仅含胚细胞和卵黄细胞，有的已含毛蚴。

(2) 毛蚴：外形似等边三角形，外被有纤毛，运动活泼。消化道、神经及排泄系统开始分化。排泄孔多为 1 对。卵在水中完成发育，成熟的毛蚴即破盖而出，游于水中，经 1～2 d 遇到适宜的中间宿主，即利用其头锥钻入螺体内，脱去纤毛，发育为胞蚴。

(3) 胞蚴：呈包囊状，进行无性繁殖，在体内生成雷蚴。

(4) 雷蚴：呈包囊状，有的吸虫仅有一代雷蚴，有的则存在母雷蚴和子雷蚴两期。雷蚴发育为尾蚴经产孔排出，在螺体内停留一定时间，成熟后即逸出螺体，游于水中。

(5) 尾蚴：由体部和尾部构成。体表有 1～2 个吸盘，且有消化系统、排泄器、神经元、分泌腺和未分化的生殖器官。尾蚴离开中间宿主在水中游动，在某些物体上形成囊蚴而感染终末宿主；或直接经皮肤钻入终末宿主体内，移行到寄生部位发育为成虫；有的需进入补充宿主体内发育为囊蚴，才能感染终末宿主。

(6) 囊蚴：由尾蚴脱去尾部，形成包囊后发育而成，呈圆形或卵圆形。囊蚴是通过其附着物或补充宿主进入终末宿主的消化道内，囊壁被胃肠的消化液溶解，幼虫破囊而出，移行至寄生部位发育为成虫。

任务七十三 棘球蚴病

棘球蚴病，又称包虫病，是由细粒棘球绦虫的幼虫——棘球蚴寄生于牛、羊、猪、马、骆驼等家畜及多种野生动物和人的肝脏、肺等器官引起的疾病，又称“肝包虫病”或“肺包虫病”，成虫寄生于犬、狼、狐狸等食肉动物的小肠内，是一种重要的人兽共患寄生虫病。

［病原体］

1. 成虫

主要为细粒棘球绦虫和多房棘球绦虫　均为小型虫体。细粒棘球绦虫，长仅 2～7 mm，由头节和 3～4 个节片组成。顶突上有 36～40 个小钩。孕节的长度远大于宽度，约占虫体长度的一半。多房棘球绦虫与细粒棘球绦虫相似，其大小为 1.2～4.5 mm，顶突上有 14～34 个小钩。孕节内子宫呈袋状，无侧枝(图 11-5)。

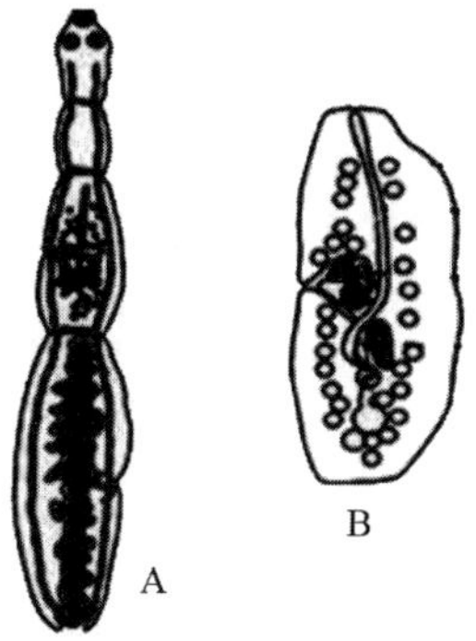

A. 成虫　B. 成节

图 11-5　细粒棘球绦虫

2. 幼虫

单房型棘球蚴，为球形充满液体的囊，大小为豌豆大至小儿头大。囊壁分两层，外层为角质层，内层为生发层(胚层)，生发层向囊内长出许多原头蚴。原头蚴和生发囊从胚层上脱落于囊液中，称为“包囊砂”或“棘球砂”。虫卵大小为(32～36)μm×(25～30)μm，外被一层具有辐射纹的较厚的胚膜，内含六钩蚴。

多房型棘球蚴，又称泡球蚴，大小由豌豆到核桃大，由无数囊泡聚集而成，囊内有(鼠)或无(人及家畜)原头蚴。

［发育史］

(1)中间宿主主要是牛、羊等动物，人也感染。

(2)终末宿主要为犬、狼、狐狸等犬科动物。

(3)发育过程。成虫寄生在于犬、狼、狐狸等肉食动物的小肠，孕卵节片随宿主粪便排出体外。中间宿主食入被虫卵污染的饲草、饲料、饮水而感染，六钩蚴在其肠内逸出，然后钻入肠壁，随着血液循环至肝、肺等器官，经 5～6 个月发育成为具有感染性的棘球蚴。终末宿主吞食含有棘球蚴的脏器而感染，在肠道中经 40～50 d 发育为成虫。成虫生存期为 5～6 个月(图 11-6)。

［流行病学］

1. 感染来源

患病犬和带虫犬是主要的感染来源。在自然流行区域内，野生肉食动物在疾病传播上也起着重要作用，往往与野生哺乳动物一起形成自然疫源地，人和家畜进入后即可被感染。

2. 感染途径

经消化道感染。牛、羊等家畜因吞食被孕卵节片或虫卵污染的饲草、饮水而感染，而牧羊犬常吃到带虫的动物内脏，从而造成本病在家畜与犬之间的循环感染。

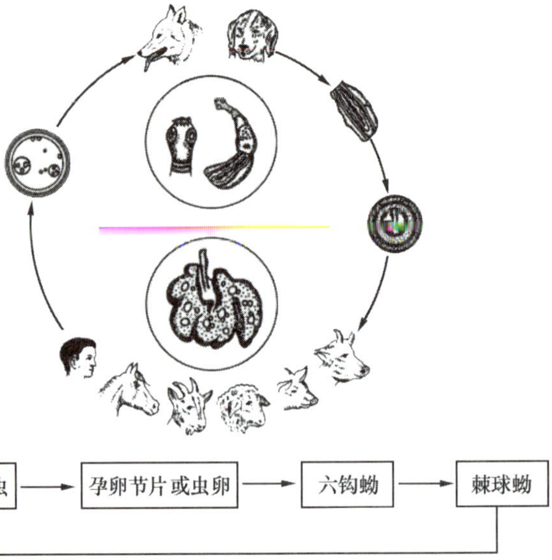

图 11-6 细粒棘球绦虫发育史及图解

人常因直接接触犬和狐狸的毛皮等易被感染。此外，因吃入被虫卵污染的蔬菜、水果、饮水等而感染。

3. 繁殖力和虫卵抵抗力

中间宿主感染后，发育成熟的棘球蚴，可有数万个原头蚴，犬感染后可发育为数以万计的成虫，一条棘球蚴每昼夜产卵 400～800 个，一个宿主可同时寄生数万条虫体。虫卵对外界的抵抗力较强，可以耐低温和高温，对化学物质也有较强的抵抗力，但阳光直射能使其死亡。

4. 地理分布

细粒棘球蚴呈世界性分布，尤以牧区最为多见。在我国以新疆、西藏、青海、四川西北部牧区发病率最高。

[临床症状]

主要致病作用为机械压迫，造成组织萎缩和功能障碍。

轻度感染症状不明显，严重感染时表现渐进性消瘦、贫血、精神不振。肝部感染时，腹部右侧膨大，消化不良，继发瘤胃臌气，营养不良等。肺部感染时，呼吸困难，咳嗽，听诊病灶部肺泡呼吸音减弱或消失，叩诊呈半浊音。棘球蚴破裂时，后果严重，使家畜发生速发型超敏反应，表现呼吸困难，咳嗽，体温升高，腹泻，极度虚弱，甚至休克死亡。

人体感染棘球蚴后，常寄生于肝，称为肝包虫病。表现为消瘦、贫血、消化不良，身体虚弱。寄生于其他部位，表现相应的症状。

[病理变化]

剖检可见被侵袭的肝脏、肺脏肿大，表面凹凸不平，器官的组织萎缩，在表面和实质部有棘球蚴存在。触诊囊体有波动感(有时部分囊泡壁外露)，囊泡周围的实质萎缩。切开棘球蚴囊则可见有液体流出，将液体收集沉淀后，在放大镜下可见子囊和头节。另一种棘球蚴呈结节型，切面呈无数小囊腔，腔壁为结缔组织，腔内为豆渣样碎屑，有时

二维码 11-5 棘球蚴

为空腔或充满脓汁。

[诊断]

棘球蚴病的生前诊断较为困难。动物和人均可采用皮内变态反应进行诊断。间接血凝试验(IHA)和酶联免疫吸附试验(ELISA)对动物和人的棘球蚴病诊断有较高检出率。动物在剖检时发现棘球蚴可以确诊。也可用X线检查和B超检查诊断。目前正在研究免疫学诊断方法,其效果取决于特异性免疫抗原的纯度。国外学者成功地用单克隆抗体提纯的棘球蚴抗原进行免疫学诊断,并已应用于流行病学监测。

[防治]

1. 预防

(1)加强犬的管理和定期驱虫。对家犬、牧羊犬进行定期驱虫,特别是成虫期前驱虫。常用药物有:氢溴酸槟榔碱,剂量为2 mg/kg体重;吡喹酮,剂量为5～10 mg/kg体重,疗效100%;氟苯咪唑,20 mg/kg体重,内服。驱虫后的犬粪应无害化处理(发酵),防止病原的扩散。

(2)防止动物感染。严禁犬在圈舍、饲料仓库及饮水处饲养及出入,防止饲料和饮水被犬粪污染。

(3)人员防护。常与犬接触的人员应注意清洁卫生,防止从犬的被毛等处污染虫卵而感染。

(4)严格执行屠宰检验制度。对患病动物器官必须进行销毁或无害化处理,才能用作动物的饲料。同时,严禁将患病动物脏器任意抛弃或喂犬。

二维码11-6　棘球蚴病PPT

2. 治疗

本病应早发现早治疗,方可取得良好的效果,通过外科手术摘除是最可靠有效的方法,但手术过程中注意不要让包囊破裂,否则会引起比较严重的变态反应。

人感染棘球蚴病时,可用外科手术治疗,也可用阿苯达唑治疗。

任务七十四　脑多头蚴病

脑多头蚴病又称脑包虫病,是由带科带属的多头带绦虫的幼虫——脑多头蚴寄生于牛、羊等反刍动物的脑和脊髓引起的疾病。因能引起明显的转圈症状,又称为“转圈病”“回旋病”,人也可感染。其成虫寄生于犬、狼、狐等肉食动物的小肠内。

[病原体]

脑多头蚴,又称脑包虫,为豌豆大至鸡蛋大的充满液体的包囊,囊壁由两层膜组成,外膜为角质层,内膜为生发层,有100～200个头节,呈白色粟粒大结节状。

多头带绦虫,体长40～100 cm,由200～250个节片组成。头节小,有4个吸盘,顶突上有22～32个小钩。孕节子宫内有18～26对

二维码11-7　脑多头蚴

侧枝。虫卵呈圆形，直径 30～37 μm，内含六钩蚴。

[发育史]

(1)中间宿主主要是牛、羊等反刍动物，人也感染。

(2)终末宿主主要是犬、狼、狐狸等犬科动物。

(3)发育过程。成虫寄生于终末宿主的小肠内，脱落的孕节随粪便排出体外，牛、羊等中间宿主吞食虫卵后，六钩蚴逸出并钻入肠壁血管，随血流到达脑和脊髓，经 2～3 个月发育为成熟的多头蚴。终末宿主吞食了含有脑多头蚴的脑、脊髓而感染，囊壁被消化，原头蚴附着在小肠壁上经 1.5～2.5 个月发育为成虫。成虫在犬体内可存活 6～8 个月(图 11-7)。

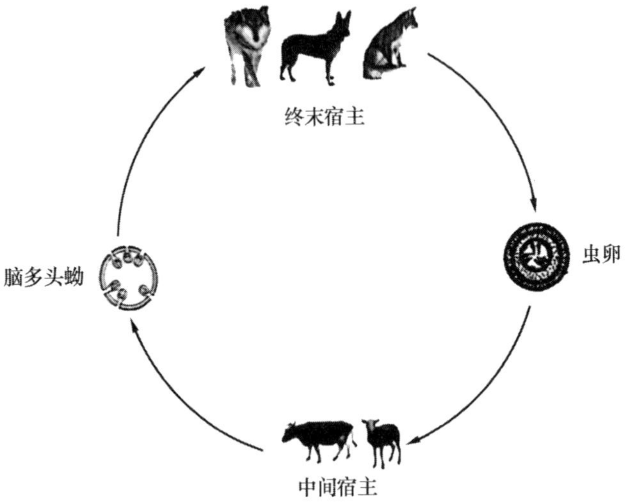

图 11-7 脑多头蚴发育史

[流行病学]

1. 感染来源

患病或带虫的终末宿主是主要的感染来源。

2. 感染途径

病犬排出的粪便污染草场、饲料和水，牛、羊等中间宿主吞食虫卵，从而造成脑多头蚴病的流行。

3. 虫卵抵抗力

虫卵对外界环境具有较强的抵抗力，在自然界中长时间保持生命力。

4. 地理分布

呈世界性分布，我国各地均有报道，在西北、东北及内蒙古牧区多呈地方流行性。

[临床症状]

六钩蚴移行到脑时，沿脑膜的血管移行到皮质和脑的深部，引起脑膜出血，发生脑炎和脑膜炎，呈现急性型。以羔羊症状最为明显，在感染后 10～14 d 表现体温升高，脉搏、呼吸加快，反应敏感或迟钝，漫无目的地游走或长时间地沉郁。重症病例表现流涎、磨牙、斜视，头颈弯向一侧，做回旋、前冲或后退运动。部分患畜 5～7 d 内因急性脑膜炎死亡，多数病例症状逐渐消失，转为慢性型。

慢性病例，动物在感染后 4～7 个月，由于囊泡增大，压迫脑及脊髓，其症状主要取决于虫体的寄生部位。寄生于大脑额骨区时，患畜头部低垂于胸前，向前直线奔走，碰到障碍物时，头抵在物体上呆立不动。寄生于大脑颞骨区时，患畜向患侧做转圈运动，虫体越大，转圈越小，对侧视力模糊或消失。寄生于大脑枕骨区时，患畜头高举，做后退运动，甚至倒地不起，颈部肌肉强直性痉挛或呈角弓反张。寄生于小脑时，患畜静止或运动时均失去平衡，如站立时四肢常外展或内收，行走时步态蹒跚。寄生于脊髓时，患畜表现步态不稳，后躯麻痹无力，呈犬坐姿势，小便失禁。症状反复出现，重症病例最终因极度消瘦或因重要神经中枢受损而死亡。

［病理变化］

急性病例剖检可见脑膜炎及脑炎，脑膜表面有六钩蚴移行时所致的虫道。慢性病例剖检可见 1 个或多个虫体，于病变或虫体接触部位头骨变薄、松软，甚至穿孔，并致使皮肤向表面隆起。虫体寄生部位脑组织出现萎缩、变性、坏死、钙化等。

［诊断］

1. 临床诊断

多发地区根据动物流行病学、临床症状、剖检变化、病史等进行诊断。急性型诊断困难，死后剖检可见脑膜充血和出血，脑膜表面有虫道，虫道末端可发现幼小的多头蚴。慢性型根据转圈运动、痉挛、运动失衡，视力减弱或失明等进行初步诊断。寄生于大脑表层时，触诊可判定虫体部位，手术或死后剖检发现虫体可确诊。

2. 血清学诊断

生前可采用酶联免疫吸附试验（ELISA）进行诊断，有较强的特异性、敏感性，且没有交叉反应。

3. 鉴别诊断

维生素 A 缺乏症，主要表现为夜盲后失明，有些有神经症状，但无转圈运动，叩诊头颅部无浊音区；脑室积水和脑水肿主要表现为圆周运动或定向运动不固定，转圈运动不明显，视力障碍变化不显著，用保守疗法能使症状减轻。

［防治］

1. 预防

（1）加强犬的管理和定期驱虫。对家犬和牧羊犬定期驱虫，选用药物有：吡喹酮，剂量为 6 mg/kg 体重，内服；氢溴酸槟榔碱，剂量为 2～4 mg/kg 体重，内服。排出的犬粪和虫体均应深埋或烧毁。

（2）防止动物感染。防止犬食入含脑多头蚴病牛、病羊等动物的脑及脊髓。防止羊栏、牛舍、饲料及饮水等被犬粪污染。

（3）严格屠宰检验制度。对患病动物器官进行销毁或无害化处理，严禁将患病动物脏器任意抛弃或喂犬。

二维码 11-8　脑多头蚴病 PPT

2. 治疗

（1）手术摘除。脑多头蚴寄生于头部前方表层，可施行手术摘除，在脑深部和后部寄生时则难以摘除。

(2)药物治疗。可选用吡喹酮。吡喹酮：牛、羊 35 mg/kg 体重，内服，连用 3 d；也可按 100 mg/kg 体重，溶于植物油，配成 10%溶液，皮下注射。

知识拓展

绦虫概述

二维码 11-9 绦虫

1. 绦虫的形态结构

绦虫成虫的虫体呈背腹扁平的带状，多为乳白色，数毫米至十米以上，整个虫体分为头节、颈节和体节。

(1)头节位于虫体最前端，分为吸盘型、吸槽型和吸叶型，圆叶目绦虫通常为吸盘型，其上有四个圆形吸盘，有的头节顶端中央有顶突，其上有一排或数排小钩。

(2)颈节位于头节之后，纤细，不分节。

(3)体节的节片数量因种类不同而差异很大，体节根据生殖器官发育程度不同可分幼节(生殖器官尚未发育成熟，称为未成熟节片)、成节(生殖器官发育成熟，称为成熟节片)、孕节(生殖器官萎缩退化，只有充满虫卵的子宫，称为孕卵节片，可从虫体上脱落，随动物粪便排出体外)(图 11-8)。

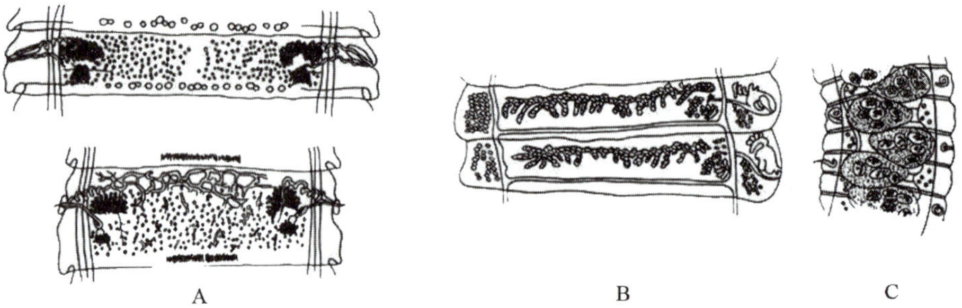

A B C

A. 莫尼茨绦虫 B. 曲子宫绦虫 C. 无卵黄腺绦虫

图 11-8 绦虫成熟节片模式图

2. 绦虫的发育史

绦虫的受精方式有同体节受精、异体节受精和不同链体间的受精等。大多数绦虫发育都需要一个或两个中间宿主才能完成其整个生活史。

(1)圆叶目绦虫寄生于终末宿主小肠内，虫卵或孕卵节片随粪便排出体外，被中间宿主吞食后，卵内六钩蚴逸出，六钩蚴在脊椎动物的体内发育为囊尾蚴、棘球蚴、多头蚴等，六钩蚴在节肢动物和软体动物等无脊椎动物的体内发育为似囊尾蚴。

(2)假叶目绦虫的虫卵随终末宿主的粪便排出体外，在适宜的条件下孵化为钩球蚴，被中间宿主(如甲壳纲昆虫)吞食后发育为原尾蚴，含有原尾蚴的宿主被中间宿主(如鱼类、蛙类及其他脊椎动物)吞食后发育为裂头蚴，终末宿主吞食未熟的带有裂头蚴的补充宿主而感染，在其体内发育为成虫。

任务七十五　消化道线虫病

牛羊消化道线虫病是指寄生在牛、羊等反刍动物消化道中的毛圆科、毛线科、钩口科、圆形科和毛首科等属线虫引起的疾病。这些虫体寄生于反刍动物的真胃、小肠和大肠，在自然条件下常混合感染。消化道内的线虫种类很多，但其发育史及发病后的症状、诊断、治疗和预防措施基本相同，所以归纳在一起讲述。

［病原体］

1. 血矛线虫

寄生于真胃。以捻转血矛线虫最为常见，头端尖细，口囊小，内有一个矛形齿。雄虫长18～22 mm，淡红色，交合伞发达，背叶不对称，等长交合刺。雌虫长26～32 mm，因白色的生殖器官与含血的红色肠管相互环绕，形成红白相间“麻花”样的外观。

2. 长刺线虫

寄生于真胃。雄虫长23～28 mm，等长交合刺。雌虫长28～32 mm，阴门无阴门盖。

3. 奥斯特线虫

寄生于真胃和小肠。虫体呈棕褐色，长10～12 mm，口囊小。雄虫交合伞发达，交合刺短。雌虫阴门在虫体后部，多具有阴门盖，形状不一。

4. 马歇尔线虫

寄生于真胃。虫体与奥斯特线虫相似，但较大些。常见种类有蒙古马歇尔线虫。

5. 细颈线虫

寄生于小肠。虫体前部呈细丝状，后部较粗。交合刺细长。雌虫尾端平钝，带有一小刺。虫卵大，产出时内含8个胚细胞，易与其他虫卵相鉴别。

6. 古柏线虫

寄生于小肠，有时可见于胰腺。虫体呈红色或淡黄色，头端较粗呈圆形，有横纹。雄虫交合伞粗短。

7. 毛圆线虫

寄生于小肠，少数寄生于真胃。虫体细小，一般不超过7 mm，呈淡红色或褐色。雄虫交合伞侧叶大，交合刺粗短。

8. 仰口线虫

寄生于小肠。头部向背面弯曲，口囊大，有一对半月状的角质切板。雄虫交合伞发达，背叶不对称。雌虫阴门在虫体中部稍前。

9. 食道口线虫

寄生于结肠。口囊小，口缘有叶冠，有颈沟和头泡，颈沟后方有颈乳突及有或无侧翼膜。

10. 夏伯特线虫

寄生于大肠。口囊向腹面弯曲，口囊大，无齿。雄虫交合伞发达，交合刺等长，较细，有引器；雌虫阴门靠近肛门。

上述各种虫卵形态相似，呈无色，卵壳薄而光滑，内含16～32个胚细胞。其中细颈属和马歇尔属的虫卵明显较大。

11. 毛首线虫

寄生于盲肠。虫体乳白色，前端细长，后端粗短，犹如鞭子样。雄虫后部弯曲，有一根交合刺，藏在交合刺鞘内。雌虫后端较钝圆，阴门位于粗细交界处。虫卵呈棕黄色或褐色，卵壳厚，两端有卵塞，呈腰鼓形。

二维码 11-10　夏伯特线虫

二维码 11-11　毛首线虫及虫卵

[发育史]

为直接发育型。除毛首线虫外，其余线虫的发育基本相似。

1. 终末宿主

主要是牛、羊等反刍动物，其他动物也感染。

2. 发育过程

成虫寄生于牛羊消化道，虫卵随粪便排出到外界环境，在适宜的温度（12～31 ℃）和湿度下，经1～2 d从卵内孵出第一期幼虫，再经1周左右蜕皮2次，变为第三期幼虫。但细颈线虫的幼虫在卵内进行2次蜕皮，第三期幼虫才从卵壳内钻出，其发育期长约4周。第三期幼虫活泼，在潮湿环境中可爬到草梢上，牛羊吃草后感染。幼虫到达寄生部位后经2～3周发育为成虫。成虫生存期约1年。

仰口线虫的幼虫只有少数是经口感染，多数是主动从皮肤钻入感染。钻入皮肤后，进入静脉血管，随血流到达肺脏，在肺泡进行第3次蜕皮发育为第四期幼虫，再移行至支气管、气管、咽，被咽下后进入小肠，进行第4次蜕皮发育为第五期幼虫，最后发育为成虫（图11-9）。在体内的发育期为4～6周。

食道口线虫主要是经口感染，在肠道内，感染性幼虫钻入小肠或大肠肠壁，形成结节，进行一次蜕皮后回到肠腔，在肠腔内再进行蜕皮一次，发育成成虫。在体内的发育期为5～6周。

毛首线虫的虫卵随粪便排出体外，在适宜的条件下，经3～4周发育为感染性虫卵。感染性虫卵被牛羊吞食后，幼虫在肠内逸出，吸附于肠壁，经31～52 d发育为成虫（图11-10）。

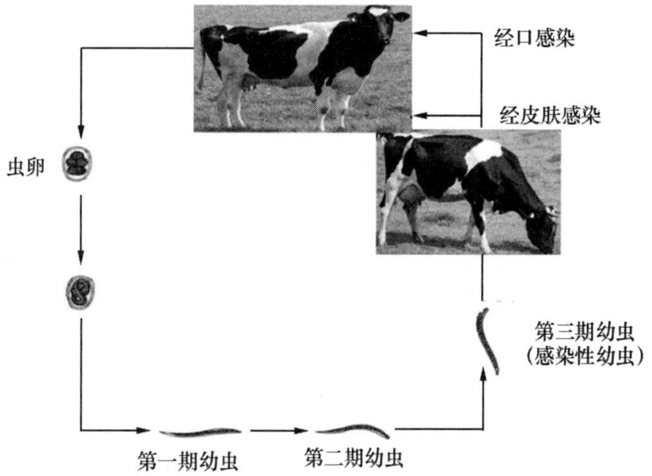

图 11-9　仰口线虫发育史

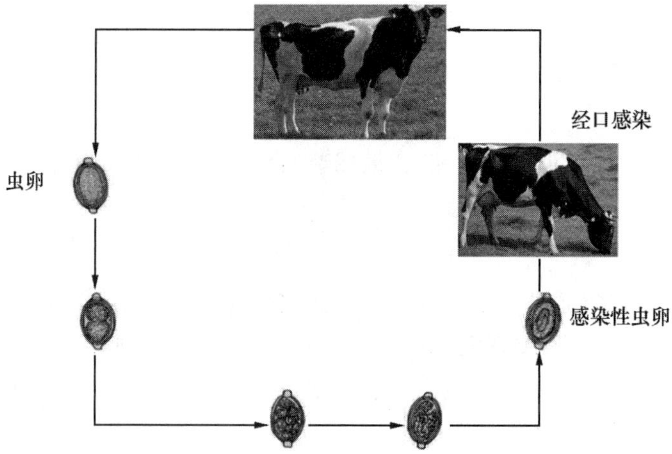

图 11-10　毛首线虫发育史

[流行病学]

1. 感染来源

病畜和带虫动物是主要的感染来源，虫卵随粪便排出体外。

2. 感染途径

大多数主要经口感染，但仰口线虫少数经口感染，大多数经皮肤感染。牛、羊等食入第三期幼虫造成感染，只有毛首线虫是牛、羊等食入感染性虫卵造成感染，

3. 虫卵的抵抗力

排出的虫卵污染外界环境，虫卵有较强的抵抗力，在潮湿的环境中通常能存活 3 个月左右，但对干燥、高温和直射阳光的抵抗力较弱，很快被杀死。

4. 幼虫的特点

第一期和第二期幼虫抵抗力弱，在不利的外界环境中很快死亡。第三期幼虫抵抗力强，可

抵抗干燥、低温和高温等不良因素的影响。第三期幼虫有背地性和向光性的特点，在温度、湿度和光照适宜时，幼虫从土壤中爬到牧草上，而当环境条件不利时又返回土壤隐藏。

5. 年龄特点

羔羊和犊牛对多数线虫易感，但食道口线虫往往对 3 月龄以内的羔羊和犊牛感染力低。

6. 地理分布

由于感染性幼虫对外界环境抵抗力不同，所以具有一定的地域性。一般细颈线虫病、马歇尔线虫病、奥斯特线虫病和夏伯特线虫病在高寒地区较多，而血矛线虫病、仰口线虫病和食道口线虫病多发于气候比较温暖的地区。

7. 季节动态

夏秋季节的放牧牛羊最易感染，大量感染时在夏末秋初可暴发急性消化道线虫病。消化道线虫的体内发育期虽然只有几周，但实践中发现，成虫出现最多的季节是第二年的春季，称为"春季高潮"。

[临床症状]

牛羊消化道线虫种类很多，混合感染者多见，协同作用可使病情加剧，甚至引起大批发病和死亡，尤其是羔羊和犊牛。

1. 急性型

发生于夏末秋初。表现为精神沉郁，食欲减退，腹泻。当虫体大量寄生时，可见有血便，严重者 1～2 周死亡。

2. 慢性型

多为此型，发生于冬春季节。表现为精神沉郁，食欲减退，消化紊乱，腹泻，逐渐消失，有时粪便带血液、黏液、脓汁。可视黏膜苍白，有时下颌及颈部下面水肿。羔羊和犊牛发育不良，生长缓慢。重症因衰竭死亡，轻症在放牧后症状逐渐减轻，甚至消失。轻度感染常呈隐性经过，临床症状不明显。

[病理变化]

剖检可见尸体消瘦、贫血、水肿，真胃、小肠及大肠黏膜肥厚，有卡他性炎症。心肌变性，肝实质萎缩。血矛线虫、奥斯特线虫、马歇尔线虫寄生时，可见真胃黏膜出血；细颈线虫和仰口线虫寄生时，可见小肠多处有出血点；夏伯特线虫寄生时，大肠黏膜有出血点；食道口线虫寄生时，肠壁有大小不等的结节，切开结节有脓汁、干酪样物或者钙化，结节尚可在腹腔的其他器官发现。同时还可发现大量消化道线虫。

[诊断]

根据流行病学调查，结合临床症状、病理剖检变化及粪便检查综合确诊。粪便检查可用漂浮法，发现相应的虫卵即可确诊。

[防治]

1. 预防

(1)定期驱虫。每年春秋两季各进行一次预防性驱虫。北方地区可在冬末春初进行驱虫，可以有效预防春季高潮。

(2)轮牧。在夏秋季节每隔 5～6 d 轮换一块草地(转场)，春季和秋后可适当延长更换时间。

(3)保护幼畜。羔羊和犊牛与成年牛羊严格分群放牧、分群饲养。

(4)粪便发酵处理。舍饲牛羊的粪便及时清理，并通过粪便的发酵处理，利用生物热杀死虫卵。

2. 治疗

(1)左旋咪唑：5～6 mg/kg 体重，内服或用蒸馏水溶解后皮下注射。

(2)丙硫苯咪唑：15 mg/kg 体重，配成混悬液内服。

(3)酒石酸甲噻嘧啶：10 mg/kg 体重，配成混悬液内服。

(4)伊维菌素：0.2 mg/kg 体重，皮下注射或口服。

二维码 11-12　消化道线虫病 PPT

在应用驱虫药的同时辅以对症治疗，加强饲料管理，补饲富含蛋白质、矿物质、维生素的饲料。

知识拓展

线虫概述

一、线虫的形态结构

线虫的虫体呈圆柱状、线状、毛发状等。前端钝圆，后端较尖细。虫体大小不一，小的仅 1 mm 长，大的可达 1 m 以上。寄生性线虫雌雄异体，雄虫小，雌虫大。整个虫体一般可分为头、尾、背腹面及两侧。体壁由角皮层、皮下层和纵肌层组成，围成假体腔，内脏位于假体腔内。消化系统由口、咽、食道、肠管和肛门组成，食道的形状有圆柱状、棒状或漏斗状等。无论是雄虫生殖器官还是雌虫生殖器官均为迂回曲折的乳白色管状。

二、线虫的发育史

线虫在宿主体内经雌雄交配后产出虫卵(卵生)、含幼虫的卵(卵胎生)、幼虫(胎生)。线虫的发育过程一般要经过 5 个幼虫期和 4 次蜕皮，才能发育为成虫。

(1)卵生线虫是指雌虫直接产出的虫卵，卵内含有未分裂的卵细胞或初分裂的卵胚。大多数线虫属于卵生线虫。

(2)卵胎生线虫是指雌虫直接产出虫卵，卵内含有成形的线虫。如牛羊的肺线虫。

(3)胎生线虫是指雌虫直接产出的幼虫。如旋毛虫。

(4)感染性虫卵是指虫卵或幼虫在外界环境适宜条件下，发育为第一期幼虫或第二期幼虫，但未孵出，具有感染性。

(5)感染性幼虫是指幼虫在外界环境经过 1～2 次蜕皮，发育为感染性幼虫。通常第三期幼虫具有感染性。

线虫按发育过程中是否需要中间宿主可分为直接发育型线虫和间接发育型线虫。

(1)直接发育型线虫(土源性线虫)。虫卵在外界环境发育为感染性虫卵(卵内含有感染性幼虫)或从卵内孵出幼虫，经第二次蜕皮发育为感染性幼虫。感染性虫卵或幼虫被终末宿主吞食后，幼虫(感染性虫卵幼虫逸出)经移行或不移行，再进行 2～3 次蜕皮发育为成虫。

(2)间接发育型线虫(生物源性线虫)。雌虫产卵或幼虫，被中间宿主吞食后，在其体内发育成感染性幼虫。这些幼虫通过中间宿主侵袭畜禽或被畜禽吞食而感染。感染性幼虫在终末宿主体内经蜕皮后发育为成虫。

任务七十六 螨 病

螨病，又名疥癣，俗称"癞病"，是由寄生性疥螨、痒螨寄生于牛羊等动物的皮肤而引起的慢性皮肤病。主要特征为皮肤发炎、剧痒、脱毛，高度接触性传播。

[病原体]

1. 疥螨

疥螨是疥螨科、疥螨属，寄生于动物皮肤深层的外寄生虫。虫体呈龟形，背面隆起，腹面扁平，淡黄色，雄螨成虫大小为(0.2～0.23) mm×(0.14～0.19) mm，雌螨成虫大小为(0.33～0.45) mm×(0.25～0.35) mm。口器呈蹄形，为咀嚼式。肢粗而短，第 3、4 对肢不突出体缘。雄虫的第 1、2、4 对肢和雌虫的第 1、2 对肢的末端有吸盘，其余肢末端有刚毛。吸盘柄长，不分节(图 11-11A)。

2. 痒螨

痒螨是痒螨科痒螨属，寄生于动物皮肤表面的外寄生虫。虫体呈椭圆形，体长为 0.5～0.8 mm。口器呈长圆锥形，为刺吸式。4 对肢均突出虫体边缘。雄虫的第 1、2、3 对肢和雌虫的第 1、2、4 对肢的末端有吸盘。虫体腹面后部有一对交合吸盘，尾端有 2 个尾突，尾突上有 5 根刚毛(图 11-11B)。

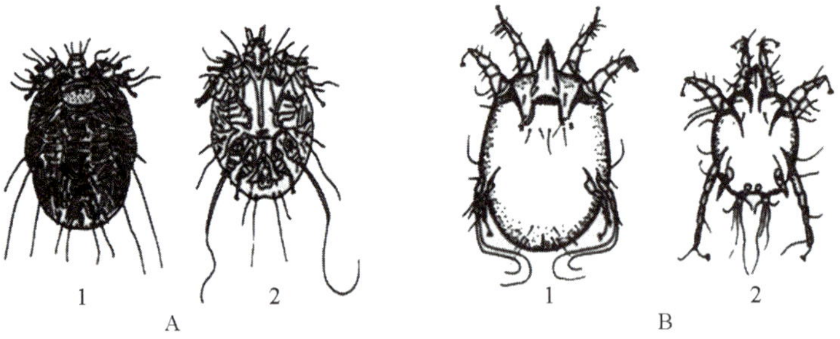

A. 疥螨 B. 痒螨 1. 雄虫 2. 雌虫

图 11-11 疥螨和痒螨

[发育史]

螨的发育属于不完全变态，其发育过程包括卵、幼虫、若虫和成虫四个阶段。

疥螨寄生于皮肤深层，以角质层组织和渗出的淋巴液为食。雌虫在隧道内产卵，一生可产 40～50 个卵。卵经 3～8 d 孵出幼虫，幼虫经 3～4 d 蜕皮为若虫，再经 3～4 d 发育为成虫。疥螨整个发育周期为 8～22 d，平均为 15 d(图 11-12)。

二维码 11-13 耳螨

痒螨寄生于皮肤表面，以组织液及淋巴液为营养。发育过程与疥螨相似，一生约产卵40个，在适宜的条件下，整个发育期需10～12 d，条件不利时可转入5～6个月的休眠期，以增加对外界的抵抗力。

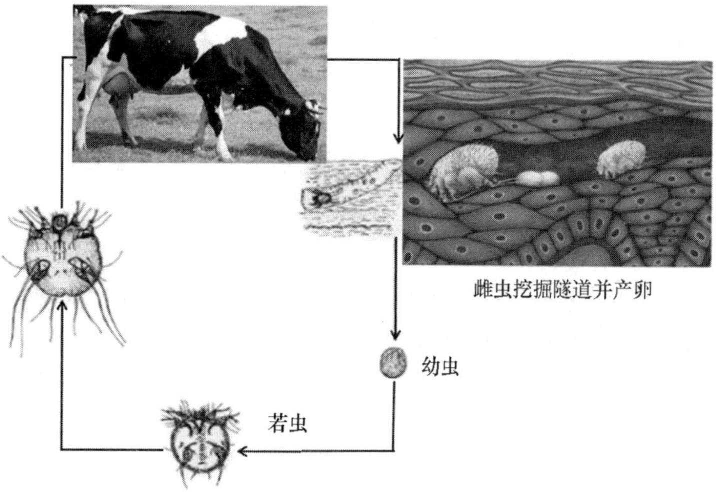

图 11-12　牛疥螨发育史

[流行病学]

1. 感染来源

患病动物和带虫动物是主要感染来源。

2. 感染途径

健康动物通过与患病动物直接接触或被螨及其卵污染的厩舍、用具、垫草及工作人员等间接接触而引起感染。

3. 宿主特异性

各种动物都可患螨病，但引起各种动物发病的螨类是不同的。某种动物只有在被特异性螨类感染后，才可引起发病，在全群中迅速传播。

4. 繁殖力及抵抗力

雌虫产卵数量虽然较少，但发育周期短，在适宜的条件下2～3周可完成1代。螨在动物体表生活时，遇到不利条件可转入休眠状态，休眠期达5～6个月。在休眠期中对各种理化因素的抵抗力增强。离开动物体后可生存2～3周，并保持侵袭力。

5. 季节动态

主要发生于冬季和秋末春初，尤其是秋末以后，日光照射不足，阴雨天气较多。夏天家畜脱毛，皮肤常受日光照射，保持干燥，因此夏季发病少。

6. 发病诱因

圈舍潮湿、圈舍和皮肤卫生不良、饲养密度过大等容易诱发本病。

[临床症状]

疥螨多寄生于皮肤薄、被毛短而稀少的部位。各种动物的寄生部位有所不同，牛主要在面部、颈部、背部、尾根，严重时可扩大至全身。山羊发生于口周围、眼圈、鼻梁和耳根部，可蔓延至全身。绵羊在头部，也可扩大到全身。兔多在头部和脚爪部。

痒螨寄生于动物体表被毛长而稠密处。多发于牛、绵羊及兔，其他哺乳动物也可发生。牛先发生于颈部、角根及尾根部，然后蔓延至垂肉和肩胛两侧，严重时蔓延至全身。绵羊多发生于背部、臀部，以后蔓延至体侧及全身。

螨采食时的机械刺激及分泌毒素的刺激，使皮肤发炎、剧痒。尤其当病畜进入温暖场所或运动后皮温升高时，痒觉加剧。由于皮肤发炎，病畜表现烦躁不安，影响正常采食、休息及消化功能。同时，冬季发生脱毛，体温大量散失，使体内蓄积的脂肪大量消耗，逐渐消瘦，甚至衰竭死亡。

[病理变化]

由于皮肤乳头层的渗出作用及表皮的渗透性增强，皮肤出现小丘疹和水疱。若继发病原菌感染，水疱变为脓疱，破溃后流出脓汁和渗出液，干涸后形成黄色痂皮。若病情继续发展，毛囊、汗腺受到损伤，使患部发生脱皮，表皮过度角化，结缔组织增生，皮肤变厚，弹性降低，形成龟裂或皱褶。脱毛不利于螨的生长发育，逐渐向四周健康部位扩散，使病变部位不断扩大，甚至蔓延全身。

患部剧痒，皮肤出现丘疹、小水疱、脓疱、结痂、脱毛、皮肤增厚等一系列典型病变。病畜消瘦、贫血，可引起大批死亡。

[诊断]

1. 临床诊断

根据流行病学、临床症状、病理变化，可做出初步诊断。

2. 实验室诊断

刮取物必须是刮取患病部位与健康部位交界处皮屑，刮至皮肤微微出血为宜。先用锐器刮去干燥的痂皮，后用灭菌的外科刀用力刮取湿润组织至轻微出血，将样品置玻璃器皿中待检。检查方法如下：

(1)直接涂片法。取病料少许放于载玻片上，加 2～3 滴煤油以透明痂皮，用镊子夹碎痂皮后，加盖玻片，镜检。

(2)加热检查法。将病料放于培养皿中，在酒精灯上加热至 37～40 ℃，将培养皿放在黑布或黑纸上，螨受热运动带动皮屑，在放大镜或低倍显微镜下观察，可发现移动的虫体。

(3)沉淀法。将病料浸入盛有 5%～10%氢氧化钠溶液的试管中，经 1～2 h 使痂皮软化溶解后，弃去上层液体，吸取沉淀物，滴于载玻片上，加盖玻片，镜检。

3. 鉴别诊断

注意与以下疾病鉴别。

(1)湿疹。无传染性，在温暖环境中痒觉不加剧，刮取皮屑检查，无螨。

(2)虱。皮肤病变没有疥螨病严重，眼观发现虫体，可确诊。

(3)秃毛癣。病灶为界线明显的圆形或椭圆形，覆盖易剥落的浅灰色干痂，痒觉不明显，皮肤刮取物检查，可见真菌。

(4)过敏性皮炎。无传染性，病变从丘疹开始，以后形成散在的小干痂和圆形秃毛斑，皮肤刮取物检查，无螨。

[防治]

1. 预防

(1)对新引进动物进行严格的隔离检疫,严禁病原带入。

(2)畜舍保持清洁干燥,通风良好,光线充足,饲养密度适宜。

(3)定期进行畜群检查和灭螨处理。在流行区,对放牧牛羊无论发病与否,都要定期用药。

(4)在畜群中发现疑似病畜后,应尽早诊断,病畜隔离治疗,被污染的畜舍和用具用杀螨剂处理。

(5)做好圈舍、用具的定期消毒杀虫工作。

2. 治疗

(1)乙酰氨基阿维菌素(爱普利™):0.2 mg/kg 体重,皮下注射。

(2)伊维菌素或阿维菌素:0.2 mg/kg 体重,皮下注射。

(3)拉菌素:0.2 mg/kg 体重,肌内注射。

(4)双甲脒(特敌克):500 mg/kg 体重,涂抹、药浴或淋浴。

(5)溴氰菊酯:500 mg/kg 体重,药浴或淋浴。

(6)巴胺磷:200 mg/kg 体重,药浴。

(7)辛硫磷:500 mg/kg 体重,药浴。

(8)二嗪农(螨净):250 mg/kg 体重,药浴或喷淋,休药期 14 d,奶牛、泌乳牛禁用。

二维码 11-14　螨病 PPT

任务七十七　牛皮蝇蛆病

牛皮蝇蛆病是由皮蝇科皮蝇属的牛皮蝇和纹皮蝇的幼虫寄生在牛的背部皮下组织引起疾病。该病偶尔发生于马、驴、野生动物及人。本病广泛流行于西北、内蒙古及东北地区,在黑龙江省西部地区较为严重。

[病原体]

牛皮蝇和纹皮蝇的形态很相似,成虫外形如蜂,全身被有绒毛,头部的绒毛呈灰黄色,头部有不大的复眼和三个单眼,触角分三节,口器退化。

1. 牛皮蝇

成蝇体长 15 mm,胸部前端和后端的绒毛为淡黄色,中端为黑色,胸部后端的绒毛为橙黄色,翅浅灰色透明(图 11-13A)。虫卵呈长圆形,淡黄白色,大小为(0.76～0.8) mm×(0.22～0.29) mm,一端有柄,以柄附着在牛毛上,每根毛附着 1 枚虫卵。第一期幼虫呈黄白色,半透明,大小为 0.5 mm×0.2 mm,体分 11 节;第二期幼虫体长 3～13 mm;第三期幼虫体粗壮,长可达 28 mm,棕褐色,两端钝圆,背面较平,隆起并有疣状结节,无口前沟,有两个气门板,呈漏斗状(图 11-13B)。

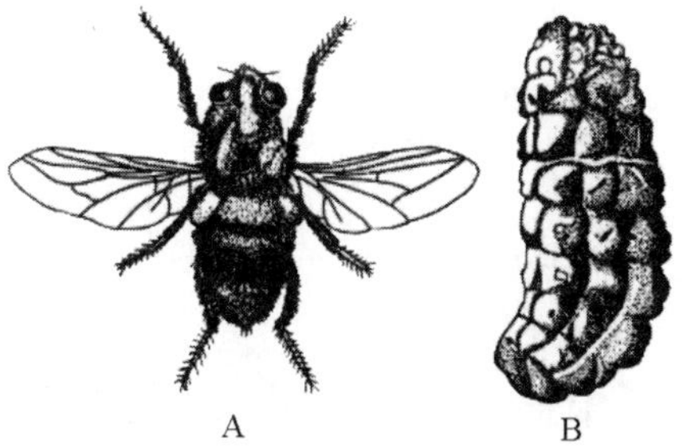

A. 成虫　B. 第三期幼虫

图 11-13　牛皮蝇

2. 纹皮蝇

成蝇体长 13 mm，体表被毛稍短，胸部除有淡黄色绒毛外，还有四条无绒毛的黑色纵纹，腹部绒毛依次为灰白色、黑色及橙黄色。虫卵与牛皮蝇的相似，但一根牛毛上黏附数个至 20 个成排的虫卵。第一、二期幼虫与牛皮蝇基本相似。第三期幼虫长可达 26 mm，但最后一节腹面无刺，气门板较平。

[发育史]

两种皮蝇的生活史基本相似，属于完全变态，其发育过程包括卵、幼虫、蛹及成虫四个阶段，整个发育期约需 1 年。

成蝇多在夏季出现，在晴朗无风的白天进行交配、产卵，交配后雄蝇死亡，雌蝇侵袭动物产卵。

虫卵经 4～7 d 孵出第一期幼虫，幼虫经皮囊钻入皮下。牛皮蝇幼虫沿外周神经外膜组织移行，到椎管硬膜脂肪组织中停留，并蜕皮变成第二期幼虫，然后从椎间孔爬出到背部皮下组织，蜕皮变为第三期幼虫；纹皮蝇幼虫沿疏松结缔组织向胸腔和腹腔移行，在食道壁停留，蜕皮变为第二期幼虫，最后移行到背部皮下蜕皮变为第三期幼虫。整个幼虫期 10～11 个月，其中到达椎管或食道的移行期约 2.5 个月，在椎管或食道停留期约 5 个月，在背部皮下为 2～3 个月。成熟幼虫从皮孔钻出，落地钻入土中化蛹，经 1～2 个月羽化为成蝇(图 11-14)。

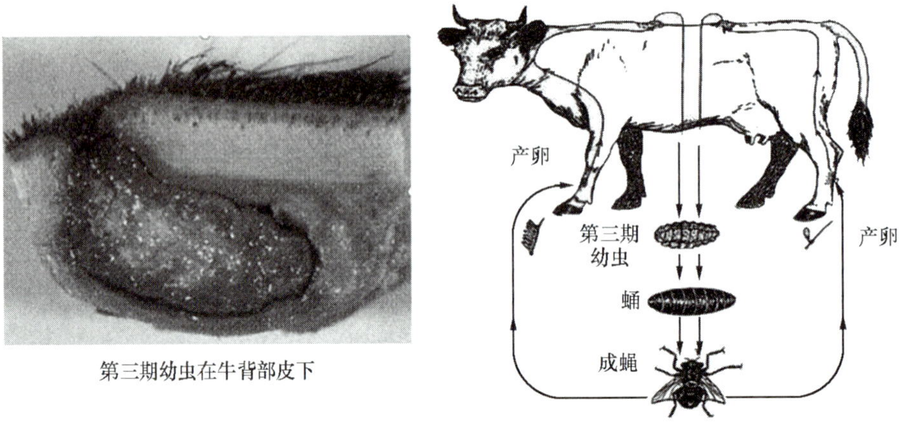

图 11-14 牛皮蝇发育史

[流行病学]

1. 感染来源

牛皮蝇和纹皮蝇。

2. 感染途径

经皮肤感染。

3. 地理分布

本病主要流行于我国西北、东北和内蒙古地区。

4. 季节动态

多在夏季发生感染，与成蝇的出现相关，牛皮蝇一般出现于 6—8 月份，纹皮蝇出现于 4—

6 月份。

5. 产卵特点

1 只雌蝇一生可产卵 400～800 枚，牛皮蝇产卵于四肢上部、腹部及体侧的被毛上，一般每根毛上黏附 1 枚；纹皮蝇产卵于后肢球节附近、前胸及前腿部的被毛上，每根毛上可黏附数枚至十几枚。

[临床症状]

成蝇不叮咬牛，但雌蝇飞翔产卵时，可引起牛只惊恐不安，喷鼻、踢腹、狂跑、跳跃，不仅影响牛的采食和休息，而且可造成外伤或流产，日渐消瘦。

幼虫钻入皮肤，引起皮肤瘙痒，牛只不安。第三期幼虫移行到背部皮下时，皮肤稍隆起，粗糙不平，继而皮肤穿孔，病原菌侵入可引起化脓，形成瘘管，有脓液流出。幼虫分泌的代谢产物及毒素，引起机体贫血，严重的可使患畜消瘦，肉品质下降，乳牛产奶量降低。幼虫误入延脑或大脑寄生，可引起神经症状，甚至造成死亡。当幼虫在皮下破裂时，可引起全身性变态反应，出现流汗、乳房及阴门水肿、气喘、腹泻及口吐白沫等症状，严重者死亡。

[病理变化]

幼虫在移行时，引起移行部位组织损伤。特别是第三期幼虫移行到背部皮下时，在寄生的局部引起血肿及皮下蜂窝织炎，病原菌侵入可引起化脓，形成瘘管。幼虫钻出后皮孔愈合，形成瘢痕，严重影响皮革的质量。

[诊断]

幼虫出现于背部皮下时，易于诊断。在牛的背部皮肤上可观察并触摸到隆起，上有小孔，用力挤压，挤出虫体即可确诊。注意不要挤破虫体，以免发生变态反应。此外，流行病学资料有重要的参考依据，夏秋季节，牛被毛上有虫卵，牛皮蝇卵为单个附着于被毛上，纹皮蝇卵成排附着，可作为诊断依据。

[防治]

1. 预防

及时清除牛舍内粪尿，保持牛舍清洁干燥；定期刷拭牛体，保证牛体卫生清洁；消灭寄生于牛体内的幼虫，牛皮蝇流行季节用伊维菌素注射液、乙酰氨基阿维菌素注射液等药物杀死幼虫等。既可减少幼虫造成的危害，又可防止幼虫化蛹为蝇。

2. 治疗

(1)乙酰氨基阿维菌素：0.2 mg/kg 体重，皮下注射。

(2)伊维菌素：0.2 mg/kg 体重，皮下注射。

(3)倍硫磷：4～7 mg/kg 体重，臀部肌内注射；或用 20%乳油背部浇注，体重 200 kg 以内用 5 mL，体重 400 kg 以上用 12 mL。

(4)蝇毒磷：4%溶液，0.3 mL/kg 体重，稀释成 0.05%，背部浇注。

(5)皮蝇硫磷：100 mg/kg 体重，制成丸剂内服，或 15～25 mg/kg 体重，连服 6～7 d。

二维码 11-15　牛皮蝇蛆病 PPT

知识拓展

蛛形纲、昆虫纲通性

一、形态结构

1. 蛛形纲

虫体圆形或椭圆形，头、胸、腹区分不明显，相互融合或虫体分假头和躯体两部分，无触角，无翅。假头位于虫体前端，由口器和假头基组成。躯体分节不明显或不分节，体表有几丁质，硬化形成板。肛门多位于虫体腹面的后部，生殖孔位于腹面，但其位置各有不同。幼虫有3对足，若虫和成虫有4对足。

2. 昆虫纲

虫体头、胸、腹分界明显，分为头、胸、腹三部分。头部有眼、1对触角和口器，触角在头部前端两侧，其形状因昆虫种类的不同而异，眼分单眼和复眼，口器主要有咀嚼式、刺吸式、刮舐式、舐吸式、刮吸式。胸部分前胸、中胸和后胸，每胸节的腹面均有一对足。有的昆虫在中胸、后背侧各有一对翅，即前翅和后翅，有的后翅退化为平衡棒，有的昆虫翅完全退化，如虱和毛虱。腹部一般由8节组成，有些昆虫的腹节相互融合，末端为雄性或雌性生殖器官。

二、发育史

1. 蛛形纲

发育过程包括卵、幼虫、若虫和成虫四个阶段。由卵孵出幼虫，幼虫发育为若虫，若虫发育为成虫。若虫和成虫的形态和生活习性基本相似，区别在于其形体小和性器官未发育成熟。

2. 昆虫纲

发育有完全变态和不完全变态两种类型。完全变态有卵、幼虫、蛹、成虫四个阶段，即卵孵化出幼虫，幼虫生长完成后，必须要经过一个不动不食的蛹期，方可变为有翅的成虫，这几个时期在形态结构及生活习性上各不相同，如蝇、蚊、蚤。不完全变态无蛹期，仅有卵、若虫、成虫三个阶段，即卵孵化为若虫，若虫再经过蜕皮变为成虫，其若虫期、成虫期在形态结构上很相似，只是体形较小，性器官尚未发育成熟等，在生活习性方面基本形同，如虱、毛虱、羽虱等。

三、分类

1. 蛛形纲蜱螨目的亚目

(1)蜱亚目：主要包括硬蜱科和软蜱科。

(2)革螨亚目：主要为皮刺螨科。

(3)螨亚目：主要有蠕形螨科和痒螨科。

(4)疥螨亚目：主要有疥螨科和痒螨科。

2. 与兽医有关的昆虫纲

(1)双翅目。

长角亚目：包括蚊科、蚋科和蠓科。

短角亚目：如虻科。

环裂亚目：包括虱蝇科、狂蝇科、胃蝇科、蝇科和丽蝇科等。

(2)虱目。

血虱亚目：包括血虱科、颚虱科。

食毛亚目：包括毛虱科、长角羽虱科和短角羽虱科。

(3)蚤目。包括蠕形蚤科和蚤科。

蜱　病

蜱病主要是由硬蜱和软蜱寄生于动物体表所引起的一类外寄生虫病。蜱吸食动物的大量血液，传播传染病和原虫病，甚至引起神经性“蜱瘫痪”，是严重危害动物的寄生虫。

[病原体]

1. 硬蜱

二维码 11-16　硬蜱

硬蜱又称壁虱、扁虱、草爬子及狗豆子等。雌蜱、雄蜱均能吸血，大多数寄生于哺乳动物体表，少数寄生于鸟类和爬虫类，个别寄生于两栖类。硬蜱呈长椭圆形，红褐色，背腹扁平。头、胸、腹融合，不易分辨。虫体分假头和躯体两部分。假头位于虫体前端，由假头基和口器组成。口器由须肢、螯肢各1对和1个口下板组成。口下板在螯肢腹侧，其腹面有排列纵行的逆齿，为吸血时穿刺和附着的器官。假头基呈矩形、六角形等多种形态。躯体由盾板、眼、缘垛、足、生殖孔、气门板、肛沟、肛板组成。盾板在虫体背面，雌蜱盾板只覆盖前1/3，而雄蜱的盾板则覆盖整个背面。有的硬蜱盾板上侧缘有一对眼。有些硬蜱盾板后缘有方块形的缘垛，共分11块，中间的一块色淡而亮，称为中垛。躯体腹面有四对足，每足分六节，跗节末端有爪，第一对足的跗节上有哈氏器，生殖孔位于腹面第2、3对足之间的中线上，肛门位于腹面后部正中。有的蜱腹面有角质的腹板，根据位置分别称为生殖前板、中板、肛板、肛侧板及侧板等(图11-15)。硬蜱中与兽医关系密切的有6个属，分别为牛蜱属、硬蜱属、血蜱属、璃眼蜱属、革蜱属及扇头蜱属。

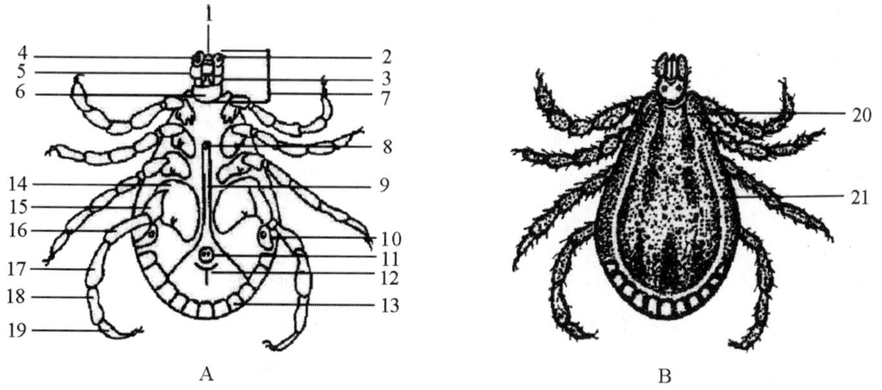

A. 腹面　B. 背面　1. 口下板　2. 须肢第4节　3. 须肢第1节　4. 须肢第3节　5. 须肢第2节　6. 假头基　7. 假头　8. 生殖孔　9. 生殖沟　10. 气门板　11. 肛门　12. 肛沟　13. 缘垛　14. 基节　15. 转节　16. 股节　17. 胫节　18. 前跗节　19. 跗节　20. 颈沟　21. 侧沟

图11-15　硬蜱雄虫

2. 软蜱

软蜱是畜禽体表的一种外寄生虫，与兽医学有关的软蜱主要为锐缘蜱属和钝缘蜱属。其宿主范围广泛，常侵袭鸟类、蛇类、龟类及多种哺乳类。当虫体大量侵袭时，可使畜禽消瘦、贫血、生产性能下降，甚至死亡。虫体扁平，卵圆形或长卵圆形，前窄后宽。与硬蜱的主要区别是背面无盾板，呈皮革样，上面有乳头状或颗粒状结构，或凹陷、皱褶；假头位于虫体前端腹面，从背面不易见到；须肢游离，不紧贴于螯肢和口下板间的两侧，口下板不发达；腹面无几丁质板。雌蜱与雄蜱的主要区别在生殖孔，前者呈横沟状，后者呈半月状。幼蜱与若蜱的形态和成蜱相似，但未形成生殖孔。幼蜱有 3 对足（图 11-16）。

二维码 11-17 软蜱

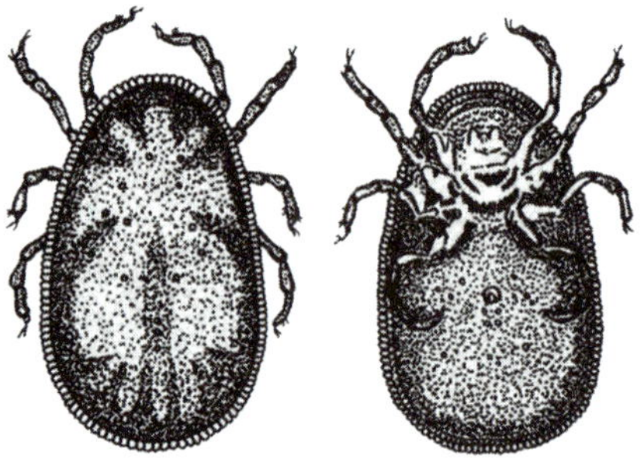

A B

A. 背面 B. 腹面

图 11-16 软蜱

［发育史］

1. 硬蜱

发育属于不完全变态，其发育过程包括卵、幼虫、若虫及成虫四个阶段。硬蜱在宿主体表交配，交配后雄蜱死亡。雌蜱饱血后落地，钻入墙壁、石下、植物茎叶下产卵，产卵达 1 000～15 000 个，产卵后死亡。虫卵呈卵圆形，黄褐色，胶着成团，经 2～4 周孵出幼虫。幼虫侵袭宿主吸血 2～7 d，落地后蜕皮为若虫。若虫再吸血后，落地后数天至数十天后再蜕皮发育成成虫。在硬蜱整个发育过程中，包括 2 次蜕皮和 3 个吸血活跃期。根据其在吸血时是否需要更换宿主，可分为以下 3 种类型。一宿主蜱：在一个宿主体上完成整个发育，成虫吸饱血后落地产卵，如微小牛蜱。二宿主蜱：整个发育在两个宿主体上完成，即幼蜱在宿主体表吸血并蜕皮为若蜱，若蜱吸饱血后落地蜕皮为成蜱后，再侵袭第 2 个宿主吸血，如某些璃眼蜱。三宿主蜱：两次蜕皮在地面上完成，3 个吸血活跃期需更换 3 个宿主，如长角血蜱、草原革蜱等。

2. 软蜱

一生产卵数次，每次产卵数个至数十个。卵内孵出幼虫，蜕皮后变为若虫，若虫分 2～7 期，每期都要蜕皮，最后一期若虫蜕皮后变为成虫。软蜱多次吸血，吸血时间短，多在夜间。整个生育期为 4～12 个月，寿命 6～7 年，并可耐受 5～7 年饥饿。

［危害］

硬蜱主要侵害哺乳动物，软蜱主要侵害禽类。

直接危害：当蜱吸血时能机械地损伤皮肤，造成寄生部位的瘙痒，使动物骚动不安，摩擦甚至啃咬。在硬蜱固着处，损伤皮肤引起继发感染，继而引起皮炎和伤口生蛆等。大量寄生时，由于吸食血液，可引起贫血、消瘦、发育不良，皮毛的质量低劣以及产奶量下降。某些种类的雌蜱唾液腺可分泌神经毒素，造成运动性纤维传导障碍，引起急性肌肉萎缩性麻痹，称为“蜱瘫痪”。

间接危害：蜱在传播寄生虫病和传染病方面起着重要作用。已知蜱是83种病毒、15种细菌、32种原虫、钩端螺旋体、鸟疫衣原体等的媒介和贮藏宿主。其中许多是重要的人兽共患病，如炭疽、布鲁氏菌病、出血热、鼠疫、Q热等。

软蜱吸血，可使宿主消瘦，生产性能下降，甚至引起死亡。例如，波斯锐缘蜱大量侵袭机体时，可使鸡消瘦，产蛋量下降，发生软蜱性麻痹，失血严重时可导致死亡。软蜱还是许多畜禽疾病的传播者，如羊泰勒虫病、鸡螺旋体病、布鲁氏菌病及野兔热等。

[防治]

在充分了解蜱生活习性的基础上，因地制宜地采取综合性防控措施。

1. 预防

(1)灭蜱。在蜱活动季节，除人工捕捉外，主要是进行药物灭蜱。

(2)圈舍灭蜱。对圈舍的墙壁、地面、饲槽等小孔和缝隙撒克辽林或杀蜱剂，堵塞后用石灰乳粉刷。也可用1%～2%马拉硫磷、1%～2%倍硫磷乳剂对圈舍内的墙壁、门窗、地面和饲槽等做滞留喷洒。

(3)自然界灭蜱。结合翻耕牧地，清除杂草灌木丛，在严格监督下进行烧荒等消灭蜱的滋生地。捕杀啮齿类等野生动物对消灭硬蜱也有重要作用。

2. 治疗

(1)用0.2%马拉硫磷、0.2%辛硫磷、0.25%倍硫磷等乳剂喷涂畜体，大家畜每头500 mL，小家畜每头200 mL，每隔3周喷涂一次。喷涂后应等待被毛稍干燥后再喂饮，以防药液滴入料、水中引起家畜误服中毒。

(2)用0.1%马拉硫磷、0.05%辛硫磷、0.1%杀虫脒、50 mg/L双甲脒等溶液药浴5～10 min，24 h内可杀灭畜体上的蜱。

(3)阿维菌素，0.2 mg/kg体重，皮下注射，每隔14 d注射1次；也可用多拉菌素，0.3 mg/kg体重，肌内注射。

任务七十八　血液原虫病

(一)牛巴贝斯虫病

牛巴贝斯虫病是由巴贝斯科巴贝斯属的双芽巴贝斯虫、牛巴贝斯虫和卵形巴贝斯虫等寄生于牛的红细胞内所引起的疾病。临床上常出现血红蛋白尿，故又称为红尿热。该病由蜱传播，故又称为蜱热。以高热、贫血、黄疸及血红蛋白尿为特征。

[病原体]

1. 双芽巴贝斯虫

双芽巴贝斯虫为大型虫体，其大小为2.8～6 μm，呈环状、椭圆形、变形虫体和梨籽形，典型虫体是双梨籽形，尖端以锐角相连。虫

二维码 11-18　牛巴贝斯虫

体大于红细胞半径，多数虫体居于红细胞中央，有两团染色质，位于虫体边缘。

2. 牛巴贝斯虫

牛巴贝斯虫为小型虫体，其大小为 1～2.4 μm，典型虫体是双梨籽形，尖端以钝角相连。虫体小于红细胞半径，多数虫体居于红细胞内缘，体内只有一团染色质，常位于虫体边缘。

3. 卵形巴贝斯虫

卵形巴贝斯虫虫体是双梨籽形，宽大，属大型虫体，多数虫体居于红细胞中央，虫体长度大于红细胞半径。

[发育史]

巴贝斯虫的发育需要哺乳动物和蜱 2 个宿主。

带有子孢子的蜱吸食牛血液时，子孢子进入红细胞内引起感染，以二分裂或出芽法进行分裂生殖，产生裂殖子。当红细胞破裂后，虫体逸出，再侵入新的红细胞，反复分裂，破坏红细胞，最后形成配子体。当蜱吸食病牛或带虫牛的血液时，配子体进入蜱肠管内，大部分死亡，部分虫体发育成纺锤形的配子，大小配子配对融合形成动合子。动合子侵入蜱的上皮细胞、血淋巴细胞、马氏管等各器官内反复进行无性分裂的孢子生殖，形成更多的动合子。动合子侵入雌蜱卵巢内，经卵传递给下一代幼蜱，先后在幼蜱的肠上皮细胞和唾液腺内进行裂殖生殖形成孢子体，反复进行孢子生殖，形成子孢子(图 11-17)。

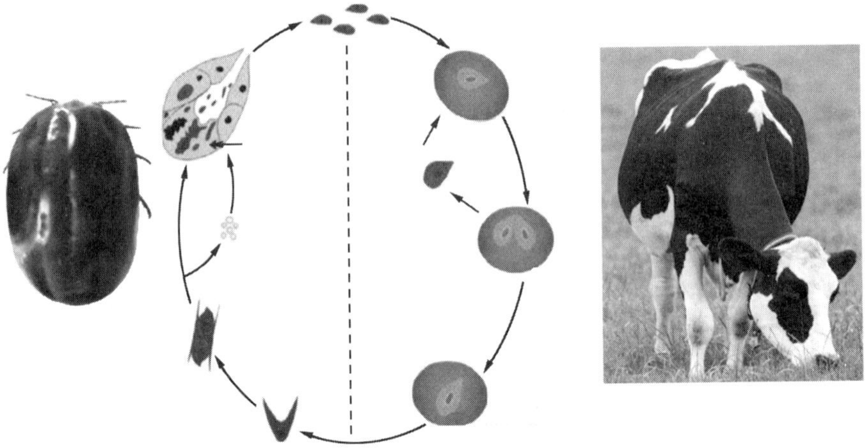

图 11-17 牛巴贝斯虫发育史

[流行病学]

1. 感染来源

病牛、带虫牛和带虫蜱均为感染来源。

2. 传播媒介

我国已查明微小牛蜱是双芽巴贝斯虫的传播者，经卵传递，由次代若虫和成虫传播，幼虫阶段无传播能力，虫体在蜱体内可继代传递 3 个世代之久。双芽巴贝斯虫也可经胎盘感染胎儿。牛巴贝斯虫的传播者有硬蜱、扇头蜱等。我国已证实微小牛蜱可以传播牛巴贝斯虫，经卵传递方式，由次代幼虫传播，次代若虫和成虫阶段无传播能力。

3. 年龄特点

一般情况下，双芽巴贝斯虫病以 2 岁以下的牛发病率高，死亡率低，成年牛发病率低，死亡率高。牛巴贝斯虫病则多见于7月龄以内的犊牛。

4. 地理分布

具有地方性，因传播媒介蜱的分布具有地方性。本病多发生在放牧季节，舍饲牛发病较少。

5. 季节动态

本病与蜱的活动有密切关系。每年的春、夏、秋季节均可发病，但高峰期在5—9月份。

[临床症状]

潜伏期为10～25 d。病牛体温升高至40～42 ℃，稽留热，心率过快，心律不齐。精神沉郁，食欲减退或废绝，反刍迟缓或停止，便秘或腹泻。乳牛泌乳减少或停止，怀孕母牛易发生流产。病情恶化时，病牛显著消瘦，黏膜发绀、黄染。胃肠蠕动弛缓，甚至停滞，排出褐色的恶臭粪便，常于发病后2～3 d出现血红蛋白尿。病程一般为10 d左右，有的发病后2～3 d死亡。

实验室检查，血液稀薄，红细胞数降至100万～200万个/mm^3，血红蛋白量减少至25%左右，血沉加快10余倍。红细胞大小不匀，着色浅。白细胞在病初正常或减少，以后增至正常的3～4倍；淋巴细胞增加15%～25%；中性粒细胞减少。

[病理变化]

剖检可见尸体消瘦，血凝不良，可视黏膜苍白、黄染，皮下组织呈黄色胶样浸润。脾肿大2～3倍，髓质软化，被膜有少量出血点。肝脏肿大呈棕黄色，被膜有时见少量出血点，胆囊充满黏稠胆汁。膀胱有暗红色血液，膀胱壁有出血点。胃肠黏膜水肿，有出血斑。心肌苍白松弛，心内、外膜出血。

[诊断]

1. 临床诊断

根据流行病学调查、临床症状、剖检变化，进行初步诊断。

2. 血液检查

血液寄生虫学检查同血液涂片染色法，可发现少量圆形和变性虫体样本，可确诊。

3. 治疗性诊断

无实验条件时，可用抗梨形虫药进行药物诊断。

4. 血清学诊断

可用ELISA、IHA及补体结合试验等免疫学方法。

鉴别诊断：在诊断上应与钩端螺旋体病相鉴别。后者多发于夏秋季节，犊牛患病严重，黄疸不仅在黏膜，也出现于皮肤，并有坏死灶。此外还应与牛出血性败血症相鉴别。

[防治]

1. 预防

(1)灭蜱。使用乙酰氨基阿维菌素、阿维菌素、伊维菌素等药物进行牛体灭蜱；用石灰乳粉刷圈舍墙壁和用溴氰菊酯等药物喷洒圈舍墙壁进行圈舍灭蜱；通过翻耕、清除杂草等进行自然界灭蜱。

(2)加强检疫。禁止病牛和带蜱牛进入无病区，外地引进牛应隔离观察并经严格检疫确认健康方可混群。若为疫区，牛应该定期检疫，发现病牛，应隔离，进行及时合理的治疗，假定健康牛进行药物预防。

(3)药物预防。疫区或受威胁区均应用药物进行预防。从发病季节开始，每隔 15 d 用贝尼尔预防注射，2 mg/kg 体重，也可用咪唑苯脲预防注射，1～2 mg/kg 体重，预防期为 2～10 周。

2. 治疗

(1)贝尼尔(三氮脒)，黄牛 3.5～3.8 mg/kg 体重，配成 5%～7%水溶液，肌内注射，1 次/d，连用 3 d。

(2)咪唑苯脲：1～2 mg/kg 体重，配成 10%水溶液，皮下或肌内注射。

(3)硫酸喹啉脲(阿卡普林)：0.6～1 mg/kg 体重，配成 5%水溶液，皮下注射。对个别牛有副作用，一般经 1～4 h 副作用消失，必要时可用阿托品解救。

(4)黄色素(锥黄素)：3～4 mg/kg 体重，用蒸馏水或生理盐水配成 0.5%～1%灭菌溶液，静脉注射，必要时隔 24～48 h 再重复用药 1 次。

二维码 11-19　牛血液原虫病 PPT

(二)牛、羊泰勒虫病

泰勒虫病是由泰勒科泰勒属的原虫寄生于巨噬细胞、淋巴细胞和红细胞等引起的疾病。以高热稽留、贫血、黄疸、体表淋巴结肿大为特征。

[病原体]

寄生于牛的危害严重的泰勒虫有环形泰勒虫和瑟氏泰勒虫两种。寄生于羊的泰勒虫有两种，分别为吕氏泰勒虫和尤氏泰勒虫。不同的泰勒虫及其不同的发育阶段有不同的形态，但主要表现为以下两类。

二维码 11-20　牛泰勒虫

1. 裂殖体

见于网状内皮细胞(主要是单核细胞和淋巴细胞)内，又称为石榴体或柯赫氏蓝体。呈圆形、椭圆形或肾形，为多核体。有两种类型：一种是大裂殖体，内含直径 0.4～1.9 μm 的染色颗粒；另一种是小裂殖体，内含直径 0.3～0.8 μm 的染色颗粒。

2. 配子体

见于红细胞内。呈环形、杆形、椭圆形、逗点形及圆点形等多形态，大小为 0.5～2.1 μm，在一个红细胞中通常有 2～3 个虫体，有时达 12 个。环形泰勒虫以环形或椭圆形虫体占多数，瑟氏泰勒虫则以杆形虫体占多数。

[生活史]

泰勒虫在动物体内进行无性繁殖，在传播媒介蜱的体内进行有性繁殖。带有子孢子的蜱吸食牛羊血液时，将子孢子注入牛羊体内，子孢子随血液或淋巴液进入肝、脾及淋巴结等网状内皮细胞进行裂体增殖，形成大裂殖体，崩解后产生若干大裂殖子，经数代的裂殖生殖后，大裂殖子侵入网状内皮细胞后，发育为小裂殖体，破裂后形成若干小裂殖子，小裂殖子侵入红细胞变成配子体。

当幼蜱或若蜱吸食牛羊血液时，配子体随红细胞进入蜱的胃，逸出红细胞的配子体发育为大小配子，二者结合为合子，并进一步发育为动合子，动合子移入蜱肠。在蜱蜕化为成蜱后再移入唾液腺，发育成孢子体，再分裂成子孢子，当蜱吸血时将子孢子注入牛羊体内。

［流行病学］

1. 感染来源

患病牛羊、带虫牛羊和带虫蜱均为感染来源。

2. 传播媒介

环形泰勒虫的传播媒介为残缘璃眼蜱，为二宿主蜱。瑟氏泰勒虫的传播媒介为长角血蜱、二棘血蜱和青海血蜱。

3. 年龄动态

在流行区，环形泰勒虫病多发于 1～3 岁的牛，耐过的牛具有较强的免疫力，可持续 2.5～6 年。羊泰勒虫主要以 1～6 月龄羔羊多发，且病死率高，1～2 岁发病有所减少，3～4 岁较少发病。

4. 季节动态

环形泰勒虫病多见于内蒙古及西北地区，主要流行于 5—8 月份。而瑟氏泰勒虫病以 6—7 月份为发病高峰期。

5. 地理分布

环形泰勒虫病见于长江以北及西南地区，瑟氏泰勒虫病主要见于长江以北和西南部分地区，水牛泰勒虫病主要流行于长江以南地区。羊泰勒虫病主要流行于西北、东北及华北地区。

［临床症状］

潜伏期为 14～20 d，多数病例呈急性经过。体温升高至 40～42 ℃，稽留 4～10 d，少数为弛张热。病初精神沉郁，食欲减退，心跳与呼吸加快，体表淋巴结肿大、硬固、有压痛感，粪便干硬。2～5 d 后，病情恶化，食欲废绝，反刍减少或停止，体表淋巴结明显肿痛，以后变软。腹泻，便中混有血液和黏液，可视黏膜苍白，有出血点或出血斑。后期，病畜迅速消瘦，肌肉震颤，卧地不起，衰竭死亡，病程 1～2 周。瑟氏泰勒虫引起的病程可持续 2～3 个月，症状缓和，死亡率低，个别病例有血尿。羊泰勒虫病的部分羊只发生前肢僵硬现象，故称为“硬腿病”。

［病理变化］

剖检可见全身皮下、黏膜和浆膜出血。全身淋巴结肿大 3～5 倍，切面多汁，有暗红色和灰白色结节。脾肿大，被膜有出血点，脾髓质软呈黑色泥糊状。肝脏肿大，呈棕黄色或棕红色，有灰白色结节和暗红色病灶。肾肿大、质软，有粟粒大暗红色病灶。真胃和十二指肠有针头至黄豆大灰白色或暗红色的结节及溃疡，溃疡中央凹陷，边缘隆起和出血，严重者可见整个肠道。

［诊断］

1. 临床诊断

根据流行病学调查、临床症状、病理变化，进行初步诊断。

2. 实验室诊断

发病初期，可对淋巴结穿刺物进行检查，发现裂殖体即可确诊。中后期，进行血液寄生虫学检查，耳静脉采血做血涂片发现配子体即可确诊。有条件的地区可用 PCR 等分子生物学方法进行诊断。

[防治]

1. 预防

(1)灭蜱。灭蜱措施同前。

(2)加强检疫。凡引进牛只必须做血液寄生虫学检查;疫区发病季节应定期检疫,发现病牛应隔离治疗。

(3)药物预防。在发病季节可注射贝尼尔,3 mg/kg 体重,每 20 d 注射 1 次。

(4)疫苗注射。我国已成功地研制出环形泰勒虫苗,免疫期约 80 d 以上,可在发病季节前 20 d 免疫接种。

(5)科学放牧。发病季节应避免到山地或次生林地放牧,可转移到平原放牧或舍饲。

2. 治疗

目前,尚无治疗该病的特效药,在加强护理、对症治疗的同时,可选用下列药物。

(1)磷酸伯氨喹啉(PMG):0.75～1.5 mg/kg 体重,口服,1 次/d,连用 3 d。对环形泰勒虫的配子体有较好的杀灭作用。

(2)贝尼尔:7 mg/kg 体重,配成 7%水溶液,肌内注射,1 次/d,连用 3 d。

(3)新鲜黄花青蒿:牛 2～3 kg/d,2 次口服。

知识拓展

伊氏锥虫病

伊氏锥虫病,又称“苏拉病”,是由锥虫科锥虫属的伊氏锥虫寄生于动物的血液中引起的疾病。主要感染马属动物、牛和骆驼,其他动物(如犬、猪、羊、鹿等)也能感染。

二维码 11-21　伊氏锥虫

[病原体]

伊氏锥虫呈弯曲的柳叶状,前尖后钝圆,大小为(18～30) μm×(2～2.5) μm。虫体中部有一椭圆形的泡状核,后端有点状动基体和毛基体,由毛基体生出一根鞭毛,沿虫体边缘的波动膜向前延伸,并游离出体外。在压滴标本中,可以看见虫体借助动基体的活动而使虫体活泼运动。

[发育史]

伊氏锥虫寄生在动物的血液(包括淋巴液)和造血器官中,以纵二分裂法进行繁殖。当吸血昆虫吸食家畜血液后,锥虫进入其体内并不进行任何发育,生存时间也较短暂,在叮咬其他动物时,即将虫体传入后者体内。

[流行病学]

1. 感染来源

病畜及各种带虫者是感染来源,黄牛和水牛可带虫 2～3 年,骆驼可达 5 年之久,犬、猪、某些野生动物及啮齿类动物均可作为保虫者。

2. 感染途径

主要由虻及吸血蝇类机械传播。此外,还可通过胎盘、肉食动物捕食带虫动物以及未消毒的注射用具等传播。

3. 易感动物

多种家畜、实验动物及野生动物都可感染伊氏锥虫。马、骡、驴、犬最易感，骆驼及牛易感性较弱。在实验动物中，大鼠、小鼠也具有较强的易感性。

4. 地理分布

马、牛伊氏锥虫病多见于南方地区，骆驼伊氏锥虫病多见于西北地区和华北地区。

5. 季节动态

流行季节与吸血昆虫的活动有关。发病季节多在5—10月份，其中7—9月份为高峰期。

[临床症状]

牛感染后多呈慢性经过，少数为急性发病。表现体温升高至40～41.6 ℃，呈不规则间歇热型。可视黏膜先潮红，后苍白黄染，有出血点或出血斑。病畜渐进性消瘦，精神委顿，四肢下部、胸前及腹下浮肿，甚至表皮溃烂，流出少量淡黄色黏稠液体或结成痂皮。末期后肢麻痹、卧地不起，衰竭而死。

[病理变化]

皮下水肿和胶样浸润是其主要特征，多见于胸前及腹下。尸体消瘦，血液稀薄，凝固不全，淋巴结肿大，切面呈髓样浸润。急性病例脾显著肿大，髓质呈软泥状。慢性病例脾质地较硬、色淡，心包膜下有出血点。肝脏肿大淤血，切面呈豆蔻样。牛的第三四胃及小肠黏膜有出血灶。

[诊断]

根据流行病学调查、临床症状、病理变化及实验室检查进行确诊。

1. 初步诊断

在流行地区的多发季节，特别注意体温的变化，若同时出现长期瘦弱、贫血、黄疸，瞬膜上可见出血斑，体下垂部水肿，可疑为本病。

2. 病原学检查

在血液中查出虫体，是最可靠的诊断依据。

(1)压滴标本检查。耳静脉或其他部位采血1滴，置载玻片上，后加等量生理盐水，混合后覆以盖玻片，镜检。若发现有活动的虫体则为阳性。

(2)涂片标本检查。制成血液涂片后，经吉姆萨或瑞氏染色，镜检。

(3)集虫法。采血5 mL，1 500 r/min离心5 min。用吸管吸取沉淀表层，涂片、染色镜检，可提高虫体检出率。

3. 动物接种试验

用可疑动物血液0.2～0.5 mL，腹腔或背部皮下接种小鼠。接种后每隔1～2 d采血检查一次，连续1个月检查无虫体，可判定为阴性。

4. 血清学检查

如IHA、ELISA及补体结合试验等。

[防治]

1. 预防

(1)定期检查。在春季虻类出现之前和冬季对疫区的易感家畜进行普查，发现阳性家畜应及时治疗。

(2)加强检疫。对从疫区引入的家畜，必须隔离观察 20 d，确认健康后，方可合群饲养。

(3)消灭传播媒介。对圈舍经常喷药，消灭吸血昆虫，也可用烟熏，尽量减少吸血昆虫叮咬家畜的概率。

(4)药物预防。喹嘧胺的预防期最长，注射一次有 3～5 个月的预防效果；苏拉明用药一次有 1.5～2 个月的预防效果。

2. 治疗

治疗要早，药量要足，并配合对症疗法和加强护理。

(1)萘磺苯酰脲(纳加诺、拜耳 205)：牛，每头 3～5 g，用生理盐水配成 10%溶液做静脉注射。用药后个别病畜有体表水肿，口炎，肛门及蹄冠糜烂，跛行及荨麻疹等副作用，可静脉注射下列药物缓解：氯化钙 10 g、葡萄糖 30 g、生理盐水 1 000 mL，静脉注射；10%樟脑磺酸钠 20 mL，肌内注射。连用 3 d。

(2)三氮脒(贝尼尔、血虫净)：牛，3.5～5 mg/kg 体重，马 3.5 mg/kg 体重，用灭菌蒸馏水配成 5%溶液进行深部肌内注射，必要时 5～12 d 后再注射 1 次。

(3)喹嘧胺(安锥赛)：3～5 mg/kg 体重，以灭菌蒸馏水配成 10%溶液，皮下或肌内注射，必要时 2 周后再注射 1 次。

(4)盐酸氯化氮氨菲啶(沙莫林)：是近年来非洲家畜锥虫病常用的治疗药，按 1 mg/kg 体重，用生理盐水配成 2%溶液，深部肌内注射。

考核评价

一、选择题

1. 确诊寄生虫病最可靠的方法是(　　)。

A. 病变观察　B. 病原检查　C. 血清学检验

D. 临床症状观察　E. 流行病学调查

2. 动物驱虫期间，对其粪便最适宜的处理方法是(　　)。

A. 深埋　B. 直接喂鱼　C. 生物热发酵

D. 使用消毒剂　E. 直接用作肥料

3. 下列哪种寄生虫属于细胞内寄生虫并能形成免疫逃避(　　)。

A. 小鼠脑部弓首蛔虫幼虫　B. 胎儿内的弓形虫　C. 旋毛虫

D. 囊尾蚴　E. 巴贝斯虫

4. 关于寄生虫的危害，表述不正确的是(　　)。

A. 造成动物死亡　B. 提高动物特异性免疫力

C. 感染人、危害人类健康　D. 影响养殖业的经济效益

E. 传播疾病，危害人类和动物健康

5. 常用于检查球虫卵囊的实验室方法是(　　)。
A. 肉眼观察法　B. 直接涂片法　C. 饱和盐水漂浮法
D. 虫卵沉淀法　E. 幼虫培养法
6. 寄生于宿主体表的寄生虫称为(　　)。
A. 内寄生虫　B. 外寄生虫　C. 单宿主寄生虫
D. 多宿主寄生虫　E. 暂时性寄生虫
7. 钩虫主要寄生于牛的(　　)。
A. 结肠　B. 盲肠　C. 十二指肠
D. 胆囊　E. 胰脏
8. 巴贝斯虫的免疫逃避机制主要是(　　)。
A. 抗原的阶段性变化　B. 抗原变异　C. 分子模拟与伪装
D. 免疫抑制　E 组织学隔离
9. 以下不属于寄生虫致病机理的是(　　)。
A. 掠夺宿主营养　B. 机械性损伤　C. 继发感染
D. 虫体毒素和免疫损伤作用　E. 败血症
10. 依据《一、二、三类动物疫病病种名录》,下列不属于三类动物疫病的是(　　)。
A. 丝虫病　B. 牛流行热　C. 绵羊疥癣
D. 猪囊尾蚴病　E. 禽结核病
11. 按病原体贮藏宿主的性质分类,属于动物源性人兽共患病的是(　　)。
A. 旋毛虫　B. 戊型肝炎　C. 结核病
D. 炭疽　E. 猪囊尾蚴病
12. 蚊子只在采食时才与宿主接触,其属于(　　)。
A. 内寄生虫　B. 单宿主寄生虫　C. 多宿主寄生虫
D. 长久性寄生虫　E. 暂时性寄生虫
13. 痒螨的感染途径是(　　)。
A. 经口感染　B. 经呼吸道感染　C. 接触感染
D. 经胎盘感染　E. 自身感染
14. 寄生虫无性繁殖阶段所寄生的宿主是(　　)。
A. 终末宿主　B. 中间宿主　C. 保虫宿主
D. 贮藏宿主　E. 带虫者
15. 寄生虫成虫寄生的宿主是(　　)。
A. 终末宿主　B. 中间宿主　C. 补充宿主
D. 贮藏宿主　E. 保虫宿主
16. 动物驱虫试验时,驱净虫体动物数/全部试验动物数×100%为(　　)。
A. 虫卵减少率　B. 虫卵转阴率　C. 精计驱虫率
D. 粗计驱虫率　E. 驱净率
17. 寄生虫在发育过程中需要2个中间宿主,后一个中间宿主有时被称为(　　)。
A. 补充宿主　B. 贮藏宿主　C. 保虫宿主
D. 超寄生宿主　E. 带虫宿主

18. 夏季，牛放牧后出现食欲减退、体温升高、可视黏膜苍白等症状，剖检见肝脏肿大、出血，在腹腔和肝脏内发现扁平叶状幼虫，该病可能是（　　）。

A. 棘球蚴病　　B. 绵羊球虫病　　C. 血矛线虫病

D. 片形吸虫病　　E. 莫尼茨原虫病

19. 寄生于肝脏胆管。病原呈长叶片状，体长与宽之比为 5∶1，腹吸盘比口吸盘大 1.5 倍。中间宿主为椎实螺，家畜吃草或饮水时吞食囊蚴感染的是（　　）。

A. 中华歧腔吸虫　　B. 矛形歧腔吸虫　　C. 肝片形吸虫

D. 大片形吸虫　　E. 土耳其斯坦东毕吸虫

20. 肝片形吸虫的终末宿主和中间宿主分别是（　　）。

A. 牛和蚂蚁　　B. 犬和蚯蚓　　C. 人和蛞蝓

D. 牛、羊等反刍动物和椎实螺　　E. 羊和蜗牛

21. 寄生虫的间接发育型是指寄生虫在发育过程中需要（　　）。

A. 中间宿主　　B. 贮藏宿主　　C. 转运宿主

D. 保虫宿主　　E. 带虫宿主

22. 肝片形吸虫对牛羊等动物的感染性阶段是（　　）。

A. 囊蚴　　B. 尾蚴　　C. 雷蚴　　D. 胞蚴　　E. 毛蚴

23. 牛、羊肝片形吸虫病的感染途径为（　　）。

A. 接触感染　　B. 经节肢动物传播　　C. 经口感染

D. 经胎盘感染　　E. 自身感染

24. 春季，牛渐进性消瘦，高度贫血，颌下、胸腹下水肿，个别衰竭死亡。剖检见胆管增粗，内有红褐色叶状虫体，治疗该病的药物是（　　）。

A. 伊维菌素　　B. 三氯苯达唑　　C. 左旋咪唑

D. 三氮脒　　E. 磺胺丙氯拉嗪

25. 水牛，2 岁，患有血矛线虫病，并伴有肝片形吸虫感染，有效的治疗药物是（　　）。

A. 阿苯达唑　　B. 左旋咪唑　　C. 伊维菌素

D. 氯硝柳胺　　E. 硝氯酚

26. 片形吸虫最易感的动物是（　　）。

A. 猪　　B. 马　　C. 犬　　D. 兔　　E. 牛

27. 细粒棘球蚴多寄生于家畜和人的（　　）。

A. 脑和眼球　　B. 胃和小肠　　C. 心脏和血管

D. 肝脏和肺脏　　E. 肾脏和膀胱

28. 脑多头蚴的终末宿主为（　　）。

A. 牛　　B. 羊　　C. 犬　　D. 鹿　　E. 骆驼

29. 多头绦虫成虫寄生在犬、狼、狐狸的（　　）。

A. 肝脏　　B. 肺脏　　C. 大脑　　D. 大肠　　E. 小肠

30. 从粪便中检出含六钩蚴的虫卵，该动物感染的寄生虫是（　　）。

A. 线虫　　B. 球虫　　C. 绦虫　　D. 吸虫　　E. 棘头虫

31. 细粒棘球蚴寄生的主要动物是（　　）。

A. 鸡　　B. 鸭　　C. 牛　　D. 犬　　E. 猫

32. 细粒棘球绦虫的终末宿主及寄生部位分别是(　　)。

A. 人和肝脏　　B. 牛和胰脏　　C. 犬和肠道

D. 羊和肝脏　　E. 羊和肠道

33. 我国细粒棘球蚴感染率最高的动物是(　　)。

A. 猪　　B. 马　　C. 牛　　D. 骆驼　　E. 犬

34. 脑多头蚴的传染源是(　　)。

A. 猫　　B. 鼠　　C. 犬　　D. 人　　E. 猪

35. 细粒棘球绦虫寄生于终末宿主的(　　)。

A. 大脑　　B. 肝脏　　C. 小肠　　D. 胃　　E. 大肠

36. 多头带绦虫的终末宿主是(　　)。

A. 猪　　B. 犬　　C. 羊　　D. 鸡　　E. 牛

37. 某牛食欲减退，消瘦，贫血，腹泻，死前数日排水样血色便，并有脱落的黏膜。粪检见大量腰鼓形棕黄色虫卵，两端有卵塞，该病牛最可能的致病病原是(　　)。

A. 蛔虫　　B. 隐孢子虫　　C. 类圆线虫

D. 毛尾线虫　　E. 食道口线虫

38. 钩虫的主要感染途径是(　　)。

A. 经交配　　B. 经空气　　C. 经胎盘　　D. 经眼结膜　　E. 经皮肤

39. 属于互源性人兽共患病的是(　　)。

A. 棘球物病　　B. 日本血吸虫病　　C. 肉孢子虫病

D. 旋毛虫病　　E. 肝片形吸虫病

40. 捻转血矛线虫寄生于牛羊的(　　)。

A. 真胃　　B. 瘤胃　　C. 结肠　　D. 盲肠　　E. 肺脏

41. 牛羊仰口线虫的主要感染途径是(　　)。

A. 经口感染和皮肤感染　　B. 经皮肤感染和胎盘感染

C. 经口感染或蚊虫叮咬感染　　D. 与病畜接触而感染

E. 自身感染

42. 常用于大多数线虫卵的实验室检查方法是(　　)。

A. 肉眼观察法　　B. 直接涂片法　　C. 饱和盐水漂浮法

D. 虫卵沉淀法　　E. 幼虫培养法

43. 寄生于牛盲肠形似鞭子的线虫是(　　)。

A. 血矛线虫　　B. 仰口线虫　　C. 食道口线虫

D. 网尾线虫　　E. 毛尾线虫

44. 犊牛，食欲下降，腹泻，可视黏膜苍白，颌下水肿。剖检见真胃内有大量细长虫体，雌虫有舌状阴门盖。治疗该病的药物是(　　)。

A. 左旋咪唑　　B. 吡喹酮　　C. 硝氯酚

D. 盐霉素　　E. 喹嘧胺

45. 犊牛，食欲下降，顽固性腹泻，粪便带血，可视黏膜苍白，颌下水肿。剖检见小肠内有大量虫体，虫体头部向背侧弯曲，治疗该病的药物是(　　)。

A. 左旋咪唑　　B. 吡喹酮　　C. 硝氯酚

D. 盐霉素　　　　　　E. 喹嘧胺

46. 犊牛,2月龄,消瘦,腹泻,剖检见小肠中出现粗壮、头端具有3片唇的线虫。该牛寄生的虫体是(　　)。

A. 牛新蛔虫　　　　B. 捻转血矛线虫　　　　C. 哥伦比亚食道口线虫

D. 牛仰口线虫　　　　E. 指形长刺线虫

47. 奶牛,4岁,贫血、消瘦、腹泻;剖检见在皱胃中发现多量虫体;镜检部分虫体有交合伞,交合伞具有道"丫"形背肋,该牛寄生的虫体是(　　)。

A. 牛新蛔虫　　　　B. 捻转血矛线虫　　　　C. 哥伦比亚食道口线虫

D. 牛仰口线虫　　　　E. 指形长刺线虫

48. 奶牛,4岁,贫血、消瘦、腹泻;剖检在结肠中发现多量线状虫体,肠壁有大量绿豆大小结节,镜检见虫体头泡不甚膨大,颈乳突在颈沟的稍后方,其尖端突出于侧翼膜之外。该牛寄生的虫体是(　　)。

A. 牛新蛔虫　　　　B. 捻转血矛线虫　　　　C. 哥伦比亚食道口线虫

D. 牛仰口线虫　　　　E. 指形长刺线虫

49. 牛疥螨的寄生部位是(　　)。

A. 体毛　　B. 表皮　　C. 血液　　D. 脂肪　　E. 肌肉

50. 确诊牛疥螨病的主要根据是(　　)。

A. 血液嗜碱性粒细胞增加　　　　B. 血液涂片镜检见有虫体

C. 皮肤病料镜检见大量虫卵　　　　D. 血液嗜酸性粒细胞增加

E. 时常擦痒,皮肤表面形成痂块,大面积脱毛

51. 疥螨的感染途径是(　　)。

A. 经空气感染　　　　B. 经吸血感染　　　　C. 经胎盘感染

D. 接触感染　　　　E. 经口感染

52. 某绵羊群部分羊耳、背及臀部等处被毛脱落,患处皮肤湿润、结痂。取痂皮置于底部垫有有色纸张的平皿内,用热源对皿底加热,肉眼仔细观察,可见白色虫体从痂皮中爬出。该病可能是(　　)。

A. 虱病　　B. 蜱病　　C. 蝇蛆病　　D. 痒螨病　　E. 皮刺螨病

53. 牛皮蝇幼虫寄生于牛体后,常继发皮肤化脓感染的病原是(　　)。

A. 病毒　　B. 细菌　　C. 真菌　　D. 支原体　　E. 衣原体

54. 牛感染皮蝇蛆的途径是(　　)。

A. 食入虫卵　　　　B 食入幼虫　　　　C. 第一期幼虫钻入皮肤毛囊

D. 第三期幼虫钻入皮肤毛囊　　　　E. 幼虫经鼻腔钻入

55. 牛,肩颈部脱毛,皮肤增厚结痂,刮取皮屑镜检可见长圆形虫体,有足4对,均突出虫体边缘,该病的传播途径是(　　)。

A. 经口传播　　　　B. 直接接触传播　　　　C. 经胎盘传播

D. 经空气传播　　　　E. 昆虫叮咬传播

56. 牛皮蝇成蝇最常出现的月份是(　　)。

A. 1—2月份　　　　B. 3—5月份　　　　C. 6—8月份

D. 9—10月份　　　　E. 11—12月份

57. 牛，肩颈部脱毛，皮肤增厚结痂。刮取皮屑镜检，可见多量长椭圆形虫体，有足 4 对，均突出虫体边缘。该病可能的病原是(　　)。

A. 疥螨　　B. 痒螨　　C 蠕形螨　　D. 皮刺螨　　E. 恙螨

58. 软蜱发育过程中没有的阶段是(　　)。

A. 虫卵　　B. 幼虫　　C. 若虫　　D. 蛹　　E. 成虫

59. 泰勒虫的“石榴体”阶段见于牛羊的(　　)。

A. 红细胞　　B. 淋巴细胞　　C. 中性粒细胞
D. 嗜酸性粒细胞　　E. 嗜碱性粒细胞

60. 牛巴贝斯虫寄生于牛的(　　)。

A. 红细胞　　B. 浆细胞　　C. 巨噬细胞
D. 淋巴细胞　　E. 中性粒细胞

61. 可用于治疗牛泰勒虫病的药物是(　　)。

A. 左旋咪唑　　B. 三氮脒　　C. 吡喹酮
D. 阿维菌素　　E. 溴氰菊酯

62. 牛巴贝斯虫病的主要临床特征是(　　)。

A. 稽留热、贫血、黄染、血尿　　B. 弛张热、贫血、黄染、血尿
C. 稽留热、贫血、黄染、血便　　D. 弛张热、腹泻、黄染、血尿
E. 波状热、贫血、黄染、血便

63. 某病牛死后剖检，见全身皮下、肌间、黏膜和浆膜有大量的出血点和出血斑，淋巴结肿大、切面多汁、有结节，皱胃黏膜肿胀、出血脱落有溃疡病灶. 淋巴结涂片镜检发现石榴体。该病牛最可能死于(　　)。

A. 弓形虫病　　B. 泰勒虫病　　C. 巴贝斯虫病
D. 伊氏锥虫病　　E. 莫尼茨绦虫病

64. 检查环形泰勒虫应采集的样品是(　　)。

A. 粪便　　B. 尿液　　C. 淋巴结穿刺物　　D. 咳出液　　E. 皮屑

65. 牛，3 岁，精神沉郁，四肢无力，稽留热，眼结膜苍白、黄染，气喘，尿呈暗褐色。血细胞镜检：在细胞内有梨籽形物质出现。最可能的致病原因是(　　)。

A. 附红细胞体感染　　B. 巴贝斯虫感染　　C. 钩端螺旋体感染
D. 农药中毒　　E. 洋葱中毒

二、病例分析：根据病史和临床检查的结果，提出初步诊断，制订治疗措施(开出处方)

1. 某养牛户从外地购入 10 头 1 岁的西门塔尔牛，购回来后第 5 天，发现有一头牛精神沉郁，采食量减少，长时间与牛群脱离，喜卧，身体逐渐消瘦。1 个月后患牛体温偏高，反应迟钝，行走时步态不稳，不能直线行走，出现向左做转圈运动，转圈过程中易摔倒，并且出现左眼失明，行走困难。

2. 某养羊户养殖 80 只湖羊。

主诉：最初有几只患病羊时常出现摩擦墙壁现象，后来有 40 多只羊陆续发病，背部脱毛，皮肤剧痒。自行用药 3 d，效果不明显。

临床检查：病羊精神沉郁，食欲减退，消瘦，背腰部成片脱毛，常啃咬患部或摩擦患部，有的患部皮肤形成丘疹、水疱和脓疱。

二维码 11-22　项目十一 考核评价参考答案

参考文献

[1] 陈北亨,王建辰.兽医产科学[M].北京:中国农业出版社,2001.

[2] 陈溥言.兽医传染病学[M].6版.北京:中国农业出版社,2015.

[3] 崔中林.奶牛疾病学[M].北京:中国农业出版社,2007.

[4] 董彝.实用牛马病临床类症鉴别[M].北京:中国农业出版社,2003.

[5] 高启贤,王立斌.动物外产科病[M].北京:中国农业大学出版社,2016.

[6] 孔繁瑶.家畜寄生虫学[M].2版(修订版).北京:中国农业大学出版社,2010.

[7] 贾志江,唐文雅.动物传染病[M].2版.北京:中国农业大学出版社,2023.

[8] 李宗财,宋世斌.牛内科病[M].北京:中国农业大学出版社,2016.

[9] 李玉冰.兽医临床诊疗技术[M].2版.北京:中国农业出版社,2011.

[10] 刘长松.奶牛疾病诊疗大全[M].北京:中国农业出版社,2005.

[11] 刘文广,刘海.动物内科病[M].北京:中国农业出版社,2011.

[12] 刘宗平.动物中毒病学[M].北京:中国农业出版社,2006.

[13] 齐长明.奶牛疾病学[M].北京:中国农业出版社,2006.

[14] 史志诚.动物毒物学[M].北京:中国农业出版社,2007.

[15] 王洪斌.兽医外科学[M].5版.北京:中国农业出版社,2011.

[16] 王建华.兽医内科学[M].4版.北京:中国农业出版社,2010.

[17] 王治仓.临床兽医[M].北京:中国农业大学出版社,2016.

[18] 杨锡林.家畜寄生虫病学[M].2版.北京:中国农业出版社,1999.

[19] 张宏伟,匡存林.动物寄生虫病[M].北京:中国农业出版社,2012.

[20] 张宏伟.动物疫病[M].北京:中国农业出版社,2001.

[21] 张进隆,任作宝,向金梅.动物寄生虫病[M].2版.北京:中国农业大学出版社,2022.

[22] 赵兴绪.兽医产科学[M].4版.北京:中国农业出版社,2013.

[23] 赵兴绪.兽医产科学[M].5版.北京:中国农业出版社,2016.

[24] 吴敏秋.兽医临床诊疗技术[M].5版.北京:中国农业大学出版社,2020.

[25] 陈渊,朱家增,邓立新,等.牛瘤胃酸中毒发病机制与防治的研究进展[J].中国畜牧兽医,2011,38(6):132-135.

[26] 于利子,张国平,赵永钧.牛瘤胃酸中毒治疗方法探讨[J].当代畜牧,2007(10):26-28.

[27] 贺秀媛,李小佳,贺丛,等.一起单纯性肉犊牛维生素A缺乏的分析与诊治[J].畜牧与兽医,2013,45(2):84-86.